全国高等院校 **海洋专业** 规划教材

上海市教委交叉学科研究生拔尖创新人才培养平台项目"远洋渔业遥感与G

YUQING YUBAOXUE

渔情预报学

陈新军　主编

海洋出版社

2016年·北京

图书在版编目（CIP）数据

渔情预报学/陈新军主编. —北京：海洋出版社，2016. 11
ISBN 978 - 7 - 5027 - 9325 - 8

Ⅰ. ①渔…　Ⅱ. ①陈…　Ⅲ. ①渔情预报　Ⅳ. ①S934

中国版本图书馆 CIP 数据核字（2015）第 297825 号

责任编辑：赵　武
责任印制：赵麟苏

海洋出版社　出版发行

http：//www.oceanpress.com.cn
北京市海淀区大慧寺路 8 号　邮编：100081
北京朝阳印刷厂有限责任公司印刷　新华书店发行所经销
2016 年 11 月第 1 版　2016 年 11 月北京第 1 次印刷
开本：787 mm×1092 mm　1/16　印张：22.75
字数：500 千字　定价：68.00 元
发行部：62132549　邮购部：68038093　总编室：62114335
海洋版图书印、装错误可随时退换

上海市教委交叉学科研究生拔尖创新人才培养平台项目
"远洋渔业遥感与 GIS 技术" 系列教材
编写领导小组

组　长：陈新军　上海海洋大学教授

副组长：高郭平　上海海洋大学教授

　　　　唐建业　上海海洋大学副教授

成　员：官文江　上海海洋大学副教授

　　　　高　峰　上海海洋大学讲师

　　　　雷　林　上海海洋大学讲师

　　　　杨晓明　上海海洋大学副教授

　　　　沈　蔚　上海海洋大学副教授

　　　　汪金涛　上海海洋大学博士生

《渔情预报学》

主　编：陈新军

参　编：高　峰　雷　林

　　　　汪金涛　官文江

目　录

第一章　绪　论

第一节　渔情预报的概念

渔情预报也可称渔况预报，它是渔场学研究的主要内容，同时也是渔场学中基本原理和方法在海洋渔业中的综合应用，是为海洋渔业生产服务的主要任务之一。渔情预报是指对未来一定时期和一定水域范围内水产资源状况各要素，如渔期、渔场、鱼群数量和质量以及可能达到的渔获量等所作出的预报。其预报的基础就是鱼类行动和生物学状况与环境条件之间的关系及其规律以及各种实时的汛前调查所获得的渔获量、资源状况、海洋环境等各种渔海况资料。渔情预报的主要任务就是预测渔场、渔期和可能渔获量，即回答在什么时间，什么地点，捕捞什么鱼，作业时间能持续多长，渔汛始末和旺汛的时间、中心渔场位置以及整个渔汛可能渔获量等问题。

在我国近海，主要以追捕洄游过程中的主要经济鱼类为主，如带鱼、小黄鱼等，如从外海深水区游向近岸浅水区产卵的生殖群体、处于越冬洄游或索饵洄游的鱼群。渔情的准确预报能为渔业主管部门和生产单位如何进行渔汛生产部署和生产管理等提供科学依据，同时也能为渔业管理部门预测资源量提供依据。

我国自20世纪50年代以来，随着近海渔业资源的开发和利用，各水产研究单位对近海主要传统经济鱼类开展了渔情预报工作，并取得了一定成绩和积累了丰富的经验，为渔场学的研究和发展做出了一定的贡献。随着我国近海渔业资源的衰退以及远洋渔业的发展，我国也开始了远洋渔业鱼种的渔情预报研究工作，如柔鱼类、金枪鱼类和竹筴鱼等。日本、美国和我国的台湾省等也在20世纪70年代以后利用卫星遥感所获取的海况资料，对重要捕捞对象的渔情进行预报，并专门成立渔情预报研究机构。随着信息技术（地理信息系统）和空间技术（海洋遥感）以及专家系统的发展和应用，渔情预报的手段和工具不断得到深化和发展，渔情预报的准确性也得到了提高，并将进一步得到完善和发展。

第二节　渔情预报学科的性质和研究内容

一、学科性质和地位

渔情预报学科是一门应用性的学科，是研究鱼类资源行动状态与周围环境之间的相互关系，掌握渔业资源数量变动规律以及渔场分布规律，并能够进行预报和预测的一门综合性应用科学。

本课程所研究的内容是海洋渔业生产、管理和研究的科技人员所必须具备的专业基本理论和基本技能。通过学习，有助于探索和分析渔场、渔汛，合理安排和组织渔业生产，科学地利用和管理渔业资源以及开发新渔场和新资源。此外，环境变动也是渔业资源数量发生变动的一个重要因素，由于渔业资源数量变动与外界环境之间有着密不可分的联系，因此在渔业资源解释中需要导入环境因子。

海洋渔业专业（原来的海洋渔业专业和渔业资源专业）的学生通过学习本课程，能够基本掌握海洋渔场环境的基本知识，学会渔业资源与渔场调查的基本技术与方法，掌握渔情预报（包括掌握中心渔场的确定与侦察）的基本方法，为今后海洋渔业生产、渔业资源管理以及教学科研工作打下扎实的基础，为渔业生产、渔业资源管理及其可持续利用提供科学方法和手段。

二、学科研究内容

海洋中的捕捞对象主要是经济鱼类，其次是经济无脊椎动物等，这些总称为水产经济动物。为了持续、合理地利用这些渔业资源，必须要熟悉捕捞对象在水域中的蕴藏量以及洄游分布、渔场形成的机制与条件等，这是该学科中极为重要的一个研究课题。渔情预报技术课程的目的和任务是传授研究预测资源量、预报中心渔场分布的基本方法，为掌握渔业资源数量变动，确保渔业资源的可持续利用提供科学依据。主要内容包括以下几方面。

（1）分析和掌握海洋环境与鱼类行动之间的关系。例如了解世界各大洋海流分布及其一般规律、各种海洋环境（生物和非生物）与鱼类行动的关系、厄尔尼诺对海洋渔业的影响以及全球环境的变化对渔业资源的影响。

（2）掌握渔场形成的基本理论和规律。对渔场、渔期的基本概念及其渔场类型、渔区和渔场图的划分编制、优良渔场形成的一般原理，渔场评价与中心渔场寻找一般方法等进行阐述。

（3）掌握渔情预报的基本理论和方法。介绍渔情预报的概念和类型、研究方法，列举了典型的渔情预报案例，对海洋遥感、地理信息系统等高新技术在渔情预报中的应用进行了介绍。

第三节　渔情预报与其他学科的关系

渔情预报学作为渔业科学、海洋科学等交叉学科上形成的一门应用性课程。它与其他许多相关学科有着十分密切的关系，这些学科丰富了其研究内容、研究手段和研究方法，共同促进着渔情预报技术的向前发展。主要有以下几个学科。

一、渔场学（fishery oceanography）

渔场（fishing ground）是从事渔业生产和科学研究中最直接的活动场所。众所周知，海洋中有鱼类和其他水产经济动物。但是，海洋中并非到处都有可供捕捞的密集鱼群，因为它们并不是均匀地分布着，而是依据鱼类和经济水产动物各自的生物学特性及其对外界环境因素变化的适应性来分布的。因此，渔场是指在海洋中有捕捞价值的鱼群（或其他水产经济动物）存在，且可实地捕捞作业，获得一定数量和质量的渔业产品的某一区域。其中能够获得高产的海域，我们又称为"中心渔场"。

日本学者相川广秋在其1949年出版的《水产资源学总论》中将渔场学描述为："在渔场中，直接支配鱼类群集的因素，最重要的是环境因素，这些因素称之为海况。了解海况与鱼类群集之间的关系，并进行综合研究，从而找出系统规律性的学问，这就是渔场学或渔场论。"著名渔场学家东京水产大学教授宇田道隆先生对渔场学做了如下定义："研究水族与环境的相关关系，通过渔况找出规律，从而阐明渔场形成原理的学问。"台湾学者郑利荣在其编著的《海洋渔场学》教材中，把渔场学解释为："明确生物资源生栖场所的海洋环境和其变化的实态，进而追究资源生物群集的分布、数量、利用度等和海洋环境之间的关联性，从而综合地加以解释、探讨的学问称为渔场学。简言之，渔场学是研究渔况与海况相互之间的关系。"综上所述，我们认为渔场学是研究渔业生物资源的行动状态（集群、分布和洄游运动等）及其与周围环境（生物环境和非生物环境）之间的相互关系，查明渔况变动规律和渔场形成原理的科学。它是以渔业资源生物学、海洋学和鱼类行为学等课程为基础，并与渔具渔法学、海洋卫星遥感等课程有密切的关系，是一门综合性的应用性科学。

二、海洋学（oceanography）

海洋学是研究海洋水文、化学及其他无机和有机环境因子的变化与相互作用规律的科学，因此海洋水域环境作为研究对象的载体，配合鱼类学共为本课程的基础学科。

三、海洋生物学（marine biology）

海洋生物学是研究海洋浮游生物、游泳生物、底栖生物的生物学。由于浮游生物、底栖生物等与渔业资源与渔场学的研究对象关系密切，为鱼类的生长提供充足的饵料，因此是本课程的基础学科。

四、鱼类行为学（fish ethology）

鱼类行为学是研究鱼类行动状态和环境条件之间相互关系的一门学科，特别是研究水温、盐度、海流、光等条件与鱼类行动之间的关系，它为渔场学的发展和研究打下了基础。

五、海洋遥感（ocean remote sensing）

利用传感器对海洋进行远距离非接触观测，以获取海洋景观和海洋要素的图像或数据资料。海洋遥感具备如下性能：①具有同步、大范围、实时获取资料的能力，观测频率高。这样可把大尺度海洋现象记录下来，并能进行动态观测和海况预报。②测量精度和资料的空间分辨能力应达到定量分析的要求。③具备全天时（昼夜）、全天候工作能力和穿云透雾的能力。

海洋遥感技术的应用，使得内波、中尺度涡、大洋潮汐、极地海冰观测、海－气相互作用等的研究取得了新的进展。如气象卫星红外图像，直接记录了海面温度的分布，海流和中尺度涡漩的边界在红外图像上非常清晰。利用这种图像可直接测量出这些海洋现象的位置和水平尺度，进行时间系列分析和动力学研究。但是，某些传感器的测量精度和空间分辨力还不能满足需要，很难做到定量测量；有的遥感资料不够直观，分析解译难度很大；传感器主要利用电磁波传递信息，穿透海水的能力较弱，很难直接获得海洋次表层以下的信息。

六、地理信息系统（Geographic Information System 或 Geo – Information system，GIS）

有时又称为"地学信息系统"。它是一种特定的十分重要的空间信息系统，是在计算机硬、软件系统支持下，对整个或部分地球表层（包括大气层）空间中的有关地理分布数据进行采集、储存、管理、运算、分析、显示和描述的技术系统。GIS 是一种基于计算机的工具，它可以对空间信息进行分析和处理（简而言之，是对地球上存在的现象和发生的事件进行成图和分析）。GIS 技术把地图这种独特的视觉化效果和地理分析功能与一般的数据库操作（例如查询和统计分析等）集成在一起。GIS 与其他信息系统最大的区别是对空间信息的存储管理分析，其在广泛的公众和个人企事业单位中解释事件、预测结果、规划战略等方面具有实用价值。

第四节 国内外渔情预报研究概况

鱼群与渔场环境条件有密切关系，但以科学的方法探测渔场环境因子参数并用于分析、指导渔业生产是在飞机、海洋遥感卫星用于探测海洋环境条件出现之后。因为传统基础常规的做法是将各水文站（测站）和船舶测报的水文参数制成海洋参数分布图，这个方法既不准确又不及时。利用飞机、卫星进行某些海洋环境参数（如水温、水色）的探测甚为成功，将它用于渔业非常方便和快捷。空间技术时代为渔业遥感带来新的前景。人类具有在数分钟内观测整个洋区和海区的能力，可以根据掌握的海洋大环境特征参数进行渔业资源调查和渔场分析测报。最早的研究是为了评价鱼群分布是否与卫星测到的水色和水温有关。

一、美国渔情预报研究情况

1972 年美国渔业工程研究所利用地球资源技术卫星（ERTS - 1）和天空实验室的遥感资料研究油鲱和游钓鱼类资源。1973 年美国利用气象卫星信息绘制了加利福尼亚湾南部海面温度图，提供给加州沿岸捕捞鲑鳟鱼和金枪鱼的渔民，效果甚佳。从 1975年起卫星数据开始应用于太平洋沿岸捕捞业务。当时利用卫星红外图像，得出了表示大洋热边界位置的图件，这些图件（通过电话、电传和邮件）提供给商业和娱乐渔民，用于确认潜在的产鱼区。1980 年后，使用无线电传真向海上渔船直接发送这些图件。这些图件每周绘制 1~3 次，主要由美国海岸警备队无线电传真播发。使用这些图件渔民们节省了寻找与海洋锋特征有关的产鱼区的时间。在东海岸和墨西哥湾，美国国家气象局、国家海洋渔业局和国家环境卫星、数据和信息服务署经常合作用卫星红外图像和船舶测报制作标出海洋锋、暖流涡流及海面温度分布图件，提供给渔民。在美国的带动下，英、法、日、芬、南非及联合国粮农组织都相继组织了各种渔业遥感应用研究和试验，部分国家还建立了相应的服务机构。1993—1998 年间，美国远洋渔业研究所（PFRP）通过 TOPEX/Poseidon 卫星测定海面高度数据，揭示了亚热带前锋的强度和夏威夷箭鱼延绳钓渔场的关系。期间，每年 1—6 月 75% 箭鱼渔业 CPUE 的变化可用上述卫星测定的数据来解释。

美国 NOAA 国家海洋渔业服务中心（NMFS）将海洋遥感和地理信息系统应用于海洋渔业资源以及渔情分析的研究中，开发了一系列渔业信息系统，包括服务于阿拉斯加州的阿拉斯加渔业信息网络（AKFINC），服务于华盛顿州、奥尔良州、加利福尼亚州的太平洋渔业信息网络（PacFIN）、渔业经济信息网络（EFIN）、娱乐渔业信息网络（ReCFIN）、地区生产市场信息系统（RMISC）、PITtag 信息系统（PTA-

GIS）等。

二、日本渔情预报研究情况

日本海洋渔业较为发达，并于 20 世纪 30、40 年代就开展了近海重要经济鱼类的渔情研究与预报工作。由于海洋遥感技术的发展，70 年代日本开始了渔业遥感的应用和研究，历史较久。1977 年由科学技术厅和水产厅正式开展了海洋和渔业遥感试验，每年每个厅经费在一亿日元以上。日本水产厅于 1980 年成立了"水产遥感技术促进会"，目的是要将人造卫星的遥感技术应用于渔业。由水产厅委托"渔业情报服务中心"负责的项目共分两个阶段，第一阶段是 1977—1981 年，主要研究内容是收集解译人造卫星信息、绘制间距为 1℃的海面等温图；第二阶段是将这种图像经过处理加工、用印刷品和传真两种方式向渔民传递，其产品主要有海况图（水温图）、渔场模式预报（图 1 -1）。1982 年 10 月日本水产厅宣布利用人造卫星和电子计算机搜索秋刀鱼和金枪鱼等鱼群获得成功。现在，渔场渔况图（卫星解译图）成为日本水产信息服务中心的一个常规服务产品。80 年代初，日本就约有 900 艘渔船装备了传真机，以直接收传真图像，并由此相应成立了"渔业情报服务中心"，建成了包括卫星、专用调查飞机、调查船、

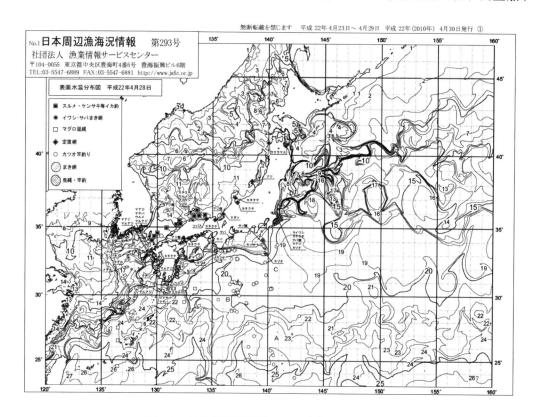

图 1 - 1　日本渔情预报服务中心分布渔海况示意图

捕鱼船、渔业通讯网络、渔业情报服务中心在内的渔业信息服务系统。渔情预报服务中心负责搜集、分析、归档、分发资料，每天以一定频率定时向本国生产渔船、科研单位、渔业公司等发布渔海况速报图，提供海温、流速、流向、涡流、水色、中心渔场、风力、风向、气温、渔况等十多项渔场环境信息，为日本保持世界渔业先进国家的地位起到了重要的作用。他们有效地利用 NOAA 卫星的遥感资料编制渔情预报，可以在短时间内获得大量的海洋环境资料，如水文、混浊度、水色等资料，大大提高了渔情预报的效果和准确度。目前日本渔业情报服务中心已将其预报和服务的范围扩展到三大洋海域，直接为日本远洋渔船提供情报。

日本渔情预报服务中心进行渔情预报的海域有西南太平洋、东南太平洋、北大西洋、南大西洋和印度洋海域；内容有太平洋近海、外海的渔海况速报、日本海海渔况速报、东海海渔况速报、太平洋道东海域海渔况速报、日本东北海域海渔况速报、日本海中西部海域海渔况速报、北太平洋整个海域海况速报、东部太平洋海域海况速报、东南太平洋海域海况速报、西南太平洋海域海况速报、印度洋海域海况速报、南大西洋海域海况速报、北大西洋海域海况速报等。渔情预报的鱼类种类为分布在日本近海的主要渔业种类，主要有鰛鲸、鲭、秋刀鱼、鲣鱼、太平洋褶柔鱼、柔鱼、日本鲐鱼、竹筴鱼、五条鰤、金枪鱼类、玉筋鱼、磷虾等。

三、我国渔情预报研究情况

（一）大陆渔情预报研究状况

与世界上一些发达渔业国家和地区相比，我国在渔情预报方面的研究工作起步较早。20 世纪 50—60 年代受苏联和日本的影响，我国渔情预报侧重于预测渔场、渔期的渔情、渔汛预报。主要是根据渔场环境调查取得的水温、盐度和饵料生物数量分布和种群的群体组成、性成熟度等生物学资料、种群洄游分布及其与外界环境的关系，编绘渔捞海图，向渔业主管部门和渔民定期发布各种预报。随着遥感技术的发展，卫星遥感取代了大面积的渔场调查。各种预报在海洋主要经济种类资源开发过程中，发挥了很好的作用，其中特别值得提出的是 20 世纪 50 年代中期开始的渤海、黄海小黄鱼和黄海、东海大黄鱼的洄游分布、种群动态、资源评估和渔业预报，其中吕泗洋小黄鱼渔情预报和数量预报，烟威外海和渤海春汛渔情预报，东海岱衢洋大黄鱼渔情预报，黄海的蓝点马鲛、鲐鱼、竹筴鱼、黄海鲱鱼、银鲳、鹰爪虾、毛虾和对虾的渔情预报，嵊泗渔场的带鱼，万山渔场蓝圆鲹的渔情预报等都取得了预期的效果。此外，1986—1990 年在海州湾和东海东北部对马附近水域使用卫星遥感资料进行的远东拟沙丁鱼的渔情预报也取得了很好的效果。

渔获量预报是以资源量为基础的另一类型的渔业预报。在我国最早的渔获量预报是吴敬南等（1936）应用降雨量为指标建立的毛虾渔获量预报模型，但是这类预报的稳定性较差，最终还是被以相对资源量为主要指标建立的预报模型所代替（张孟海，1986）。

渤海秋汛对虾渔获量预报始于20世纪60年代初，是我国首次使用相对资源量指数成功地建立了预报模型，并连续30余年定期发布预报的范例，预报的准确度和精度很高。带鱼、黄海鲱鱼、蓝点马鲛、海蜇、鹰爪虾以及移植滇池的太湖新银鱼等都先后使用相对资源量作为渔获量预报的主要指标，预报的准确度较高。而绿鳍马面鲀、小黄鱼、鲐鱼主要是使用世代解析的方法来预报渔获量和资源趋势。鳀鱼因使用精度较高的声学评估技术，可以直接估算其资源蕴藏量，通常是发布可捕量预报。但是将海洋遥感和地理信息系统等技术应用于渔情预报方面则相对较晚。

"七五"期间，卫星渔业遥感应用研究工作较为活跃，开展的项目以实用服务性为主。福建省水产厅（1986—1987年）利用卫星和水文资料结合，针对福建沿海海区发布的"海渔况通报"，国家海洋局第二海洋研究所（1987—1988年）以卫星图像为依据的用无线电传真方式发布的"东海、黄海渔海况速报图"，渔机所（1988—1989年）发布的"对马海域冬汛卫星海况团"，中国科学院海洋研究所的"渔场环境卫星遥感图"及东海水产研究所发布的"黄海、东海渔况速报"（图1-2）。上述图件大致分两种类型：一类是以卫星图像为主依据，制定和发布的卫星速报图；另一类则是以常规水文测量信息为主，有时结合卫星图像信息分布的定期报——如东海所的渔海况速报。前者信息丰富、真实、迅速，但受天气制约，难以保持长期的连续性和特定性；后者发布时间稳定，不受天气影响，但难以及时展现海面真实情况。

"八五"期间，我国有关科研院所展开了"RS"技术和"GPS"技术的研究和应用，利用"NOAA"卫星信息，经过图像处理技术得到海洋温度场、海洋锋面和冷暖水团的动态变化图，进行了卫星信息与渔场之间相关性的研究，为实现海、渔况测预报业务系统的建立进行了有益的探索；利用美国LANDSAT的"TM"信息，对10多个湖泊的形态、水生管束植物的分布、叶绿素和初级生产力的估算进行了研究，为大型湖泊生态环境的宏观管理提供了依据。

"九五"期间，国家863计划海洋领域海洋监测技术主题"海洋渔业服务地理信息系统技术"课题和"海洋渔业遥感服务系统"专题，按照服务于东海区三种经济鱼类（带鱼、马面鲀、鲐鱼）的渔情速预报和生产信息服务为目标，在改进海洋渔业服务地理信息支撑软件的基础上，研制开发了具有海洋渔业应用特色桌面GIS系统、基于SQLServer的数据库系统——整个系统的数据核心、渔业资源评估模型库和模型库管理系统、渔情分析和资源评估专家系统、渔船动态监测系统和"三证管理"原型系统以及技术集成，基本形成了海洋渔业地理信息应用系统。

"九五"末期，在国家科技部的资助下，开展了以地理信息系统和海洋遥感技术为基础的北太平洋柔鱼渔情信息服务系统的研究，初步建成了远洋渔业渔情信息服务中心。基于 GIS 的中心渔场与环境要素时空相关分析等关键技术的基础，开发北太平洋柔鱼渔情速预报系统和远洋渔业生产动态管理系统，为北太平洋鱿钓生产提供渔情速报与预测信息服务产品，为远洋渔业生产指挥调度提供决策支持。

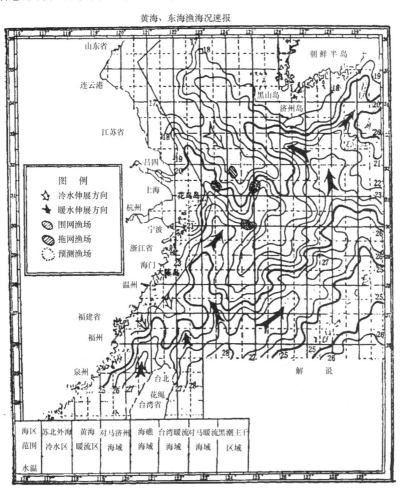

图 1-2　渔况海况通报示图

（东海水产研究所东海区渔业情报服务中心，1992 年）

"十五"期间，国家 863 资源与环境领域开展了大洋渔业资源开发环境信息应用服务系统，分别建立大洋渔场环境信息获取系统和大洋金枪鱼渔场渔情速预报技术，并开展了大洋金枪鱼渔场的试预报。"十一五"期间，利用自主海洋卫星、极地和船载遥感接收系统的探测能力以及大洋渔船的现场监测，建立我国全球渔场遥感环境信息和现场信息的获取系统；开展多种卫星遥感数据的定量化处理技术，重点获取大洋渔场的海温、水色和海面高度等环境要素，建立自主知识产权的全球大洋渔场环境信息的综合处理系统；在此基础上建立全球重点渔场环境、渔情信息的产品制作与服务系统，形成了我国大洋渔业环境监测与信息服务技术平台。

在远洋渔业渔情预报业务化方面，根据生产企业的需要，上海海洋大学鱿钓技术组从 1996 年开始，进行北太平洋柔鱼渔海况速报工作，每周发布一次，取得了较好的效果。渔海况速报的资料来源分为两个方面，一是定期收取日本神奈川县渔业无线局发布的北太平洋海况速报（表层水温分布图）（每周近海 2 次和外海 2 次）；二是汇总由各渔业公司提供的鱿钓生产资料，主要内容有作业位置、日产量，1999 年开始选取 5～7 艘鱿钓信息船同时提供水温资料。鱿钓技术组根据上述内容，对北太平洋的水温、海流进行分析，对渔场和渔情进行预报，编制成北太平洋鱿钓渔海况速报，发给各生产单位和渔业主管部门。

自 2008 年以来，在 HY－1B 卫星地面应用系统中，上海海洋大学和国家卫星海洋应用中心合作，针对东海鲐鲹鱼、西北太平洋柔鱼、东南太平洋茎柔鱼和西南大西洋阿根廷滑柔鱼、东南太平洋智利竹笑鱼和中西太平洋金枪鱼围网等三大洋主要种类进行了渔情预报的研究，获得了海面温度、叶绿素 a 浓度、锋面、涡流等多种海洋渔业环境信息（图 1－3～图 1－5），并开发了相应的软件系统，实现了业务化运行，取得了较好的经济效益和生态效益。

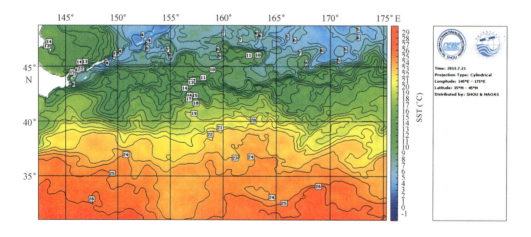

图 1－3 西北太平洋表温分布图

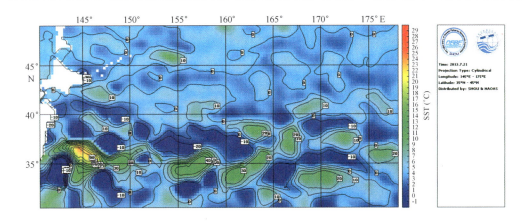

图1-4　西北太平洋海表面高度分布图

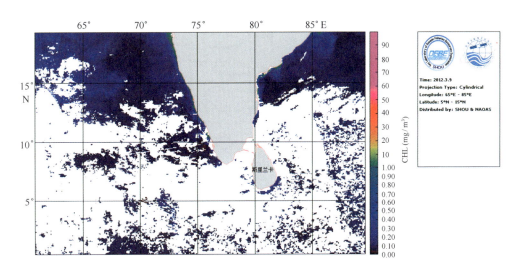

图1-5　印度洋东北海域黄鳍金枪鱼叶绿素分布图

（二）我国台湾渔情预报研究情况

　　我国台湾省水产试验研究所是对台湾省沿海海域进行渔海况预报的机构。水产试验研究所于1976年开始了台湾沿海的渔况海况调查与预报工作。其目的为分析渔海况关系，引导渔民对渔业资源做到更有效、更合理的开发与利用。

　　台湾于1954年引进遥感技术，并于1976年成立了遥感探测技术发展策划小组，于1985年开始在水产试验所的卫星探测渔场研究，尝试建立NOAA卫星信息系统并进行一系列卫星探测渔场的研究，卫星遥感获得的海洋温度能对海况变动、渔场形成机制等的研究提供极有价值的数据，亦能用来判断潮境位置，并以此研判渔场。在确定鱼群的分布与海面水温之关系后，在渔期中利用每日所得到的卫星水温影像配合其他渔场因素来推测出鱼群聚集程度、聚集位置和移动速度等渔场数据，并迅速发送给渔民参考，以提高渔船的渔获效率。

　　研究所先后开展了"卫星遥测系统在渔业上应用的研究"（1991—1996 年）、"卫星遥测系统于建立渔海况预测模式应用的研究"（1997 年）、"卫星遥测系统应用于渔场监测的研究"（1998 年）、"遥测技术之研发及其于渔场监测的应用"（1999—2000年）等方面的研究。发布"台湾附近 NOAA 卫星等温线图"（约每周或鲭鱼汛期密集更新数据）、"冬季鲭鱼汛期 NOAA 卫星水温速报"、"最新西北太平洋 GMS 卫星水温影像"、"台湾附近 NOAA 卫星水温双周报彩图及解说"、"NOAA 卫星东海南海水文观测"等渔况、海况预报图及其资料（图 1 - 6）。研究所进一步开展渔情预报研究的深化工作，除了将信息处理自动化与计算机化外，拟对多获性鱼种进行解析，以掌握渔况与海况互变之关系，达到近海海况预报的最终目标。

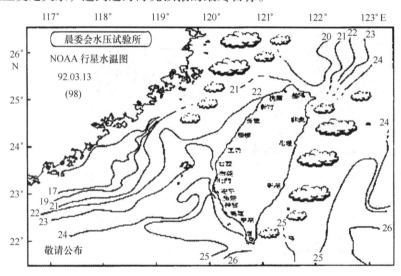

图 1 - 6　台湾省水产试验研究所发布海况图

第二章　渔情预报理论和方法

第一节　渔情预报概述

一、渔情预报的类型和内容

（一）按预报时效分

渔情预报的类型有不同的划分方法，主要是根据预报的时效性来划分，但目前还没有形成一个公认的划分标准。如费鸿年等（1990）在《水产资源学》中将渔情预报分为展望型渔情预报、长期渔情预报、中期渔情预报或半长期渔情预报和短期渔情预报。展望型渔情预报是指预测几年甚至几十年的渔情状况，如对某种资源的开发利用规模的确定。长期渔情预报是指年度预报，是根据历年的资料来预测下一年度或更长时间的渔情状况，包括渔场位置、洄游路线等，它是建立在海况预报的基础上。而中期渔情预报即季节预报或渔汛预报，是预测未来的整个渔汛期间的渔情状况，主要着重于本渔汛的渔场位置、渔期迟早、集群状况等。短期渔情预报可分为初汛期、盛汛期和末汛期等几种类型，是专门对渔汛中某一阶段的渔发状况进行预报。

费鸿年等（1990）认为展望型和长期型预报属于根本性、战略性的预报，是预报的高级阶段，主要供渔业主管部门和生产单位制定发展计划时参考。而中短期预报是实用性的、战术性的预报，是预报的低级阶段，主要供生产部门安排生产时参考。

日本渔情预报服务中心（JAFIC）将渔情预报分为两类，即中长期预报和短期预报。中长期预报是指利用鱼类行动和生物学等方面与海洋环境之间的关系及其规律，根据所收集的生物学和海洋学等方面信息，特别是通过渔汛前期对目标鱼种的稚幼鱼数量调查，对来年目标鱼种的资源量、渔获物组成、渔期、渔场等作出预报。该种长期预报为渔业管理部门和研究机构提供服务，实际上更具有学术性。短期预报，也称为渔场速报，是指结合当前的水温、盐度、水团分布与移动状况等，对渔场的变动、发展趋势等作出预报，该种预报时效性极强，直接为渔业生产服务。

因此，从上述分析可以看出，渔情预报种类的划分主要是依据其预报时间的长短，不同的预报类型，所需的基础资料、预报时间时效性以及使用对象等都有所不同。在本书中，根据海洋渔业生产的特点和实际需要，我们将渔情预报一般分为全汛预报、汛期阶段预报和现场预报三种。

1. 全汛预报

预报的有效时间为整个渔汛，内容包括渔期的起讫时间、盛渔期及延续时间、中心渔场的位置和移动趋势以及结合资源状况分析全汛期间渔发形势和可能渔获量或年景趋势等。这种预报在渔汛前适当时期发布，供渔业管理部门和生产单位参考。其所需的基础资料和调查资料是大范围（尺度）的海洋环境数据及其变动情况、汛前目标鱼种稚幼鱼数量调查、海流势力强弱趋势等，大多从宏观的角度来分析年度渔汛的发展趋势和总体概况。

2. 汛期阶段预报

整个渔汛期一般分为渔汛初期（初汛）、盛期（旺汛）和末期（末汛）三个阶段进行预报，也可根据不同捕捞对象的渔发特点分段预报。如浙江夏汛大黄鱼阶段性预报，依大潮汛（俗称"水"）划分，预测下一"水"渔发的起讫时间、旺发日期、鱼群主要集群分布区和渔发海区的变动趋势等。浙江嵊山冬汛带鱼阶段性预报则依大风变化（俗称"风"）划分，预测下一"风"鱼群分布范围、中心渔场位置及移动趋势等。这些预报为全汛预报的补充预报，比较准确及时地向生产部门提供调度生产的科学依据。预报应在各生产阶段前夕发布，时间性要求强。其所需的基础资料和数据应该是阶段性的海洋环境发展与变动趋势以及目标鱼种的生产调查资料。

3. 现场预报（也称为渔况速报）

对未来 24 小时或几天内的中心渔场位置、鱼群动向及旺发的可能性进行预测，由渔汛指挥单位每天定时将预报内容通过电讯系统迅速而准确地传播给生产船只，达到指挥现场生产的目的。这种预报时效性最强，其获得的海况资料一般应该当天发布。其所需的基础资料是近几天渔业生产和调查资料，如渔获个体及其大小组成等以及水温变化、天气状况（如台风、低气压等）、水团的发展与移动等。

（二）按预报的原理分

在渔情预报中，根据其预报原理的不同，我们将其分为三类：① 以水文资料为基础，利用水文状况与渔获量之间的关系进行预报；② 以渔获量统计为基础，即以总渔获量和单位捕捞努力量渔获量为基础，进行分析预报；③ 以鱼类群体生物学指标为基础，并根据其变化揭示群体数量和生物量的变动。方法①和②，完全忽略了鱼类群体状况，没有考虑现象的生物学特征。方法③是以鱼类群体生物学指标为基础，同时也利用渔获量统计和水文资料作为背景指标，而不是作为预报的唯一根据。

1. 以分析水域水文状况为基础

非生物环境的变化是以某种形式影响到生物的生活条件，首先是鱼类繁殖条件和食物保障。渔获量周期性的变动，往往同某一非生物环境因素（热量、水位、江河径流量等）的变化密切相关。同一因素的变化（例如温度）对于不同动物区系的鱼类往往产生完全不同的影响。譬如说北大西洋温度的下降，会对北方区系的鱼类（如鲱鱼和鳕鱼）造成不利的环境条件，但对北极区系的鱼类（北鳕和北极鲽）却是有利的。这点在东北大西洋20世纪60年代末期表现得尤为明显。当时北极区系复合体的鳕鱼和鲱鱼数量，首先因为连续几年的世代的歉产而迅速下降；然而北极区系的毛鳞鱼数量却大大增加。

查明世代丰歉波动与某一环境因素的关系，在一定程度上可以判断经济鱼类群体数量可能变动的情况。无疑，编制鱼类群体数量和生物量变动的长期预报，应该利用水文学的资料。

根据某些水文学指标编制的所谓背景预报，在许多情况下（当鱼类群体数量与所分析的环境因素的相关关系已查明时），能相当清楚地了解水域中发生的变化过程和经济鱼类的生活条件。但水文学预报的误差可能很大。例如波罗的海近底层盐度预报的准确率为78%～88%，那么用这些资料作生物学现象预报的准确率就降低。

假如以水文学为背景预报是长期预报的必需因素，那么企图根据一个或几个水文因子作出每年经济鱼类种群数量和生物量的预报是不可靠的。如北极－挪威鳕鱼种群状况运用此方法预报，就发生过极严重的错误，严重地影响了拖网船队的生产。

以水文学资料编制渔业预报，表面上看起来似乎很简单，不需要进行生物学研究，只需搜集水文、气象和渔获量统计资料就行了。但为了编制可靠的经济鱼类种群数量和生物量的预报，必须有渔获群体状况的资料。渔场分布和渔场移动的预报，可以分析水文学条件为基础，但仍要考虑鱼类资源总量及生物状况。

2. 以渔获量统计为基础

这一方法的基本原理是以渔获量的变动——鱼类群体数量和生物量的变动为基础。这正如所假设的，死亡量由补充量所补偿。在许多情况下把总渔获量的统计分析同单位捕捞力量渔获量的分析结合在一起。在编制经济鱼类群体变动的任何性质的预报时，渔获量（总渔获量和单位捕捞力量渔获量）的统计分析是不可缺少的因素，因此为了编制可靠的预报，必须很好地整理渔获量统计。但这绝不意味着仅仅根据渔获量单一指标就可作出鱼类群体变动的可靠预报。经验证明，仅仅根据渔获量统计来编制预报，曾出现了相当严重的错误，实践证明不能推广。

3. 以鱼类群体生物学指标为基础

这是以分析各世代实力和补充群体与剩余群体比例为基础的预报。若某一捕捞群体（生殖群体），若全部或几乎全部是由补充群体所组成，其数量、生物量和可捕量的预报，主要应以成长中的世代数量多寡和未来发展情况及加入捕捞群体的特点为基础。对于补充群体不及生殖群体半数的鱼类，为了编制准确的预报，同样不仅需要掌握补充群体的未来状况，还要了解在生殖群体和渔获物中占多数的剩余群体未来状况。

（三）按预报内容来分

渔情预报是对未来一定时期和一定水域内水产资源状况各要素，如渔期、渔场、鱼群数量和质量以及可能达到的渔获量等所做出的预报。按照预报内容的不同，可将渔情预报分为三种类型，即关于资源状况的预报、关于时间的预报和关于空间的预报。每种预报的侧重点不同，相应的预报原理和模型也不同。

1. 资源状况的预报

即预报鱼群的数量、质量以及在一定捕捞条件下的渔获量，这种预报主要是中长期的。准确的中长期预报对于渔业管理和生产都具有重要意义，不但渔业管理部门可以将预报结果作为制订渔业政策的参考信息，渔业生产企业也可以根据这些预报合理安排有限的捕捞努力量，在激烈的捕捞竞争中占据优势。目前，关于渔业资源状况的预报模型主要以鱼类种群动力学为基础，数学上则主要采用统计回归、人工神经网络和时间序列分析等方法。

2. 时间的预报

主要包括预报渔期出现的时间和持续的时间等。这类预报不但要求预报者对目标鱼类的洄游和集群状况非常了解，而且需要建立一定的观测手段，实时地了解目标区域的天气、海流、水温结构以及饵料生物情况，结合渔民和渔业研究者的经验来进行预报。随着国内渔业生产模式的改变，渔情预报研究者已从渔业生产一线脱离，因此目前这类预报主要以有经验的渔业生产者的现场定性分析为主，其原理很难进行明确的量化解释，已有的定量研究一般也仅采用简单的线性回归。

3. 空间的预报

空间的预报是预报渔场出现的位置或鱼类资源的空间分布状况，即通常所说的渔场预报。由于渔业资源的逐渐匮乏以及燃油、入渔等成本的不断升高，渔业生产过程中渔场位置的预报变得越来越重要，企业对其实时性、准确性的要求也越来越高。因此渔场位置的预报模型研究相当活跃，国内外大多数渔情预报模型都是渔场的位置预报模型。

二、渔情预报的基本流程

渔情预报的研究及其日常发布工作一般都由专门的研究机构或研究中心来负责。

那里拥有渔况和海况两个方面的数据来源及其网络信息系统，其数据来源是多方面的。如在海况方面，主要来源于海洋遥感、渔业调查船、渔业生产船、运输船、浮标等。在渔况方面，主要来源于渔业生产船、渔业调查船、码头、生产指挥部门、水产品市场等。

　　渔情预报机构根据实际调查研究的结果，迅速将获得海况与渔况等资料进行处理、预报和通报，不失时机地为渔业生产服务。对于渔况海况的分析预报，要建立群众性的通报系统。统一指定一定数量的渔船（信息船），对各种因子进行定时测定，然后将这些测定资料发送给所属海岸的无线电台，电台按预定程序通过电报把情报发送给渔况海况服务中心，或者从渔船直接传递给渔情预报中心。情报数据输入电子计算机，根据计算结果绘制水温等参数的分布图，图上注明渔况解说，然后再以传真图方式，通过电子邮件、网络、无线电台或通信、广播机构发送。一般来说，渔况速报当天应该将收集的水温等综合情报作成水温等各种分布图进行发布。

　　渔业情报服务中心在发布各种渔况、海况分析资料的同时，要举办渔民短期培训班，使渔民熟悉有关的基础知识，以便充分租用所发布的各种资料，有效地从事渔业生产。在渔况海况分析预报工作中，通常都建立完整的渔业情报网，进行资料收集、处理、解析，预报、发布等工作。其预报处理的流程示意图见图 2 - 1。

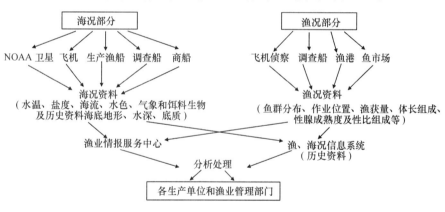

图 2 - 1　渔情预报技术的流程示意图

第 二 节　　渔 情 预 报 技 术 与 方 法

一、渔情预报的指标及筛选方法

（一）渔情预报指标

鱼类与海洋环境之间的关系是一种对立统一的关系。鱼类的集群和分布洄游规律是由于鱼类本身与外界环境（生物环境与非生物环境）条件相互作用的结果。渔情预报实际上就是研究分析和预测捕捞对象的资源量、集群特性和移动分布特征。因此，必须根据有机体与环境为统一体这一原理，查明捕捞对象的资源变动、行动习性、生物学特性以及渔场环境条件及变化，以掌握捕捞对象的行动规律。一般认为，影响鱼群行动规律的生物性或非生物性因素均可成为预报指标。

在开展渔情预报之前和进行过程中，必须采用"三结合"的方法，即生产实践与科学理论相结合、群众经验与科学调查相结合、历史资料与现场调查相结合，多方面大量地收集捕捞对象生物学方面的和渔场环境方面的资料，并有选择地运用资料和群众经验，进行分析研究，找出与鱼类行动分布有密切关系的环境因子（海况、气象和生物学因子）及鱼类生物学特性的变化规律作为预报的指标。

预报指标的选择，因不同捕捞对象而异，即使同一捕捞对象又因其在不同生活阶段具有不同的生活习性而对外界环境条件的要求不同，因而所采用的预报指标也不同。所以，应在搜集整理海况、气象、生物学等环境因子和产量的多年资料以及历年鱼类生物学资料的基础上，找出捕捞对象各生活阶段集群时的最适环境条件及其变化规律，以确定应选择的预报指标。利用所选定的指标和现场调查资料进行分析对比，然后作出预报。

影响鱼类行动的生物性和非生物性指标均可作为渔情预报的指标，一些比较重要的指标有性成熟、群体组成、水温、盐度、水系、风、低气压、降水量、饵料生物等。主要指标分析如下。

1. 性腺成熟度

性腺发育和成熟状况是影响生殖群体洄游和行动变化的主导因素，预示着渔期早晚、延续时间、集群状况和渔场动态等变化。一般来说，性腺成熟度达 III 期，鱼群开始游离越冬场，进行生殖洄游。洄游过程中性腺发育迅速，鱼群到达产卵场初期性腺以 IV 期为主。渔汛期内，性腺成熟度以 IV、V、VI 期为主，其中以 V 期为主时，鱼群最为集中，渔场稳定，渔汛进入盛渔期（旺汛），形成生产高潮。当已产卵鱼（VI 期）比例开始急增时，盛渔期已趋尾声，渔期末期即将来临。因此，性腺成熟度是生殖群体渔情预报的重要指标。

2. 群体组成

群体组成是一个与性腺发育密切关联的指标。由于生殖季节高龄个体的性腺发育早于低龄个体，个体的差异会使开始生殖洄游的时间早晚不一。如小黄鱼大型个体的性腺最早成熟，率先进行生殖洄游和产卵；中型个体次之；小型个体最迟。在洄游路线上的分布是大型个体鱼群在前，小型个体殿后。因此，从小黄鱼越冬鱼群的性腺成熟度和群体组成，可判断生殖洄游的进程。对于群体年龄组成有年变化的种类，这种差别将直接作用于整个群体的行动，形成产卵期和渔期的变化。例如黄海鲱年龄组成年变化大，直接影响到性腺发育期的变化，应用这一指标预测渔期的早晚曾取得令人满意的结果。

另外，群体性组成变化也是一个有用的指标，例如对虾洄游雌雄分群，雌虾在前，雄虾在后，因此可利用渔获物中雄虾的比例来预测渔汛结束的时间。

3. 水温

水温不仅明显地影响个体性腺发育速度，同时也约束群体的行动分布，是重要的非生物性预报指标。例如，根据 4 月上旬表层水温资料，应用直线回归和概率统计分析预测蓝点马鲛的渔期、渔场（韦晟等，1988）。

4. 风情、潮汐、气压、降水、盐度等

在小黄鱼、大黄鱼、带鱼、对虾、毛虾、鲅、鲱、鲐、蓝圆鲹、海蜇等渔情预报中业已证明，这些环境因子都是有用的预报指标。

（二）指标筛选方法

在选择预报因子时，可用以下两种方法加以解决。一是进行一些实验生态研究，弄清影响机制，选定稳定性较好的预报因子；二是进行统计优选，挑出几个相关显著的因子，或对因子进行物理组合，以增强因子的稳定性。但是，因子用得过多，同样会降低预报效果的稳定性，因子个数一般以样本数的 5% ~ 10% 为宜。

在统计分析中，常用线性直线相关系数、时差序列相关、灰色关联度和泛线性法（GLM）等。分别论述如下。

1. 线性直线相关

为了明确渔获量（渔期）与各种环境因子是否有直接的关系，可以采用直线相关分析法，以检查环境指标是否对渔获量（渔期）有显著性，需要通过 F 检验。

$$ r = \frac{\sum (x_i - \bar{x})(y_i - \bar{y})}{\sqrt{\sum (x_i - \bar{x})^2 (y_i - \bar{y})^2}} $$

$$ F = \frac{r^2 (n - 2)}{(1 - r^2)} $$

式中：y 为渔获量（或渔期）；x 为环境因子；r 为相关系数；F 为检验 r 的显著性；$n - 2$ 为自由度。

2. 时间序列相关法

利用时差相关系数法对环境指标进行筛选，其计算方法是以反映渔情情况的渔获量或渔期等作为基准指标，然后使被选择指标（如环境因子）超前或滞后若干期，计

算它们的相关关系。

设 $y = \{y_1, y_2, y_3, \cdots, y_n\}$ 为基准指标，$x = \{x_1, x_2, x_3, \cdots, x_n\}$ 为被选择的指标，r 为时差相关系数，则

$$r_l = \frac{\displaystyle\sum_{t=1}^{n} (x_{t-l} - \bar{x})(y_i - \bar{y})}{\sqrt{\displaystyle\sum_{t=1}^{n} (x_{t-l} - \bar{x})^2 \sum_{t}^{n} (y_t - \bar{y})}} \quad (l = 0, \pm 1, \pm 2, \ldots, \pm L)$$

式中：l 表示超前、滞后期，l 取负数时表示超前，取正数时表示滞后，l 被称为时差或延迟数；L 是最大延迟数；n 是数据取齐后的数据个数。

在时差相关系数中，找出不同时差关系时且满足相关置信度为 0.95 的要求的相关系数，一般取其绝对值为最大的。根据绝对值最大时差相关系数和各指标的实际情况，确定各指标与基准指标的时差相关关系。

3. 相似系数

相似系数是用来描述多维指标空间中现实点和理想点（最优点）之间的差异。假设现实点 X 的空间坐标为 $X = (x_1, x_2, \cdots, x_n)'$，理想点 Y 的空间坐标为 $Y = (y_1, y_2, \cdots, y_n)'$，若现实点和理想点越接近则相似系数 f_{xy} 就越大。通常，相似系数满足条件：$0 \leqslant f_{xy} \leqslant 1$，当理想点和现实点完全重叠时，相似系数为 1。

相似系数主要的计算方法有以下几种。

（1）夹角余弦：

$$f_{xy} = \cos \alpha_{xy} = \frac{\displaystyle\sum_{k=1}^{n} x_k y_k}{\sqrt{\displaystyle\sum_{k=1}^{n} x_k^2} \sqrt{\displaystyle\sum_{k=1}^{n} y_k^2}}$$

（2）相关系数：

$$r_{xy} = \frac{\displaystyle\sum_{k=1}^{n} (x_k - \bar{x})(y_k - \bar{y})}{\sqrt{\displaystyle\sum_{k=1}^{n} (x_k - \bar{x})^2} \sqrt{\displaystyle\sum_{k=1}^{n} (y_k - \bar{y})^2}}$$

4. 灰色关联度

灰色关联分析的基本思路是一种相对排序分析，它根据序列曲线几何形状的相似程度来判断其联系是否紧密。关联分析的实质是对数列曲线进行几何关系的分析。若两序列曲线重合，则关联度好，即关联系数为 1，那么两序列的关联度也等于 1。其关联度的计算公式为：

$$\begin{bmatrix} r_1 \\ r_2 \\ \vdots \\ r_n \end{bmatrix} = \begin{bmatrix} w_1 \\ w_2 \\ \vdots \\ w_m \end{bmatrix} \times \begin{bmatrix} \xi_{01}^1 & \xi_{02}^1 & \cdots & \xi_{0n}^1 \\ \xi_{01}^2 & \xi_{02}^2 & \cdots & \xi_{0n}^2 \\ \vdots & \vdots & \vdots & \vdots \\ \xi_{01}^m & \xi_{02}^m & \cdots & \xi_{0n}^m \end{bmatrix}$$

式中：r_i 为第 i 个海况条件下的灰色关联度；w_k 为第 k 个评价指标的权重，且 $\sum_{k=1}^{m} w_k = 1$ ；ξ_i^k 为第 i 种海况条件下的第 k 个环境指标与第 k 个渔获量（渔期）指标的关联系数。

关联系数的计算过程如下。假定有经过初值化处理后的序列矩阵

$$X = \begin{bmatrix} x_1^0 & x_2^0 & \cdots & x_m^0 \\ x_1^1 & x_2^1 & \cdots & x_m^1 \\ \vdots & \vdots & \vdots & \vdots \\ x_1^n & x_2^n & \cdots & x_m^n \end{bmatrix}$$

式中：x_i^0 为第 i 个指标在诸方案中的最优值；x_k^j 为第 j 海况条件中第 k 个指标的原始数据。

关联系数的计算公式为：

$$\xi_i^k = \frac{\min\limits_{i} \min\limits_{k} |x_k^0 - x_k^i| + \rho \max\limits_{i} \max\limits_{k} |x_k^0 - x_k^i|}{|x_k^0 - x_k^i| + \rho \max\limits_{i} \max\limits_{k} |x_k^0 - x_k^i|}$$

其中 $\rho \in [0,1]$ ，一般取 $\rho = 0.5$。

若灰色关联度越大，说明第 i 个海况条件与渔获量（渔期）指标集最接近，即第 i 个海况条件优于其他海况条件。

5. 一般线性模型（General Linear Model，GLM）

一般线性模型当初主要用于探讨渔业中各种变动因素对资源量的影响。其后 Robson（1966）、Gavaris（1980）和 Kimura（1981）等学者也相继应用于各种渔业的单位捕捞努力量渔获量的标准化。实际上该方法也可作为影响渔情（渔获量、渔期等）各种环境因子的贡献度等方面的分析，从而找出影响渔情的主要环境指标。

GLM 法是假定所有变化因子对 CPUE 的影响程度皆可作为乘数效应，经对数变换后可得一般的线性函数。其一般方程模型为：

$$\ln(CPUE + \text{constant}) = \mu + y_i + s_i + a_k + s_j \times a_k + \varepsilon_{ijk}$$

式中：ln 为自然对数；$CPUE$ 为单位努力量渔获量（如延绳钓渔业中尾数/千钩）；constant 为常数，一般取 0.1；μ 为总平均数；y_i 为第 i 年的资源量效应；s_j 为第 j 时间的时间效应（如季度、月份等）；a_k 为第 k 渔区的效应；$s_j \times a_k$ 为季节及海域的乘数效应；ε_{ijk} 为残差值。

在上述因子项中，我们还可以增加一些环境因子如温度、叶绿素等。同时也可以

根据渔情预报的需要结合实际海域或鱼种，选择一些环境因子，利用泛线性法进行分析和研究。

除了上述方法之外，还有主成分分析、因子分析等数理统计方法和手段。

二、渔情预报模型的组成

一个合理的渔情预报模型应考虑三个方面的内容，即渔场学基础、数据模型和预报模型。其中，渔场学部分主要包括鱼类的集群及洄游规律、环境条件对鱼类行为的影响以及短期和长期的环境事件对渔业资源的影响。数据模型部分主要包括渔业数据和环境数据的收集、处理和应用的方法以及这些方法对预报模型的影响。预报模型部分则主要包括建立渔情预报模型的理论基础和方法以及相应的模型参数估计、优化和验证以及其不确定性分析。

（一）渔场学基础

鱼类在海洋中的分布是由其自身生物学特性和外界环境条件共同决定的。首先，海洋鱼类一般都有集群和洄游的习性，其集群和洄游的规律决定了渔业资源在时间和空间的大体分布。其次，鱼类的行为与其生活的外界环境有密切的关系。鱼类生存的外界环境包括生物因素和非生物因素两类。生物因素包括敌害生物、饵料生物、种群关系。非生物因素包括水温、海流、盐度、光、溶解氧、气象条件、海底地形和水质因素等。最后，各类突发或阶段性甚至长期缓慢的海洋环境事件，如赤潮、溢油、环境污染、厄尔尼诺现象、全球气候变暖，对渔业资源也会产生短期和长期的影响，进而引起渔业资源在时间、空间、数量和质量上的振荡。只有综合考虑这三方面因素的影响，才能建立起合理的渔情预报模型。

（二）数据模型

渔场预报研究所需要的数据主要包括渔业数据和海洋环境数据两类，这些数据的收集、处理和应用的策略对渔情预报模型具有重要影响。在构建渔情预报模型时，为了统一渔业数据和环境数据的时间和空间分辨率，一般需要对数据进行重采样。由于商业捕捞的作业地点不具备随机性，空间和时间上的合并处理将使模型产生不同的偏差；与渔场形成关系密切的涡流和锋面等海洋现象具有较强的变化性，海洋环境数据在空间和时间尺度上的平均将会弱化甚至掩盖这些现象。因此在构建渔情预报模型时应选择合适的时空分辨率，以降低模型偏差、提高预测精度。另外，渔情预报模型的构建也应充分考虑渔业数据本身的特殊性，如渔业数据都是一种类似"仅包含发现"（presence – only）的数据，即重视记录有渔获量的地点，不重视无渔获量的地点的记录。最后，低分辨率的历史数据、空间位置信息等数据的应用也应选择合适的策略。

（三）预报模型

渔情预报模型主要分为三种类型，即经验/现象模型、机理/过程模型和理论模型。现有的渔情预报模型多以经验/现象模型为主。这类模型常见的开发思路有两种：一种以生态位（ecological niche）或资源选择函数（resource selection function，RSF）为理论基础，主要通过频率分析和回归等统计学方法分析出目标鱼种的生态位或者对于关键环境因子的响应函数，从而建立渔情预报模型。另一种是知识发现的思路，即以渔业数据和海洋环境数据为基础，通过各类机器学习和人工智能方法在数据中发现渔场形成的规律，建立渔情预报模型。

总的来说，基于统计学的渔情预报模型以回归为中心，其模型结构是预先设定好的，主要通过已有数据估计出模型系数，然后用这些模型进行渔场预测，可以称之为"模型驱动"（model - driven）的模型。而基于机器学习和人工智能方法的预测模型则以模型的学习为中心，主要通过各种数据挖掘方法从数据中提取渔场形成的规则，然后使用这些规则进行渔场预报，是"数据驱动"（data - driven）的模型。近几十年来，传统统计学和计算方法都发生了很大的变化，统计学方法和机器学习方法之间的区别也已经变得模糊。

1. 渔情预报模型的构建

借鉴 Guisan 和 Zimmermann（2000）关于生物分布预测模型的研究，可以将建立渔情预报模型的过程分为四个步骤：① 研究渔场形成机制；② 建立渔情预报模型；③ 模型校正；④ 模型评价和改进。

渔情预报模型的构建应以目标鱼种的生物学和渔场学研究为基础，力求模型与渔场学实际的吻合。如果对目标鱼种的集群、洄游特性以及渔场形成机制较清楚，可选择使用机理/过程模型或理论模型对这些特性和机制进行定量表述。反之，如果对这些特性和机制的了解并不完全，则可选择经验/现象模型，根据基本的生态学原理对渔场形成过程进行一种平均化的描述。除此之外，无论构建何种预测模型，都应充分考虑模型所使用的数据本身的特点，这对于基于统计学的模型尤其重要。

2. 模型校正（model calibration）

是指建立预报模型方程之后，对于模型参数的估值以及模型的调整。根据预报模型的不同，模型参数估值的方法也不一样。例如对于各类统计学模型，其参数主要采用最小方差或极大似然估计等方法进行估算；而对于人工神经网络模型，权重系数则通过模型迭代计算至收敛而得到。在渔情预报模型中，除了估计和调整模型参数和常数之外，模型校正还包括对自变量的选择。在利用海洋环境要素进行渔情预报时，选择哪些环境因子是一项比较重要也非常困难的工作。周彬彬在利用回归模型进行蓝点马鲛渔期预报研究时认为，多因子组合的预报比单因子预报要准确。Harrell 等（1996）的研究表明，为了增加预测模型的准确度，自变量的个数不宜太多。另外，对于某些模型来说，模型校正还包括自变量的变换、平滑函数的选择等工作。

3. 模型评价（model evaluation）

主要是对于预测模型的性能和实际效果的评价。模型评价的方法主要有两种，一种是模型评价和模型校正使用相同的数据，采用变异系数法或自助法评价模型；另一种方法则是采用全新的数据进行模型评价，评价的标准一般是模型拟合程度或者某种距离参数。由于渔情预报模型的主要目的是预报，其模型评价一般采用后一种方法，即考查预测渔情与实际渔情的符合程度。

三、主要渔情预报模型介绍

（一）统计学模型

1. 线性回归模型

早期或传统的渔情预报主要采用以经典统计学为主的回归分析、相关分析、判别分析和聚类分析等方法。其中最有代表性的是一般线性回归模型。通过分析海表面温度（sea surface temperature，SST）、叶绿素-a（chlorophyll-a，$Chl-a$）浓度等海洋环境数据与历史渔获量、单位捕捞努力渔获量（catch per unit effort，$CPUE$）或者渔期之间的关系，建立回归方程：

$$Catch（或 CPUE）= \beta_0 + \beta_1 \cdot SST + \beta_2 \cdot Chl + \cdots + \varepsilon$$

式中：β 为回归系数，ε 为误差项。一般线性回归模型采用最小二乘法对系数进行估计，然后利用这些方程对渔期、渔获量或 CPUE 进行预报。如陈新军（1996）认为，北太平洋柔鱼日渔获量 $CPUE$（kg/d）与 0~50 m 水温差（℃）具有线性关系，可以建立预报方程 $CPUE = -880 + 365\Delta T$。

一般线性模型结构稳定，操作方法简单，在早期的实际应用中取得了一定的效果。但一般线性模型也存在很大的局限性。一方面，渔场形成与海洋环境要素之间的关系具有模糊性和随机性，一般很难建立相关系数很高的回归方程。另一方面，实际的渔业生产和海洋环境数据一般并不满足一般线性模型对于数据的假设，因而导致回归方程预测效果较差。目前，一般线性回归模型在渔情预报中的应用已比较少见，逐渐被更为复杂的分段线性回归、多项式回归和指数（对数）回归、分位数回归等模型所取代。

2. 广义回归模型

广义线性模型（generalized linear model，GLM）通过连接函数对响应变量进行一定的变换，将基于指数分布族的回归与一般线性回归整合起来，其回归方程如下：

$$g(E(Y)) = \beta_0 + \sum_{i=1}^{p} \beta_i \cdot X_i + \varepsilon$$

GLM 模型可对自变量本身进行变换，也可加上反映自变量相互关系的函数项，从而以线性的形式实现非线性回归。自变量的变换包括多种形式，如多项式形式的 GLM 模型方程如下：

$$g(E(Y)) = LP = \beta_0 + \sum_{i=1}^{p} \beta_i \cdot (X_i)^p + \varepsilon$$

广义加性模型（generalized additive model，GAM）是 GLM 模型的非参数扩展。其方程形式如下：

$$g(E(Y)) = LP = \beta_0 + \sum_{i=1}^{p} f_i \cdot X_i + \varepsilon$$

GLM 模型中的回归系数被平滑函数局部散点平滑函数所取代。与 GLM 模型相比，GAM 更适合处理非线性问题。

自 20 世纪 80 年代开始，GLM 和 GAM 模型相继应用于渔业资源研究中。特别是在 CPUE 标准化研究中，这两种模型都获得了较大的成功。在渔业资源的空间分布预测方面，GLM 和 GAM 也有广泛的应用。如 Chang 等（2010）利用两阶段 GAM（2 – stage GAM）模型研究了缅因湾美国龙虾的分布规律。但在渔情分析和预报应用上，国内研究者主要还是将其作为分析模型而非预报模型。如牛明香等（2012）在研究东南太平洋智利竹筴鱼中心渔场预报时，使用 GAM 作为预测因子选择模型。GLM 和 GAM 模型能在一定程度上处理非线性问题，因此具有较好的预测精度。但它们的应用较为复杂，需要研究者对渔业生产数据中的误差分布、预测变量的变换具有较深的认识，否则极易对预测结果产生影响。

3. 贝叶斯方法

贝叶斯统计理论基于贝叶斯定理，即通过先验概率以及相应的条件概率计算后验概率。其中先验概率是指渔场形成的总概率，条件概率是指渔场为"真"时环境要素满足某种条件的概率，后验概率即当前环境要素条件下渔场形成的概率。贝叶斯方法通过对历史数据的频率统计得到先验概率和条件概率，计算出后验概率之后，以类似查表的方式完成预报。已有的研究表明，贝叶斯方法具有不错的预报准确率。如樊伟等（2006）对 1960—2000 年西太平洋金枪鱼渔业和环境数据进行了分析，采用贝叶斯统计方法建立了渔情预报模型，综合预报准确率达到 77.3%。

贝叶斯方法的一个显著优点是其易于集成的特性，几乎可以与任何现有的模型集成在一起应用，常用的方法就是以不同的模型计算和修正先验概率。目前渔情预报应用中的贝叶斯模型采用的都是朴素贝叶斯分类器（simple Bayesian classifier），该方法假定环境条件对渔场形成的影响是相互独立的，这一假定显然并不符合渔场学实际。相信考虑各预测变量联合概率的贝叶斯信念网络（Bayesian belief network）模型在渔情预报方面也应该会有较大的应用空间。

4. 时间序列分析

时间序列（time series）是指具有时间顺序的一组数值序列。对于时间序列的处理和分析具有静态统计处理方法无可比拟的优势，随着计算机以及数值计算方法的发展，已经形成了一套完整的分析和预测方法。时间序列分析在渔情预报中主要应用在渔获量预测方面。如 Grant 等（1988）利用时间序列分析模型对墨西哥湾西北部的褐虾商业捕捞年产量进行了预测。Georgakarakos 等（2006）分别采用时间序列分析、人工神经网络和贝叶斯动态模型对希腊海域枪乌贼科和柔鱼科产量进行了预测，结果表明时间序列分析方法具有很高的精度。

5. 空间分析和插值

空间分析的基础是地理实体的空间自相关性，即距离越近的地理实体相似度越高，距离越远的地理实体差异性越大。空间自相关性被称为"地理学第一定律"（first law of geography），生态学现象也满足这一规律。空间分析主要用来分析渔业资源在时空分布上的相关性和异质性，如渔场重心的变动、渔业资源的时空分布模式等。但也有部分学者使用基于地统计学的插值方法（如克里金插值法）对渔获量数据进行插值，在此基础上对渔业资源总量或空间分布进行估计。如 Monestieza 和 Dubrocab（2006）使用地统计学方法对地中海西北部长须鲸的空间分布进行了预测。需要说明的是，渔业具有非常强的动态变化特征，而地统计学方法从本质上来讲是一种静态方法，因此对渔业数据的收集方法具有严格的要求。

（二）机器学习和人工智能方法

关于空间的渔场预测也可以看成是一种"分类"，即将空间中的每一个网格分成"渔场"和"非渔场"的过程。这种分类过程一般是一种监督分类（supervised classification），即通过不同的方法从样本数据中提取出渔场形成规则，然后使用这些规则对实际的数据进行分类，将海域中的每个网格点分成"渔场"和"非渔场"两种类型。提取分类规则的方法有很多，一般都属于机器学习方法。机器学习是研究计算机怎样模拟或实现人类的学习行为，以获取新的知识的方法。机器学习和人工智能、数据挖掘的内涵有相同之处且各有侧重，这里不作详细阐述。机器学习和人工智能方法众多，目前在渔情预报方面应用最多的是人工神经网络、基于规则的专家系统和范例推理方法。除此之外，决策树、遗传算法、最大熵值法、元胞自动机、支持向量机、分类器聚合、关联分析和聚类分析、模糊推理等方法都开始在渔情分析和预报中有所应用。

1. 人工神经网络模型

人工神经网络（artificial neural networks，ANN）模型是由模拟生物神经系统而产生的。它由一组相互连接的结点和有向链组成。人工神经网络的主要参数是连接各结点的权值，这些权值一般通过样本数据的迭代计算至收敛得到，收敛的原则是最小化误差平方和。确定神经网络权值的过程称为神经网络的学习过程。结构复杂的神经网络学习非常耗时，但预测时速度很快。人工神经网络模型可以模拟非常复杂的非线性过程，在海洋和水产学科已经得到广泛应用。在渔情预报应用中，人工神经网络模型在空间分布预测和产量预测方面都有成功应用。

人工神经网络方法并不要求渔业数据满足任何假设，也不需要分析鱼类对于环境条件的响应函数和各环境条件之间的相互关系，因此应用起来较为方便，在应用效果上与其他模型相比也没有显著的差异。但人工神经网络类型很多，结构多变，相对其他模型来说应用比较困难，要求建模者具有丰富的经验。另外 ANN 模型对于知识的表达是隐式的，相当于一种黑盒（black box）模型，这一方面使得 ANN 模型在高维情况下表现尚可，一方面也使得 ANN 模型无法对预测原理做出明确的解释。当然目前也已经有方法检验 ANN 模型中单个输入变量对模型输出贡献度。

2. 基于规则的专家系统

专家系统是一种智能计算机程序系统，它包含特定领域人类专家的知识和经验，并能利用人类专家解决问题的方法来处理该领域的复杂问题。在渔情预报应用中，这些专家知识和经验一般表现为渔场形成的规则。目前渔情预报中最常见的专家系统方法是环境阈值法和栖息地适宜性指数模型。

环境阈值法（environmental envelope methods）是最早也是应用最广泛的渔情空间预报模型之一。鱼类对于环境要素都有一个适宜的范围，环境阈值法假设鱼群在适宜的环境条件出现而当环境条件不适宜时则不会出现。这种模型在实现时，通常先计算出满足单个环境条件的网格，然后对不同环境条件的计算结果进行空间叠加分析，得到最终的预测结果，因此也常被称为空间叠加法。空间叠加法能够充分利用渔业领域的专家知识，而且模型构造简单，易于实现，特别适用于海洋遥感反演得到的环境网格数据，因此在渔情预报领域得到了相当广泛的应用。

栖息地适宜性指数（habitat suitability index，HSI）模型是由美国地理调查局国家湿地研究中心鱼类与野生生物署提出的用于描述鱼类和野生动物的栖息地质量的框架模型。其基本思想和实现方法与环境阈值法相似，但也有一些区别：首先，HSI 模型的预测结果是一个类似于"渔场概率"的栖息地适应性指数，而不是环境阈值法的"是渔场"和"非渔场"的二值结果；其次，在 HSI 模型中，鱼类对于单个环境要素的适应性不是用一个绝对的数值范围描述，而是采用资源选择函数来表示；最后，在描述多个环境因子的综合作用时，HSI 模型可以使用连乘、几何平均、算术平均、混合算法等多种表示方式。HSI 模型在鱼类栖息地分析和渔情预报上已有大量应用。但栖息地适应性指数作为一个平均化的指标，与实时渔场并不具有严格的相关性，因此在利用 HSI 模型预测渔场时需要非常地谨慎。

3. 范例推理

范例推理（case – based reasoning，CBR）模拟是人们解决问题的一种方式，即当遇到一个新问题的时候，先对该问题进行分析，在记忆中找到一个与该问题类似的范例，然后将该范例有关的信息和知识稍加修改，用以解决新的问题。在范例推理过程中，面临的新问题称为目标范例，记忆中的范例称为源范例。范例推理就是由目标范例的提示，而获得记忆中的源范例，并由源范例来指导目标范例求解的一种策略。这种方法简化了知识获取，通过知识直接复用的方式提高解决问题的效率，解决方法的质量较高，适用于非计算推导，在渔场预报方面有广泛的应用。范例推理方法原理简单，并且其模型表现为渔场规则的形式，因此可以很容易地应用到专家系统中。但范例推理方法需要足够多的样本数据以建立范例库，而且提取出的范例主要还是历史数据的总结，难以对新的渔场进行预测。

（三）机理/过程模型和理论模型

前面提到的两类模型都属于经验/现象模型。经验/现象模型是静态、平均化的模型，它假设鱼类行为与外界环境之间具有某种均衡。与经验/现象模型不同，机理/过程模型和理论模型注重考虑实际渔场形成过程中的动态性和随机性。在这一过程中，鱼类的行为时刻受到各种瞬时性和随机性要素的影响，不一定能与外界环境之间达到假设中的均衡。渔场形成是一个复杂的过程，对这个过程的理解不同，所采用的模型也不同。部分模型借助数值计算方法再现鱼类洄游和集群、种群变化等动态过程，常见的有生物量均衡模型、平流扩散交互模型、基于三维水动力数值模型的物理 – 生物耦合模型等。如 Doan 等（2010）采用生物量均衡方程进行越南中部近海围网和流刺网渔业的渔情预报研究，Rudorff 等（2009）利用平流扩散方程研究大西洋低纬度地区龙虾幼体的分布，李曰嵩（2011）利用非结构有限体积海岸和海洋模型建立了东海鲐鱼早期生活史过程的物理 – 生物耦合模型。另外一些模型则着眼于鱼类个体的行为，通过个体的选择来研究群体的行为和变化。如 Dagorn 等（1997）利用基于遗传算法和神经网络的人工生命模型研究金枪鱼的移动过程。基于个体的生态模型（individual – based model，IBM）也被广泛地应用于鱼卵与仔稚鱼输运过程的研究。

第三节 基于个体生态模型的研究及在渔业中应用进展

鱼类巨大的资源量、广泛的空间分布和难以准确采样等特点，使生态学家很难进行种群动力学的研究，为此动力学模型在鱼类资源研究中扮演了重要的角色。生态学家越来越多地使用基于个体模型（Individual - Based Model，IBM）来解决生态动力学的问题，在过去一段时间 IBM 在鱼类早期生活史上的应用发展很快，尤其在鱼类种群动态研究中，已成为研究鱼类补充量和种群变动的一个必要工具，被认为可能是研究鱼类生态过程唯一合理的手段。IBM 考虑了影响种群结构或内部变量（生长率等）的大多数个体，能够使生态系统的属性从个体联合的属性中显现出来，IBM 有助于我们加深对鱼类补充过程的详细理解。

传统的鱼类种群动力学模型是基于一些资源补充关系的补偿模型来研究整个资源种群的动态，但自从建立了补充量动力学总体架构后，人们清楚地认识到环境因素不能被忽视，所以 DeAngelis 等（1979）第一个提出 IBM 及其在鱼类中的应用，20 世纪80 年代末期 Bartsch（1988）开发了第一个鱼类物理生物耦合模型，他将个体作为基本的研究单元，重点考虑了环境对个体的影响。

传统的种群动力学模型，是以一个种群内综合个体作为状态变量来代表种群规模，忽略了两个基本生物问题，即每个个体都是不同的个体会在局部发生相互作用，实际上每个个体在空间和时间上都存在差异，都有一个独特的产卵地和运动轨迹，IBM 能够克服传统种群模型的缺点，这也是促进 IBM 发展的原因之一。IBM 的发展很大程度上也得益于 20 世纪 80—90 年代计算机硬件和软件系统具有很强的处理能力和运算速度，从而允许模拟更多个体和属性。目前 IBM 模型在国内近海渔业中的应用还很少见，下面将系统介绍 IBM 的基本理论以及在渔业上的主要研究方法和技术，总结 IBM 在渔业上的研究现状和发展，并对 IBM 在渔业上的应用进行分析和讨论。

一、基本理论

理论上，当用一套参数化的方程来模拟一个特定生态系统的种群动力学时，这就是基于个体的生态模型（IBM）。IBM 以个体为对象，主要是通过参数化描述足够多的过程，如年龄、个体生长及移动、捕食和逃避等，以求提高模式的可预报能力，而不是去追求在生态过程模拟上的深入。

目前建立基于个体模型有两种基本方法：个体状态分布（i - state distribution）和个体状态结构（i - state configuration）方法。个体状态分布方法是将个体作为集体看待，所有个体都经历相同的环境，所有具有相同状态的个体都会有相同的动力学。个体状态结构方法是将每一个个体作为独特的实体看待，个体遭遇不相同的环境，使用这种方法的 IBM 可以包含许多不同的状态变量，在不同时间和空间尺度上捕捉种群动态，探索更加复杂的过程。最近大多 IBM 都使用个体状态结构这种方法，但这种方法需要大量的生物数据，经常被迫使用在种群水平上估计参数，甚至使用简单地平均。

Grimm（1999）研究认为，使用 IBM 主要有两个原因：① 实用主义（pragmatic）原因，目前研究的问题无法用状态模型来解决，一般采用物理和生物的耦合模型来计算；② 范例（paradigmatic）原因，研究使用大部分所知的状态变量模型理论。现阶段大部分研究都是实用主义动机，原因很简单，海洋生物都有它们独特的轨迹漂移和进一步发育为完全的游泳能力的生长初级阶段，这些独特的轨迹研究使用状态变量方法是不能解决的。

IBM 模型强调的个体差异和环境的异质会产生新的性质，即所谓浮现性质（Emergent properties），IBM 模型的浮现性质使得生态模型具有了更强大的功能。其本质是个体生命活动的复杂性和个体相互关系的非线性使得我们无法简单地推测生态系统的发展规律，所以不可能建立通用所有海域和鱼类的 IBM 模型。

IBM 是海洋生物生态 – 物理环境耦合和动力学 – 统计学方法相结合的模型系统，与传统综合模式相比，这些模式在系统变量、时间域和空间域上以离散为主，它们以个体或者空间单元为对象，研究其时间演变和空间运动，从而获得系统的时空格局。因为不同的生长阶段基本在不同的物理环境中，模型中包括空间对研究许多海洋物种是至关重要的。模型一般都有空间要求，隐式或显式的，利用隐式空间的研究不能精确确定仔鱼（包括鱼卵）早期生活阶段在模型区域里的位置，也就是说，个体虽然在环境中生长发育但没有具体位置信息，这些研究不是解决仔鱼卵、稚鱼输运的问题，而是解决了鱼类栖息地选择方面的问题。显示空间的研究试图解释或理解鱼类早期生活阶段从产卵场到育肥场过程中鱼类鱼卵、仔稚鱼的输运、滞留所起的作用。

二、研究方法和技术

大部分海洋生物在海洋环境中都有一个漂浮的生命阶段，在此阶段没有游泳能力去反抗海流，很大程度上是受海流的控制。IBM 模型主要专注生物、生态耦合水动力，研究物理环境（流、温度、盐度、紊动、光等）变化对海洋生物分布、生长和死亡的影响。即把种群看成是个体的集合体，每个个体用它自身的变量（年龄、大小、重量等）表示，某一期的个体又受其他个体及环境影响，这种模型与物理模型相耦合，计算量大，通常被用来模拟某一种类的形态、生长及发展的变化，也可以模拟在物理条件影响下的运动轨迹，有的增加了其他生物种类，用于研究不同种类之间的相互捕食等关系。

　　渔业 IBM 一般由物理生物模型耦合而成（如图 2 - 2），由两部分组成：鱼类早期
生活史的生物模型和三维水动力模型。生物模型使用参数化方法描述海洋鱼类早期生
活阶段的生长和生存动力学；水动力模型要能较好地再现中尺度或大尺度海洋环流，
并且能够提供温盐等重要物理参数的空间分布。耦合后模拟个体和非生物环境之间的
相互作用，使每个个体在时空上都有独特的轨迹、生长和死亡等。

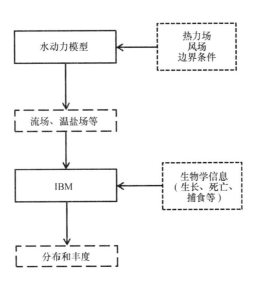

图 2 - 2　渔业 IBM 流程图

　　大多数的物理模型是使用二维或三维数值模拟模型，这些模型大部分由 M2 分潮、
风和入流等环境因素驱动，但也有少量使用一维分析模型。许多早期的模型是基于汉
堡陆架海洋模式（Hamburg shelf ocean model，HAMSOM），并被应用到不同海域。近期
发展的复杂和现实洋流模型使具有空间变化的 IBM 成为研究大尺度海洋生物与环境相
互作用影响十分有用的工具。普林斯顿海洋模型（POM）、区域海洋模型系统（ROM）
及非结构有限体积海洋模型（FVCOM）已被用来作为 IBM 的水动力基础。水动力模型
的水平分辨率影响鱼卵和幼体的轨迹预测，Helbig 和 Pepin（2002）研究水动力模型分
析了时空分辨率对预测鱼卵分布的影响，他们发现观察和预测分布之间有明显偏差，
不可能利用水动力模型完全精确地预测输运分布，即使在模型分辨率高达 3 km 的时
候。一般说来，模型网格尺寸应该足以满足适当水平的混合过程的需要，即要比内罗
斯贝半径小。但需要注意的是现在 IBM 中使用水动力模型的分辨率往往是物理海洋学
家根据不同水动力模型或研究海域特点而定，而不是由生物学家为了最适合解决生态
问题而选择的。
　　既然物理空间是异质的，那么个体运动的规则就显得非常重要，因为不同的规则

能导致个体处于不同的环境中，进而影响个体的一切活动和状态。在个体行为能力相对不强的情况（卵、幼体、浮游生物），可以强迫个体作某种规则的运动，如在静止的水中不运动，在流动的水中随水流运动。但对于运动能力强的游泳动物，如鱼类，就不能做如此简单的处理。大多数有空间特性的 IBM 模型都使用质点跟踪算法在模型区域内进行平流和扩散计算，预测下一时间步长质点的位置，模拟鱼类早期生活阶段的移动轨迹。确定质点位置的方程为：

$$\frac{\mathrm{d}\hat{x}}{\mathrm{d}t} = \hat{v}(\hat{x}(t), t)$$

式中：$\hat{x}$ 是质点在 t 时刻的位置；$\mathrm{d}\hat{x}/\mathrm{d}t$ 是质点在单位时间里的位移；$\hat{v}(\hat{x}(t), t)$ 是流场。公式一般使用龙格－库塔（Runge－Kutta）法进行离散和积分。该方法假设质点是被动漂移的，但鱼卵仔鱼有密度和浮力、生长和死亡，把它们简单地看成被动质点是不切实际的，如果将这些生物属性赋给质点，质点就变成了有生命的个体。然而需要注意的是质点跟踪算法都是数值逼近，不可能捕获小尺度流动特性对仔幼鱼行为或分布的影响作用。

应用质点跟踪有两个实施途径，第一个是指定初始条件，使模型向前运行，预测将来的输运轨迹、分布和丰度。第二个是回溯法（backtracking），运行模式从调查得到鱼卵仔鱼分布和发育年龄作为初始条件，质点在反向流场中移动，向回追溯鱼卵或仔鱼的轨迹以及产卵场的概率分布，这种方法对于推测鱼类产卵场是一个很好的方法，另外在模拟中可以忽略死亡和捕食这些生物细节。

由于实际生态系统中的个体数量很庞大，如果全部个体都进行跟踪计算，会使计算量变得很大，超级个体方法能够克服这个问题。这个方法允许超级个体表示大量的个体生物，虽然在超级个体内有变异的问题，但我们还是假设每个超级个体中的个体都具有相同的属性。对于追踪个体数量的选择，Brickman 和 Smith（2002）建议如果产卵和育肥场基本一致并且都很大，那么只有少数质点和少量的模拟就可以。相反，如果产卵区很大，育肥场地面积小，可能需要更多的质点和大量的模拟。

三、模型应用现状及发展

（一）应用现状

使用 IBM 研究早期鱼类的生活史已证明在很多方面非常有用，主要研究龙虾、贝类、石鱼等这些早期幼体具有很强的被动漂移性、成体基本不移动的种类，通过海流漂移到的地方基本上就是它们一生的栖息地，再结合幼鱼的生长发育可以直接研究连通性和补充量的问题。对游泳能力强的鱼类，主要是模拟早期的生长阶段，利用鱼卵仔鱼的被动漂浮特性来研究其输运方向和进入育肥场的情况，间接地研究补充量和连通性问题。部分渔业 IBM 研究应用类型见表 2-1。在国内，IBM 模型在渔业上应用的比较少，陈求稳等（2009）应用 IBM 做了鱼类对上游水库运行的生态响应分析，李向心对基于个体发育的黄渤海鳀鱼种群动态模型进行研究。

表 2-1 部分渔业 IBM 研究应用类型

类型	重点研究	海域	鱼种	文献
输运相关	从产卵场到育肥场输运	北海，欧洲	鲱鱼	Bartsch 等（1989）
		北极东北	比目鱼	Adlandsvik 等（2004）
		罗弗敦，挪威	鳕鱼	Ådlandsvik，Sundby（1994）
		北海，欧洲	鳕鱼	Heath，Gallego（1998）
		比斯开湾，欧洲	鳀鱼	Allain 等（2001）
		阿兰瑟斯帕斯湾，墨西哥湾	鲑鱼	Brown 等（2004）
		波罗的海	鳕鱼	Voss 等（1999）
	滞留研究	本吉拉北部，安哥拉	沙丁鱼	Stenevik 等（2003）
		温哥华西南，加拿大	– –	Foreman 等（1992）
		乔治湾，美国	鳕鱼	Werner 等（1993）
		乔治湾，美国	鳕鱼	Page 等（1993）
		新斯科舍，加拿大	鳕鱼	Brickman 等（2001）
	物理因素的影响	乔治湾，美国	扇贝	Tian 等（2009）
		乔治湾，美国	鳕鱼	Lough 等（1994）
		雪利可夫海峡，阿拉斯加	狭鳕	Hermann 等（1996）
		奥克拉科克，北卡罗来纳州	鲱鱼	Rice 等（1999）
	鉴别产卵地	切萨皮克湾，美国	鲱鱼	Quinlan 等（1999）
		美国东海岸	鲱鱼	Hare 等（1999）
		美国东海岸	鲱鱼	Stegmann 等（1999）
		东南澳大利亚	鳕鱼	Bruce 等（1999）
	种群连通性	加勒比海	岩礁鱼类	Cowen 等（2006）
		乔治湾，美国	扇贝	Tian 等（2009）

类型	重点研究	海域	鱼种	文献
生长死亡相关	温度、食物相关生长	北海，欧洲	鳕鱼	Heath，Gallego（1997）
		新斯科舍，加拿大	鳕鱼	Brickman，Frank（2007）
		乔治湾，美国	鳕鱼	Lough 等（2005）
		东北大西洋	鲐鱼	Bartsch，Coombs（2004）
	生物能量消耗和转化	阿拉斯加湾	鳕鱼	Hinckley 等（2001）
		乔治湾，美国	鳕鱼	Werner 等（2001）
	温度、体重、体长相关亡率	本吉拉南部，安哥拉	鳀鱼	Mullon 等（2002）
		本吉拉南部，安哥拉	鳀鱼	Mullon 等（2003）
		布朗斯湾，美国	鳕鱼	Brickman，Smith（2002）
	饥饿死亡率	波罗的海	鲱鱼	Reiss 等（2000）
		阿拉斯加海域	狭鳕	Hinckley 等（1996）
		波罗的海	鳕鱼	Hinrichsen 等（2002）
捕食相关	觅食选择性	—	太阳鱼，鳀、鲐、鲱鱼	Werner，Hall（1974）；Crowder（1985）
		乔治湾，美国	鳕鱼	Fikse，MacKenzie（2002）
	湍流对仔幼鱼捕食影响	乔治湾，美国	鳕鱼	Werner 等（1996）
		雪利可夫海峡，阿拉斯加	鳕鱼	Megrey，Hinckley（2001）
		实验室	鳕鱼	Galbraith 等（2004）
		—	鳕鱼	Mariani 等（2007）

从表 2 - 1 中可以看出，虽然 IBM 在世界范围内广泛地应用，但研究的鱼类大部分是商业价值高的鳕鱼、鲱鱼类，主要研究区域集中在阿拉斯加陆架、美国东北岸和欧洲北部沿岸 3 个海域。IBM 在渔业上应用的目标是寻求解释和预测渔业种群的补充量，按其应用的侧重点不同分为鱼卵与仔稚鱼输运、鱼类生长死亡、鱼类捕食 3 种类型，前两类研究在渔业生态学上都有很长的历史。这些研究中有的包含很少或没有生物过程；有的则结合大量的仔幼鱼生物学特性，但空间分辨率不高；当然还有一些研究两方面结合来进行。在这三大类中许多研究一般都引入了物理场，意味着渔业 IBM 都考虑物理因素，所以生物数据相对粗糙，目前为止，IBM 应用最多的是在鱼卵与仔稚鱼运输相关的研究方面。

（二）鱼卵与仔稚鱼输运过程的研究

利用复杂海洋环流模型获取现实相关的时空尺度（一般中尺度），流场携带生物体输运通过一个具有空间异质性场，确定海洋生物漂浮阶段在流场中拉格朗日轨迹或路径是 IBM 应用最多的方式，也是最基础性的研究，对后续的深入研究影响很大。

1. 从产卵场到潜在育肥场输运的时空路径的研究

这类研究最先开展，一般都会模拟出和观测相吻合的输运路径和分布，并会结合一些简单的生长过程，得出一些区域或栖息地是适合生长的，而另一些区域则不然，并得出仔幼鱼输运到合适育肥场的重要性。Voss 等（1999）使用 IBM 解释鳕鱼仔鱼的漂移和浮游鱼类调查的对比研究。Mullon 等（2002）测试关于产卵地点输运到产卵地的补充研究。

2. 鱼卵仔鱼滞留的相关研究

在这方面 Werner 等（1993）做了开创性的工作，在乔治湾鳕鱼鱼卵输运就是一个明显的例子，Werner 等（1993）使用 S 坐标、有限元模型自适应网格模拟春天美国东北部陆架海流，在模型中代表鳕鱼鱼卵的被动质点在春季被释放在 1 m、30 m 和 50 m 水深处，从 IBM 计算的结果清楚地显示只有 50 m 处释放的卵滞留在海湾，在释放 90 天后，完全移动到湾的西北边。

3. 物理因素影响仔幼鱼种群分布的研究

在研究中显示物理过程对海洋鱼类种群波动有很大作用，对于许多海洋鱼类早期生长的漂浮阶段，中尺度和大尺度的洋流会影响一个世代。特别是该海区具有较强变化的海流时，幼鱼的漂移轨迹可能大相径庭，仔幼鱼接触环境（如温度、盐度、捕食者和猎物）的不同将会导致其具有不同生长和生存状态。这种情况下，海流对决定个体生存概率变得非常重要，海流既可以通过水平流输运早期幼鱼到育肥场来直接作用，也可以通过湍流来决定幼鱼的捕食概率间接的作用。Tian 等（2009）利用 FVCOM 海洋模型提供三维物理参数，结果显示幼体长距离地向南输运主要依靠新斯科舍流、气候动力等。

4. 鉴别产卵地的研究

Quinlan 等（1999）使用 IBM 找出大西洋鲱鱼潜在的产卵地点，该鱼沿着美国中大西洋沿岸补充到河口地区。Quinlan 等（1999）估计补充到三个潜在育肥场（特拉华湾、佛里湾和切萨皮克湾）的补充群体在同一地点产卵，不同年龄的仔幼鱼进入不同的育肥场。也就是说，如果具有相同年龄且相同日期补充到三个不同的育肥场的仔幼鱼应当来自不同的产卵地点。

5. 种群连通性研究

Tian 等（2009）建立 IBM 模型，研究缅因湾扇贝各区域间的联通和补充情况，他将扇贝分成卵、轮幼虫、软幼虫、具足面盘幼体 4 个漂浮期和幼鱼、基本成体和成体 3

个水底不动阶段，文章指出在乔治湾和南部海峡两个产卵地之间有很大比例的种群交换和联通。

水平流的产生对鱼卵仔鱼的输运影响很大，大部分研究只包含水平方向的应用。个体在水层中的位置可能对它后续的漂移地点产生重大的影响，个体在水层中垂向的位置的变动主要由三个方面决定。

（1）质点跟踪过程中进行物理混合过程（混合过程尺度小于水动力模型网格尺寸）造成的，现在逐渐得到认可。高计算效率欧拉（海洋模型）和拉格朗日（质点追踪模型）之间的联合可以使用随机游走（random walk）方法来实现由湍流造成质点的位置变动，使质点在垂向不在确切的位置上。但现在无法从数学模型上精确地描述海水湍流混合过程，由物理模型计算的湍流以及由此产生的个体随机游走过程，需要进一步研究。

（2）来自纯物理的原因，卵和仔幼鱼的垂向浮力造成的垂向移动。

（3）仔幼鱼的垂向主动移动，通过微小的活动能力控制它们在水层中的位置。通常包含了年龄相关的垂向移动，光也被常用作为垂直迁移行为的起因。对于没有明显水平输运的鱼类，通过光、温度和食物密度影响的垂直移动也对生长和生存起到了重要的作用。因为大多数的模型假设在水平方向都是被动漂移的，水平方向的横向游泳对输运的影响没有进行充分的研究，但幼虫垂直游泳行为可以严重地影响输运，因此，生物物理模型应包含垂直运动来代替假设模拟幼虫是被动的（无生命的）颗粒。

输运相关的这些研究中一般忽略生物因素如喂食、捕食等，但一般包含简单的温度或食物相关的生长过程。虽然缺乏关键生物变量，但利用空间明确的简化形式 IBM 已被明确作为在理解海洋环境影响海洋生物上迈开必要的第一步。

（三）鱼类生长与死亡

模型要求对鱼类早期阶段生长和发育进行参数化。生长是生物能通过体长和年龄变化体现出来的浮现属性，生长与死亡相关的研究一般给出拉格朗日质点生物学特点，生长依赖于所漂移到的环境。早期生活史给出体长的参数化，这是 IBM 预测生长过程常用的方法。

温度和体长通常作为主要相关关系，一种预测生长的方式是根据由水动力模型的温度来预测生长，不考虑食物的限制因素，不需要模拟捕食种群，用这种方法主要取决于物理模型的精度和生长过程参数化的正确性。但有一些模型也将食物作为生长的限制性因素，在 IBM 中同时也引入根据现场观测饵料场浓度。Bartsch 和 Coombs（2004）使用卫星反演的海洋表面温度和叶绿素场来求得溞类的丰度，利用温度和食物两方面相关的经验公式预测生长。另一种是在模型中增加了复杂的捕食过程和生物能模块，模拟生物能量消耗和转化过程，根据捕食满足基本的新陈代谢后，剩余能量的分配来完成生长，这样做的好处可以直接连接饵料场和环境来预测生长，同时也是此类研究的核心特征。

鱼类早期生命阶段生存是生长和死亡平衡关系结果，鱼类早期生活阶段很容易死亡，一些 IBM 模型中由于不研究补充量，不考虑卵和仔鱼的死亡率，但大多数模型使用一般随温度或随体重、体长变化的经验关系表示死亡率。另一些研究仅考虑饥饿死亡率而不考虑直接捕食死亡率，这类研究的生存率依赖于初始的捕食和后续食物供给的变化，会得出鱼类早期生活史中适合的饵料支撑了生长的结论，这类研究同样依赖空间产生的差异性，例如模型中生长、生存的变化来自于空间分布上的温度或饵料场不同。另外幼虫的行为也会影响生长、死亡，例如垂向位置的移动会影响光依赖捕食和被捕食风险。

（四）鱼类捕食

不是所有的模型都包括捕食或生长过程，但一般捕食过程包括空间特性和某种程度猎物选择性过程，并提出捕食在早期生活不同阶段和不同环境条件的重要性。

1. 捕食机制的研究

一些使用简单的捕食过程，主要研究觅食选择性，生长快且一直捕食的动物可能在食物选择上有优势或能更快地进入到幼鱼阶段。Werner 等（1996）用经验公式模拟搜索和捕食过程，通过仔幼鱼的游泳速度和能够到达的距离计算搜索范围，物理因素（湍流，光）被用作确定搜索区域的参数，这区域乘以猎物密度转换成单位时间内遇到的猎物的概率。此类模型的关注重点是动物怎样生长，最终揭示体长－捕食条件下的增长率变化。另一些模型包括了非常详细的捕食机制，包括参数化的仔幼鱼捕食者和被捕食者之间的逃避、遭遇和捕食过程，如 Fiksen 和 MacKenzie（2002）模拟了捕食过程中的遭遇和捕获等详细过程，其中包含光、湍流、猎物大小和漫游、捕食习性等。

2. 湍流对仔幼鱼捕食影响的研究

此类模型可以更好地理解湍流混合增强捕食的过程。这类研究主要集中在 1 mm ~ 1 m 小尺度过程范围内，其中 Rothschild 和 Osborn（1988）做了湍流影响仔幼鱼索饵和生长的开创性研究，小尺度物理过程结合捕食逐渐变成了主要的仔幼鱼动力模型。Werner 等（2001）认为小尺度湍流对仔鱼捕食很重要，湍流对捕食的主要影响是对捕食者的大小和感知猎物的敏感性。然而，这种方法面临的问题是该方法需要的尺度比水动力模型最小水平分辨率小 2 ~ 4 个数量级。另外许多研究中的重点问题是浮游捕食者与猎物之间遭遇过程通常很难理解和参数化。

这类研究也有被用来探索其他空间相关的捕食者和猎物之间的相互作用。例如，仔幼鱼能够根据湍流的局部变化，有效地增加或减少搜索范围。这就要求模型不仅仅要考虑空间分布的生物因素，同时也要考虑某些非生物环境因子。Werner 等（1996）给出了一个大尺度和小尺度物理因素影响补充量的例子，通过修改最小尺度的湍流来测试捕食场环境对生长和生存的影响，研究发现幼虫存活率高的区域恰好与乔治湾水下水动力特强区域吻合，幼鱼在这些较小的区域里存活率的增加是由于潮汐底边界层内湍流提高捕食的接触几率和有效的饵料浓度。

四、展望与分析

综上所述，近年来 IBM 在渔业上的应用基本上都是在耦合三维物理场的背景下进行鱼类的生长史模型的研究，主要是物理环境对鱼卵仔鱼分布的影响以及对生长死亡的影响，最终导致对补充量的影响。在生态模型动力学模块中一般包括：生长、死亡、行为。一般个体的生长是依靠温度和食物的，有的包括索饵和新陈代谢过程。如果不考虑幼鱼丰度以及补充量的研究，那么死亡率就不是很高。索饵类型和几率受湍流和选择性影响的。因为水平漂移直接影响分布，水平漂移尤其对温度敏感的鱼类更重要。产卵场的位置和产卵时间确定很重要，对模拟结果影响很大，如果对幼鱼的丰度有要求，就要提供比较精确的产卵母体的繁殖力和死亡率。初始场个体垂直分布以及个体的垂直移动对模拟结果也有一定的影响，在某些研究区域可能还影响很大。未来 IBM 将深入研究鱼类的成长、捕食、补充量、资源结构、气候变化影响的机制问题。IBM 有潜力提高预测的种群变化和生态系统动力学，促进我们了解重要的生物物理过程，并能为最优调查或海洋保护区的设计和评估提供帮助。

IBM 中包含具有高分辨率时空特性的水力学和种群动力学（非静态）将会是未来的发展趋势，稳定高度参数化数值模型的发展将会更加精确地再现幼鱼的输运和分布。模型的日趋空间化，并包含了更多的生物细节，多物种和多代模型将允许进一步探究相互作用，最终了解鱼类补充过程。IBM 耦合 NPZ 模型已经被开发出来，使为 IBM 中提供具有时空分布的食物场成为可能。另外如果要精确研究捕食问题，需要开发包括多重营养级模型，这毫无疑问是很困难的，但也是将来必须要解决的问题。

模型正向着结构愈来愈复杂的方向发展，仍不能全面地反映实际海区中发生的主要过程，模型的预测与观测数据间的一致性是至关重要的，但观察和模拟相吻合并不意味模型的机理等同于现场的过程。另外过度地追求生物过程的完整性和与观测资料的拟合程度，会造成这一学科的研究停滞不前；许多模型的经验参数是在特定的环境条件下得到的，通常这些参数和公式是不具备普遍适用性的，模拟结果仅能在某一时段内与实际值有良好吻合，使用时应了解模式的假设。

近年来，我国 IBM 模型在渔业上的应用不多，原因首先是渔业和海洋学科交叉不够，合作不够，渔业学家获取不到物理场，因而遏制了渔业 IBM 的应用；其次我国对近海鱼类早期生活史研究不够深入，这对应用 IBM 模型中的参数化过程是一大阻碍。

为此，建议我国应该开展多学科的跨领域合作，如海洋生物学、物理海洋学、计算机技术等学科的合作，渔业资源调查、海洋观测、计算机模拟等领域结合，以较完整的物理过程为基础，从简单的生物过程开始，一步一个脚印地研究近海物理场与海洋生物场的耦合关系，同时利用充足的实验和观测数据，提高 IBM 模型的实用性，使 IBM 在我国近海鱼类早期生活史研究中能够尽快发展起来，增进我们对鱼类种群早期生态过程和补充量过程的了解，为开展基于生态系统的渔业资源评估与管理提供基础。

第四节　　高新技术在渔情预报中的应用

一、遥感在渔情预报中的应用

海洋环境是海洋鱼类生存和活动的必要条件，每一环境参数的变化，对鱼类的洄游、分布、移动、集群及数量变动等会产生重要影响。渔场分析和预报需要一定的时效性。遥感是大面积、快速、动态地收集海洋生态系统环境数据的工具，能够获取大范围、同步、实时和有效的高精度渔场环境信息，可极大地丰富渔场研究分析的手段，因此利用遥感数据，可以探求这种时空分布与行为同环境变化的响应关系，建立相应的模型，从而对渔情（渔场分布，渔汛迟早，渔汛好坏等）做出预报。

运用海洋卫星遥感用卫星观测海洋环境的发展大致可分为三个阶段：第一阶段为探索实验（1970—1978 年），主要为载人飞船试验和利用气象卫星（TIROS‐N，DMSP 系列卫星和 GOES 系列卫星等）、陆地卫星（Landsat 系列等）探测海洋学信息。这一阶段海洋遥感学者开始运用气象卫星和陆地卫星获取的数据分析海洋环境信息，并运用到海洋渔场分析和预报的研究中。然而，气象卫星和陆地资源卫星有其自身的特点，不能完全代替海洋卫星。第二阶段为实验研究阶段（1978—1985 年）。在该阶段美国发射了一颗海洋卫星（SeaSat‐A）和一颗云雨气象卫星（NIMBUS‐7），该卫星上载有海岸带水色扫描仪（CZCS），丰富了海洋环境信息，海洋学界学者们对利用海洋卫星遥感研究海洋学和海洋生物资源的兴趣进一步增强。1983 年美国海洋咨询委员会（The Sea Grant Marine Advisory Service）和罗得岛大学的海洋研究所（The Graduate School of Oceanography，University of Rhode Island，URI）运用 AVHRR 反演的 SST 数据对整个海区温度、感兴趣的海域的温度和全海区水平温度梯度进行研究分析，并制作产品图像分发给渔民，减少了渔船寻鱼时间。第三阶段为研究应用阶段（1985 年至今），世界上已发射许多颗海洋卫星，如海洋地形卫星（Geosat，Geo‐1，Topex/PoseidoN 等），海洋动力环境卫星（ERS‐1，ERS‐2，Radarsat 等），海洋水色卫星（SeaSat Rocsat，KOMP-SAT 等）。

近年来随着遥感技术不断向高光谱遥感和高空间分辨率遥感方向发展，海洋遥感反演的数据精度有较大幅度的提高，能够提供更加丰富的海洋环境信息，如海洋表面温度（SST）、海洋水色如叶绿素（Chl - a）浓度、海洋表面盐度（SSS）和海洋表面动力地形（如海洋表面高度，SSH）等，为海洋渔场研究和渔情分析提供了广阔的应用空间。

（一）遥感在渔场与海洋环境关系分析中的应用

1. 海洋水温

水温是影响鱼类活动最重要的环境因子之一，鱼类的分布、洄游迁移和集群等会直接或间接地受到环境温度的限制。海洋鱼类均有一定的适宜温度区间和最适宜温度，因此水温是分析海洋环境与鱼类生活习性、资源丰度等最重要、最常用的环境要素。海洋表面温度（SST）对栖息在海洋混合层的中上层鱼类渔场分布的影响较大。目前利用海洋卫星遥感反演 SST 的技术比较成熟，其精度在 0.5 ~ 0.8℃。根据 SST 数据可以获得丰富的物理海洋学信息，如表温空间分布、温度锋面、温度距平、表层水团和厄尔尼诺现象等，这些水温指标可以从不同角度表征渔场的分布。Herron 等（1989）运用来自先进高分辨率辐射计（Advanced Very High Resolution Radiometer，NOAA/AVHRR）传感器的 SST 遥感影像对 1985—1987 年每年 4 月和 5 月墨西哥湾的海湾银鲳中心渔场研究，发现其中心渔场和低叶绿素的离岸暖水与陆架波折区域的高叶绿素的冷水形成的锋面存在一定的空间关系，并指出相比较在远离陆架波折锋面逐渐减弱或者消散的区域，在锋面区域银鲳的捕捞量较高。Thayer 等（2008）利用 1985—2003 年来自 AVHRR 传感器的 SST 数据，对在北太平洋海域作为角嘴海燕（*Cerorhinca monocerata*）摄食对象的新西兰鳀（*Engraulis* spp.）、太平洋玉筋鱼（*Ammodytes* spp.）、太平洋毛鳞鱼（*Mallotus* spp.）和美洲鲆（*Sebastes* spp.）等鱼群随着当地海温年际变动的同步性进行分析，发现北太平洋东部的鱼群资源变动和 SST 的年际变动有较好的关联，西部则没有显著联系。此研究用角嘴海燕群落来指示鱼群的分布状况有一定的生物学依据，但对角嘴海燕群落的变动与鱼群变动是否具同步性未作实验性研究。Andrade 等（1999）运用单位捕捞努力量（CPUE）作为鱼类资源丰度的指标，对 1982—1992 年巴西南部海域的鲣鱼（*Katsuwonus pelamis*）资源密度随 SST 的季节和年变化进行分析研究，发现研究区域鲣鱼的月平均单位捕捞努力量和月平均海洋表面温度存在显著的季节性变化规律，对 CPUE 和 SST 交叉相关分析表明 CPUE 距平的波动比 SST 距平的波动提前 1 个月。胡奎伟等（2011）对 1983—2007 年中西太平洋海域的围网鲣鱼丰度的年际变动和月际变动与 SST 的关系研究表明，鲣鱼的年平均 CPUE 和平均 SST 总体无显著关联，但存在明显的季节变化特征。Andrade（2003）对巴西南部海域鲣鱼资源的季节变化作进一步研究，认为巴西暖流的季节变动伴随温度锋面的变化，从而导致鲣鱼在陆架坡折附近海域的浅层温跃层集群的变动，进而影响作业渔场的鲣鱼资源变动。牛明香等（2012）基于 GIS 利用 1986—2010 年间的 SST 数据结合底拖网调查数据，对黄海中南部海域越冬鲲鱼年际空间分布变化规律进行分析研究，表明 1986—2010 年间鲲鱼渔场的年际空间分布变化较明显，并认为越冬鲲鱼渔场重心的经向变化受到 SST 影响，SST 主导其在空间分布上的年际变化。

在海洋表面温度场中，温度水平梯度最大值的狭窄地带通常是冷暖水团交汇的过渡区域，从而形成温度锋面（也称流隔）。由 SST 数据生成的温度等值线图可以直观地识别流隔，等值线较为密集的狭长带即为温度锋面。温度锋面附近通常会形成涌升流，其携带的丰富的营养盐为浮游生物提供繁殖生长条件，从而形成高生产力区域。Yuichiro 等（2009）对 2001 年 9 月和 2005 年 4—5 月日本东部海域预报的 SST 温度场和船队捕捞日志记录的鲣鱼渔场分布对比分析，发现作业区域的温度水平梯度在 0.1℃，并认为鲣鱼的偏好温度区间随着季节和海况的变化而有所差异。Liao 等（2006）对中国东南海域的鱿鱼渔场的海况分析表明，鱿鱼的 CPUE 和温度锋面相对沿岸的最小距离和涌涡的尺度均呈正相关，研究认为鱿鱼渔场季节变动不仅受到黑潮（Kuroshio）的影响，还与中国东南海域的海洋环境状况（如台风等）有关。海洋水温空间场大尺度的变化异常往往能够指示重要的海洋事件，如厄尔尼诺－南方涛动（ENSO）和拉尼娜等现象。ENSO 现象发生时，东南信风的减弱导致赤道太平洋海域大量暖水流向赤道东太平洋，从而引起太平洋西部的水温下降，东部水温上升。ENSO 现象伴随的暖水层大范围的变动以及气候条件的变化会对渔场资源量和渔场分布产生重要的影响。李政纬等（2005）和郭爱等（2010）在此基础上，分别运用太平洋共同秘书处（SPC）1°×1° 和 5°×5° 空间分辨率的金枪鱼围网数据对中西太平洋鲣鱼的资源分布进行研究；李政纬等（2005）运用经验模态分解法（EMD）分析 1994—2004 年单位渔区的月平均 CPUE 经度重心的月际变化与 SOI 指数、29℃ 东界的相关性，发现中西太平洋 29℃ 东边界领先于月平均鲣鱼 CPUE 经度重心 5 个月有一最大正相关，SOI 指数则领先 6~10 个月时与平均 CPUE 有一最大负相关。郭爱等（2010）利用 Nino3.4 区的海表温异常值（SSTA）作为 ENSO 的指标，对 1990—2001 年间的年平均产量经度重心和 ENSO 指数年变动进行交叉相关分析表明，高产经度重心、平均经度滞后 ENSO 指标一年呈最大负相关。李政纬等（2005）和郭爱等（2010）的研究结论从不同角度佐证了 Lehodey 等（1997）的研究结果，但二者存在一定的差异，其差异来源于：① 渔业数据空间分辨率不同；② 计算经度重心的指标不同；③ 研究的时间序列和时间分辨率不同；④ 相关性分析的方法不同。

2. 海洋水色

利用遥感获取海洋水色信息是通过机载或星载的传感器探测与海洋水色有关的生物学和非生物学参数（如 Chl-a 浓度、悬浮物、可溶有机物、污染物等）的光谱辐射信息，经过大气校正后运用生物学光学特性反演海水叶绿素浓度、可溶有机物等海洋环境信息。目前近海的水色信息可以从海岸带水色扫描仪（Coastal Zone Color Scanner，

CZCS）传感器获得；海洋广角观测水色仪（the Sea – viewing Wide Field – of – view Sensor，SeaWIFS）和中分辨率成像光谱仪（the Moderate Resolution Imaging Spectroradiometer，MODIS）能够提供全球所有水域的水色信息，是目前海洋水色遥感运用最为广泛的两个传感器；2002 年中国发射了第一颗海洋试验性业务卫星 HY – 1A，在 5 年之后又发射 HY – 1A 的后续星 HY – 1B；HY – 1 系列卫星均搭载了十波段海洋水色扫描仪（the Chinese Ocean Color and Temperature Scanner，COCTS），主要为实时观测中国近海（渤海、黄海、东海、南海）和日本海及其海岸带区域的水色要素；中国已于 2011 年 7 月发射一颗 HY – 2A 卫星，有效载荷为 3 个微波遥感器，主要用来观测海面矢量风、海表温度和海面高度等信息。利用遥感反演的海洋水色浓度，特别是 Chl – a 浓度能够反映海洋中浮游动植物的分布状况。研究表明，Chl – a 质量浓度在 $0.2\ mg/m^3$ 以上的海域具有丰富的浮游生物存量，在这些区域可以形成捕捞作业渔场。运用 Chl – a 浓度的遥感影像通过人工目视解译可以提取海洋动力环境特征性信息，如流场和流态等信息，同样可以指示海洋渔场的分布。

Leming 等（1984）指出："搭载在 Nimbus 7 卫星平台的 CZCS 传感器观测到的海表面叶绿素和温度似乎与低氧状况存在一定的联系"，"利用遥感观测有助于海洋低氧条件的反演，在为捕捞策略和渔业管理提供丰富的海洋信息方面有重要的应用价值"。Fiedler（1997）运用来自 AVHRR 的 SST 数据和 CZCS 的水色数据对 1983 年 8 月南加利福尼亚海湾的长鳍金枪鱼（*Thunnus alalunga*）和鲣鱼索饵场进行分析，发现两种鱼群的摄食集群均与海洋锋面有关；长鳍金枪鱼会聚集在具有高生产力的涌升流中心区域，其摄食状态会随着离锋面距离远近而有所差异；鲣鱼往往会在较冷的高生产力水域摄食，并指出在厄尔尼诺期间鲣鱼会由于暖水温的变化异常洄游到南加利福尼亚海湾。Mugo 等（2010）运用遥感技术对西北太平洋的鲣鱼栖息地特征进行了分析，通过广义可加模型（GAM）对栖息地各环境因子海洋表面温度（SST），海洋表面叶绿素（SSC），海洋表面高度异常（SSHA）和涡动力能量（eddy kinetic energy，EKE）及各因子之间的交互效应进行评价，认为 SST 是影响鲣鱼洄游最重要的指标，其次是 SSC；并指出黑潮锋面贫营养一侧和黑潮续流是西北太平洋鲣鱼栖息地重要的特征，中尺度涡流也是形成鲣鱼栖息地的重要因素。沈新强等（2004）结合水温、盐度数据对北太平洋柔鱼渔场 Chl – a 浓度的分布特点进行分析，认为 Chl – a 浓度可以作为柔鱼渔场重要的参考因子。杨晓明等（2006）运用 Chl – a 浓度、SST 数据和来自微波散射计 QuickScat 的风场数据对 2009 年 9—11 月的西北印度洋鸢乌贼（*Sthenoteuthis oualaniens*）渔场形成机制进行探讨，发现鱼群往往聚集在 SST 梯度和 Chl – a 梯度较大的狭窄区域，并认为涌升流附近的低压扰动有利于中心渔场的形成。

海洋 Chl – a 浓度不仅能够指示浮游生物的存量和海洋动力环境特征，而且可以结合光照条件等通过相关的遥感反演算法估算海洋初级生产力。海洋初级生产力的大小能反映海洋浮游植物光合作用速率，因此从某种意义上讲，海洋初级生产力的大小是决定海洋生物存量、分布和变化的根本原因。运用遥感估算海洋初级生产力时，首先需要根据水体光学性质对水体进行分类。通常可将大洋水体分为Ⅰ类水体和Ⅱ类水体。作为Ⅰ类水体的深海水体光学特性是由水体中的浮游植物及其分解时产生的碎屑物质决定，因此运用 Chl – a 浓度反演Ⅰ类水体初级生产力的精度较高；目前结合 Chl – a 浓度运用 VGPM 模型计算Ⅰ类水体的真光层以上区域的海洋初级生产力可以获得较高的精度。Ⅱ类水体的光学特性不仅与浮游植物及其分解时产生的碎屑物质有关，还与无机悬浮物和黄色物质（溶解有机物）有关，由于其光学特性的复杂性给海洋初级生产力的定量反演带来困难。

大洋初级生产力的评估有利于理解海洋生物尤其是海洋鱼类在海洋生态动力系统中所扮演的角色。Lehodey 等（1998）结合净初级生产力（new primary production）和海流等数据运用耦合动力生态地化学模型（coupled dynamical bio – geochemical model），对中西太平洋鲣鱼渔场的潜在饵料分布进行了预测，其模拟结果和实际观测的浮游生物分布及其时空序列的变化比较吻合，并指出结合温度、溶解氧等环境要素进行模拟潜在的金枪鱼渔场环境会更加接近真实的渔场栖息地环境，对建立大尺度的金枪鱼种群动力模型大有裨益。Loukos 等（2003）运用全球大气 CO_2 含量、海洋初级生产力总量的变化以及全球大洋鲣鱼栖息地状况的变化等指标进行分析，并评估全球气候的变化对海洋初级生产力以及处于二级和三级营养级的海洋生物的潜在的影响；研究指出全球海洋生态动力系统研究计划（GLOBEC）中的海洋渔业和气候变化工程（OFCCP GLOBEC）整合了不同研究方向和要求，其主要内容包括：① 监测远洋生态系统上层营养级生物；② 远洋生态系统机构；③ 建模不同尺度的海洋盆地；④ 社会经济的影响；并认为这一改进的方法对于促进新的国际陆界生物圈计划（International Geosphere Biosphere Program，IGBP）和海洋研究科学委员会（Scientific Committee on Oceanic Research）关于海洋生物地球化学的生态系统的研究项目的发展有着重要的意义。

（二）遥感在渔场评估和预报中的应用

1. 鱼类栖息地评估

海洋生物种群会根据其自身的生物学特性在不同的生活阶段选择最适宜的栖息环境，在充分理解海洋生物生活习性的基础上，运用适合的生物 – 物理耦合模型来评价和预测海洋生物特别是海洋经济鱼类的栖息地质量对于海洋渔业的生产和管理显得尤为重要。

栖息地指数模型（HSI）是目前用来评价生物栖息地环境经典的量化指标，最早是由美国地理调查局国家湿地研究中心鱼类与野生生物署提出并运用在野生动物的栖息地质量评价。此后，学者开始尝试运用实测水流、水深和底质等环境因子来评价和预测内陆湖泊鱼类的栖息地环境并取得较好的成果。而由于通过海上调查船只获取具有大尺度空间同步性、长周期时间连续性的海洋尤其是深海鱼类栖息的环境数据较为困难，所以运用 HSI 指数评价海洋鱼类栖息地的研究开展得相对较晚。海洋遥感技术能够提供深海鱼类（如金枪鱼鱼类）栖息生境的具有时空连续、同步性的绝大多数环境因子，利用地理信息系统（GIS）的空间分析和统计为生物栖息模拟和预测提供重要的条件。Bertignac 等（1998）基于 SST、饵料因子栖息地指数建立了空间多渔具、多种群动力学模型对太平洋热带金枪鱼渔场进行分析，并运用 1°×1°空间分辨率的围网和杆钓数据对中上层不同年龄段的鲣鱼渔场模拟，他们将鲣鱼产卵场的温度定义在 25℃ 以上，故结合海流数据模拟的鲣鱼补充量基本分布在西太平洋；结合标志放流数据预测的太平洋鲣鱼月平均 CPUE 分布与实测的平均 CPUE 分布较为接近。郭爱和陈新军（2008）利用非线性的偏态模型、正态模型和外包络法分别建立 1990—2001 年的 SST 单因子 HSI 模型对中西太平洋鲣鱼栖息地质量进行评估，并使用 2003 年的 SST 数据预测当年鲣鱼的栖息地状况，与实际生产产量数据对比分析，表明运用外包络法建立的 HSI 模型模拟的最接近实际作业产量的分布。胡振明等（2010）利用表温 SST、表温梯度、表层盐度 SSS、海面高度 SSH、叶绿素 Chl-a 浓度建立综合栖息地指数模型对秘鲁外海茎柔鱼（*Dosidicus gigas*）渔场进行分析，运用主成分分析（PCA）的方法对 HSI 模型中各因子的权重进行评估，并将预测结果与几何平均法建立的栖息地指数模型预测结果比较发现，基于 PCA 建立的 HSI 模型预测精度较高。同时指出，建立 HSI 模型的数据时空分辨率会对模型的敏感性产生重要的影响，并认为在评价鱼类栖息地环境时应当考虑鱼类在不同的生活周期内所依赖环境因子的不同。陈红波等（2011）基于分位数回归利用 SST 和 Chl-a 浓度建立栖息地模型评价黄海冬季小黄鱼索饵渔场的栖息地环境质量，发现在仅考虑 SST 和 Chl-a 浓度的情况下，3 种栖息地指数均与 CPUE 呈正相关，研究指出将海洋遥感环境数据和渔业生产数据结合分析，有助于掌握渔场资源分布的动态信息，对资源探捕和调查具有重要的指导意义。

2. 渔场预报模型

海洋鱼类的生态动力系统存在极大的模糊性和不确定性，完全理解与海洋鱼类生活习性相关的所有机制困难较大。在获取有限的海洋鱼类种群动力系统相关的知识情况下，运用经验或者半经验的模型（如 GLM、GAM、ANN 等）模拟和预测海洋鱼类的潜在资源量的影响因素对人类合理开发利用海洋生物资源具有重要意义。另外，为了弥补经验和半经验模型的非普适性，国内一些学者针对渔场环境的模糊性，提出了一些非模型的研究方法，如案例推理、人工智能网络、数据挖掘等前沿的研究。Agenbag 等（2003）基于 GLM 和 GAM 建立评价模型，运用渔获量和遥感数据模拟了时间（年、月、天或者时）、空间（经度、纬度、水深）和环境的热力条件（海洋表面温度及其指示的温度锋面强度和时间变化）对南非鳀（*Engraulisi capensis*）、南美洲拟沙丁鱼

（*Sardinops sagax*）和瓦氏脂眼鲱（*Etrumeus whiteheadi*）的渔获量的影响。苏奋振等（2002）针对海洋环境的时空要素和渔场资源的互动性及非线性关系建立基于海洋环境要素时空配置的渔场形成机制发现模型，并以大沙区中上层渔场为实例进行研究，他们"运用 GIS 离散化的思想，以邻域将空间结构离散化成决策表的条件属性，同时将时间也作为条件属性，继之利用规则提取算法，从数据仓库中提取出地理状态变量的空间配置关系或时空关联规则。实践表明，该方法能有效地提取渔场形成的要素场空间配置关系，这对促进海洋渔业生产现代化具有重要意义"。Dagorn 等（1997）运用人工生命方法建立鱼类行为学模型，结合每日从 NOAA 系列卫星获得 SST 数据模拟包括鲣鱼、黄鳍金枪鱼及大眼金枪鱼等热带金枪鱼的大尺度迁移，该研究使用基于 ANN 建立的具有学习能力的金枪鱼迁移模型（APTHON），预测 1993 年 3—7 月金枪鱼从莫桑比克海峡到塞舌尔群岛海域的北迁行为，并将预测结果和基于寻找热力梯度的人工金枪鱼渔场模型（GRATHON）预测结果进行比较，发现 APTHON 模型的预测结果比较符合实际金枪鱼的迁移情况。

二、地理信息系统在渔情预报中的应用

地理信息系统（geographic information system，GIS）是集计算机科学、空间科学、信息科学、测绘遥感科学、环境科学和管理科学等学科为一体的新兴边缘科学。GIS 从 20 世纪 60 年代开始，至今只有短短的 50 余年时间，但它已成为多学科集成并应用于各领域的基础平台，成为地理空间信息分析的基本手段和工具。目前地理信息系统不仅发展成为一门较为成熟的技术科学，而且在各行各业发挥越来越重要的作用。

（一）渔业 GIS 的发展历程

GIS 是用于输入、存储、查询、分析和显示地理参照数据的计算机系统。地理参照数据也被称为地理空间数据，是用于描述地理位置和空间要素属性的数据。GIS 的基本操作归纳为空间数据输入、属性数据管理、数据显示、数据分析和 GIS 建模。20 世纪 60 年代初，第一个专业 GIS 在加拿大问世，标志着通过计算机手段解决空间信息的开始。经过近半个世纪的发展，GIS 已成为处理地理问题多领域的主体。GIS 首先在陆地资源开发与评估、城市规划与环境监测等领域得到应用，80 年代开始应用于内陆水域渔业管理和养殖场的选择。80 年代末期，GIS 逐步运用到海洋渔业中。尽管在渔业方面的应用于 90 年代扩展到外海，覆盖三大洋，但是与陆地相比，它们的应用仍然受到很大的限制。GIS 与渔业 GIS 各发展阶段的特征及发展动力见表 2 – 2。

表 2 - 2 GIS 与渔业 GIS 发展历程

阶段	GIS		渔业 GIS	
	特征	发展动力	特征	发展动力
20 世纪 60 年代	开拓期：专家的兴趣及政府引导起作用、限于政府及大学的范畴国家间交往甚少	学术探讨、新技术应用、大量空间数据处理的生产需求		
20 世纪 70 年代	巩固发展期：数据分析能力弱、系统应用与开发多限于某个机构政府影响逐渐增强	资源与环境保护、计算机技术迅速发展、专业人才增加		
20 世纪 80 年代	快速发展期：应用领域迅速扩大、应用系统商业化	计算机技术迅速发展、行业需求增加	开拓期：初期出现发展速度缓慢，主要用于内陆水域渔业管理和养殖位置的选择	卫星遥感技术的发展；FAO 对 GIS 工作的支持；陆地 GIS 技术的应用
20 世纪 90 年代	提高期：GIS 已成为许多机构必备的办公室系统、理论与应用进一步深化	社会对 GIS 认识普遍提高、需求大幅度增加	快速发展期：GIS 在渔业上得到广泛应用，为加速发展期间（沿岸到外海）	计算机技术的发展以及日益完善的海洋生物资源与环境调查数据
21 世纪	拓展期：社会信息技术的发展及知识经济的形成	各种空间信息关系到每个人日常生活所必要的基本信息	拓展期：巩固和扩展到更多领域（外海到远洋渔业）	数据的可利用性和贮存，并获得了普遍的认同

阻碍渔业 GIS 的快速发展，主要有三个方面原因：① 在资金方面，收集水生生物的生物学、物理化学、底形等方面的数据需要很大的资金，特别是需要长时间的资源与环境调查；② 水域系统的复杂和动态性，水域系统比陆地系统更为复杂和动态多变，需要不同类型的信息。水域环境通常是不稳定的，通常要用三维甚至四维（3D + 时间）来表示；③ 由于许多商业性软件开发者通常以陆地信息为基础，这些软件还无法直接有效地处理渔业和海洋环境方面的数据。

尽管海洋渔业 GIS 技术发展面临着很多困难，但由于计算机技术和获取海洋数据手段的快速发展以及海洋渔业学科发展的自身需求，近 10 多年来，海洋渔业 GIS 技术得到了长足的发展。GIS 在渔业中的应用越来越受到科研人员及国际组织的重视。1999年，第一届渔业 GIS 国际专题讨论会在美国西雅图举行，之后每三年举办一次，目前已举办了五届（ www. esl. co. jp / Sympo / outline. htm）。研讨会内容包括 GIS 技术在遥感与声学调查、栖息地与环境、海洋资源分析与管理、海水养殖、地理统计与模型、人工渔礁与海洋保护区等海洋渔业领域的应用以及 GIS 系统开发。此外，一些研究机构、大学和公司开发了海洋渔业 GIS 系统和软件，比较著名的有：① 日本 Saitama 环境模拟实验室研发的 MarineExplorer；② 美国俄亥俄州立大学、杜克大学、NOAA、丹麦等研究机构研发的 Arc Marine 和 ArcGIS Marine Data Model；③ Mappamondo GIS 公司研发的 Fishery Analyst for ArcGIS9.1。

（二）利用 GIS 研究渔业资源与海洋环境关系

海洋渔业资源与海洋环境息息相关，它是海洋渔业 GIS 研究中最基础的问题，通常涉及 GIS 制图与建模等内容。GIS 作为一种空间分析工具，可用来解释不同地区间的差异。GIS 建模是 GIS 在以空间数据建立模型过程中的应用，GIS 能综合不同数据源，包括地图、数字高程模型、全球定位系统数据、图像和表格，建立各种模型，如二值模型、指数模型、回归模型和过程模型等，在渔业中常用的是指数模型和回归模型，且要求 GIS 用户对数字打分和权重加以考究，它常用于栖息地适宜性分析和脆弱性分析。回归模型可在 GIS 中用地图叠加运算把所需的全部自变量结合起来，常用于渔业资源的空间分布和资源量大小的估算。

此外，确定鱼类关键栖息地在渔业资源管理中是非常重要的。其特点是存在生物与非生物参数的集合，它适应支持与维持鱼类种群的所有生活史阶段。由于鱼类关键栖息地的时空变化显著，GIS 作为一种高效的时空分析工具，越来越受到管理者的关注与重视，在这方面的研究也与日俱增。

综合国内外研究现状，GIS 在渔业资源与海洋环境关系方面得到了广泛应用，目的是为了了解渔业资源分布与海洋环境之间的关系，研究确定鱼类栖息地分布范围，从而进一步掌握渔业资源的动态分布，最终对鱼类栖息地进行评估与管理（表 2-3）。

表 2-3　GIS 在渔业资源与海洋环境关系研究中的应用

研究目的	研究案例及其内容	参考文献
资源分布与环境关系	头足类资源量与环境之间的关系	Pierce 等（1998）
	舌鳎（Solea solea）肥育场的空间分布	Eastwood 等（2003）
	稚鲽肥育场空间分布与环境变量之间的关系	Stoner 等（2007）
栖息地确定与制图	GIS 图像处理技术制图海洋底栖生境	Sotheran 等（1997）
	利用物理环境数据的海洋底栖生境的一种新的制图方法	Huang 等（2011）
	利用 GIS 环境建模方法设计重要鱼类栖息地	Valavanis 等（2004）
	西班牙地中海水域小型中上层鱼类物种的重要栖息地鉴定	Bellido 等（2008）

续表

研究目的	研究案例及其内容	参考文献
资源动态监测	南方蓝鳍金枪鱼（*Thunnus maccoyii*）补充量的空间动态变化 南加州海洋保护区星云副鲈（*Paralabrax nebulifer*）的活动范围与栖息地的使用	Nishida（1999） Mason，Lowe［33］
栖息地评估与管理	利用 GIS 和 GAM 建立南极电灯笼鱼（*Electrona antarctica*）栖息地模型 GIS 在栖息地评估和海洋资源管理中的应用	Loots 等（2010） Stanbury，Starr（2000）

（三）利用 GIS 研究渔情预报

近 10 年来，随着卫星遥感信息的获取及可视化分析与制图技术的提高，对海洋渔业海况的掌握得到了飞速发展，特别是对单一鱼类或某一类型渔业的时空分布及其变化和预测的技术手段和方法越来越成熟，并成功运用于渔情预报系统中。渔情预报的主要方法有统计分析预报（如线性回归分析、相关分析、判别分析与聚类分析）、空间统计分析及空间建模（如空间关联表达、空间信息分析模型）、人工智能（如专家系统、人工神经网络）、模糊性及不确定性分析（如贝叶斯统计理论）以及数值计算与模拟（如蒙特卡洛模拟法）等，其应用实例见表 2-4。GIS 依赖所建立的自主数据库，可实现时空数据的一体化管理、空间叠加与缓冲区分析、等值线分析、空间数据的探索分析、模型分析结果的直观显示、地图的矢量化输出等功能，结合各统计学方法和渔海况数据，实现智能型的渔情预报。

表 2-4 GIS 在海洋渔情预报中的应用举例

渔情预报方法	GIS 应用举例	参考文献
统计分析预报	西北太平洋柔鱼最适栖息地与适宜渔场的鉴定	Chen 等（2010）
空间分析与建模	海洋渔业电子地图系统软件设计与实现	邵全琴等（2001）
人工智能	印度尼西亚苏拉威西岛南部及中部沿岸水域渔场预报	Sadly 等（2009）
不确定性分析	基于遥感与 GIS 的冰岛北部海域中上层鱼类渔情预报	Sanchez（2003）
数值计算与模拟	赤道太平洋鲣鱼饵料生物分布预测	Lehodey 等（1998）

第三章　海况信息及产品

第一节　海洋环境概况

鱼类对海洋环境因素的适应性和局限性决定了鱼类的洄游、分布和移动。研究它们之间的关系实际上就是研究它们的适应性和局限性。外界环境是鱼类生存和活动的必要条件，环境条件发生变化，鱼类的适应也就随之发生变化，以适应变化了的环境条件。环境条件的变化必然要影响到鱼类的摄食、生殖、洄游、移动和集群等行为，但是环境条件对鱼类行为的影响首先取决于鱼类本身的状况，具体包括鱼类个体大小、不同生活阶段和生理状况等。同时，鱼类本身的活动也影响着环境条件的变化。此外，不但鱼类与各环境因子之间存在着相互影响，各因子之间也有密切联系和相互影响。因此，鱼类与环境的关系是相互影响的对立统一关系，两者始终处于动态的平衡之中。

鱼类的外界环境包括非生物性的和生物性的两个方面。非生物因素指不同性质的水体、水的各种理化因子以及人类活动所引起的各种非生物环境条件，包括海流、温度、盐度、光照、底形、底质和气象等。生物因素是指栖居在一起包括鱼类本身的各种动植物，它们多数是鱼类的食物，有的还以鱼类为食，包括了饵料生物、种间关系等。

一、海流

（一）海流的概念

海流是指海水大规模相对稳定的流动，是海水重要的普遍运动形式之一。所谓"大规模"是指它的空间尺度大，具有数百、数千千米甚至全球范围的流动；"相对稳定"的含义是在较长的时间内，例如一个月、一季、一年或者多年，其流动方向、速率和流动路径大致相似。

海流一般是三维的，即不但水平方向流动，而且在垂直方向上也存在流动，当然，由于海洋的水平尺度远远大于其垂直尺度，因此水平方向的流动远比垂直方向上的流动强得多。尽管后者相当微弱，但它在海洋学中却有其特殊的重要性。习惯上常把海流的水平运动方向狭义地称为海流，而其垂直方向运动称为上升流和下降流。

海洋环流一般是指海域中的海流形成首尾相接的相对独立的环流系统。就整个世界大洋而言，海洋环流的时空变化是连续的，它把世界大洋联系在一起，使世界大洋的各种水文、化学要素及物理状况得以保持长期相对稳定。

（二）世界大洋环流和水团分布

世界大洋环流和水团分布如图3-1所示。世界大洋上层环流的总特征可以用风生环流理论加以解释。太平洋与大西洋的环流型有相似之处：在南北半球都存在一个与副热带高压对应的巨大反气旋式大环流（北半球为顺时针方向，南半球为逆时针方向）；在它们之间为赤道逆流；两大洋北半球的西部边界流（在大西洋称为湾流，在太平洋称为黑潮）都非常强大，而南半球的西部边界流（巴西海流与东澳海流）则较弱；北太平洋与北大西洋沿洋盆西侧都有来自北方的寒流；在主涡漩的北部有一小型气旋式环流。

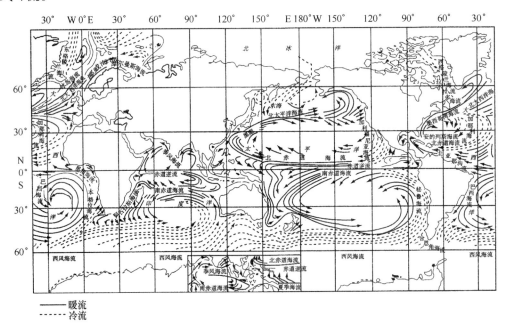

图3-1　三大洋表层环流图

各大洋环流型的差别是由它们的几何形状不同造成的。印度洋南部的环流型，在总的特征上与南太平洋和南大西洋的环流型相似，而北部则为季风型环流，冬夏两半年环流方向相反。在南半球的高纬海区，与西风带相对应为一支强大的自西向东的绕极流。另外，在靠近南极大陆沿岸尚存在一支自东向西的绕极风生流。

1. 赤道流系（Equatorial Current）

与两半球信风带对应的分别为西向的南赤道流与北赤道流，也称信风流。这是两支比较稳定的由信风引起的风生漂流，它们都是南北半球巨大气旋式环流的一个组成部分。在南北信风流之间与赤道无风带相对应是一支向东运动的赤道逆流，流幅约300～500 km。由于赤道无风带的平均位置在3°—10°N间，因此南北赤道流也与赤道不对称。夏季（8月），北赤道流约在10°N与20°—25°N间，南赤道流约在3°N与20°S间。冬季则稍偏南。

赤道流自东向西逐渐加强。赤道流系主要局限在表面以下到100～300 m的上层，平均流速为0.25～0.75 m/s。在其下部有强大的温跃层存在，温跃层以上是充分混合的温暖高盐的表层水，溶解氧含量高，而营养盐含量却很低，浮游生物不易繁殖，从而具有海水透明度大，水色高的特点。总之赤道流是一支以高温、高盐、高水色及透明度大为特征的流系。

印度洋的赤道流系主要受季风控制。在赤道区域的风向以经线方向为主，并随季节而变化。11月至翌年3月盛行东北季风，5—9月盛行西南季风。5°S以南，终年有一股南赤道流，赤道逆流终年存在于赤道以南。北赤道流从11月到翌年3月盛行东北季风时向西流动，其他时间受西南季风影响而向东流动，可与赤道逆流汇合在一起而难以分辨。

赤道逆流区有充沛的降水，因此，相对赤道流区而言，具有高温、低盐的特征。它与北赤道流之间存在着海水的辐散上升运动，把低温而高营养盐的海水向上输送，致使水质肥沃，有利于浮游生物生长，因而水色和透明度也相对降低。

太平洋在南赤道流区（赤道下方的温跃层内，有一支与赤道流方向相反自西向东的流动，称为赤道潜流或克伦威尔流）。它一般呈带状分布，厚约200 m，宽约300 km，最大流速高达1.5 m/s。流轴常与温跃层一致，在大洋东部位于50 m或更浅的深度内，在大洋西部约在200 m或更大的深度上。这种潜流在大西洋、印度洋都已相继发现。

2. 西部边界流（Western Boundary Currents）

西部边界流是指大洋西侧沿大陆坡从低纬度流向高纬度的海流，包括太平洋的黑潮与东澳大利亚海流，大西洋的湾流与巴西海流以及印度洋的莫桑比克海流等。它们都是北、南半球反气旋式环流主要的一部分，也是北、南赤道流的延续。因此，与近岸海水相比，具有赤道流的高温、高盐、高水色和透明度大等特征。

3. 西风漂流（West Wind Drift）

与南北半球盛行西风带相对应的是自西向东的强盛的西风漂流，即北太平洋流、北大西洋流和南半球的南极环流，它们分别是南北半球反气旋式大环流的组成部分。

其界限是：向极一侧以极地冰区为界，向赤道一侧到副热带辐聚区为止。其共同特点是：在西风漂流区内存在着明显的温度经线方向梯度，这一梯度明显的区域称为大洋极锋。极锋两侧的水文和气候状况具有明显差异。主要有：北大西洋海流、北太平洋海流、南极环流。

4. 东部边界流（Eastern Boundary Currents）

大洋中东部边界流有太平洋的加利福尼亚流、秘鲁流，大西洋的加那利流、本格拉流以及印度洋的西澳大利亚海流。由于它们从高纬度流向低纬度，因此都是寒流，同时都处在大洋东边界，故称东部边界流。与西部边界流相比，它们的流幅宽广、流速小，而且影响深度也浅。

上升流是东部边界流海区的一个重要海洋水文特征。这是由于信风几乎常年沿岸吹，而且风速分布不均，即近岸小，海面上大，从而造成海水离岸运动所致。上升流区往往是良好渔场。

另外，由于东部边界流是来自高纬海区的寒流，其水色低，透明度小，形成大气的冷下垫面，造成其上方的大气层结构稳定，有利于海雾的形成，因此干旱少雨。与西部边界流区具有气候温暖、雨量充沛的特点形成明显的对比。

5. 极地环流

在北冰洋，其环流主要有从大西洋进入的挪威海流以及一些沿岸流。加拿大海盆中为一个巨大的反气旋式环流，它从亚美交界处的楚科奇海穿越北极到达格陵兰海，部分折向西流，部分汇入东格陵兰流，一起把大量的浮冰携带进入大西洋。其他多为一些小型气旋式环流。

南极环流在南极大陆边缘一个很狭窄的范围内，由于极地东风的作用，形成了一支自东向西绕南极大陆边缘的小环流，称为东风漂流。它与南极环流之间，由于动力作用形成南极辐散带。与南极大陆之间形成海水沿陆架的辐聚下沉，即南极大陆辐聚。这也是南极陆架区表层海水下沉的动力学原因。

极地海区的共同特点是：几乎终年或大多数时间由冰覆盖，结冰与融冰过程导致全年水温与盐度较低，形成低温低盐的表层水。

6. 副热带辐聚区

在南北半球反气旋式大环流的中间海域，因季节变化而分别受西风漂流与赤道流的影响，海流的流向不定，一般流速甚小。由于它在反气旋式大环流中心，表层海水辐聚下沉，称为副热带辐聚区。它把大洋表层盐度最大、溶解氧含量较高的温暖表层水带到表层以下，形成次表层水。

在该海域，天气干燥而晴朗，风力微弱，海面比较平静。由于海水辐聚下沉，悬浮物质少，因此具有世界大洋中最高的水色和最大透明度，也是世界大洋中生产力最低的海区，故也有"海洋沙漠"之称。

（三）各大洋主要海流

1. 太平洋

在北太平洋海域，主要环流系统有北赤道流（North Equatorial Current）、黑潮（Kuroshio Current）、北太平洋海流（North Pacific Current）和加利福尼亚流（California Current）及附属海的海流有阿拉斯加流（Alaska Current）、亲潮（Oyashio Current）、东库页海流（East Karafuto Current）、里曼海流（Liman Current）、中国沿岸流（China Coastal Current）、对马海流（Tsushima Current）和南海季风流（South China Sea Monsoon Current）。在南太平洋海域，主要环流系统有南赤道流（South Equatorial Current）、东澳大利亚海流（East Australian Current）、西风漂流（Antarctic Circumpolar Current）和秘鲁海流（Humboldt Current，Peru Current）。在赤道太平洋海域的海流有反赤道流（Equatorial Counter Current）和赤道潜流（克朗威尔流，Cromwell Current）。以下就主要海流做一介绍。

（1）黑潮（图 3 - 2）。北太平洋环流从北赤道海流开始，向西流至西边陆界就一分为二，一部分往南而另一部分往北，向北一支形成强大的太平洋西部边界流，这就是黑潮。向南的一支称为明达瑙海流。黑潮的主流经日本本州南岸，沿 36°—37°N 线向东流去。离开日本后继续往东流至 170°E 左右，称为黑潮续流（Kusoshio Extension），续流之后便是北太平洋海流。黑潮在流经琉球群岛附近，有一支沿大陆架边缘北上，成为对马暖流，通过朝鲜海峡流入日本海。在日本三陆近海，黑潮与来自北方的亲潮相遇，形成暖寒流相交汇的流界渔场，也称为流隔渔场，并盛产秋刀鱼、鲸类和金枪鱼类等。

（2）亲潮。亲潮主要来自白令海，部分来自鄂霍次克海。北太平洋海流接近北美大陆时分为南北分支，部分往南为加利福尼亚海流，最后接上北赤道海流，其他部分则往北，在阿拉斯加湾形成阿拉斯加环流，然后一部分流经阿留申群岛间而进入白令海。亲潮的生物生产力高，浮游植物含量丰富，水色、透明度均低于黑潮（通常，黑潮水色 3 以上，亲潮水色 4 以下）。

（3）加利福尼亚海流。加利福尼亚海流沿北美西岸南下，成为大洋东部边界流。其表面流速一般较小，约为 0.5 kn。夏季，在强盛的偏北风作用下，沿岸南下的加利福尼亚海流，其表层水向外海方向流去，其下层的深层水作为补偿流并在沿岸上升而成为著名的加利福尼亚上升流。加利福尼亚海流的一部分沿中美海岸南下到达东太平洋低纬度海域。另外，沿赤道附近东流的赤道逆流，其东端在墨西哥近海流向转北—西而成为北赤道流，以 10°N 为中心向西流去。北赤道流与转向西流的加利福尼亚海流汇合，继续西流，成为北太平洋大规模水平循环的一部分。在此汇合海域附近，形成

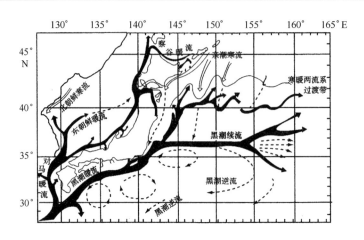

图 3 - 2　黑潮流系分布图（Stommel et al，1972）

金枪鱼围网渔场。

（4）赤道海流及其潜流。太平洋的赤道海流系统至少包括四个主要海流，其中三个延伸到海面，另一个在海面以下。三个主要的上层海流在表面都很明显，一为向西的北赤道海流，约在 2°—8°N 的范围；二为向西的南赤道海流，约在 3°N—10°S 的范围；三为上述两海流之间，较窄而向东流的北赤道逆流，而在海面下往东流的赤道潜流，跨过赤道占 2°N—2°S 的范围，该海流可由东边巴拿马湾一路追踪到西边的菲律宾，约 15 000 km 的距离。夏季，赤道逆流在转变流向的哥斯达黎加近海形成逆时针回转涡流，从而诱发强烈的上升流。该上升流即为哥斯达黎加冷水丘（Casta Rica Dome），是形成金枪鱼渔场的重要海洋条件。

在赤道海域，向西流的北、南赤道流的表层水在北半球向北流，在南半球向南流。因此赤道海域就产生较强的辐散现象的上升流，使富有营养盐类的深层水上升，促进生物生产力提高，并形成水温、溶解氧跃层。在北赤道流流域的温跃层，一般自西向东逐渐变浅。温跃层的深度影响金枪鱼的分布水层，在渔业上具有重要意义。

（5）秘鲁海流。秘鲁海流相当于东南太平洋逆时针回转环流的寒流部分，它起源于亚南极海域。高纬度的西风漂流到达南美西岸 40°S 附近，向北流去的这支海流，就是秘鲁海流。秘鲁海流靠近沿岸的称秘鲁沿岸流，在外海的一支称秘鲁外洋流。这两支海流是由南下的不规则的秘鲁逆流把它们分开的，该逆流称为太平洋赤道水，通常为距岸 500 ~ 180 km 的次表层流；在 11 月至翌年 3 月间秘鲁逆流最强时，浮出表面；在 11 月之前流势弱，不浮出海面，此时秘鲁海流不分沿岸和外洋两支而成为单一的海流，是秘鲁海流的最盛期。秘鲁沿岸海流的南端即为在智利沿岸形成的上升流区的南限，其位置约在 36°S 附近。

2. 大西洋

在大西洋海域，其上层有两个很大的反气旋环流，在南大西洋逆时针转，在北大西洋则顺时针。大西洋的主要海流有湾流（Gulf Stream）、北大西洋海流（North Atlantic Current）、拉布拉多海流（Labrador Current）、加那利海流（Canary Current）、本格拉海流（Benguela Current）、巴西海流（Brazil Current）和福克兰海流（Falkland Current）等。

顺时针转的大环流由北赤道海流开始，流到了西边，加入流进北大西洋的部分南赤道海流，然后分成两部分，一部分流向西北而成安的列斯海流（Antilles Current）；另一部分经加勒比海入墨西哥湾，经加勒比海时受当地东风的吹送，造成海水在墨西哥湾堆积，然后经佛罗里达和古巴之间入北大西洋而成佛罗里达海流，这一海流的海水很少是墨西哥湾当地的，它穿过墨西哥湾时常形成一个大圆圈，这个圆圈常产生反气旋转的涡漩在湾内往西移动，佛罗里达海流与安的列斯海流在佛罗里达外海会合，流过哈德勒斯角后，海流离岸而去，称为湾流。湾流往东北一直流到纽芬兰附近，大约40°N、50°W的地方，之后续往东、往北而成北大西洋海流（North Atlantic Current），然后它又一分为二，一部分流向东北，经苏格兰和冰岛之间而成为挪威、格陵兰和北极海环流的一部分，其他部分则转向南流，经西班牙和北非沿岸后回到北赤道海流而完成北大西洋环流。

信风吹起的南赤道海流向西流向南美洲，最后分开了，一部分跨过赤道流入北大西洋，其余的向南沿着南美洲海岸而成巴西海流，后来转向东流而成南极绕极流的一部分，到非洲西岸转向北流而成本格拉海流；巴西海流来自热带，海水的温度和盐度都高，而本格拉海流受亚南极海水及非洲沿海上升流的影响，海水温度及盐度都较低，南大西洋海水有部分来自福克兰海流由德雷克水道往北流到南美东海岸，在30°S左右把巴西海流推离海岸。

现就在渔场学中影响较大的主要海流进行分析。

（1）湾流。在西北大西洋海域，对渔业极为重要的海洋学特征是由于有暖流系的湾流和寒流系的拉布拉多海流的存在。湾流沿北美大陆向东北方向流去，它是由佛罗里达海流（Florida Current）和起源于北赤道流的安的列斯海流的合流组成的。它和太平洋的黑潮一样，成为大西洋的西部边界流，其流速，在北美东岸近海最强流带为4～5 kn，其厚度达1 500～2 000 m。

湾流运动呈显著蛇行状态，这种现象是以金枪鱼为主的渔场形成的主要海洋学条件；蛇形运动自哈德勒斯角向东行进逐步发展，从而形成伴有涡流系的复杂流界。有人把湾流的流动称为多重海流。在加拿大新斯科舍（Nova scotia）附近海域，由于周围的地形影响，特别在夏季，形成非常复杂的局部涡流区，这一海洋学条件被认为是许多鱼类等渔场形成的主要因素之一。

（2）东格陵兰海流（East Greenland Current）。东格陵兰海流源于北冰洋，它与伊尔明格海流之间形成流界；东格陵兰海流的一部分和伊尔明格海流一起合成西格陵兰海流。该流又和从巴芬湾的南下流合流成为拉布拉多海流，沿北美东岸南下在纽芬兰近海与湾流交汇形成极锋，使得该海域渔业资源丰富，是传统的世界三大渔场之一。

（3）北大西洋的海流（North Atlantic Current）。由于受北大西洋海流的影响，从英国到挪威沿岸的北欧地方呈现暖性气候。北大西洋海流的前部经法罗岛沿挪威西岸北上后，分为两支，一支向斯匹茨卑尔根的西部北上；另一支沿挪威北岸流入北冰洋，这一分支使巴伦支海的西部和南部变暖。沿英国西岸北上的北大西洋海流，有一股经北方的设得兰群岛附近沿英国东岸南下的支流，和英国南岸从英吉利海峡流入的另一支海流，这些都是支配北海渔场海洋学条件的主要因素。

（4）加那利海流。北大西洋海流的南下支流，沿欧洲西北岸南下，经葡萄牙和非洲西北岸近海形成加那利海流。加那利海流的流向、流速的变化受风的影响，在它到达非洲大陆西岸后，通常向西流去，具有北赤道海流的补偿流性质。加那利海流在葡萄牙沿岸和从西班牙西北近海到非洲西岸近海一带沿岸水域形成上升流，这是葡萄牙沿岸水域发生雾的主要成因。加那利海流的一部分沿非洲西岸继续南下，通常这支海流在北半球的夏季发展成为东向流的几内亚海流。几内亚海流冬季仍然存在。

（5）巴西海流。南赤道海流在赤道以南附近流向西，至南美沿岸分为北上流和南下流两支，南下的一支为盐度很高的巴西海流。该海流约在35°—40°S处与从亚南极水域北上的福克兰海流汇合，形成亚热带辐合线，在夏季，以表温14.5℃为指标。在巴西海流与福克兰海流的辐合区即巴塔哥尼亚海域，该海域水产生物资源丰富，是世界上主要的作业渔场。

3. 印度洋

在印度洋北部海域，特别在阿拉伯海域的海流受季风的影响很大。该海域的主要海流夏季为西南季风海流，冬季为东北季风海流，南半球的主要海流是莫桑比克海流（Mozambique Current）、厄加勒斯海流（Agulhas Current）、西澳大利亚海流（West Australian Current）和西风漂流（Antarctic Circumpolar Current）。

印度洋的范围往北只到25°N左右，往南则到副热带辐合带大约40°S的海域。此处的环流系统和太平洋、大西洋的不太相同。在赤道北方由于陆地的影响，风的季节性变化十分明显，11月至翌年3月吹东北信风，而5—9月吹西南季风；赤道南方的东南信风则是整年不停，而西南季风可视为东南信风越过赤道的延续。

赤道北方的风向改变时，当地海流也改变，11月至翌年3月吹东北季风期间，从8°N到赤道有一向西流的北赤道海流，赤道到8°S有一向东的赤道逆流，而8°S到15°S～20°S之间则有一向西的南赤道海流。在5—9月吹西南季风时，赤道以北的海流反过来向东流，与同向东流的赤道逆流合称（西南）季风海流，约占15°N到7°S的范围，南赤道海流则在 7°S 以南依旧往西流，但比吹东北季风时强了些。在吹东北季风期间，60°E 以东在温跃层的深度有赤道潜流，比太平洋和大西洋的弱，吹西南季风时则看不出潜流的存在。

在非洲沿海部分，11 月至翌年 3 月吹东北季风期间，南赤道海流流近非洲海岸后，一部分转向北进入赤道逆流，另一部分则往南并入厄加勒斯海流，该海流深而窄，大约 100 km 宽，沿非洲海岸往南流，到了非洲南端转向东流而进入南极环流。5—9 月吹西南风时，部分南赤道海流转而向北而成索马里海流沿非洲东岸北上，大部分在表层 200 m 内，南赤道海流、索马里海流和季风海流构成了北印度洋相当强的风吹环流。

在西南季风期的 5—9 月，索马里海流是低温水域，它和黑潮、湾流一样都是有代表性的西部边界流。冬季索马里沿岸近海的东北季风海流的流速，比索马里海流的流速小。在印度洋其他海区，在东南信风强盛时出现上升流；分布在东部的阿拉弗拉海，在东南信风盛行期也有上升流存在。在上升流发展期间，磷酸盐的含量相当于周围水域的 6 倍左右。

二、水温

在环境条件的各项物理因素中，温度是一项最重要的因素。陆地上最高气温为 65℃，最低为 -65.5℃，两者相差 130.5℃，但海水最高温度只有 35℃，最低仅 -2℃，两者相差 37℃。水温变化尽管只有几摄氏度，但也是属于较大的变化。因此，水温变化对于鱼类的集群、洄游及渔场的形成都具有重大的影响，甚至可以说，鱼类的一切生活习性直接或间接地受到水温的影响。因此，水温在侦察鱼群、确定鱼类在海域中分布、移动以及渔场形成时具有决定性的作用。

鱼类是变温动物，俗称"冷血动物"，它们缺乏调节体温的能力，其体内产生的热量几乎都释放于环境之中，体温随环境温度的改变而变化，并经常保持与外界环境温度大致相等。尽管如此，鱼类体温和它的环境水温还不完全相等。一般来说，鱼类体温大多稍高于外界水域环境，但一般不超过 0.5 ~ 1.0℃。通常，鱼类体温是随着环境温度的不同而发生改变的。根据大量的研究，已知道活动性强的中上层鱼类的体温一般都比较高。一般认为，活动性强的中上层鱼类体温大于水温的原因是其体内具有类似热交换器的结构。通过对鱼类体温的研究与分析，认为鱼体温度可间接地反映出其所处地环境水温，从而为渔场的寻找、鱼群的侦察等提供科学的依据。

随着环境水温的变化，鱼类的体温也会发生改变，同时对温度变化也会产生适应性，但这种适应能力非常有限。根据鱼类对外界水温的适应能力的大小，我们可以将鱼类分为广温性鱼类和狭温性鱼类，大多数鱼类属于狭温性鱼类。一般来说，沿岸或溯河性鱼类的适温范围广，近海鱼类的适温范围狭，而大洋或底栖鱼类的适温最狭。热带、亚热带鱼类比温带、寒带鱼类更属狭温性。狭温性鱼类又可分为喜冷性（冷水性）和喜热性（暖水性）两大类。暖水性鱼类主要生活在热带水域，也有生活于温带水域，冷水性鱼类则常见于寒带和温带水域。

水温对鱼类的生命活动来说，有最高（上限）、最低（下限）界限和最适范围之分。鱼类对温度高低的忍受界限以及最适温度范围因种类而有所不同，甚至同一种类在不同生活阶段也有所不同。一般认为，最适温度和最高温度比较接近，而与最低温度则相距较远。通常鱼类对温度变化的刺激所产生的行为是主动选择最适的温度环境，而避开不良的温度环境，以使其体温维持在一定的范围之内，这也就是鱼类体温的行为调节。鱼类的越冬洄游主要就是由于环境温度降低所引起的。

影响鱼类分布除了水温的水平结构外，还有温度的垂直结构。水温的垂直和水平结构与鱼类的移动和集群有密切的关系。在水温急剧下降的水层，往往出现水温垂直梯度大的温跃层。北半球温跃层的垂直分布趋势通常是高纬度海区接近海面，25°—30°N 附近的亚热带海区温跃层所在水层最深，朝赤道方向逐渐上升至 10°N 附近最浅，再往南又有深潜的趋势。亚热带以北的海区，一般在春、夏季有季节温跃层存在，而在秋、冬季垂直对流期温跃层消失，下层营养盐类随着海水的对流循环补充到表层。所以，温跃层的存在与浮游生物、鱼类生产的关系甚为密切，特别是中上层鱼类的分布水层和温跃层的形成与消长关系更为密切。

温跃层是指水温在垂直方向急剧变化的水层（图 3-3）。跃层强度最低标准值依需要和海区具体情况而定，一般情况下做出如下规定：浅海温跃层强度为 $\Delta T / \Delta Z = 0.2℃/m$，深海温跃层强度为 $\Delta T / \Delta Z = 0.05℃/m$。

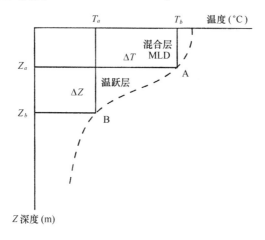

图 3-3 温跃层结构示意图

三、盐度

鱼类能对 0.2 的盐度变化起反应，鱼的侧线神经对盐度起着检测作用。鱼类对水中盐度微小差异具有辨别能力，这一特点在溯河性、降河性鱼类中尤为明显，如鲑鳟、鳗鲡等。

盐度的显著变化是支配鱼类行为的一个重要因素。海水的盐度变化对鱼类的渗透压、浮性鱼卵的漂浮等都会产生影响。在大洋中，盐度变化很少，近岸海区由于受大陆径流的影响，海水盐度变化很大。所以，经常栖息于海洋里的鱼类一般对于高盐水的适应较强，一到近海或沿岸，则适盐的能力有显著的差异。往往有些鱼类遇到盐度大幅度降低，超过了它们渗透压所能调节的范围，而使其洄游分布受到一定的限制，盐度突然剧烈变化，往往造成鱼类死亡。只有少数中间类型的鱼类才适应于栖息在盐度不高（0.02~15）的水域。这些被称为半咸水类型的种类主要是在近海岸一带见到，但是它们的数量不多，其原因是能稳定地保持它们能适应的盐度的水域不多。

各种海产鱼类对盐度有不同的适应性。根据海产鱼类对盐度变化的忍耐性大小和敏感程度，可将其分为狭盐性和广盐性两大类。狭盐性鱼类对盐度变化的忍耐范围很狭，广盐性鱼类对盐度变化的忍耐性较广。近岸鱼类一般属广盐性鱼类，外海鱼类属狭盐性。

盐度与鱼类行动的关系主要表现在间接方面，其间接影响是通过水团、海流等来表现的。如暖水性鱼类随着暖流（高温高盐）进行洄游；冷水性鱼类随着寒流（低温低盐）进行洄游。盐度对大多数鱼类的直接影响可以说是很少的，这一研究成果已被国外一些学者所证实。在盐度水平分布梯度较大的海区，盐度对于鱼群的分布或渔场的位置有一定的影响，有时还会成为一项制约的因素。一般在判断渔场位置的偏里或偏外的趋势时，常根据实测到的等盐线的分布来确定。但是对于适盐范围较广的鱼类在外海形成中心渔场时，盐度便没有明显的制约意义，只有在径流很大的河口地区或在不同水系的交汇区，盐度对于渔场的形成才上升为主导因素。

四、溶解氧

鱼类和其他动物一样，需要从水中吸收（一般通过鳃）溶解氧，通过血液进入机体，以保证新陈代谢的进行。空气中氧的含量每升约为 200 mL，水中气体溶解度与温度和盐度有关。海洋中氧的来源主要有三方面：① 从空气中溶解氧（通过波浪、对流等）；②河水供给；③浮游植物通过光合作用产生氧。海面含氧量通常接近饱和，水深 10~50 m 处，一般出现过饱和，水深 100 m 以上主要由于动植物的呼吸和有机物尸体被细菌氧化，含氧量逐渐减少，至海底含氧量又大量增加，其原因是极地富氧海水流入大洋深处。热带中层水和某些海区深层停滞水域常出现缺氧状态。

海水中氧的含量达到饱和程度，海水鱼类在海洋中生活一般不缺氧，即使在深海中的生物也是足够的。对于多数海洋生物的分布、移动来说，氧气并不是一项决定性的因素。然而，在特殊情况下，如与外海不交流的内湾，夏季表层水受热、无风，或淡水流入，海水强烈层化，上下不对流，缺氧层上升等，都会造成海水缺氧现象；近底水缺氧，则会出现硫化氢，致使生物全部死亡，缺氧水层上升对鱼类行动产生影响。

水中的溶解氧是水中生物生活中一个不可缺少的环境因子，特别对游泳能力很强的金枪鱼类，溶解氧是一个非常重要的环境要素。理论研究表明：金枪鱼类为了保持高速游泳，肥壮金枪鱼、黄鳍金枪鱼、长鳍金枪鱼在鱼体长为 50 cm 时，其必需的氧含量分别是 0.5 mL/L、1.5 mL/L、1.7 mL/L，在鱼体长为 75 cm 时，其必需的氧含量分别为 0.7 mL/L、2.3 mL/L、1.4 mL/L。很显然金枪鱼类的氧含量生息能耐的下限是随金枪鱼的鱼种、鱼体体长以及研究方法而变化。

五、气象因素

气象因素变化会引起海况变化，从而影响鱼类的集散和移动，同时恶劣的天气还将影响到海上捕捞作业生产的正常进行，因此研究气象因素在鱼类洄游分布、渔场形成以及渔业生产中有重要的意义。

（一）风

风会使海水产生运动，导致水温的变化，从而使鱼类产生移动。风向与海岸线走向的关系、风速大小及持续时间等都会对渔场和渔业资源的变动产生影响。在我国近海，一般来说，当季风风向与海岸线的走向大致平行时，春秋季期间，南风送暖，北风来寒；当西风或东北风向时，鱼群远离近岸或向深海游动；东南或西南风向时，鱼群偏向近岸浅海区域。在山东半岛附近的渔场（烟台、威海、石岛等渔场），春季产卵洄游期间，西北风向多时，渔场位置偏移外海；南或西南风向偏多时，渔场位置偏移近岸。秋季洄游期间，偏北风向偏多时，鱼群停留渔场时间短；偏南风向偏多时，鱼群停留渔场时间长。向岸风向偏多时，产生向岸海流，鱼群随着海流游向近岸。

离岸风向偏多时，由于风向和海底地形的影响产生上升流，将海底营养物质带到表层，鱼类在这里集群并形成渔场。世界沿岸上升流区域的面积仅为海洋总面积的0.1%，但渔获量却占世界总渔获量的一半。说明沿岸上升流区域是最好的渔场。主要上升流分布在美国加利福尼亚、秘鲁、本格拉等海域，中国沿岸海域随季节不同也产生上升流。

（二）波浪

低气压出现或风暴过境，往往造成海水剧烈运动，一般鱼类都经受不住这种强烈的冲击而畏避分散，游向深处，栖息于静稳的低洼地带。在等于波长的深度处，水质点运动的轨迹半径仅为表面波的1/536；二倍波长的深处则只有表面波高的30万分之一左右。可见，尽管海面风浪很大，而在深处的波浪很小。例如，表面波高 2 m，波长

60 m，水深 60 m 的海底波高只有 4 mm；120 m 深处的波高接近于零。故波浪的影响并不达及很深的地方。在暴风雨来临之际，鱼类游向深处，就是为了避免上层海水波浪的冲击。渔民掌握这个规律，往往在大风之后到深水区捕鱼。广东闸坡深水拖网渔民就有大风浪后要拖"正沥"的经验，渔场的"正沥"就是指地势低洼的地方。

在渔业上，风暴情况对渔业生产关系甚大。在渔汛初期有强烈风暴，如风吹方向与鱼群洄游方向一致，往往可将鱼群向渔场推进，渔汛提前；如风吹方向与鱼群洄游方向相反，则风浪可把先头的鱼群打散，渔汛推迟。在渔汛期间，大风或风暴可使海水产生垂直混合或短暂的上升流，表温下降，海水温度的分布发生明显变化，鱼群分布也发生较大的变动，特别是小型中上层鱼类更是如此，从而导致渔获量下降；在渔汛末期，大风、风暴可使鱼汛提早结束。

（三）降水量

近岸海区降水量的大小、持续时间等可影响渔场的水温、盐度、无机盐含量及入海径流量等。渔汛前期降水量的多少，常影响沿岸低盐水系势力，从而影响其与外海高盐水系交汇界面的位置，而渔场位置则随交汇界面的变动而改变。从降水量的多少，可以预测鱼类资源数量变动的趋势。挪威根据 2—3 月降水量预测该年的鳕鱼渔获量。中国渤海辽东湾春季毛虾捕捞数量与前一年 6—9 月份平均降水量有直线相关。降水与资源渔场关系主要表现在以下几个方面：① 降水量的多少可引起沿岸水系和水团的分布、变动，从而影响到渔场。如降水量多，渔场外移，渔期推迟，反之相反。② 近岸海水和河口淡水的交汇界是渔场，饵料生物集中的区域，降水量的多少直接影响到其位置的变动。③ 径流量的多少影响到沿岸饵料生物、仔稚鱼、虾类的繁殖生长，饵料生物取决于径流量的多少。④ 降水量的多少还可以影响到海水的垂直对流。降水量多，混入的淡水多，表层水低盐，海水分层稳定；降水量少，表层水盐度高，降温时可引起垂直对流。

（四）气候

渔场位置受气候条件影响显著，根据渔场所处位置，分为热带渔场、亚热带渔场、温带渔场和寒带渔场：① 热带渔场受赤道洋流的影响，鱼类适温高，分布在太平洋和大西洋赤道附近海域。② 亚热带渔场受热带海洋性气候的影响，鱼类终年繁殖，生长迅速，鱼类群体补充快，一年四季都可以捕鱼。③ 温带渔场受温带海洋性气候影响，四季明显，春季鱼类进行生殖洄游，并产卵、繁殖、生长；秋季则进行越冬洄游。渔汛期分为春汛和秋汛。④ 寒带渔场受极地寒流影响，鱼类适温低，分布在南极附近海域，白令海东部和鄂霍次克海附近。中国渔场属亚热带和温带渔场：亚热带渔场包括南海和东海南部，温带渔场包括东海北部、黄海和渤海渔场。

（五）气压

在西汉《淮南子》一书中曾记载，当时已察知阴雨前低气压来临之际，鱼类浮出水面呼吸。长期以来渔民上观大象，下察物候，决定出海捕鱼的时机。低气压经过渔场前后，都是很好的捕捞时机。低气压通过渔场前，海面风平浪静，由于海水缺氧，引起一些鱼类如鲐鱼集群海面，是捕捞的良机；低气压通过渔场时，天气恶劣无法捕捞；低气压通过渔场后，引起渔场环境条件的改变，鱼群向适宜的环境条件集群。

（六）气温

气温通过对水温的影响，从而影响鱼类产卵时期的适温条件。春季气温的偏高或偏低，与渔汛期、洄游提前与推迟是一致的（气温高，渔汛提前）；秋季气温的偏高或偏低，与渔汛期、洄游迟早相反（气温低，渔汛提前）。

六、水深、底形和底质等因素

除了上述经常在变动的环境因素之外，还有一些变动比较小的海洋地理环境因素，如水深、底形和底质等。后者对于鱼类行为的影响虽不甚明显确切，但在了解它们之间的关系后，可以把探索鱼群的范围缩小到最小限度，这在鱼群侦察、中心渔场掌握上将起到一定的作用。

水深和海底底形是密切联系着的，底形虽不被人们直接察觉，但能以水深的分布来考察底形的概况。海水深浅直接影响着海区各种水文要素，特别是温度、盐度、水色、透明度、水系分布、流向、流速等的空间和时间变化，从而间接影响生物的分布和鱼类的聚集。不同水深的海区各有其水文分布与变化的特点，水深愈小，其变化愈为剧烈。

海区的底形不同，鱼类的分布也有不同。倾斜度大的陡坡不适于鱼类的长期停留，海底较为平坦的盆区和沟谷是鱼类聚集的良好场所，如黄海中央深处就是不少经济鱼类的越冬场或冷水性鱼类的渔场。海底局部不平偶有起伏，鱼类多聚集在较深凹地。因此，范围不大的局部深沟或低洼坑谷，鱼群经常聚集较密，而凸岗或陡坎所在鱼群稀少。但是由于后者隆起的底形导致深层海水发生涌升流，所以表层往往有上层鱼类聚集。

鱼类分布与水深和底形的关系一般为：① 在不同生活阶段或不同季节，同一种类的鱼，其分布的水深也有不同。② 鱼类分布与底质有一定的关系。鱼类对于底质的性质和色泽的适应与选择，因种类的不同而不同。多数鱼类不经常接触海底，有的终生不接触海底。这些鱼类的分布似乎与底质的关系不大，或根本没有关系。但是海洋鱼类中有些种类经常接近海底或栖息在海底，有些种类虽不接触海底，但在某些时期其分布和底质有一定的联系。因此，在研究鱼类行为时，底质还是不能忽视的。③ 海底地形和渔场关系。鱼类渔场的形成与特殊的海底地形有关。沙洲、浅滩和大陆架陡坡等附近，均可能有好渔场出现。海水发生扰动产生复杂的涡动以及由此而形成的上升流和下降流海域，因此饵料生物在此繁殖和集聚，从而大型鱼类在这里滞留和集聚，形成良好的渔场。

七、饵料生物

鱼类与生物性环境因素的关系，主要是指鱼类与生活在水体中各种动植物之间的关系。在海洋中，鱼类的生物性环境因素主要包括：可以直接或间接作为鱼类饵料生物基础的海洋生物；成为鱼类敌害的海洋生物。海洋中鱼类的饵料生物虽有多种多样，但归结起来可以分为浮游生物、底栖生物和游泳动物三大类。

（一）浮游生物

浮游生物个体很小，但数量很多，分布又广，在水生生物界占据重要的位置，是鱼类的饵料基础。一般鱼虾类都吃浮游生物。根据它们的食性，有的以浮游动物为主要食物，如鲐鱼、鲹鱼（包括蓝圆鲹、竹笺鱼）、鲱鱼、鳀鱼、鲚鱼、小黄鱼等；有的以浮游植物为主要食物，如沙丁鱼、蛇鲻、鲅鱼等；有的兼食动物性和植物性浮游生物，如对虾、脂眼鲱等。多数鱼类仔鱼或幼鱼期食浮游生物，到成鱼期则改食大型动物，如大黄鱼、带鱼、鳕鱼、鲈鱼、鲅鱼、鲨鱼、鳐鱼等。因此，浮游生物的分布与数量变动，可以直接或间接影响各种鱼类的行为，特别在索饵期间影响更为显著。由于鱼类的行为与浮游生物具有密切的联系，所以根据浮游生物的数量变化可以预测渔获量的变动。

（二）底栖生物

底栖生物包括终生或某个生活阶段在海底营固着生活的生物或长时期栖息于近底层但能作短距离移动的生物。底栖鱼类或近底层鱼经常捕食底栖生物。如黄鲷、二长棘鲷、金线鱼、鳕鱼等。在索饵期间，这些鱼类的分布往往与底栖生物群有密切关系。因此，在探索渔场时，可以用一些与捕捞对象有密切关系的底栖生物作为侦察指标。

（三）游泳动物

在许多经济鱼类中，有不少是属于以游泳动物为主要食物的肉食性鱼类。一般经济鱼类在仔鱼期摄食微小而不太活动的浮游生物，待逐渐长大后便改食较大的浮游生物，以后随着鱼体的渐趋成形又改食较大型的游泳动物或底栖生物以至各种动物的幼体，其中鱼类的幼体也占一定的比重。例如，浙江近海的带鱼以鳀鱼、七星鱼、梅童鱼、龙头鱼、黄鲫鱼、青鳞鱼、小黄鱼幼鱼等为主要食物,在嵊泗渔场带鱼汛前,渔民常以上述饵料鱼类的分布作为探索渔场的指标。进入渤海的鲅鱼在产卵基本结束以后,立即强烈摄食,这时常成群追逐其主要饵料鳀鱼等小型鱼类,所以,掌握鳀鱼等小型鱼类的分布活动规律,是掌握鲅鱼中心渔场的重要参考指标。

第二节　海洋遥感环境信息产品

20 世纪 70 年代初 Laurs 等（1971）,Kemmerer 等（1974）,Stevenson 等（1971）的试验性研究使得卫星遥感海水表层温度（SST）和海洋水色信息在渔情分析中得到初步应用。由于卫星遥感所获取的各类海洋环境要素信息能够帮助渔民减少寻鱼时间,节约燃料,提高渔捞效率,因此,随着卫星遥感技术的快速发展和所获取海洋环境要素的增加,海水叶绿素、海面高度及海流信息等也迅速运用到商业捕捞中。与此同时,卫星遥感反演精度的提高也使得其在渔场渔情分析中的应用从试验研究阶段走向业务化应用。

一、卫星遥感表温

卫星遥感 SST 信息可通过热红外遥感和被动微波遥感方式获取。热红外遥感起步于 20 世纪 60 年代,发展成熟于 80 年代,80 年代后期逐渐投入业务化应用,但由于受云、雾遮挡的影响而通常采用云检测及云替补的方法经过多轨道影像的数据融合而制作生成周期 3 ~ 10 d 左右的 SST 产品或衍生的温度梯度温度距平图。被动微波辐射计遥感 SST 虽然可以不受云雾遮挡的影响,但由于空间分辨率和反演精度较低,目前还难以满足业务化应用。热红外遥感 SST 又可分为极轨卫星和地球静止卫星两种方式,极轨卫星遥感 SST 空间分辨率和反演精度高,地球静止卫星时间分辨率高,但空间分辨率较低,通常作为极轨卫星的数据补充。

遥感获取的海洋表层热力学图像及所提取的 SST 数据包含有丰富的物理海洋学信息,由于 SST 是卫星遥感技术最容易获取的海洋环境要素,因而在渔情预报分析中最早得到应用且最为广泛,占有最重要的地位。

（一）特征温度值

鱼类对温度非常敏感,通常海洋经济鱼类都有一定的适温范围和最适温度,也即其特征温度值。根据其适温范围的大小,可划分为广温性鱼类和狭温性鱼类,如太平洋鳕鱼适温范围小,只有几摄氏度的温差,属狭温性鱼类。而其他一些鱼类,如沙丁鱼、鱿鱼等暖水性鱼类适温范围有十几摄氏度甚至 20℃ 的耐受性,属于广温性鱼类。因此,依据各种鱼类所具有的适温范围和最适温度,可以直接从等温线图上判断分析渔场可能的空间位置。如大黄鱼越冬场水温为 9~11℃，产卵水温为 16~24℃，即为其特征温度。此外，在温度图上，人们也常常把 15℃、20℃等特征等温线突出标绘，从而方便渔场的判读与分析。

由此可见，特征温度值往往是一个温度区间越小，依据特征温度值推测渔场位置的准确性就可能越高。因此该方法对于狭温性鱼类效果较好，广温性鱼类可能存在较大偏差。卫星遥感反演的 SST 为表层温度场，对位于混合层范围内的上层鱼类渔场分析比较准确，而对中底层的鱼类可造成大的误差。另外，鱼类的不同生活阶段，其适温范围或最适温度有所不同，进行渔场分析时应注意到其各个生活史阶段的差异。

（二）温度锋面

温度锋面也即所谓的流隔。海洋学上对海洋锋的定义纷杂不一，因此温度锋面也无统一的定义，通常指水平温度梯度最大值的海域或冷暖水团之间的狭窄过渡地带。温度锋面长度约在 100~1 000 km，宽度仅数十至百千米，深度有时可达到 1 000 m 以上。其时间尺度通常从 10d 左右到数月不等。从等温线图（图 3-4）上可以直观地看出，温度锋面总处于等温线最密集的海域。温度锋面及其两侧附近，不同海流相互交汇携带营养盐类，浮游植物大量繁殖，形成生产力高的海洋中的绿洲。常常聚集众多具有不同生态习性的浮游动物和海洋鱼类来此索饵产卵或洄游形成密集的渔场分布，且不同生态习性的鱼类位于锋面不同的位置。因此，在对鱼类生活习性掌握的基础上，根据温度锋面的消长时空尺度的变化可推知中心渔场的空间位置及移动渔期的长短或

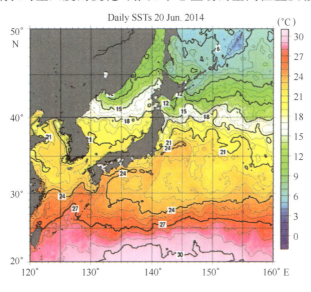

图 3-4 2003-09-11 周平均温度分布

渔获量的高低。

(三) 表层水团分析

海洋水团指"源地和形成机制相近,具有相对均匀的物理、化学和生物特性及大体一致的变化趋势而与周围海水存在明显差异的宏大水体"。水团是最常见的海洋现象之一,与海洋环流相辅相成,从不同方面反映了海洋水体的特征及运动。海洋水团与海洋渔场有密切关系,如海洋渔场通常位于水团的边界与混合区等,因此水团分析是了解海洋渔场变化,进行渔情分析的重要内容之一。依据遥感 SST 可进行表层水团分析,其内容有:表层水团的核心及强度分析,水团的边界与混合区的确定,水团的形成、变性及消长变化的动态演变过程描述;水团的主要特征指标,如均值指标、均方差指标、区间指标、极值指标等。世界三大洋次表层水团分布见图 3 – 5。

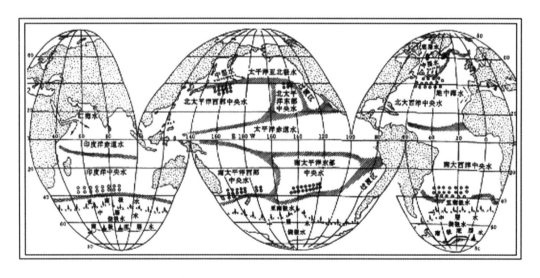

图 3 – 5　各大洋次表层水团分布图

水团的均一性是相对的,实际上,在同一水团内的不同区域,海水的物理、化学及生物等特征仍有一定的差异。然而,总有一部分水体最能代表该水团的特征而且变性最小,即水团的核心。核心位置变动的趋向,一般能反映水团扩展的动向。由核心向外,水体渐次变性直至不再具有原水团特征之处,即为该水团的边界。在两个水团的交界处,由于性质不同的海水交汇混合,往往形成具有一定宽(厚)度的过渡带(层)。如果这两个水团的特征有明显的差异,其水平混合带中海水的物理、化学、生物甚至运动学特征的空间分布,都将发生突变。各种参数的梯度明显增大的水平混合带,称为海洋锋。有名的南极锋,就是南极表层水团和亚南极水团的边界。在大西洋和太平洋的西北部，也有相应的极锋。广义的海洋锋，可指海洋中海水任何一种性质的不连续面。例如，上下位置的性质不同的水体之间的跃层，也有人称之为海洋锋。在海洋锋中，由于，海水混合增强，生物生产力增高，因而往往形成良好的渔场（图3-6）。

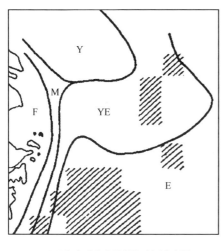

1979年冬季中心渔场与水团分布图

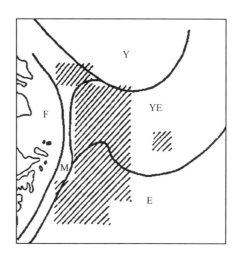

1979年春季中心渔场与水团分布图

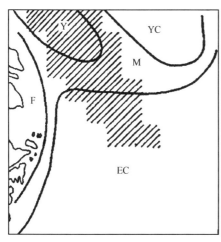

1979年夏季中心渔场与水团分布图

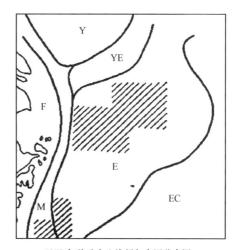

1979年秋季中心渔场与水团分布图

图3-6　东海水团分布与渔场的关系

M为黑潮表层水团；E为东海表层水团；F为大陆架沿岸冲淡水；Y为黄海表层水团；YC为黄海夏季底层冷水团；EC为东海陆架底层冷水团

（四）温度场空间配置

对于温度场比较复杂的海域，也可依据其温度场的空间配置类型综合分析中心渔场所在的位置。温度场的配置有不同的形式，依据水团的配置可划分为单一冷水团或暖水团型、双水团（冷暖水团）组合型、多水团组合型等。从锋面的结构形式可归纳为平直型锋面、褶皱型锋面、切变型锋面、冷水舌型锋面、暖水舌型锋面等。可见依据温度场的空间配置形式可充分应用 SST 所揭示出的信息综合进行渔情分析。事实上，涡流和涌升流的温度结构特征明显，其温度场空间配置形式通常可以在卫星遥感 SST 影像上有清晰的表现，图 3 - 7 中有明显的冷水涡和暖水涡存在，由此形成的涡流和涌升流都能够把底层富有营养物质的海水带到表层而增加海洋表层的初级生产力。

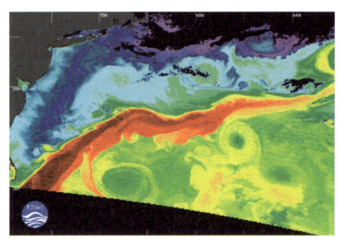

图 3 - 7　卫星遥感图像（冷水涡和暖水涡）

（五）温度距平

温度距平指某一时间的温度值与整个时间序列周期内平均温度的差值。渔场分析中常用的温度距平有周、月温度距平和年温度距平。温度距平虽然无法直接用来分析确定渔场的位置，但在依靠特征温度、温度锋面等分析判断中心渔场时，计算研究海域的温度距平场仍是非常重要的辅助信息，如年（月、旬、周）温度距平场能够很容易地判断出海况相比于多年（月、旬、周）平均温度场的变化情况；如与常年相比，温度在哪些海域偏高，偏高多少，温度在哪些海域偏低，偏低的强度如何等，据此可推测冷暖水团的强度如何。如日本渔情信息服务中心（JAFIC）发布的北太平洋旬海况速报给出了同期的旬温度距平图（图 3 - 8）。但是应用温度距平场分析要求积累有比较长时间序列的历史资料计算出可靠的相应周期的温度平均值。

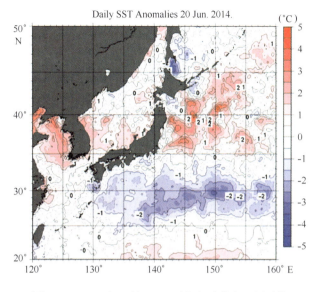

图 3 – 8　2014 年 6 月 20 日西北太平洋水温距平值

（六）温度较差

温度较差指两个不同时间温度相比较计算所得的差值，如温度周较差、温度月较差、温度年较差等。温度较差主要用来比较前后不同时段的温度变化情况，如周温度较差用来比较分析本周与上周的温度变化幅度大小，年较差可比较今年与去年的差异。渔业上实际应用较多的是时间周期较短的温度周、旬较差等。如东海水产研究所发布的东黄海海渔况速报图中就包含了与上期（周）比较或与去年同期比较等温度较差分析的内容。

（七）动力环境信息分析

海洋动力环境信息包括海洋锋区、涡流位置及尺度大小、流轴流向等，这些信息传统的获取方法是依靠熟练的专业人员对单幅等温线图或温度场影像进行目视解译判读出温度锋面、主流轴位置及流向、涡漩的位置与直径等（图 3 – 9）。遥感反演海面热力学影像和 SST 精度的提高以及计算技术的进步使得人们有可能实现 SST 的海洋动力环境信息自动提取。如可依据温度梯度最大值的计算获取温度锋面。由单幅红外遥感影像自动标定海面热力结构可抽取有向纹理结构，获得各个点的流向分布，从而确定流轴、锋面等的位置和尺度。当存在一系列多时相的遥感红外影像时，还可获取海流结构信息。目前主要有 2 种方法，一是最大互相关技术，即通过序列影像间的形式比较得到表面流速，如观测 SST 特征随时间的移动；另一种方法是利用热量和质量守恒方程，由逆问题求解，反演出海表面流速、流向。但是，由于云、雾覆盖的影响，常常无法得到特定时间连续的卫星遥感信息。因此，实际应用中更多采用近年来趋于成熟的卫星高度计数据计算获取海流流速、流向等信息。

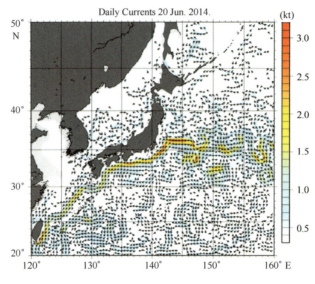

图 3 - 9　西北太平洋海流分布示意图

二、遥感海洋水色

遥感海洋水色的渔业应用主要指海水叶绿素 a 信息的渔情分析和资源评估。其应用是基于海洋食物链原理的，即浮游植物的丰富使以其为食的浮游动物资源丰富，进而促使以浮游动物为饵料的海洋鱼类资源丰富。据此，人们就可以通过观测海水浮游植物含量的高低及其变化来进行渔场分析和渔业资源或海洋生物量的评估，目前海洋水色遥感应用最广泛的卫星资料主要来自 SeaWIFS 和 MODIS 传感器的数据。

（一）叶绿素特征值

人们在依据 SST 特征值分析渔场的同时，还可通过对海水叶绿素特征值的观测分析来判读渔场的有无。通过叶绿素特征值分析渔场有两种方式：① 较大的叶绿素特征值指示出浮游植物含量高的海域范围，据此可确定位于海洋生态系食物网中底层直接以浮游植物为饵料的上层鱼类的可能分布区域；② 叶绿素某一特征值能够反映出海洋锋面或水团扩展的边界与范围，据此可确定海洋水色锋面或渔场所在区域，如 Jeffrey 等（2001）研究认为 0.2 mg/m^3 叶绿素等值线代表了北太平洋叶绿素锋（TZCF）向北推移扩展的边界，并发现北太平洋长鳍金枪鱼围网渔场位于 0.2 mg/m^3 叶绿素等值线附近（图 3 - 10 至图 3 - 12），但遗憾的是，目前卫星遥感提取叶绿素的精度大约只有 35% ~40% 。显然，依据卫星遥感观测叶绿素特征值分析渔场还不能完全满足业务化应用，而通过叶绿素含量浓度的高低所指示出的海流、涡漩等海洋现象指导渔业生产则更具有实际应用价值。

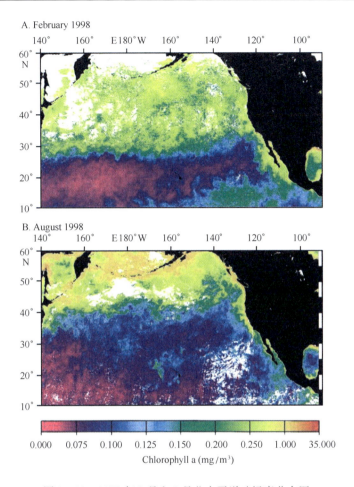

图 3 - 10　1998 年 2 月和 8 月北太平洋叶绿素分布图

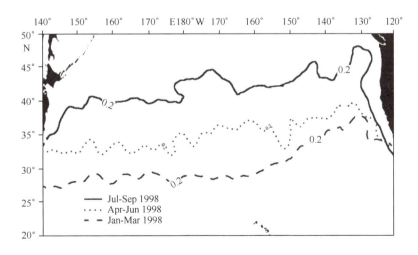

图 3 - 11　1998 年 1—3 月、4—6 月、7—9 月叶绿素 0.2 mg/m³ 叶绿素等值线分布示意图

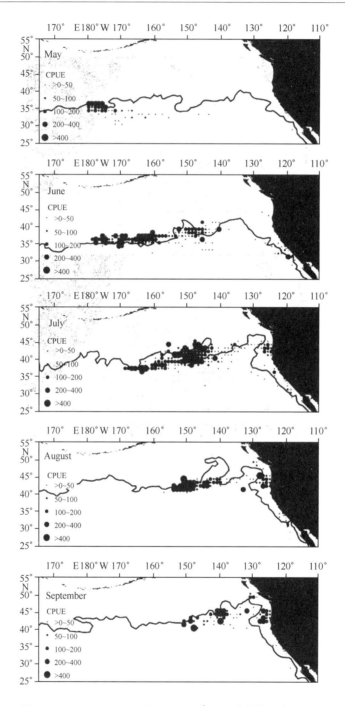

图 3 – 12　1998 年 5—9 月 0.2 mg/m³ 叶绿素等值线与 CPUE
分布示意图

（二）海洋水色锋面及梯度

如前面温度锋面或海洋锋的定义一样，海洋水色锋面通常由水色要素如叶绿素浓度变化急剧的狭窄地带或叶绿素浓度梯度最大的地方来定义。海洋水色锋面形成的原因很多，大洋水色锋面主要为由海水涌升流、海水辐散形成的冷涡或寒流入侵的冷锋等所形成的叶绿素锋面，近岸与河口海区时常有悬浮泥沙形成的水色浊度锋面，大洋叶绿素锋面时常与温度锋面相伴出现，位置接近，因此通常把叶绿素锋面与温度锋面结合起来进行综合分析。叶绿素锋面区域常由锋面形成的动力作用输送来丰富的营养盐从而形成饵料中心，为产卵索饵鱼群提供物质基础，如 Inagakei 等（1998）利用 OC-TS 影像研究了日本太平洋沿岸浮游植物叶绿素的变化。此外，人们在应用温度梯度分析渔场时很少提到水色梯度。Ladner 等（1996）研究指出，海洋水色梯度和鱼类生物量之间有正相关关系。可见，水色梯度计算也可作为渔情分析或资源评估的一个辅助方法。

（三）水色指示的海洋动力环境信息

海水叶绿素浓度含量大小的空间分布及随时间的动态变化能够指示出丰富的锋面、海流及涡漩信息，可据此分析渔场位置。相比于依据卫星遥感 SST 提取海洋动力环境信息，依靠遥感海洋水色所指示出的海洋环境动力信息更为方便直接，可以直接从遥感反演的海洋水色影像上采用遥感图像处理的理论和方法进行纹理特征、几何特征或光谱特征的提取。但是相比于陆地遥感信息特征提取，海洋遥感数字影像的自动识别及提取技术存在两大难点：① 海洋动力环境特征都具有模糊边界，且多时相的影像间总是处于动态演变之中，其结构形态时时刻刻都在变化；② 所要提取特征的运动，因不同的运动具有不同的时空尺度，难以用一个简单的数据集表达位移、旋转等问题，所以目前为止仍缺少较为成熟的海洋水色信息自动提取海洋动力环境特征信息的算法和方法，更多地仍依靠人工目视解译综合进行特征识别。如图 3－13 为 OCTS 影像所反演的叶绿素水色分布及其附近形成鲐鲹鱼渔场。图 3－13a 清晰可见逆时针旋转的涡漩分布和涡漩的空间尺度大小，图 3－13b 可见捕捞渔场位于叶绿素锋面附近。

（四）海洋初级生产力及渔业资源评估

海洋初级生产力通常定义为海洋浮游植物光合作用的速率。光合作用大小与光和色素浓度密切相关，海水叶绿素浓度与初级生产力之间存在相关关系，浮游植物是海洋中的生产者，是海洋食物链的源头，可见遥感海洋初级生产力对理解海洋生态系统海洋鱼类基本生境、估计渔业资源潜在产量等方面具有重要意义。对海洋初级生产力评估的传统方法是以多年来收集到非定点和非周期性的船舶观测资料为基础的。如杨

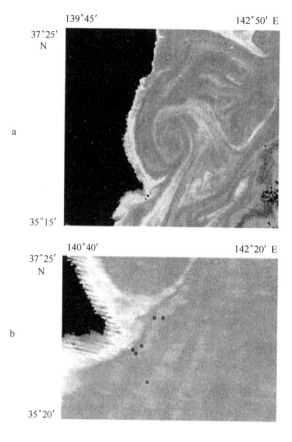

图 3 - 13　日本东部近海叶绿素锋面及渔场分布

纪明认为大洋浮游植物的初级生产力折合成有机碳产量应在（50 ~ 100）×10⁹ t/a 范围内，海洋鱼类的年生产力估计为 6×10⁸ t（鲜质量）。但这些估算无法刻画海洋的时空动态变化。与传统依靠船舶观测的海洋学相比，卫星水色遥感能够快速大范围地获取多周期动态的海洋生态环境信息（叶绿素、温度、光合作用有效辐射等）。大洋一类海水区域的海洋水色主要反映了海水叶绿素含量信息，代表了海域浮游植物含量浓度的高低。自 Lorenzen（1970）首先利用表层叶绿素与初级生产力相关性试图应用于海洋初级生产力遥感研究以来，许多学者相继提出了利用叶绿素浓度反演海洋初级生产力的各种遥感算法。但是，海洋初级生产力的大小与多种海洋生态环境因素有关，最基本的因子除了反映海洋浮游藻类生物量的海洋叶绿素外，光照、营养盐、水温、海流、透明度等都直接与海洋初级生产过程有关，这些因子所起的作用和影响随不同的生态环境以及浮游植物、自身生物学性质等而有所不同，因此目前对海洋初级生产力的模式化和遥感观测仍存在许多障碍，如叶绿素遥测的反演本身依靠经验公式推算，与实际值之间存在较大差异（精度只有 40%），在此基础上进一步推算初级生产力，误差的传递可想而知。此外，叶绿素垂直分布的多样性、光合作用函数的参数选择等，都限制着生产力模式的进一步发展。尽管如此，仍不可否认卫星遥感海洋水色在反演海洋初级生产力、渔业资源评估、全球环境变化研究等方面所具有的潜力。

（五）遥感监测海洋赤潮

近年来海洋赤潮危害日益严重，因而遥感监测海洋赤潮灾害备受关注。研究表明，海洋赤潮主要发生在沿海及河口区的高营养海域，并要求一定的温度条件。海洋赤潮的最大危害便是对渔业产生不利影响，主要表现为有害赤潮藻及其毒素对鱼类产生影响（包括急性毒性和对酶活性细胞组织及行为等亚急性毒性的影响），从而对沿海的鱼类产卵场育肥场或渔业养殖区等造成危害，而对外海渔场影响甚微。海洋赤潮遥感监测的技术手段主要是可见光遥感，而近年飞速发展的高光谱遥感更具应用潜力。遥感赤潮监测提取的信息主要包括有赤潮发生面积、时间、移动趋向乃至赤潮藻种类型等，可见赤潮的遥感监测对减少渔业危害具有预警作用。

三、遥感动力环境信息

海洋动力环境遥感主要指以主动式微波传感器（卫星高度计、散射计、合成孔径雷达等）应用为主的海面风场、有效波高、流场、海面地形、海冰等海洋要素的测量，这些海洋动力环境同渔业生产关系密切，但目前渔场渔情分析中主要应用的是来自TOPEX/POSEIDON 和 ERS – 1/2 系列卫星的测高数据，因此这里仅对此进行分析。测高数据反映的是海水温度、盐度、海流等多种水文环境因子综合作用的结果，但也存在低纬度的空间分辨率不够高（约250~300 km），在特殊海区和近岸海域由于受地形和潮汐作用的影响，测高精度没有保证等缺点。

（一）海面动力高度及海流

海面动力高度与水团、流系、海流、潮流等紧密相关，是这些海洋动力要素综合作用的结果。海洋渔场的资源丰度及其时空变化与此也密切相关，但不论是海洋温度及盐度（对应海水密度）的变化，还是水团变化、上升流等都时时刻刻在塑造着海面动力地形。只是由于海面高度计卫星测高的时空分辨率所限，目前所能观测到的仅仅是大中尺度的海洋现象的变化。卫星高度计测高信息的渔场分析目前主要是通过获取海面动力高度信息和海流的计算来进行的。图3 – 14 为T/P 高度计获取的海面高度及海流信息与箭鱼渔场的关系。由图3 – 14 可见渔场位于海面高度约170 cm 处海域。此外，日本学者石日出生分析了东黄海春季鲐鱼渔场与海面高度之间匹配关系十分密切。当把海面高度信息与温度场结合对比分析时，能够发现海面高度异常区域与温度场冷暖水团的配置有很好的对应关系，如在北半球海面高度的正距平区域对应顺时针方向的暖中心，海面高度的负距平海域对应逆时针方向的冷涡，而冷暖中心边缘的过渡区域通常形成锋面，海流流速较大，某些鱼类集群易形成渔场。

（二）测高数据及海洋锋面

海洋锋面附近常表现出较为复杂的海洋动力特征，如海流流速较大，水团配置比较复杂等。因此结合这些海洋特征，从海面高度异常的空间配置和海流流速、流向的分布可以推知海洋锋面，图3－14中可见海面高度距平的高值和低值中心之间形成的锋面，这种锋面可能是温度锋面，也可能是水色叶绿素锋面或盐度锋面，需要结合其他相关信息进行具体分析。如果与冷暖水团温度场配置一致，可认为是温度锋面。

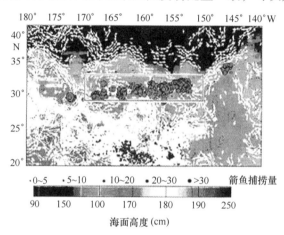

图3－14　海面高度及箭鱼渔场分布

第三节　海况信息产品制作与发布

利用 GIS、数据仓库等空间分析和数据库技术，通过对卫星数据和渔业生产资料的整理分析，可以制作出联系实际、便于使用的海渔况信息产品，为用户提供可靠的渔业信息服务。例如速报图的出现可以帮助渔业船队迅速找到渔场，提高作业效率，节省大量人力、物力。速报图主要描述鱼类洄游与海况变化之间的关系，为捕鱼者提供潜在渔场的相关信息，指导渔民科学捕鱼。现在已经有越来越多的国家建立了自己的速报系统，美国渔民由于使用了卫星渔场预报图，寻找渔场的时间比从前减少了50%。日本于1981年开始发布卫星海况速报图，发现鱼群的准确率高达83%～100%，受到广大渔民的欢迎。海渔况虽然可以采用数学模型和 GIS 等方法进行预报和分析，但由于渔民的文化素质普遍不高，如何将海渔况信息进行浅显的描述与表达对于信息的实际应用效果具有重要意义。

一、海渔况信息产品概况

（一）海渔况信息产品的分类

1. 渔场环境分析图

渔场环境分析图（图 3 - 15）主要描述渔场的海温分布、叶绿素分布、锋面、初级生产力等海况信息。海洋环境条件是与鱼类资源密切相关的重要参数，它的短期影响因素包括海水温度、盐度以及海流和水团的分布模式，长期影响因素则包括由于海况条件的变化而引起的鱼群自身富足程度的改变、仔鱼生存率的改变以及补充量的改变等。通过对上述海况要素的分析，可以帮助我们判读渔场、掌握海渔况的变化及发展规律。

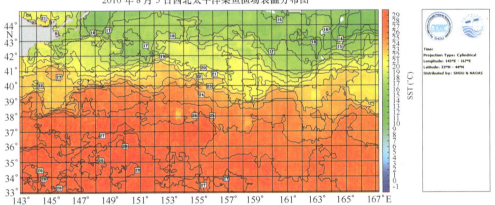

2010 年 8 月 5 日西北太平洋柔鱼渔场表温分布图

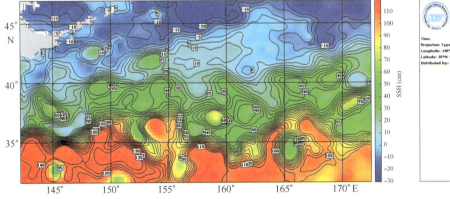

2010 年 8 月 5 日西北太平洋柔鱼渔场海面高度分布图

图 3 - 15　北太平洋柔鱼渔场表温和海面高度分布图

2. 渔情速报图

渔情速报图（图3-16）是利用海洋环境遥感技术分析卫星发回来的水温、风场、海平面高度等资料加上实地测量的温度等数据，并综合以往的捕捞经验，分析判断出哪些海域具备某些鱼类生长的条件，并预测出这个海域的渔情。由于每种鱼类都有它自己独特的生活方式，因此预报前还应该研究它们的生物学特性与海洋学条件之间的关系，从而掌握它们在不同生活阶段所相适应的海洋学条件。

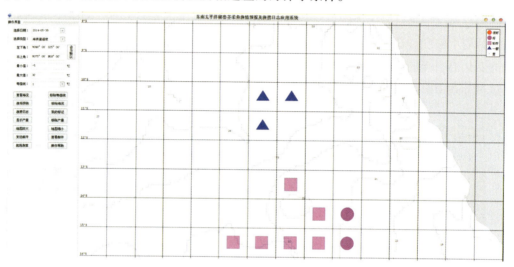

图3-16　东南太平洋茎柔鱼渔场预测分布图

（二）海渔况信息产品的内容

海渔况图可以将几种渔场环境信息完备而准确地显示出来，并且能够描述渔海况的动态变化和发展规律。海渔况图一般包括渔场环境要素、渔场信息、预报信息、图例和文字说明等内容。

1. 渔场环境要素

渔场环境要素主要包括SST（海表温度）、水色、叶绿素、温度距平、海流等重要的海洋环境要素。鱼类对温度非常敏感，通常海洋经济鱼类都有一定的适温范围和最适温度，因此可以依据各种鱼类的适温范围和最适温度从等温线图上直接判断和分析渔场所在的位置。在依据SST判断渔场的同时，还可以通过对海水叶绿素特征值的观测来判断渔场的有无，许多学者都相继提出了利用叶绿素浓度反演海洋初级生产力的各种遥感算法。例如较大叶绿素特征值指示浮游植物含量高，据此可以判断此海域有以浮游生物为饵料的上层鱼类分布。另外叶绿素特征值的平面分布状况也能大致反映出海洋锋面及水团扩展的边界和范围，据此可以确定海洋水色锋面及渔场的范围。温度距平是指某一时间的温度值与整个时间序列周期内的平均温度的差值。渔场分析中经常用到周、月、年温度距平，例如年温度距平可以判断出海况相对于多年平均温度场的变化，据此推断出冷暖水团的强度。

2. 渔场信息

海渔况图上存在两种内容：一种是专题内容，也就是主题内容，置于首层平面；一种是底图内容，也就是背景要素，一般采用浅淡颜色表示，置于第二层平面。专题内容可以包括一种或者多种要素，主要包括渔获量、海表温度 SST 等。底图作为绘制海渔况图的基础，用于专题内容的定位，并说明专题要素的分布与周围地理环境的关系，从而揭示要素分布的规律。底图不应过于复杂，要求图片的负载信息量适中，以便于专题内容的表达。底图中一般包括海岸线、岛屿边界线、入海河口、渔区、我国沿海各省行政区划等。

3. 预报信息

渔场预报的目的是为捕捞者提供作业区域，其中包括对渔场变动、资源密度和丰度的预测。海洋环境条件和鱼类资源关系密切，水温、盐度、海流等海洋环境因素会直接影响到鱼类的洄游、分布以及鱼群密度，因此要结合鱼类的生物学特性和海洋学条件两方面进行预报。

4. 图例和文字说明

图例是对图中所使用符号的归纳，图例中的符号和颜色必须与图中代表的内容一致，一些海渔况图上需要加注文字描述，主要介绍渔场位置及海况变化情况等内容，文字说明力求简洁、准确。

二、海渔况信息产品的制作

（一）数据来源

1. 现场资料

通过无线电台、传真、互联网等途径收集，由渔船、海洋调查船及国际海洋气象组织等提供的水温、盐度、水色观测资料以及渔捞活动的总结资料，其中渔捞活动的实时记录包括捕捞鱼种、单位网产量、总产量、作业时间和作业渔区等。

2. 卫星数据

卫星资料已经成为制作海渔况信息产品的重要数据来源，它的优势在于近实时观测，并且作用范围十分广泛，一些重要的海洋环境因素诸如温度、水色、叶绿素、海面高度、海流等海况信息，都能够从卫星遥感图像中实时提取出来。应用卫星图像提供的信息，可以制作出等温线图、流场模式图和海洋水色分布图。

（二）制作步骤

制作步骤为：① 确定目标鱼种和环境要素；② 确定时间跨度和海域范围；③ 选择合理的表达形式作图；④ 加注图例和文字描述。

由于海渔况信息产品的用途和主题内容各不相同，因此各要素的表达形式也多种多样，主要包括符号法（几何符号、文字符号、艺术符号）、彩色图法（饼图、扇形图、晕色图、分级图）、等值线法（等温线、等深线）、等值面法、剖面图法、断面图法、三维图法等，制图时应根据信息产品的主题内容及要素进行合理选择。一般渔获量会采用分级符号、饼图、扇形图等进行描绘，并按照要素的特征和数量指标进行合理分类和分级。等值线图形可比较精确地表示海温的垂直变化和水平方向的强弱差异，因此 SST（海表温度）一般采用等值线法进行描绘，通常把 15℃、20℃、25℃ 等具有特征的等温线进行突出描绘，从而方便渔场的判读。除了注明数值外，等温线或等温面还经常采用分级上色的方法，具体用色上，一般采用由冷色（蓝、紫）和暖色（红、橙）及其中间过渡色反映温度的总体变化趋势。

图例是用来说明海渔况图上各种符号与颜色所代表的内容与指标的。海渔况图上的符号形状、尺寸、颜色都应以图例为标准。海渔况图上的文字一般包括数字、字母与文字。数字常用来标注各种数值，如等温线数值。文字较多的用于各种名称的注记，如海洋、河流、省市名称，同时介绍渔场位置及海况变化情况等内容。

（三）传输方式

根据用户的不同要求和设备条件，可以选择多种方式将海渔况信息向用户进行传输：

1. 邮政系统

将打印出来的信息产品以信函方式发放到相关单位或渔民手中。但这种方法的缺点是传递信息速度较慢，信息缺乏时效性，因此只适用于以统计为目的的用户。

2. 无线传真系统

无线电波传播范围广，因此可以通过无线电传真网络向陆地和海上用户传送图像信息，但这种发送方式费用高昂，发射端要设置一个大功率的广播网络，同时安装一台无线电发射机并选用特定的频率，而用户端则要配备相应的接收装置。

3. 网络系统

目前计算机技术发展迅猛，Internet 应用已经十分普及，因此把信息产品制成电子文件并通过网络进行发布与传输更为便捷。

三、应用举例

（一）太平洋大眼金枪鱼延绳钓渔场与 SST 叠加分布图集

该图集是 1991—2001 年间分月份的太平洋大眼金枪鱼延绳钓渔场与 SST 叠加分布图集，作图海域范围为 40°N 至 40°S，120°E 至 70°W 之间，渔场数据来自 SPC（Secretariat of the Pacific Community），数据内容包括年、月、作业渔区经度、纬度、按不同鱼种分类的产量等，SST 数据来自美国国家海洋和大气管理署（NOAA）提供的太平洋海域月平均 SST，应用地理信息系统软件 ArcView GIS 进行制图。

本图采用点位符号顺序量表示法，符号采用实心圆，圆心表示渔场中心位置，由数据库中每个渔场的经纬度计算生成，以圆的大小表示大眼金枪鱼产量，并对资源产量进行合理分级，海表温度 SST 由软件根据数据库内的温度数据自动生成，最后加注图例和必要的文字说明，完成制图。

从图 3 - 17 中可见，大眼金枪鱼的渔场在此海域之间分布相当广泛，高产区主要集中在 20°N 至 20°S 之间的热带海域。该分布图从资源空间位置和资源产量两方面描述了大眼金枪鱼的分布状况，分布趋势直观明了。

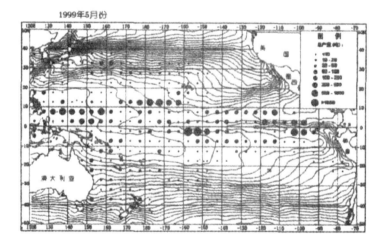

图 3 - 17　太平洋大眼金枪鱼延绳钓渔场与 SST 叠加分布图

（二）东海中心渔场预报图

图 3 - 18 是我国 2000 年 5 月 5—11 日东海中心渔场预报图。底图中包括我国的海岸线、沿海各省行政区划、主要江河及其入海口。通过对水温、海面流场等卫星资料的分析并对照实际渔捞生产资料进行修正，完成了中心渔场的预报图。

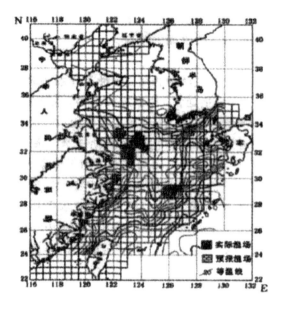

图 3 - 18　东海中心渔场预报图

海渔况图具有直观、表现力强、易于理解等优点，相对于语言和统计资料具有明显的优越性，是表示空间数据直观而重要的手段，对渔业生产具有积极影响和重要意义。但海渔况图在制作过程中还存在着一定问题，例如图中线条、色彩、符号运用不规范等。因此在制作过程中要考虑各方面因素，综合运用多种信息传媒和表述方法，尽可能采用符号化的表述，逐渐统一制作标准和技术流程，以便于信息的描述、传输、发布和收集，使信息可靠、准确、及时到达最终用户，发挥其应有的使用价值。

第四节　卫星遥感海面高度数据在渔场分析中的应用

20 世纪 70 年代初，卫星遥感海表温度 SST 和叶绿素信息在渔业资源分析和渔场预报中得到初步应用，此后随着海洋遥感和计算机技术的进一步发展，海表温度与叶绿素信息的渔场分析应用逐步进入到业务化应用阶段，目前卫星遥感 SST 反演精度已达 0.5 ~ 0.8℃，而叶绿素的精度为 35% ~ 40%，已完全满足渔业生产需求和科研应用，海表温度、叶绿素浓度已成为国内外学者判断渔场变动和预报中心渔场位置的重要环境因子。

1992 年，英法联合发射 TOPE/POSEIDON 卫星高度计，使得海表面高度数据第一次可以精确测量，从而为卫星高度计在渔场分析中的应用提供了可靠的数据来源。由于海面高度数据能够反映海洋锋面、水团等中尺度海洋动力特征，因此，自 20 世纪 90 年代中期开始，遥感海面高度数据也逐步应用到渔场分析研究中。我国于 2011 年发射了首颗海洋环境动力卫星"海洋二号"，星上装载雷达高度计的测高精度达到 4 cm，将使我国未来在渔场分析应用中能实时获取精确的海面高度数据。

一、卫星高度计测高理论及其数据特点

（一）卫星高度计测高理论基础

卫星高度计是以海面为遥测靶，通过分析回波信号特征来获取海洋信息的一种主动传感器。相对于传统测量方式它具有明显的优势，能够在全球范围内全天候、多次重复准确地提供海洋表面高程变化的测量值。因此在中尺度海洋环流和典型洋流（如黑潮）的变化特征、海面动力起伏、海洋潮汐的测量、海面地形反演等研究中，或是在厄尔尼诺现象监测及渔场分析中，卫星高度计都起到了举足轻重的作用。

卫星高度计测得的海面高度 SSH（Sea Surface Height）是相对于参考椭球而言的，它可分为海洋动力高度和大地水准面高度。海洋动力高度包括动力地形信息，不同于传统的海洋学数据计算或数值模拟结果，它是相对于平均海平面来计算海平面异常的，含有海洋动力现象的有关信息，如海浪、海流、潮汐等，且动力地形的高梯度区域产生在气旋和反气旋沿海环流的边缘地带，容易形成锋面和海流；大地水准面为平均海面相对于参考椭球面的高度，它是地球重力场的等势面。此外，使用高度计还可以测量有效波高、海表面风等动力参数。

（二）高度计数据的特点

卫星测高具有很多优点，如：高度计在工作时基本不受天气状况影响，可以全天候工作，保证了资料的连续性和稳定性；且使用卫星高度计获取数据资料价格相对低廉，易于获取。由于测高数据是深度平均的结果，是海水温度、盐度等多种水文环境因子综合作用的结果，因而包含的信息量大。

目前可应用的卫星高度计资料主要来自：GEOSAT 卫星、TOPEX/Poseidon 卫星、ERS 卫星、Jason 和 Envisat 卫星；美国于 1975 年发射第一颗载有雷达高度计的 GEOS-3 卫星；随后欧空局在发射的 ERS-1 测高计上改进了跟踪器算法，增加了测量海冰的工作方式，其精度达到 6~10 cm；1992 年，英法联合发射了第一个可以精确测量海面高度的 T/P 卫星高度计，其总体准确度达到 4.1 cm，可覆盖全球海洋的 90%。从空间监测全球海面高度，科学家们可通过卫星高度计计算表层环流以及地转流的季节性变化，进而可以研究出由海面高度异常数据引起的海洋现象对海洋渔场变化造成的影响。作为 T/P 的后继卫星 Jason-1 和 Jason-2 持续保持小于 3 cm 的海面测高准确度，提供了长时间序列的全球海平面数据，极大地促进了海洋学、海洋渔场的预报精度。2002 年 3 月，欧洲空间局发射的 Envisat 卫星载有 RA-2 雷达高度计，Envisat 卫星运行在太

阳同步轨道上，因此所观测的海面高度数据不可避免地包含了太阳潮混频信息、日变化引起的电离层变化和大气潮变化的混频信息。这些混频信息影响了 Envisat 数据用于研究海平面随气候的变化。

卫星测高的缺点是，周期太长，如 TOPEX 卫星，其全球覆盖周期为 10 d，且对于近海岸带 50 km 海面高度的数据仍无法使用卫星高度计精确测量，极大限制了高度计数据在海洋渔业中的广泛应用。目前，卫星高度计只能推算卫星星下点的海面高度，造成高度计在空间和时间采样率的不足，在解释尺度较小的物理海洋现象时可能因空间采样间距偏大而造成空间混淆。

二、卫星测高数据在渔场分析中的应用

（一）海洋环境条件和 SSH 之间的关系

海洋鱼类的生活习性与生活环境是一个统一的整体，海洋环境状态参数的变化对其鱼群的大小和分布状况、栖息层次、中心渔场的位置等都有明显的影响。影响鱼类行为的非生物环境要素一般有：海水温度、盐度、溶解气体、水系和海流、潮汐和潮流、气象因素以及水深、海底状况等。而海面高度与 SST 和盐度 SSS（Sea Surface Salinity）关系密切，根据 EOS80 国际海水状态方程，海水的密度由温度和盐度直接确定，当混合层水团深度和温度发生变化时可以导致水团密度的变化，进而可以引起海平面高度异常，在较大尺度范围上的海面高度变化可以使用卫星高度计资料观测。

海面高度资料在渔场分析中的应用目前主要通过获取海面动力高度信息和地转流的计算。海面动力高度信息包含有海流、潮汐、水团、中尺度涡等海洋动力信息，它们在渔情分析中起到特殊作用。如海洋环流可以影响海洋物种的产卵、幼鱼漂移、成鱼迁移以及形成饵料比较集中的区域，像在暖流、气旋环流附近沙丁鱼、竹笑鱼等渔业资源比较丰富；利用海面高度资料还可以监测黑潮的流动变化，反映黑潮的弯曲等现象，而黑潮延伸区的中尺度涡比较集中，海平面变化剧烈，这块区域的海平面异常具有显著的特征，它既受到全球变暖的影响，又与厄尔尼诺－南方涛动有关，1997 年的厄尔尼诺现象，就是利用海表温度和卫星测高数据同时进行监测的。此外，渔场的位置与黑潮锋的位置密切相关，经过多年的研究和观测，卫星测高数据已经成为研究厄尔尼诺现象的重要指标之一。

基于卫星高度计的研究表明，南极绕极流区、湾流和黑潮等西边界强流的相关区域等均为中尺度涡活动显著的区域，如日本学者 Morimoto 等（2000）采用 TOPEX/PO-SEIDON 和 ERS－2 卫星融合数据并采用最优插值法来处理每月海面高度数据，进而识别日本对马岛的冷暖涡，而锋区中尺度涡、大洋中尺度涡结构特征具有比较强的水团特征，这种结构通常是渔场形成的基本条件之一；另外表层水团的汇合和辐散导致海

表面产生高度正负距平值，然后表层暖水流积累产生下降流，底层水产生上升流来补充表层水流，引起温跃层的偏移，使底层海域丰富的营养盐不断向上补充，在表层呈现出低温、高营养盐、高叶绿素浓度特征而增加海洋表层的初级生产力，最终在海面高度场形成斑块状的海面高度极值区。海面高度的异常变化与温度场冷暖水团的配置关系密切，如在北半球海面高度的正距平区域对应顺时针方向的暖中心，海面高度的负距平海域对应逆时针方向的冷涡，南半球则刚好相反。一般来讲，冷暖中心边缘的过渡区域通常形成锋面，海流流速较大，某些鱼类集群易形成渔场。此外，海洋锋面附近常表现出较为复杂的海洋动力特征，如海流流速较大，水团配置比较复杂等。因此，结合这些海洋特征，从海面高度异常的空间配置和海流流速流向的分布可以推知海洋锋面。

（二）海面高度与渔场关系的分析

卫星高度计在渔场分析中的应用主要通过获取海面高度的距平值来分析海面高度异常变化、与温度场冷暖水团的配置关系、海洋流场的变化及与锋面的关系等。目前渔场分析中主要应用的是来自 TOPEX/POSEIDON 和 ERS – 1/2 系列卫星的测高数据。具有不同温度和盐度的海水、不同的流系和水团以及上升流等在海面高度遥感图上呈现不同的高度异常信息。且海面高度异常 SSHA（Sea Surface Height Anomaly）可以影响着某些鱼群分布，因而被当做寻找渔场的一个重要的指标，它通常反映海面动力环境的变化，而海洋动力结构特征常常是维持经济型远洋物种中心渔场的关键考虑元素。如 Laurs 等（1984）指出中心渔场一般分布在较高、较低或边界区域，因而在预测金枪鱼渔场分布时一般使用海面高度梯度即绝对海表面高度或海表面高度异常数据（图 3 – 19）。由于海面高度与水团、水系、海流、潮流等因素的关系密切，只要认为这几个要素与渔场有重大关系，就可以相应地考虑海面高度。这种影响的尺度范围只要大于目前卫星测高的分辨率（包括传感器观测的分辨率、时间和空间分辨率），就可以进行这种分析。

使用海面高度数据应用于渔场分析和预报除了使用 SSHA 数据，还可以利用卫星高度计获取的海面动力高度计算获取地转流和涡动能 EKE（eddy kinetic energy）信息。由于地转流能准确地指出产生海洋高生产力的最强锋面区，并确定上升流和锋面区域的位置，涡动能高值区一般是中尺度涡活动比较频繁的区域，因而在渔场预报中它们的作用也是不可忽视的。

随着卫星精确定轨技术、大气折射校正技术、消除海洋潮和大气潮混频技术的提高，卫星测高分辨率越来越高，且其能够同时提供观测点的风速和海浪参数，以日本、美国、法国为代表的世界渔业大国已经开始着手这方面的工作，并且取得了一些先期成果。有研究表明，从鱼类行为学的角度研究海面高度对鱼类影响的有关工作也在逐渐展开。

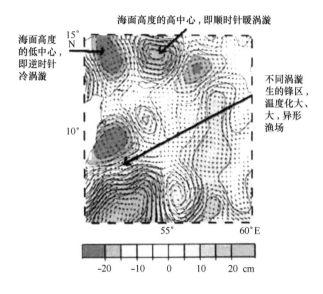

图 3 - 19   海面高度异常及其与水团配置关系

（三）国内外海面高度数据在渔场分析方面的研究

1. 国外海面高度数据在渔场分析中的应用

20 世纪 70 年代国外开始利用遥感技术进行渔场渔情的分析应用。自 90 年代中期第一颗可以精确测量海面高度数据的 T/P 卫星高度计的发射，使用海面高度因子研究渔场环境变化的学者越来越多，并相应取得了一些成果。如国外学者 Polovina 等（1999）处理了 1993—1998 年的 TOPEX/Poseidon 卫星的海面测高数据，发现亚热带海洋锋面的强度与夏威夷海域箭鱼（Xiphias gladius）延绳钓渔场关系密切，箭鱼渔场与海面高度成反比关系；日本渔业情报服务中心（JAFIC）利用船测及卫星测高数据绘制了东海及西北太平洋海域的海面高度图，发现了东黄海鲐鱼渔场位置变化与海面高度异常形成对应关系，并且得出长江口外涡漩区（即海面高度特殊区）易形成渔场的结论。

目前国外利用海面高度数据应用于渔场主要采用两种方法：一种是直接应用方法；直接应用是对于海面高度数据与渔业资源产量相关性较好的区域，将海面高度作为渔场的重要因子来使用，并结合温度、叶绿素 Chl - a、盐度等因素通过地理信息系统或统计分析模型来进行渔情预报和分析。直接应用目前还受到一定限制，但由于海面高度是对水团或海流、水温或盐度、上升流或其他因子的综合作用，其直接应用既可以保证必要的精度，又可以得出对鱼类行为的综合影响，在不能把握渔场条件的情况下，仍然是一个很好的应用统计量。如国外学者 Hardman - Mountford 等（2003）通过神经网络模式识别方法来研究 SSH 对本格拉沙丁鱼渔业资源的季节和年际变化的影响，发现由海面高度异常引起的沿岸上升流和海流的入侵均会影响沙丁鱼的补充量。而 Mugo 等（2010）使用 SSHA 并结合 SST、SSC、EKE 等通过 GIS 和 GAM（generalized additive model）模型分析西北太平洋鲣鱼渔获量与海面高度等的关系，得出鲤鱼一般生活在 SSHA≥0 的区域；通常情况下，金枪鱼在海表面高度异常区种群比较丰富，受季风影响下，在西北季风季节金枪鱼产量与海面高度的正距平区域呈正相关，而在西南季风影响下，其产量与海面高度负距平区域相关。

卫星高度数据在渔场分析方面的另一应用为间接应用。由于 SSH 异常和 SSH 极值区域通常伴随着相关的海洋环境变化，因而从 SSH 量值可以分析其他海洋因子如涡、锋面、地转流信息，然后根据这些线索运用分析预报模型进行渔场寻找和预报。像鲣鱼在从亚热带向北迁移到温带水域时受锋面、暖流和涡的影响（Tameishi el al，1989），而涡漩区常位于气旋和反气旋环流交界处，并靠近冷气旋海流附近（Kumari et al，2005），具有冷暖水锋面、深度适合和海水混合强烈等特点，为渔场形成提供了良好的外部环境条件。另外，金枪鱼和中尺度结构也有很紧密的关系，通过海平面高度异常负值区可以识别冷涡，上升流涡（冷涡）的形成导致金枪鱼主要食物之一的磷虾产量增加；而金枪鱼在中尺度结构中，由于其复杂的物理机制导致生产力较高，因而增加了金枪鱼觅食的概率（Liu et al，2003）。此外，对于亲潮冷流和黑潮暖潮汇合的西北太平洋也是国内外学者研究较多的涡漩区，由于其汇合的边界处包含涡弯曲、锋面等海洋动力特征，成为许多重要经济鱼类的索饵场（Maul et al，1984），如长鳍金枪鱼的资源丰富程度和物理海洋结构动力特征如黑潮、亲潮、锋面、涡流有关。

通过 SSHA 计算得出的地转流和涡动能也是目前研究渔场资源环境变量的主要环境参数之一，如国外已有部分学者通过卫星高度计获取地转流数据来研究鳌虾的补充量及其动态分布变化。此外还可以通过制作每月的高分辨率 SSHA 图来识别涡流特征和估算海流方向和大小，如 Zainuddin 等（2008）通过计算地转流和 EKE 得出长鳍金枪鱼一般分布在 SSHA 为 13 cm 附近和 EKE 较高的地方；与此同时，利用海面高度场资料还可以寻找准稳定 SSH 区，准稳定的 SSH 区域通常代表了稳定的水团和上升流，实验得出 SSH 和冷水团存在很强的相关性，冷水团对鱼群的活动具有明显的抑制作用。鱼群在洄游前进时被冷水团阻挡，滞留在冷水团的周围，冷水区的 SSH 是一个极值（高值）区域，由于冷水的密度比较大，在冷水团的位置出现相同的 SSH 极值区是非常自然的事。另外，利用卫星遥感 SST、叶绿素、地转流还可以进行动物如鱼类的跟踪，获取鱼类资源的分布情况（Chassot et al，2011）。通过建立栖息地模型来判断渔场资源变动也是目前海面高度数据间接应用于渔场的方法之一，如 Steven 等（2007）通过建立栖息地模型来判断墨西哥湾蓝鳍金枪鱼生活环境，采用的环境因子有深度、SST、叶绿素、涡动能、海流速度、SSHA 等。

随着多星数据的融合以及信息技术的发展，海面高度数据的时空分辨率越来越高；而数据挖掘、模糊性及不确定性分析方法、元胞自动机模型与人工智能等预报方法在国外也逐渐开始应用于渔场渔情分析预报领域。

2. 国内海面高度数据在渔场分析中的应用

鉴于海面高度数据已成为渔场分析和预报的重要环境因子之一，我国在渔场与海面高度数据关系方面也做了一些工作，并对鸢乌贼渔场（陈新军等，2006；邵峰等，2008；田思泉等，2006）、阿根廷滑柔鱼渔场（张炜等，2008）、东海鲐鱼渔场（李纲等，2009）、中西太平洋金枪鱼（陈雪冬等，2006）与海面高度数据关系方面进行了相关的报道，得出鸢乌贼高产量大都分布在海面高度距平 SSHA≤0 的附近海域，鲐鱼渔场与 SSH 之间有很好的匹配关系，中心渔场通常位于 SSH 极大值和极小值交汇的海域，并靠近极大值海域一侧，即出现在冷水团和暖水团交汇区靠近暖水团一侧。阿根廷滑柔鱼的中心渔场主要分布在 SSHA = 0 附近海域；而西北太平洋柔鱼（Chen et al，2010）、西南大西洋阿根廷柔鱼（Chen et al，2008）主要生活在 SSHA≤0 的区域。

此外还有部分学者利用海面高度、叶绿素等建立栖息地指数（HSI）来预报渔场，如范江涛等（2011）利用海面高度、叶绿素等海洋数据针对南太平洋长鳍金枪鱼采用非线性回归方法，基于各环境因子建立栖息地适应性指数来进行渔情预报；Chen 等（2009）利用遥感获取的表温、表温盐度、叶绿素、海面高度距平值对东海鲐鱼采取 AMM（Arithmetic mean model）、GMM（geometric mean model）等模型方法来建立栖息地指数预测渔场的栖息地以及中心渔场。目前国内使用海面高度数据应用于渔场绝大部分采用的是直接应用方法，间接应用的还比较少，且相关的研究海面高度与渔场关系的统计模型有待进一步深入。

随着我国"海洋二号"环境动力卫星的发射，使用海面高度数据应用于海洋渔场环境分析方面有很大的前景，然而由于遥感数据的反演精度、获取数据的时间周期等原因，能够持续不断地为捕捞生产所应用的信息还不多，很多还处于历史数据的对比研究或试验应用阶段。且应用卫星高度计进行渔业应用的独立性不够强，如在进行海洋渔场环境分析和中心渔场预报时，因云覆盖引起的卫星遥感数据缺失、卫星遥感模型反演精度不够等原因还必须要现场采样作补充，大多数情况下还要结合海上的观测资料，经过数据融合或同化处理后才能实现业务化应用。另外，通过卫星高度计获取的 SSH 还受卫星径向轨道误差、电离层、对流层、潮汐等影响，与国外相比，目前我国在使用海面高度数据应用于渔场分析方面还相对薄弱，且只有直接应用方法。海面高度在渔场分析上的应用需注意以下几点。

（1）获取海面高度数据的算法还需要不断完善，如在潮汐改正和轨道误差校正方面都还有值得改进的地方，否则会严重影响卫星高度数据的广泛应用。

（2）在建立海面高度数据与渔场资源量、单位捕捞努力量渔获量（CPUE）等的统计分析模型时，可以相应地考虑模糊神经网络、专家系统、元胞自动机、数据挖掘、范例推理等统计模型。

（3）由 SSHA 反演的地转流、涡动能、锋面等信息也是接下来我国需要研究的重点，和 SSHA 相比，涡动能可以大范围长时间地确定如中尺度涡、海流蜿蜒等现象，在研究过程中也很少受地理位置的影响，而上升流、海洋锋附近海域恰恰也是最有价值的潜在渔场。

第五节　海洋遥感环境常用网站

一、美国

美国国家海洋大气局卫星信息系统（NOAASIS/NOAA）的网站是提供卫星遥感信息和资料的一个主要来源，它提供了 GOES（地球同步气象卫星系列）和 NOAA（太阳同步气象卫星系列）的主页，也提供关于国防气象卫星（DMSP）的信息。其网站地址是 http：//noaasis. nova. gov/。

美国国家海洋大气局管辖的资料中心也提供卫星遥感信息和相关资料，它们的网站地址是：

美国 NOAA 国家环境卫星数据信息服务署 http：//www. nesdis. noaa. gov/

美国 NOAA 卫星运行办公室 http：//www. oso. noaa. gov/

美国 NOAA 卫星数据处理和分发办公室 http：//www. osdpd. noaa. gov/

美国 NOAA 国家海洋资料中心 http：//www. nodc. noaa. gov/General/satellite. html/

美国 NOAA 国家气候资料中心 http：//www. ncdc. noaa. gov/oa/ncdc. html

美 国 NOAA 国 家 地 质 资 料 中 心 http：//www. ngdc. noaa. gov/，http：//dmsp. ngdc. noaa. govhtmlredirect. html

美国 NOAA 国家浮标资料中心 http：//www. ndbc. noaa. gov/

美国 NOAA 太平洋海洋环境实验室 http：//www. pmel. noaa. gov

TOGA – TAO 的更多信息，可看 http：//www. pmel. noaa. gov/tao/elnino/toga – insi-tu. html

厄尔尼诺（El Nino）现象研究，可看 http：//www. elnino. noaa. gov/research. html，http：//www. aoml. noaa. gov/general/enso_ faq/，http：//www. srh. noaa. gov/ftproot/ssd/html/elnino. htm，http：//www. pmel. noaa. gov/toga – tao/realtime. html。

太平洋海洋环境实验室关于厄尔尼诺（El Nino）现象研究的主页 PMEL El Nino Theme Page 地址是 http：//www. pmel. noaa. gov/toga – tao/el – nino/home. html，该网站不仅很好地介绍了关于厄尔尼诺的研究，而且提供了有关厄尔尼诺数据和研究的其他网站的链接。

美国宇航局 JPL 实验室物理海洋学数据现有档案分发中心（PO. DAAC/JPL）的网站是提供卫星遥感信息和资料的另一个主要来源，其网站地址是：http：// podaac. jpl. nasa. gov/；http：//podaac. jpl. nasa. govinfowhatsnew. html ＃ 102/PO. DAAC/ JPL；分发中心的网页 http：//podaac. jpl. nasa. gov/catalog/product001. html/ 提供以下各种不同类型遥感资料：ARGOS Buoy Drift，AVHRR/2 Sea Surface Temperature，ERS － 1 AMI Wind Vectors，ERS － 2 AMI Wind Vectors，GEOSAT Sea Surface Height，NSCAT Wind Vectors，SSM/I Wind Speed，TOPEX/Poseidon Sea Surface Height（SSH）and Significant Wave Height（SWH），SeaWiFS Chlorophyll － a Concentration，TMI Sea Surface Temperature 数据产品；

分发中心的网页地址 http：//podaac. jpl. nasa. gov/order/ 和 http：//podaac. jpl. nasa. gov/cdrom/ 提供以下各种不同类型遥感和常规资料：NOAA/AVHRR，ERS/ATSR，CZCS，ERS － 1，GEOS － 3，GEOSAT/ALT，IN SITU（buoy data），MODIS，NSCAT，NIMBUS － 7 SMMR，QuikSCAT，SEASAT，SSM/I，TOGA，TOPEX/Poseidon，WOCE 数据产品。PO. DAAC/JPL 分发中心也提供特定卫星遥感信息和相关调查资料的网站地址。

TOPEX/Poseidon 高度计数据产品，可看 http：//podaac. jpl. nasa. gov/topex/www/ ssa. html/；http：//podaac. jpl. nasa. gov/cdrom/mgdr － b/Document/HTML/；http：//podaac. jpl. nasa. gov/topex/www/ql_ archive. html/。

GEOSAT/ALT 高度计数据产品，可看 http：//podaac. jpl. nasa. gov/order/order geosat. html/。

QuikSCAT/SeaWinds 散射计数据产品，可看 http：//podaac. jpl. nasa. gov/order/order_ qscat. html/。

NSCAT 散射计数据产品，可看 http：//podaac. jpl. nasa. gov/order/order _ nscat. html/。

DMSP/SSM/I 专用传感器微波成像仪数据资料，可看 http：//podaac. jpl. nasa. gov：2031/DATASET DOCS/ssmi wentz. html/。

美国宇航局 JPL 实验室为 TOPEX/Poseidon 和 Jason － 1 高度计服务设置的主页是 http：//topex － www. jpl. nasa. gov/science/science. html；http：//topex － www. jpl. nasa. gov/mission/topex. html；http：//topex － www. jpl. nasa. gov/mission/jason － 1. html；http：//topex － www. jpl. nasa. gov/#hawaiicoastWatchsatellitedataresources/。

美国宇航局为 EOS － AM（TERRA）和 EOS － PM（AQUA）设置的主页是 http：// TERRA. nasa. gov/；http：//aqua. nasa. gov/。

美国宇航局戈达德空间飞行中心（GSFC）的网站地址是 http：// www. gsfc. nasa. gov/，该中心设置了水色遥感信息和数据资料的网页。

SeaWiFS 的主页，可看 http：//seawifs. gsfc. nasa. gov/。

MODIS 的主页，可看 http：//ltpwww. gsfc. nasa. gov/；http：//modis. gsfc. nasa. gov/；http：//modis – ocean. gsfc. nasa. gov/；http：//modis – land. gsfc. nasa. gov/；http：//opp. gsfc. nasa. gov/；http：//modis. gsfc. nasa. govnewsindex. php/。

MODIS 的资料产品，可看 http：//daac. gsfc. nasa. govdatadataset/MODIS/03 _ Ocean/index. html/。

美国宇航局航空观测海洋学实验室（AOL）的主页是 http：//aol. wff. nasa. gov/。

美国国防气象卫星 DMSP 的主页是 http：//www. af. mil/news/factsheets/Defense_ Meteorological_ Satell. html。

美国海军研究实验室（NRL）的主页是 http：//www. nrl. navy. mil/，他们有最完备的海洋学和遥感杂志图书馆，该实验室也提供遥感信息服务。

海洋类各研究部门，可看 http：//www. nrl. navy. mil/content. php? P = DIVISIONS。

关于水色研究，可看 http：//www7240. nrlssc. navy. mil/。

某些大学和组织机构也建立网站，提供遥感信息、数据、研究成果和其他网站的链接。例如，在奥斯汀的德克萨斯大学空间研究中心（CSR：Center for Space Research – University of Texas at Austin）网站主页是 http：//www. csr. utexas. edu/。

TOPEX/Poseidon 的海洋学研究，可看 http：//www. csr. utexas. edu/eqpac/ ；http：//www. csr. utexas. edu/sst/gsdata. html。

SeaWiFS 的海洋学研究，可看 http：//www. ae. utexas. edu/courses/ase389/midterm/courtney/seawifs. html/。

使用高度计数据进行厄尔尼诺（El Niño）现象研究，还可看 Monitoring El Niño with Satellite Altimetry：An Online Workshop for Educators；How sea level anomalies are related to ocean heat storage, ocean circulation and El Niño。

对应的网页地址是 http：//www. stgc. utexas. edu/topex/activeties/elnino/sld001. html；http：//www. csr. utexas. edu/eqpac/elnino. html。

迈阿密大学（University of Miami）罗塞斯蒂海洋和大气科学学校（RSMAS：Rosenstiel School of Marine & Atmospheric Science）的网站地址是 http：//www. rsmas. miami. edu/；该学校遥感组的网站地址是 http：//www. rsmas. miami. edu/groups/rrsl/，该学校遥感组提供的关于 MODIS 的网页地址是 http：//www. rsmas. miami. edu/groupsrrslmodis/。

俄勒岗州立大学（Oregon State University）遥感海洋光学小组（Remote Sensing Ocean Optics group）的网站是 http：//picasso. oce. orst. edu/ORSOO/；该遥感海洋光学小组提供的关于 MODIS 的网页 http：//picasso. oce. orst. edu/ORSOO/MODIS/DB/。

加利福尼亚大学（University of California, San Diego）的 Scripps 海洋研究所

（Scripps Institution of Oceanography）的网站主页是 http：//sio. ucsd. edu/，加利福尼亚大学提供的关于漂流浮标的全球观测系列（Argo）的网站主页是 http：//www - argo. ucsd. edu/。

麻省理工学院（Massachusetts Institute of Technology）伍兹霍尔海洋研究所（Woods Hole Oceanographic Institution）的网站主页是 http：//web. mit. edu/mit - whoi/www/。

特拉华大学（University of Delaware）海洋研究生院（College of Marine Studies）的网站主页是 http：//www. cms. udel. edu/，该网站提供了与其他海洋研究机构和遥感资料的链接地址。

天文动力学研究科罗拉多中心（CCAR：Colorado Center for Astrodynamics Research）是一个卫星气象与海洋学的交叉学科组织，隶属科罗拉多大学（University of Colorado at Boulder）工程与应用科学学院（College of Engineering and Applied Science），它的网站地址是 http：//www - ccar. colorado. edu/。这些网站提供了许多海洋遥感研究信息。

科罗拉多大学 Colorado Center for Astrodynamics Research 对海表面高度的卫星遥感研究提供了专门的网站：http：//www - ccar. colorado. edu/ ~ realtime/welcome/。

美国得克萨斯大学对有关高度计科学问题的信息提供了网页（http：//www. ae. utexas. edu/courses/ase389/sensors/alt/alt3. html），德克萨斯大学空间研究中心的网站 http：//www. csr. utexas. edu/提供了关于高度计数据产品的海洋学应用研究的成果。

全球海洋数据同化实验（GODAE）高分辨率海表面温度带头项目（GHRSST - PP）国际办公室力图在发展全球范围多传感器和高分辨率（6 h 和 10 km）SST 产品方面的国际合作上给予帮助，它的网址是 http：//www. ghrsst - pp. org/。

全球观测系统信息中心（GOSIC）的网站地址是 http：//www. gosic. org/。

航天合作组织（Aerospace Corporation）关于 DMSP 的网站地址是 http：//www. aero. org/satellites/dmsp. html/，关于航天和卫星的网站是 http：//www. aero. org/programs/。

国际海洋学数据和信息交换中心（IODE）的网页是 http：//iode. org/。

世界大洋环流实验（WOCE）的网站地址是 http：//www. wocediu. org/；网页 http：//www. dkrz. de/ ~ u241046/SACserver/SACHome. htm 和 http：//www. dkrz. de/ ~ u241046/也提供了 WOCE 信息。

二、日本

日本国家航天发展局（NASDA）的网站主页是 http：//www. nasda. go. jp/；其所属地球观测中心（Earth Observation Center）的网站 http：//www. eoc. nasda. go. jp/提供了与全球许多遥感网站的链接，http：//www. eoc. nasda. go. jp/guide/satellite/sat_ menu

_ e. html 提供了 ADEOS – Ⅱ（Advanced Earth Observing Satellite – Ⅱ，Dec. 14 2002）、Aqua（Earth Observing System PM，2002 – ）、TRMM（Tropical Rainfall Measuring Mission，1997 – ）、ADEOS（Advanced Earth Observing Satellite，1996—1997）、JERS – 1（Japanese Earth Resources Satellite – 1，1992—1998）、MOS – 1/1b（Marine Observation Satellite – 1/1b，1987—1996）、LANDSAT（Land Satellite，1972—）、SPOT（Satellite Probatoire d' Observation de la Terre，1986—）和 ERS（European Remote Sensing Satellite，1991—）等遥感网站的链接。

日本国家航天发展局关于 ADEOS 卫星、海洋水色和温度传感器算法和数据产品以及 MODIS 和 SeaWiFS 水色遥感研究的网址是 http：//kuroshio. eorc. nasda. go. jp/ADEOS/。此外，日本国家航天发展局（NASDA）网址 http：//drs. eoc. nasda. go. jp/index_ e. html 通过用户注册向用户提供服务，所属网址 http：//www. eoc. nasda. go. jp/guide/satellite/first_ image_ e. html 对以下卫星和传感器提供了详细的介绍：Advanced Land Observing Satellite（ALOS）Launch：2004（scheduled）；Advanced Earth Observing Satellite – Ⅱ（ADEOS – Ⅱ）；Advanced Microwave Scanning Radiometer（AMSR）；Global Imager（GLI）；Aqua Advanced Microwave Scanning Radiometer（AMSR – E）；Tropical Rainfall Measuring Mission（TRMM）；Precipitation Radar（PR）；Visible Infrared Scanner（VIRS）；TRMM Microwave Imager（TMI）；Clouds and the Earth's Radiant Energy System（CERES）；Lightning Imaging Sensor（LIS）；Advanced Earth Observing Satellite（ADEOS）；Ocean Color and Temperature Scanner（OCTS）；Advanced Visible and Near – infrared Radiometer（AVNIR）；NASA Scatterometer（NSCAT）；Total Ozone Mapping Spectrometer（TOMS）；Polarization and Directionality of the Earth's Reflectances（POLDER）；Interferometric Monitor for Greenhouse Gases（IMG）；Improved Limb Atmospheric Spectrometer – Ⅱ（ILAS – Ⅱ）；Retroreflector in Space（RIS）；Japanese Earth Resources Satellite（JERS – 1）；Synthetic Aperture Radar（SAR）；Optical Sensor（OPS）；Marine Observation Satellite – 1/1b（MOS – 1/1b）；Multispectral Electronic Self – Scanning Radiometer（MESSR）；Visible and Thermal Infrared Radiometer（VTIR）；Microwave Scanning Radiometer（MSR）；Land Satellite（LANDSAT）；Enhanced Thematic Mapper Plus（ETM + ）；Thematic Mapper（TM）；Multispectral Scanner（MSS）；Satellite Probatoire d' Observation de la Terre（SPOT）；High – Resolution Visible Infrared（HRVIR）；High Resolution Visible Imaging System（HRV）；European Remote Sensing Satellite（ERS）；Synthetic Aperture Radar（AMI）；Scatterometer（SCAT）；Radar Altimeter（RA）；Scanning Radiometer and Sounder（ATSR – M）；Laser Reflector（LRR）；Precision Ranging Equipment（PRARE）。

三、欧洲

欧洲空间局（ESA：European Space Agency）的网站地址是 http：//earth. esa. int/ers/satconc/ 以及 http：//www. esrin. esa. it/export/esaCP/index. html/ 。

法国国家空间研究中心（CNES）的数据档案文件中心的网页是 http：//www – aviso. cnes. fr，它提供了多个卫星（ERS – 1、ERS – 2、GEOSAT、JASON – 1、SEASAT、SPOT 和 TP）的信息和数据。公司网站 http：//www. jason. oceanobs. com/ 也对Jason – 1 以及厄尔尼诺（El Nino）现象研究提供了详细的资料。

德国航天局（DLR）关于模块化电眼扫描仪（MOS）的网站主页是 http：//www. ba. dlr. de/NE – WS/ws5/index_ mos. html 。

四、加拿大

加拿大遥感中心（Canada Centre for Remote Sensing）的网址是 http：//www. ccrs. nrcan. gc. ca/ 。

加拿大空间局（CSA）关于 RADARSAT 卫星的网址是 http：//www. space. gc. ca/asc/eng/csa_ sectors/earth/earth. asp。

五、中国

我国的国家卫星气象中心网页地址是 http：//nsmc. cma. gov. cn/chinese/nsmc_ index. html。国家卫星海洋应用中心的网页地址是 http：//www. nsoas. gov. cn/。国家海洋信息中心的中国海洋信息网的网页地址是 http：//www. coi. gov. cn/，该网站提供了与国内各海洋研究机构的链接。中国遥感卫星地面站的网站地址是 http：//www. rsgs. ac. cn/。目前，地面站具有接收包括中巴地球资源卫星 01 号遥感数据、美国陆地卫星（Landsat）TM/ETM 遥感数据、法国 SPOT 卫星遥感数据和加拿大 RADAR-SAT 合成孔径雷达（SAR）遥感数据的能力；同时，还代理了美国商业卫星 – 快鸟（QuickBird）和印度遥感卫星（IRS）等卫星数据订购业务。

中国科学院遥感应用研究所拥有 MODIS 地面接收站，其网页地址是 http：//www. irsa. ac. cn/index. asp。

中国资源卫星应用中心的网页地址是 http：//www. cresda. com/cn/default. asp。

中国资源卫星应用中心的国内二级域名为 http：//www. cresda. cn/；它的国内三级域名现为 http：//www. cresda. com. cn/；它的国际域名为 http：//www. cresda. com/。

国家遥感中心的网站地址是 http：//www. nrscc. gov. cn/，该中心具备航空航天数据获取和光学影像处理能力。国家遥感中心资料服务部是国家测绘局直属的遥感数据获取、处理和分发的主要机构。

中国空间信息网（CSI）的网页地址是 http：//www. csi. gov. cn/organsetup/organc-si. asp，该站是科学技术部国家遥感中心组织的与有关部门共同建设的国家级大型空间信息专业网站，旨在建立适合我国空间信息共享与服务的标准规范、运行管理体系和网络平台，通过共同建设，促进空间信息资源的开发、利用和共享，推动我国空间信息技术及其产业的快速发展，为数字化中国工程的建设奠定基础。

建立在国家海洋局第二海洋研究所的中国 ARGO 实时资料中心网站（http：//www. argo. org. cn）自 2003 年 5 月开通以来，每天向全国用户发布西北太平洋和东印度洋海域的温盐深等实时资料。ARGO 计划是美国等国家的气象和海洋学家建立的一个全球海洋观察实验项目，2001 年 10 月我国正式加入该国际计划。浮标每 10 天下潜到海面以下一次，然后自动返回海面向卫星发送测量数据。

六、常用遥感网站

（一）OCEANWATCH

重点介绍位于美国夏威夷群岛的太平洋渔业科学中心（ NOAA Pacific Islands Fish-eries Science Center）下属的数据网站（http：//oceanwatch. pifsc. noaa. gov/las/servlets/dataset）。该网站提供不同的由传感器获取的卫星遥感数据（图 3 - 20），包括：海表温度、海面高度、叶绿素 - a 浓度、海面风场、海表流场、海表盐度以及气象模式的海表温度。数据的时间分辨率有天、周、月；数据的格式有图片格式、txt 格式、ASCII 码格式、NetCDF（network Common Data Form）格式。点击进入该数据网站，可以看到网站所能提供数据的列表，从列表可以看出数据的时间分辨率，如：monthly、weekly、Near Real - Time；还有由不同卫星传感器获得的同一种海洋环境数据，如由 MODIS 和 SeaWIFS 分别获得的 Ocean Color（也就是通常所说的叶绿素 - a 浓度）数据，如图 3 - 20 所示。可以根据所需要的数据类型选择不同时间分辨率、不同传感器所获取的海洋环境数据。另外不同类型的海洋环境参数具有不同的空间分辨率，海表温度的空间分辨率为 $0.1° × 0.1°$，叶绿素 - a 浓度的空间分辨率为 $0.05° × 0.05°$，海面高度的空间分辨率为 $0.25° × 0.25°$，海表盐度的空间分辨率为 $0.5° × 0.5°$。不同的数据覆盖范围不同：海表温度的覆盖范围为 [-180，180]，[-70，69.9]；叶绿素 - a 浓度的覆盖范围为 [-180，180]，[-90，89.9]；海面高度的覆盖范围为 [-180，180]，[-65，64.75]；海表盐度的覆盖范围为 [-180，180]，[-90，89]。

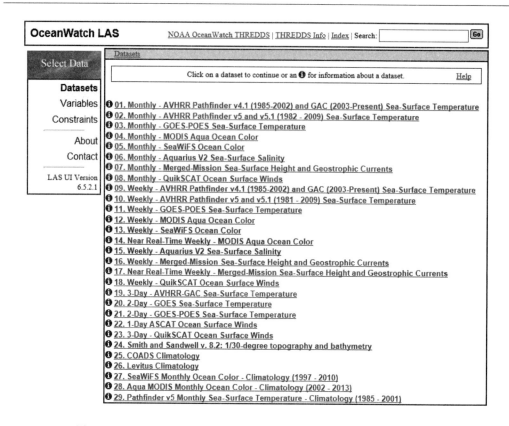

图 3 - 20　http：//oceanwatch. pifsc. noaa. gov/las/servlets/dataset 网站首页

（二）天文动力学研究科罗拉多中心

天文动力学研究科罗拉多中心（Colorado Center for Astrodynamics Research，CCAR）是一个卫星气象与海洋学的交叉学科组织，隶属科罗拉多大学（University of Colorado at Boulder）工程与应用科学学院（College of Engineering and Applied Science）。天文动力学研究科罗拉多中心网站地址是 http：//ccar. colorado. edu/，除了提供了海表温度和叶绿素 - a 浓度数据，还提供海面高度数据，网址为 http：//eddy. colorado. educcardata_viewer/index，界面如图 3 - 21 所示。在该网址只能下载网站根据各种海洋环境数据自动生成的图片，如果需要卫星遥感的海洋环境数据，需要向网站提出申请，申请通过后，网站提供用户名和密码，然后可以进行 Ftp 下载，准实时数据的滞后时间为 2 天，同时可以下载 1986 年以来的全球海面高度数据。

图 3 - 21 天文动力学研究科罗拉多中心网站海面高度数据界面

（三）日本气象厅

日本气象厅介绍了海洋健康判断的一些参数，内容丰富。其网站为 http：//www. data. jma. go. jp/gmd/kaiyou/shindan/index. html。界面如图 3 - 22 所示。

图 3 - 22 日本气象厅网站界面

第四章 渔汛分析与渔场预报

渔汛分析和渔场预报是渔情预报学的重要研究内容。渔汛时间的迟早直接受到海洋环境因子的影响，特别是表温和海流等因素；其渔汛时间的迟早也直接影响到海洋渔业生产的安排。渔场预报重点是预报中心渔场的分布及其移动趋势，渔场分布及其移动直接受到水温、海面高度、叶绿素、海流等多种因子的影响，目前国内外已采用多种方法进行研究与分析，并建立各种较高精度的渔场预报模型，为渔业生产提供了科学依据。本章以东海带鱼、东海鲐鱼、黄渤海的蓝点马鲛、北太平洋长鳍金枪鱼、北太平洋柔鱼、中西太平洋鲣鱼等主要捕捞种类为研究对象，通过分析上述种类的洄游分布及其生物学基础特性，结合前人的研究成果，分析其渔汛、预测其预期和中心渔场分布，为渔业科学生产提供依据。

第一节 渔汛分析

一、东海带鱼渔汛分析

(一) 带鱼洄游分布

带鱼广泛分布于我国的渤海、黄海、东海和南海。带鱼主要有两个种群：黄渤海群和东海群。另外，在南海和闽南、台湾浅滩还存在地方性的生态群。黄渤海种群带鱼产卵场位于黄海沿岸和渤海的莱州湾、渤海湾、辽东湾。水深 20 m 左右，底层水温 14~19℃，盐度 27.0~31.0，水深较浅的海域。带鱼洄游分布见图 4-1。

3—4 月，带鱼自济州岛附近越冬场开始向产卵场作产卵洄游。经大沙渔场，游往海州湾、乳山湾、辽东半岛东岸、烟威近海和渤海的莱州湾、辽东湾、渤海湾。海州湾带鱼产卵群体，自大沙渔场经连青石渔场南部向沿岸游到海州湾产卵。乳山湾带鱼产卵群体，经连青石渔场北部进入产卵场。黄海北部带鱼产卵群体，自成山头外海游向海洋岛一带产卵。渤海带鱼的产卵群体，从烟威渔场向西游进渤海。产卵后的带鱼于产卵场附近深水区索饵，黄海北部带鱼索饵群体于 11 月在海洋岛近海会同烟威渔场的鱼群向南移动。海州湾渔场小股索饵群体向北游过成山头到达烟威近海，大股索饵

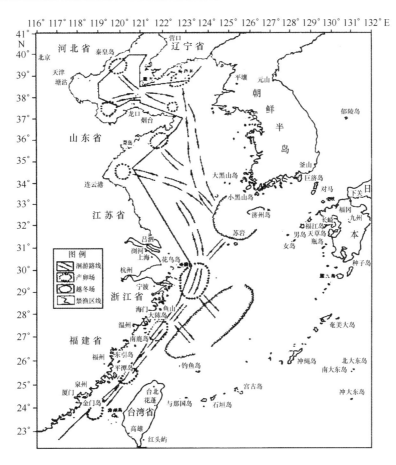

图 4 – 1 带鱼洄游分布示意图

(引自《中国海洋渔业资源》, 1990)

群体分布于海州湾渔场东部和青岛近海索饵。10 月向东移动到青岛东南, 同来自渤海、烟威、黄海北部的鱼群会合。乳山渔场的索饵群体 8、9 月分布在石岛近海, 9、10、11 月先后同渤海、烟威、黄海北部和海州湾等渔场索饵群体在石岛东南和南部会合, 形成浓密的鱼群, 当鱼群移动到 36°N 以南时, 随着陡坡渐缓, 水温梯度减少, 逐渐分散游往大沙渔场。秋末冬初, 随着水温迅速下降, 从大沙渔场进入济州岛南部水深约 100 m, 终年底层水温 14～18℃, 受黄海暖流影响的海域内越冬。

东海群的越冬场, 位于 30°N 以南的浙江中南部水深 60～100 m 海域, 越冬期 1—3 月。春季分布在浙江中南部外海的越冬鱼群, 逐渐集群向近海靠拢, 并陆续向北移动进行生殖洄游, 5 月, 经鱼山进入舟山渔场及长江口渔场产卵。产卵期为 5—8 月, 盛期在 5—7 月。8—10 月, 分布在黄海南部海域的索饵鱼群最北可达 35°N 附近, 可与黄、渤海群相混。但是自从 20 世纪 80 年代中期以后, 随着资源的衰退, 索饵场的北界明显南移, 主要分布在东海北部至吕四、大沙渔场的南部。10 月, 沿岸水温下降, 鱼群逐渐进入越冬场。

在福建和粤东近海的越冬带鱼于 2—3 月开始北上，3 月就有少数鱼群开始产卵繁殖，产卵盛期为 4—5 月，但群体不大，产卵后进入浙江南部，并随台湾暖流继续北上，秋季分散在浙江近海索饵。

（二）带鱼渔汛分析

带鱼是东海最为重要的渔业，浙江近海冬季带鱼汛是我国规模最大的渔汛，过去其产量约占整个东海区带鱼产量的 60% 以上。因此，进行冬汛带鱼的渔情预报工作对掌握鱼群动态和指导渔业实践有重要意义。冬季带鱼汛的预报始于 20 世纪 50 年代末期。

海洋环境条件的变化对鱼类的行动有密切关系，它不仅影响着鱼群分布、集群程度、洄游速度，而且还制约着渔期的迟早与渔场的位置。浙江近海与嵊山渔场的水文环境主要受三个水团的影响。

1. 台湾暖流水

台湾暖流水具高温、高盐特征，盐度在 34 以上，它控制着渔场的外侧和东南部。如果汛前势力较强，中心渔场可能偏北、偏里，渔期也推迟，汛期相对延长，势力较弱，渔场将随之南移。

2. 沿岸水

沿岸水主要是长江冲淡水，具低温、低盐，盐度小于 31。沿岸水位于渔场的里侧或西北部。入冬后沿岸水减弱并向西或西北退缩，渔场则向西偏拢。如汛初沿岸水势力较弱，花鸟渔场可能出现密集的鱼群，渔场偏里。如汛初其势力较强，渔场向东或向东南延伸，使渔场范围扩大，鱼群分散，不利捕捞。

3. 底层冷水，低温、高盐

若这种水团汛前势力较强，嵊山渔场渔期可能推迟，势力较弱，渔期则可能提前，旺汛也相应开始较高。

海洋环境条件的变化，对带鱼群体十分敏感，带鱼喜栖盐度较高的海域一般分布在盐度 33~34 的范围内，而在盐度 33.5 左右海区，鱼群密集形成渔汛。因此，以台湾暖流水的高盐舌锋位置可作为判断带鱼中心渔场概位的指标。渔汛的不同阶段，带鱼中心渔场的概位随高盐水舌锋的分布而变化。在年际间，汛期高盐水舌锋的变化与带鱼中心渔场的转移有三种类型（图 4 - 2）。

（1）风与海流作用相对平衡，平均盐度变化甚小，高盐水舌锋分布稳定，汛末高盐水舌锋逐渐退缩。带鱼中心渔场由花鸟岛东北海域逐渐移至浪岗附近海域（图 4 - 2a）。

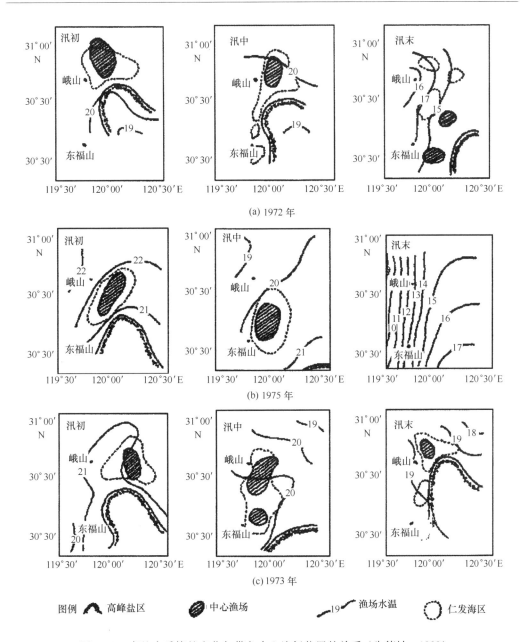

图例 高峰盐区　中心渔场　—19—渔场水温　仁发海区

图 4 - 2　高盐水舌锋的变化与带鱼中心渔场位置的关系（朱德坤，1980）

（2）大风形成的涡动作用大于其他因素，平均盐度变化大，高盐水舌锋提前偏南退缩。带鱼中心渔场向南移动也相应提前。如 1975 年，渔汛中期以前东北大风较多，高盐水舌锋在 11 月上旬就退缩到 30°N 以南海域，此时带鱼中心渔场位置分布在浪岗至东福山一带海域，比往年偏南（图 4 - 2b）。

（3）风力较弱，海流作用相对明显，平均盐度降又回升，高盐锋区退又出现，带鱼中心渔场因而比常年偏北（图 4 - 2c）。

　　冬汛带鱼集群及中心渔场概位除与盐度相关外，与水温、风情（风向、风力和风时）都有密切关系。鱼群适宜水温为 17 ~ 22℃，而风情又与气温密切相关。上述分析表明，鱼群的洄游分布与环境因子的关系是复杂的，它们相互影响相互制约。因此，在渔情预报与分析时，必须全面地综合研究和分析各项因子相互关系及其对渔汛的影响。

二、北太平洋长鳍金枪鱼渔汛分析

（一）太平洋长鳍金枪鱼渔业生物学特性

　　在太平洋海域，长鳍金枪鱼分布在 50°N 到 45°S 广泛的海域（图 4 - 3）。在此海域，存在北太平洋及南太平洋两个系群。作为太平洋南北间的形态学差异的证据，太平洋赤道附近几乎捕不到长鳍金枪鱼，产卵场地理的分离以及产卵旺盛期也不一致。

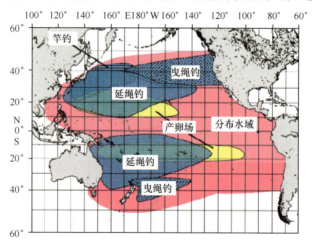

图 4 - 3　太平洋海域长鳍金枪鱼主要渔场分布示意图

　　标志放流表明，北太平洋的长鳍金枪鱼在高纬度东西方向进行洄游。渔获大部分在 25°N 海域（相当于索饵场）。延绳钓渔业，冬季以 30°N 东西方向水域的大中型个体（叉长 70cm 以上）为目标对象。同种渔业，在 10° ~ 25°N 海域有捕捞大型个体，但是其与产卵的鱼群大多无关。该种类在西北太平洋海域春季到秋季为日本竿钓捕捞对象，在东北太平洋为美国曳绳钓的捕捞对象。竿钓对象为中小型个体（叉长 45 ~ 90 cm，年龄 2 ~ 5）。上柳（1957）对卵巢成熟状态进行分析，推定一个个体（体长 95 ~ 103 cm）成熟卵巢的卵粒数相当于 80 万 ~ 260 万粒，雌性最小个体的叉长约为 90 cm（年龄 5）。

　　北太平洋长鳍金枪鱼产卵在台湾吕宋岛附近到夏威夷诸岛近海、水温为 24℃ 以上水域,全年进行产卵,其中4—6月为产卵盛期。

北太平洋长鳍金枪鱼的摄食广泛,其主要饵食有鱼类、甲壳类及头足类。此外,尾索类、腹足类等生物也在其胃含物中出现。

（二）北太平洋长鳍金枪鱼栖息环境分析

图4-3为北太平洋长鳍金枪鱼渔场。长鳍金枪鱼在北美沿海的分布洄游受海洋环流的影响很大。表层流的原动力是风。北太平洋表层海流图与风场图极为相似,它们都具有顺时针方向回转的特征。在中纬度西风带,海洋表层产生西风漂流,至北美沿岸分成两支,一支流向北部的阿拉斯加湾,形成阿拉斯加海流;另一支成为较冷的、流速较小的加利福尼亚海流（图4-4）。大气和海洋分界面的热交换,能够改变海洋表面混合层的温度。研究海洋空间热交换的分布,能够很好地掌握海洋环流和水温结构的季节性和非季节性变化。

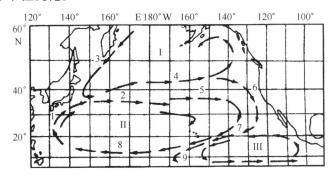

图4-4　北太平洋水团和海流的基本型

Ⅰ-北太平洋北部冷水团;Ⅱ-北太平洋中央水团;Ⅲ-北太平洋赤道暖水团;

1-黑潮;2-西风漂流;3-千岛寒流;4-阿留申海流;5-北太平洋海流;6-加利福尼亚海流;7-加利福尼亚漂流;8-北赤道流;9-信风带赤道逆流

根据鱼类标志放流和渔获量资料,研究了长鳍金枪鱼在北美沿岸的洄游路线,得出了洄游模式（图4-5）。显然,这一模式和该海区的环流图是一致的。从图4-5中可看出,金枪鱼在向美国沿岸洄游时的分支,类似于西风漂流在美国沿岸的分支。夏初,鱼群大量游向加利福尼亚渔场南部。随着太平洋北部、东北部水温迅速上升,鱼群的洄游路线可向北推移数百海里。这时,某些群体从西南方向直接游向俄勒冈州—华盛顿州渔场,有些群体则游向加利福尼亚渔场的北部和中部,个别群体继续向南移动,在加利福尼亚南方渔场出现。缓慢的加利福尼亚海流,有明显的低温低盐特征的年份,洄游路线偏南,俄勒冈州和华盛顿州沿海捕不到鱼。因此,金枪鱼渔场的年度预报,主要依据是:加利福尼亚南岸及其南方渔场汛前2~3个月的海水温度和盐度。

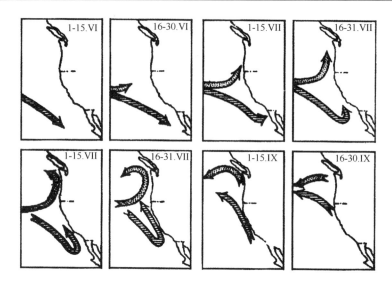

图 4 - 5　北美沿岸长鳍金枪鱼的洄游模式

（三）北太平洋长鳍金枪鱼渔汛分析

北美沿海长鳍金枪鱼渔汛开始时间，各年很不相同，有时从 6 月底或 7 月初开始，有时从 7 月底或 8 月初开始。渔汛开始迟早，取决于外洋海水从冬季到春季温度回升的转折时间。通常，水温回升早，渔汛开始就早；反之则较迟。有些年度，虽然春季温度回升较早，渔汛开始时间仍然较迟，这是因为沿岸产生了强上升流，使水温降低，抑制鱼群向沿海洄游，一直到夏季增温，能中和低温海水时为止。

为了获得太平洋北部气候年变化资料，根据大量测定结果，计算出月平均热流入量。北太平洋表面水温标准年变化曲线表明，最高水温在 9 月，然后开始降温，11 月至翌年 1 月降温速度最快，最低水温在 3 月，4 月水温回升，5—7 月升温速度最快。有些年度季节变化可提早 1 个月，有些年度则推迟 1 个月（图 4 - 6）。热流入量的变化是表面水温变化的指标，二者变化转折时间的间隔是 4—6 周。由图 4 - 6 看出，在不同测站，年变化特征差别很大。因此，为了正确预报渔场位置，在决定海洋热收支量时，必须考虑该渔场的地理位置及其不同气候变化特征。

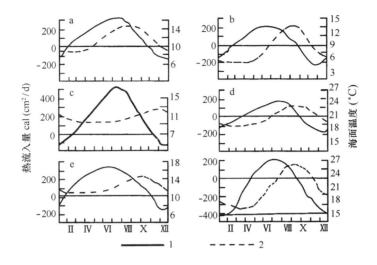

图 4 - 6 北太平洋某些站位的热流入量和海面温度的平均年变化

a - 科伦比河；b - P 站；c - 勃兰兹礁；d - N 站；e - 法拉隆岛；f - V 站

三、东海鲐鱼渔汛分析

(一) 鲐鱼洄游分布

鲐鱼是暖温大洋性中上层鱼类，广泛分布于西北太平洋沿岸，在我国渤海、黄海、东海、南海均有分布，主要由中国、日本等国捕捞。我国主要利用灯光围网捕捞鲐鱼。由于灯光围网的迅速发展，我国鲐鱼产量自 20 世纪 70 年代起上升很快。80 年代以后，随着近海底层鱼类资源的衰退，鲐鱼也成了底拖网渔船的兼捕对象。我国东海区鲐鱼的产量在 20×10^4 t 左右，黄海区（北方三省一市）的鲐鱼产量为 $11 \times 10^4 \sim 12 \times 10^4$ t，已成为我国主要的经济鱼种之一，在我国的海洋渔业中具有重要地位。

分布于东、黄海的鲐鱼可分为东海西部和五岛西部两个种群。东海西部越冬群分布于东海中南部至钓鱼岛北部 100 m 等深线附近水域，每年春夏季向东海北部近海、黄海近海洄游产卵，产卵后在产卵场附近索饵，秋冬季回越冬场越冬（图 4 - 7）。

五岛西部群冬季分布于日本五岛西部至韩国的济州岛西南部，春季鱼群分成两支，一支穿过对马海峡游向日本海；另一支进入黄海产卵。

在东海中南部越冬的鲐鱼，每年 3 月末至 4 月初，随着暖流势力增强，水温回升，分批由南向北游向鱼山、舟山和长江口渔场。性腺已成熟的鱼即在上述海域产卵，性腺未成熟的鱼则继续向北进入黄海，5—6 月先后到达青岛 - 石岛外海、海洋岛外海、烟威外海产卵，小部分鱼群穿过渤海海峡进入渤海产卵。

在九州西部越冬的鲐鱼，4 月末至 5 月初，沿 32°30′—33°30′N 向西北进入黄海，时间一般迟于东海中南部越冬群。5—6 月主要在青岛—石岛外海产卵，部分鱼群亦进入黄海北部产卵，一般不进入渤海。7—9 月鲐鱼分散在海洋岛和石岛东南部较深水域索饵。9 月以后随水温下降鱼群陆续沿 124°00′—125°00′E 深水区南下越冬场。部分高龄鱼群直接南下，返回东海中南部越冬场，大部分低龄鱼群 9—11 月在大、小黑山岛西部至济州岛西部停留、索饵，11 月以后返回越冬场。

东海南部福建沿海的鲐鱼一部分属于上述东海西部群，另一部分则称为闽南－粤东近海地方群，其特点是整个生命周期基本上都在福建南部沿海栖息，不作长距离洄游，无明显的越冬洄游现象。

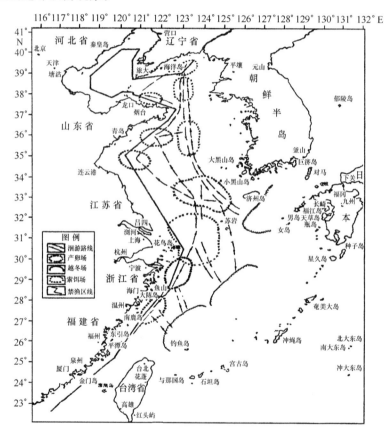

图 4-7　鲐鱼分布洄游示意图

(引自《中国海洋渔业资源》，1990)

（二）渔场分布及其海流关系分析

鲐鱼属暖温大洋性中上层鱼类，主要为围网、流刺网捕捞对象。鲐鲹鱼围网渔场，一般位于黄海冷水团的前锋区与黑潮水系边缘一侧的流隔间交汇区。黑潮水系混合比率大的海区是良好的渔场。从表层到 100 m 水层的平均水温和盐度是渔场的指标。当冷水带不断向南扩展时，鲐鲹鱼迅速南移。当黑潮水系势力增强时，鱼群北上，分散在东海广大的海区。冬、春季的渔场，即产卵亲鱼群的越冬场，多半位于东海中南部大陆架边缘海区，那里是黑潮左侧的边缘海区，海况变动剧烈，产量波动大。

东海鲐鲹鱼围网渔场的分析研究，主要是查明上述主要水系、水团的消长变化，分析不同鱼类在不同生活阶段时，对渔场海洋环境的适应性。丁仁福（1978）、王为祥（1973、1974、1984）等对鲐鱼的行动分布习性及其与环境的关系进行了较系统的研究。

中国东海的主要水系，基本上可分为黑潮水系和中国大陆沿岸水系两大类。这两类水系的盛衰消长，使水团分布和配置有很大的变化。主要水系、水团的分布模式如图 4-8 所示。

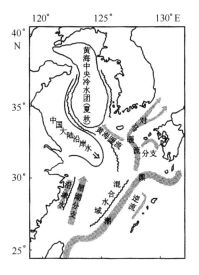

图 4-8 主要水系、水团分布模式

1. 黑潮和黑潮分支

黑潮起源于北赤道流，属高温高盐水系。它从台湾岛与石垣岛之间通过，进入东海，作小规模的蛇行运动，沿大陆坡，流向东北。在鹿儿岛、屋久岛西海面约 185 km 附近转向东—东南方向，通过吐噶喇海峡，朝太平洋流去。黑潮的流轴以 200 m 层的 16.5℃ 等温线作指标，流轴的短期变动很大，变动幅度 10 d 可达 28 km。但是从总体来看，黑潮位置的常年季节变化小而稳定。黑潮的表面流速 1~3 kn，冬季（1—3 月）平均 1.0~1.7 kn，夏季（7—9 月）1.8~2.9 kn。流速超过 1 kn 的幅度不大。

黑潮在台湾岛东北海域，有一条黑潮分支，靠近长江口以南的沿岸水带的东侧海区，大体沿着 123°E 线北上。这条分支也可以认为是伴随南下的大陆沿岸水的一种补充流，流速比较缓慢。黑潮在屋久岛西海面分支成为对马暖流，它沿大陆坡向北流，同伸向东海的大陆沿岸水混合，并通过五岛与济州岛之间，经对马东、西二水道进入日本海。对马暖流北上途中又有两条分支，一条是向日本五岛滩、天草滩的分支；另一条是经济州岛南部海面流向黄海的黄海暖流分支。

黄海暖流的范围，可以从秋季到冬季的水温、盐度分布上，清楚地显示出来。西北季风盛行，我国大陆沿岸水南移势力增强时，黄海暖流的势力也增强。这支暖流作为伴随沿岸水南下的一种补充流，它的影响可达黄海中央海域，但流速较慢。

2. 中国沿岸水

中国沿岸水是我国大陆径流入海而形成的低盐水系。盐度在 23.5 以下。这种低盐水的温度季节变化显著。秋季到冬季，在寒冷的季风作用下，冷却的低温沿岸水不断发展，从黄海西部沿岸海区向东南方向伸展到东海，冷水舌端部可达大陆架边缘和钓鱼岛东北海域。

到了夏季，随着大陆径流量的增加，沿岸水盐度显著降低，在日照作用下形成高温水层，并一直伸展到大陆架边缘海区，与对马暖流的表层水混合。这种混合水进一步形成对马暖流的表层水，向日本九州西北海域和日本海方向移动。

沿岸水含有丰富的营养盐类。由于含丰富营养盐类的沿岸水不断补充，在沿岸水与对马暖流之间的交汇区中经常有赤潮出现。

3. 黄海中央冷水

夏、秋季，黄海中央海区的中底层，有一个温度在 10℃ 以下、盐度在 33.0 左右的低温水团，叫做黄海中央冷水团。冬季，它同黄海暖流和我国大陆沿岸水混合，但是仍然保留黄海中央冷水团某些固有的特性。黄海中央冷水团是一种滞留性的水团，移动缓慢。

以上各种水系水团势力的消长，使中国东海的海洋环境不断地变化。我国大陆沿岸水的消长，又受大陆降水、径流量、秋冬季寒冷季风等气象变化所支配。

4. 鲐鱼渔汛的一般规律分析

由图 4-9 可见，冬季低温低盐的大陆沿岸水，从长江口东北海面，向东南方向呈舌状伸展，在大陆架边缘与黑潮混合。在水温梯度高的交汇区形成渔场。同时，在东海北部海域，温度不连续带阻止鱼群北上，所以在对马暖流的高温海区也有渔场分布。

由图 4-10 可见，夏季黑潮水系增强，突入大陆架海区。加上日照的影响，使水温普遍上升，但黄海中央冷水团经济州岛西南海面，向东海北部海域呈舌状伸展。其舌端周围有显著的不连续带。在不连续带海区附近及其外侧的高温海区，形成渔场。

根据大量的断面观测资料，可以得出关于东海渔场形成的几点结论：

（1）从表层到底层，大致形成等温、等盐状态的对流期。冷水锋与黑潮锋的中间混合水域形成渔场，这时稳定的海况将持续一定时期。

（2）对流期以后，大陆沿岸水向大陆架方向伸展，渔场的表层水向高温低盐方向发展，但中、底层仍残存冷水团，在冷水团周围可形成渔场。

（3）黑潮水系向大陆架突入时，中、底层冷水团的残存范围缩小。在冷水团衰退期，其周围海区具有较高的渔场价值。

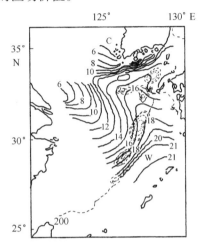

图 4 - 9　1 月中旬至 2 月上旬 50 m 层等温线与围网渔场

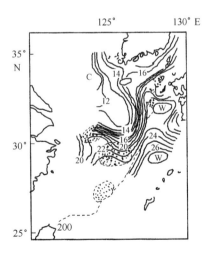

图 4 - 10　7 月下旬至 8 月上旬 50 m 层等温线与围网渔场

东海围网渔场的形成，交汇区起着重要的作用。交汇区两侧，除了水温变化较大外，盐度、营养盐含量以及浮游生物量都有很大变化。这些非生物和生物的环境变化，在很多场合下支配鱼群的行动。秋、冬季，围网渔场一般在交汇区附近的暖水侧形成。

春季鱼群产卵后，分布在交汇区的大陆沿岸水和黄海冷水团一侧。这说明鲐鲹类在不同生活阶段的生态特性不同。

　　为了掌握中国东海交汇区的分布和变化，概观水团分布的模式，去推断渔场形成的可能性，曾利用多年的资料进行分析。分析时，作成与中国东海水团分布相对应的 50 m 层等温线分布图，标出水平梯度 $\Delta D/\Delta t = 0.054℃/km$ 以上的不连续带的中轴，冬季和夏季的图式分别如图 4 – 11、图 4 – 12 所示。这些不连续带是在黑潮、黑潮分支、对马暖流、我国大陆沿岸水、黄海中央冷水等水系、水团之间形成的。

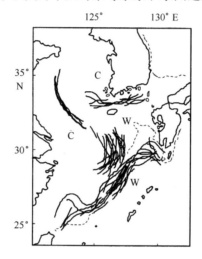

图 4 – 11　冬季（1—3 月）50 m 层等温线分布

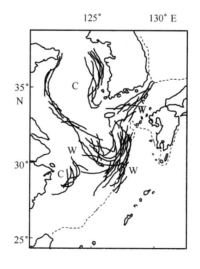

图 4 – 12　夏季（7—9 月）50 m 层等温线分布

　　从图 4 – 11 可见，冬季在黑潮西侧的大陆架边缘海域与我国大陆沿岸水伸出的舌端部之间，形成两条显著的不连续带。它们相当于近海锋和沿岸锋，围网主要渔场就在这两个锋中间的混合水域形成。另外，朝鲜半岛南岸也有一个比较显著的不连续带，在朝鲜半岛沿岸水与对马暖流、黄海暖流之间也可形成渔场。

从图 4-12 可见，夏季不连续带位于冲绳西北海面的大陆架边缘海区，比冬季稍偏西，在 30°N 以北的东海北部海域转向东移，在大陆架边缘海区形成不连续带。这说明，对马暖流的流轴偏东。朝鲜半岛南岸海区的不连续带比冬季偏南。同时，我国大陆沿岸水和朝鲜半岛西岸沿岸水的温度升高，与盘踞在黄海中央海区的黄海冷水团之间，产生显著的不连续带。另外，夏季在 30°N 以南的我国大陆沿岸附近，也有盐度较高的低温水（18~19℃）在沿岸域出现，产生不连续带。形成不连续带的位置，各年同一季节也有很大的变动，特别是我国大陆沿岸水伸展的舌端部，年变化显著，这与水团的消长有很大的关系。

四、北太平洋柔鱼渔汛分析

（一）柔鱼洄游分布

柔鱼（*Ommastrephes bartramii*）作为大洋性种类，广泛分布在北太平洋整个海域，资源丰富。柔鱼是暖水性种类，季节性洄游于北太平洋。在西北太平洋海域的冬生和春生的柔鱼早期幼体，一般分布在 35°N 以南和 155°E 以西的黑潮逆流海区及其附近，并生长到稚柔鱼阶段，从 5 月开始随黑潮北上成长索饵。5—8 月间，未成熟的柔鱼向北或向东北洄游进入 35°—40°N 亚极海洋锋面暖寒流交汇区。由于交汇区内饵料生物丰富，北上洄游又受到亲潮冷水的阻碍，因此柔鱼滞留索饵集群，有可能形成中心渔场。北太平洋柔鱼洄游的一般规律是 5—10 月份北上索饵，10 月份以后开始向南作生殖洄游。

洄游模式一般为（图 4-13）：冬生和春生的柔鱼早期幼体生活在 35°N 以南的黑潮逆流海区，一直生长到稚柔鱼阶段，以后稚柔鱼向北洄游至黑潮锋面，5—8 月末，成熟的柔鱼向北或东北洄游进入 35°—40°N 黑潮和亲潮交汇区，此间柔鱼的主要移动路线与黑潮暖水系分支方向关系密切。黑潮与亲潮汇合区，一般分布在 144°—145°E、148°—150°E 和 154°—155°E。8—10 月性未成熟和性成熟的柔鱼主要分布在 40°—46°N 亲潮前锋区及其周围海域（100 m 层水温约为 5℃）。它在北部海区滞留的时间比过去发育阶段任何时期都长，因而成为主要捕捞时期。10—11 月以后，柔鱼达到性成熟高峰，并随着亲潮冷水域的扩展，开始向南洄游。洄游路线与亲潮冷水系南下的分支关系密切。雄性比雌性性成熟早，向南徊游开始也较早。

秋生群体中，雌性个体在 5 月到达亚北极边界（Subarctic Boundary）海域，6—7 月洄游至亚北极锋区（Subarctic Frontal Zone，42°—46°N）的南部海域，8—9 月又出现在亚北极锋区的北部海域，9月份开始向南进行产卵洄游；雄性个体夏秋季分布在北太平洋副热带海域，7月份开始向南进行产卵洄游。冬、春生群，雌雄个体初夏分布在副热带海域和亚北极边界海域，8—11月向北洄游进入亚北极海域，雄性个体一般在秋季成熟并于10—11月份向南进行产卵洄游，雌性个体则于11—12月向南进行产卵洄游。

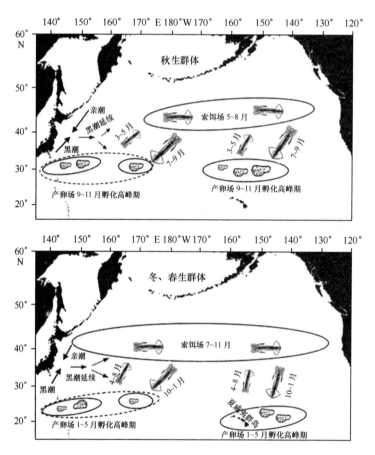

图4-13　柔鱼秋生群体和冬春生群体洄游模式图

在西北太平洋海域主要有黑潮和亲潮两大流系，正是由于它们的交汇与混合作用产生了许多著名的渔场，如秋刀鱼渔场和柔鱼渔场。黑潮为高温（15～30℃）、高盐（34.5～35），来源于北赤道流。亲潮为低温、低盐，起源于白令海，沿着千岛群岛自北流向西南方向。黑潮的一个分支从35°N附近继续流向东北，到达40°N并与南下的亲潮汇合，交汇于北海道东部海域，收敛混合后向东流动。其混合水构成了亚极海洋锋面（约在40°N），宽度2～4个纬度，在160°E以西海域较为明显，而在160°E以东海域锋面不明显。160°E以东的延续流也称北太平洋洋流。亚极海洋锋面较南的锋面

（一般在 36°—37°N）和较北的锋面（一般在 42°—43°N）中间的区域则形成混合区。在锋面的北侧由于亚极环流是持续性分散的气旋性环流，冷水上扬，因此营养盐高，浮游植物和浮游动物的基础生产量也较高。这样给渔场的形成提供了最基础的保障。在秋季，当北太平洋亚极锋面减弱淡化时，柔鱼和其他海洋动物有穿越或在锋面附近觅食的习性。

（二）柔鱼渔场与海洋环境的关系

1. 柔鱼渔场分布与水温的关系

在西北太平洋海域，温度与柔鱼的洄游分布关系密切，主要表现在三个方面，即表层水温、垂直水温（温跃层）以及深水层水温（100 m 或 200 m）。

（1）柔鱼渔场分布与表温的关系。调查表明，柔鱼钓捕作业的 CPUE（单船日产量）同表温存在着一定的关系。各时期的表层水温有所不同，同时在东部海域其柔鱼分布的表层水温有逐渐减低的趋势。柔鱼分布的表层水温为 11 ~ 19℃，分布密度高的表层水温在 15 ~ 19℃。同时各海区的渔获表层水温有明显的差异。150°E 以西的水温为 17 ~ 20℃，150°—160°E 的水温 16 ~ 19℃，160°E 以东的水温为 15 ~ 18℃。陈新军认为，155°E 以西海域柔鱼分布的表层水温为 20 ~ 23℃，20℃等温线可作为寻找柔鱼渔场分布的依据之一。155°—160°E 渔获的表层水温为 17 ~ 18℃，17℃等温线可作为寻找柔鱼渔场分布的指标之一。根据 1997 年和 1998 年 6—7 月的调查，在 160°—175°E 海域的大型柔鱼渔场，其表层水温一般为 11 ~ 13℃，柔鱼分布的表层水温比 160°E 以西海域平均低 5 ~ 7℃。

（2）柔鱼渔场分布与水温的垂直结构及温跃层的关系。在寻找柔鱼洄游分布的过程中，单凭表层水温是不够的，在 160°E 以西海域测定垂直方向的水温结构更为重要，在 50 m 水层内须有温跃层的形成。陈新军认为，单船日产量与 0 ~ 100 m 的水温差 ΔT_1 基本成正比，$CPUE = -1213 + 314\Delta T_1$（$R = 0.69$）；日产量与 0 ~ 50 m 的水温差 ΔT_2 关系更为密切，$CPUE = -880 + 365\Delta T_2$（$R = 0.779$）。根据调查结果，温跃层形成的判断指标一般为 $\Delta T / \Delta Z$ 达到 0.3℃/m。在 160°E 以西海域温跃层主要存在于 50 m 水层以内，而在 160°E 以东海域温跃层不明显或没有形成。日本学者中村利用探鱼仪跟踪研究柔鱼的日垂直移动规律，发现夜间柔鱼游泳层与水深 20 ~ 40 m 间的温跃层相一致。

（3）柔鱼渔场分布与深层水温的关系。在 160°E 以东海域，大型柔鱼的栖息水层深，白天一般在 300 ~ 400 m，而在 160°E 以西的小型柔鱼栖息水层仅为 100 m 左右。同时由于 160°E 以东海域仅是亲潮与黑潮交汇后的续流，交汇势力不强，上下层混合较为充分，深层水温在大型柔鱼的渔场形成中起到极为重要的作用。根据 1997—1998 年 6—7 月份对 160—175°E 海域的调查发现，柔鱼分布集中的海域主要为深水层（100 m 或 200 m）暖水前锋区，其温度一般为 9 ~ 10℃。根据日本 1993—1995 年 6—8 月在

170°E 以东海域的调查结果，200 m 水层的水温可作为选择渔场的重要指标。一般 6 月份为 10℃，7 月份为 8℃；8 月份为 6℃。

2. 柔鱼渔场分布与海流的关系

（1）黑潮和亲潮的强弱变化，对柔鱼渔场形成的影响。一般来说，黑潮较强、亲潮较弱的年份，黑潮北上的各分支向北势力较为强劲，5 月份以后海区表温升温快，柔鱼也随之向东北洄游，中心渔场位置也就较偏北偏东；在黑潮较弱、亲潮较强的年份，表温低且升温缓慢，则柔鱼中心分布区域较为偏南偏西。

（2）黑潮和亲潮的强弱变化对柔鱼渔期的影响。对渔期的影响主要包括两方面的内容，即渔期的迟早和渔期的持续周期。1993—1998 年西北太平洋柔鱼渔场的探捕调查表明，黑潮暖流和亲潮寒流的强弱变化，使得在不同年份同一海区的表面水温差异显著，而且升降温的缓急程度也不相同，从而影响了渔期的迟早及渔期的长短。一般来说，黑潮势力较强的年份，表面升温显著，5—6 月柔鱼幼体会随着黑潮较早地向北或向东北洄游进行索饵，在黑潮和亲潮的汇合处形成渔场；而在黑潮势力较弱、亲潮强劲的年份，渔发时间推迟，渔期开始也晚。

第二节　渔期预测

一、蓝点马鲛的渔期预测

（一）蓝点马鲛的洄游分布

蓝点马鲛为暖温性中上层鱼类，分布于印度洋及太平洋西部水域，在我国黄海、渤海、东海、南海均有分布。20 世纪 50 年代以来，我国对蓝点马鲛的繁殖、摄食、年龄生长以及渔场、渔期、渔业管理等都有过比较系统的研究。蓝点马鲛为大型长距离洄游型鱼种，我国近海主要有黄渤海种群、东海及南黄海种群。

1. 黄渤海种群

黄渤海种群蓝点马鲛于 4 月下旬经大沙渔场，由东南抵达 33°00′—34°30′N、122°00′—123°00′E 范围的江苏射阳河口东部海域，尔后，一路鱼群游向西北，进入海州湾和山东半岛南岸各产卵场，产卵期在 5—6 月。主群则沿 122°30′E 北上，首批鱼群 4 月底越过山东高角，向西进入烟威近海以及渤海的莱州湾、辽东湾、渤海湾及滦河口等主要产卵场，产卵期为 5—6 月。在山东高角处主群的另一支继续北上，抵达黄海北部的海洋岛渔场，产卵期为 5 月中到 6 月初。9 月上旬前后，鱼群开始陆续游离渤海，9 月中旬黄海索饵群体主要集中在烟威、海洋岛及连青石渔场，10 月上、中旬主群向东南移动，经海州湾外围海域，汇同海州湾内索饵鱼群在 11 月上旬迅速向东南洄游，经大沙渔场的西北部返回沙外及江外渔场越冬。其洄游分布示意图见图 4 – 14。

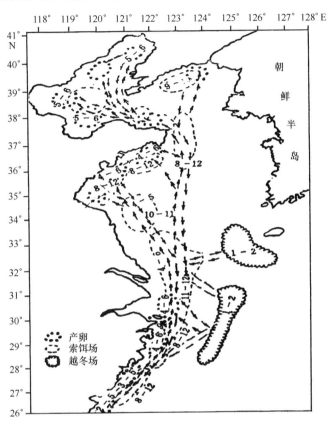

图 4 – 14 蓝点马鲛洄游路线示意图（韦晟，1991）

2. 东海及南黄海种群

东海及南黄海蓝点马鲛 1—3 月在东海外海海域越冬，越冬场范围相当广泛，南起 28°00′N、北至 33°00′N、西自禁渔区线附近，东迄 120 m 等深线附近海区，其中从舟山渔场东部至舟外渔场西部海区是其主要越冬场。4 月份在近海越冬的鱼群先期进入沿海产卵，在外海越冬的鱼群陆续向西或西北方向洄游，相继到达浙江、上海和江苏南部沿海河口、港湾、海岛周围海区产卵，主要产卵场分布在禁渔区线以内海区，产卵期福建南部沿海较早，为 3—6 月，以 5 月中旬至 6 月中旬为盛期，浙江至江苏南部沿海稍迟，为 4—6 月，以 5 月为盛期。产卵后的亲体一部分留在产卵场附近海区与当年生幼鱼一起索饵；另部分亲体向北洄游索饵，敖江口、三门湾、象山港、舟山群岛周围、长江口、吕四渔场和大沙渔场西南部海区都是重要的索饵场，形成秋汛捕捞蓝点马鲛的良好季节。秋末，索饵鱼群先后离开索饵场向东或东南方向洄游，12 月至翌年

1月相继回到越冬场越冬。

（二）蓝点马鲛渔期预报

蓝点马鲛的洄游路线、分布状况，常随着其生活环境的水文状况变化而变动。渔期早晚、渔场位置的偏移、鱼群的集散程度和停留时间的长短等均与水文环境的变化密切相关，并在一定程度上受其制约。一些学者对蓝点马鲛与水温、气温、风以及与饵料生物环境的关系进行了分析与研究。韦晟（1988）根据渔汛期间的水文、饵料生物环境的变化与蓝点马鲛鱼行动分布特性间的关系，预测蓝点马鲛鱼渔期迟早、长短、中心渔场的位置及渔情发展趋势等，提出渔汛初期、盛期、后期的阶段性渔情预报及短期渔情预报。

1. 水温与渔期

以历年4月上旬长江口平均表层水温的距平值与历年长江口蓝点马鲛鱼渔期绘制成图。从图4-15中可以看出，除1980年情况异常外，历年4月上旬的水温较高，渔期则早，反之则晚。

假如我们设 y 为渔汛日期（4月 y 日），以 x 为水温变化值，那么，可以得到如下关系式：

$$y = 42.641\ 9 - 2.118\ 7x, \quad r = -0.819\ 6$$

对 r 作显著性检验，取 $a = 0.05$ 水平，有 $r = 0.819\ 6 > a_{0.05} = 0.666$，检验显著。

由此可见，4月上旬表层水温与渔期早晚有密切关系，根据历年实际预报工作验证，以水温为预报因子所作的渔期预报结果较为正确。因此，韦晟（1988）认为，4月上旬表层水温可以作为预报渔期早晚的主要指标之一。

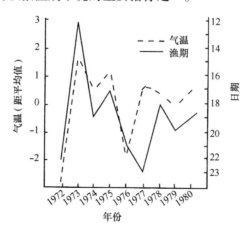

图4-15　历年4月气温与渔期的关系（韦晟，1988）

2. 气温与渔期

以历年 4 月上旬长江口平均气温的距平值与历年蓝点马鲛鱼渔期绘制成图 4－16。可以看出，除 1977 年以外，渔汛期的早晚与气温的高低是有关的。除与前面相同设 x 与 y，可以得到关系式

$$y = 34.849 - 1.463\,8x, r = -0.646\,7$$

取 $a = 0.05$ 水平，$r = 0.646\,7 > a_{0.05} = 0.666$，因此，用 4 月上旬气温作预报因子，是有其一定意义的。

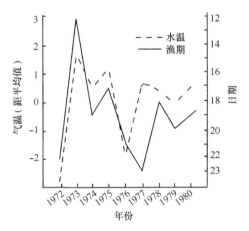

图 4－16　历年 4 月水温与渔期的关系（韦晟，1988）

由于气温的变化幅度比水温大，当气温大幅度上升或下降时，则渗透到表层水温而间接地影响到鱼群行动，但不如水温对鱼群的行动有直接的影响，故气温可作为参考指标。

二、东海鲐鱼渔期预报

20 世纪 70 年代以来，黄海鲐鱼产卵群体的主要年龄组成为 2～4 龄，各年变化不大，因而鲐鱼游离越冬场进入黄海产卵时间的早晚，则主要与性腺发育的快慢有关。水温越高性腺发育越快，鲐鱼进行产卵洄游的时间越早。调查表明，鲐鱼进入黄海产卵的时间与黄、东海区的水温有关。以东、黄海 5 月 1 日表层水温距平值为预报指标，建立回归方程式如下：

$$y = 9.8762 - 0.8808x$$

式中：y 为黄海中部围网初渔期（5 月 y 日）；x 为东、黄海 5 月 1 日表温距平值。

20 世纪 70 年代末期应用这个指标对黄海春汛鲐鱼初渔期进行预报，取得较好效果（表 4－1）。

表 4 - 1　黄海鲐鱼春汛渔期预报效果检验

年份	预报渔期	实际渔期
1977		初渔期 5 月中旬
1978	渔期提前，初渔期 5 月上旬	初渔期 5 月 3 日
1979	渔期推迟，初渔期 5 月中旬	初渔期 5 月 9 日
1980	渔期较常年略迟，初渔期 5 月 10 日后	初渔期 5 月 10 日

第三节　中心渔场位置的预测

一、中西太平洋鲣鱼中心渔场位置预测

（一）中西太平洋鲣鱼渔业生物学特性

在太平洋海域，鲣鱼的分布和中心渔场与黑潮暖流密切相关。太平洋鲣鱼可分成两个群体，即西部群体和中部群体。西部群体分布于马里亚纳群岛和加罗林群岛附近，向日本、菲律宾和新几内亚洄游；中部群体栖息于马绍尔群岛和土阿莫土群岛（法属波利尼西亚）附近，向非洲西岸和夏威夷群岛洄游。20°N 以南、表层水温 20℃ 以上的热带岛屿附近饵料丰富的海区为其产卵场，而在太平洋，常年产卵于马绍尔群岛和中美洲的热带海域，主要产卵场在 150°E 和 150°W 之间的中部太平洋（图 4 - 17）。

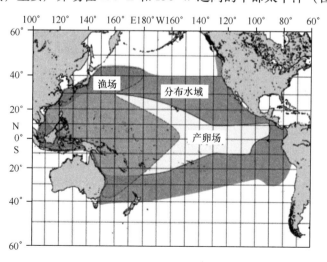

图 4 - 17　中西太平洋鲣鱼渔场和产卵场分布示意图

鲣鱼首次性成熟体长约为 40~45 cm。单次产卵量约在 30 万~100 万粒。每年春季在赤道附近产直径约 1 mm 的浮游性卵，分数次产下。卵经 2~3 d 可孵化，幼鱼一年可长到 15 cm 左右，夏天开始北上。成长后的幼鱼在秋季又开始南下。鲣鱼的成鱼和仔鱼有明显的季节性分布，3 龄全部性成熟。在南沙群岛，产卵期为 3—8 月，产浮性卵。周年在热带水域产卵，春季至初秋在亚热带水域产卵，一年内有两个产卵峰期。日本近海—冲绳周边水域至伊豆诸岛 35°N 附近也有仔鱼出现。在日本近海的鲣鱼，春季到夏季北上，秋季到冬季南下，作季节性洄游。

摄食对象主要以鱼类、甲壳类和头足类为主，对饵料的选择性不强。捕食者包括鲣鱼自身及其他金枪鱼类、旗鱼类、鲨鱼和海鸟等，在这些捕食者胃含物中，鲣鱼的体长在 3~70 cm 之间，20 cm 以下个体大量出现。属黎明、昼行性鱼，白天出没于表层至 260 m 水深，夜间上浮。

（二）中西太平洋鲣鱼渔场分布及其规律分析

鲣鱼广泛分布在热带海域，大多数栖息水温为 20~30℃，并喜欢集群在上升流及冷暖水团交汇海域。同时喜欢跟随海鸟、水面漂浮物、鲨鱼、鲸鱼和海豚以及其他金枪鱼类洄游。大量的研究表明，中西太平洋的鲣鱼分布、洄游、集群等与热带太平洋海域的水温变动、ENSO 等关系密切。Lehodey 等（1997）等根据 1988—1995 年美国鲣鱼围网船在西赤道太平洋捕获的鲣鱼渔获量等进行分析，证实鲣鱼的渔获位置随着暖池边缘 29℃等温线在经度线上的移动而移动（图 4-18，图 4-19）。台湾学者利用作业渔场分布的渔获量、海洋环境因子（海流、水温、南方涛动指数 SOI、叶绿素浓度等）对渔场移动与环境关系进行了分析，得出了一些重要结论。

1. 海况资料收集

收集的资料主要包括围网渔获统计数据、太平洋海域表层水温资料、热带大气—海洋的附表采集的垂直水文资料（TAO）、SOI 及 SEAWIFS 水色卫星影像资料 5 个方面。

2. 数据分析方法

（1）对渔获量数据进行标准化处理，获得单位捕捞努力量的渔获量（CPUE）。CPUE 代表鲣鱼的时空分布资源量密度。

（2）K-S 检验。将各月别 SST 配以 CPUE 分别以下列方程作两条曲线，先比较两条累计曲线的分布，再以 K-S 检验来检查 SST 和以 CPUE 加权的 SST 值两变量的相关度。累计分布曲线方程式为：

$$f(t) = \frac{1}{n} \sum_{i=1}^{n} l(x_i)$$

式中：n 为资料个数；t 为分组 SST 值（如以 0.1℃为组距，由 27.9~30.1℃共 13 组）；

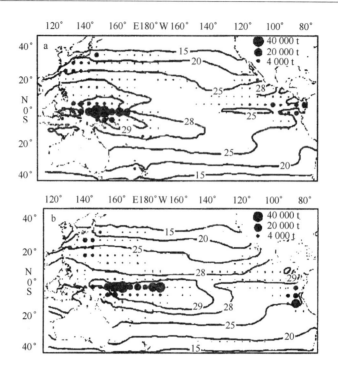

图 4 - 18　太平洋鲣鱼产量（t）与平均表温的关系（Lehodey et al，1997）

a 为 1989 年上半年拉尼娜现象期间；b 为 1992 年上半年厄尔尼诺现象期间

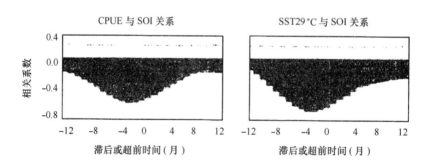

图 4 - 19　太平洋海域鲣鱼 CPUE 与 SOI 以及表温 29℃ 与 SOI 之间的时差序列关系

第 i 月 SST 观察值；第 i 月的 CPUE；$\bar{y}$ 为所有月别的平均 CPUE；$l\,(x_i)$：若 $x_i < = t$ 时，$l\,(x_i)$ 值为 1，否则为 0。

（3）利用直线相关和时差序列相关等方法对 CPUE 与 SST、叶绿素浓度等指标进行分析，以分析水温（SST）、叶绿素与渔场的关系。

（4）渔场重心分析。

其计算公式为：

$$G_i = \frac{\sum L_i\,(C_i/E_i)}{\sum\,(C_i/E_i)}$$

式中：G_i 为某月 CPUE 重心；L_i 为第 i 月经度（或纬度）的中心点位置；C_i 为第 i 月鲣鱼的渔获量；E_i 为第 i 月下网次数。

$$g(t) = \frac{1}{n} \sum_{i=1}^{n} \frac{y_i}{y} l(x_i)$$

（5）渔场推移向量分析。渔场推移向量分析采用天野（1990）研究海流流向的计算方法，将资料划分为 3×3 排列组合的 9 个方格，每 1 度方格代表该渔区每个月别的 CPUE，将 X 分量及 Y 分量分别以相邻的 CPUE 用公式求得 A5 的向量与大小以及方向，由此获得各月别 CPUE 渔场的推移。其计算公式为：

$A1$	$A2$	$A3$
$A4$	$A5$	$A6$
$A7$	$A8$	$A9$

$$\Delta x = (A1 + A2 + A3) - (A7 + A8 + A9)$$
$$\Delta y = (A1 + A4 + A7) - (A3 + A6 + A9)$$
$$\Delta xy = (\Delta x^2 + \Delta y^2)^{1/2}$$
$$\theta = \tan^{-1}(\Delta x / \Delta y)$$

式中：Δx 为东西方向的向量大小；Δy 为南北方向的向量大小；Δxy 为 X 分量与 Y 分量的合力大小；θ 为向量的相位角。

3. 研究结果

（1）CPUE 与表层水温的相关性。利用 K－S 进行检验分析，结果显示当 SST 介于 $28 \sim 29$℃时均可作为选择渔场和鱼群分布的指标水温。此温度范围其实就是暖池边缘的 SST，可作为鲣鱼鱼群在空间分布上的指标。

SST 与 CPUE 的直线相关分析发现，显著的正相关分布在 160°E 以东海域居多，显著负相关则以西海域居多。此外通过时差序列的相关分析，CPUE 与 SST 为正相关，且 CPUE 随 SST 的变动在时间上略有延迟影响的现象，延迟时间为 3 个月。

（2）CPUE 时空分布与重心移动。通过显示分析，历年台湾围网船的主要作业渔场相当集中在 180°E 以西的中西太平洋海域，180°E 以东海域则较为稀疏。1996 年以前多分布在 141°—156°E 海域之间，尤其是 1994 年更局限在 147°—153°E 之间，1997 年渔场重心明显向东大尺度移动，其中 6—8 月份渔场重心的移动几乎到 2 000 km，期间正是处在厄尔尼诺现象发生期；1997 年底又向西移动，1998 年和 1999 年厄尔尼诺现象衰退，渔场重心则回到 165°E 为中心的西侧海域（图 4－18）。

（3）ENSO 与渔场重心移动。由渔场重心的月别移动发现，其重心主要分布在 5°N

至 5°S 海域之间，且在经度上有较大的变异。因此可以用渔场经度线重心的移动来简化鲣鱼鱼群的位移。结果显示在厄尔尼诺期间（SOI 为负值）鲣鱼鱼群随着 29℃ 等温线大尺度向东迁移，而在拉尼娜时期（SOI 为正值），也明显地随着 29℃ 等温线往西太平洋迁移，且在时间上均有延迟影响的现象。延迟时间为 3 个月左右（图 4 - 19）。

（4）渔场推移与水温变化关系。结果显示，CPUE 与 SST 的向量大小及推移方向为一致，可以将水温作向量分析来推估鲣鱼鱼群的移动机制。

（三）鲣鱼中心渔场重心变化及其预测模型建立

本研究收集了 1990—2010 年 21 年来中西太平洋鲣鱼生产统计数据和 Nino3.4 区海表温度距平数据，以季为时间单位，使用最小空间距离的聚类方法进行分析，以期在更小的时间尺度层面来把握鲣鱼渔场空间分布规律，并建立基于 Nino3.4 区海表温度距平数据的鲣鱼中心渔场时空分布的模型，为中西太平洋鲣鱼中长期渔情预报提供基础。

1. 材料与方法

（1）材料来源。

① 中西太平洋鲣鱼围网渔获生产统计数据来源于南太平洋渔业委员会。时间为 1990—2010 年。空间分辨率为 5°×5°，时间分辨率为月，数据内容有时间、经纬度、作业次数、渔获量。

② ENSO 指标拟用 Nino3.4 区海表温度距平值（SSTA）来表示。其数据来自美国 NOAA 气候预报中心（http：//www.cpc.ncep.noaa.gov/），时间单位为月。

（2）研究方法。

① 渔场重心的表达。采用各月的产量重心来表达鲣鱼中心渔场的时空分布情况。以月为单位计算 1990—2010 年各月产量重心，各季度产量重心取三个月平均值。产量重心的计算公式为：

$$X = \sum_{i=1}^{K} (C_i \times X_i) \bigg/ \sum_{i=1}^{K} C_i$$

$$Y = \sum_{i=1}^{K} (C_i \times Y_i) \bigg/ \sum_{i=1}^{K} C_i$$

式中，X、Y 分别为重心位置的经度和纬度；C_i 为 i 渔区的产量；X_i、Y_i 分别为 i 渔区的中心经纬度位置；K 为渔区的总个数。

② ENSO 指标计算及其与渔场重心的相关性分析。计算季度 ENSO 指标数据，即取三个月 Nino3.4 区的 SSTA 平均值（以后简称 SSTA 值）。采用线性相关性方法，分别计算各季度产量重心经、纬度与 SSTA 值相关性系数。

③ 使用基于欧式空间距离的聚类方法对各季度产量重心进行聚类，分析②中相关性系数高且具有显著性的数据与季度 SSTA 的关系。

④ 利用一元线性回归模型和基于快速算法的 BP 神经网络模型，建立基于 Nino3.4 区的 SSTA 季度平均值的鲣鱼渔场重心预测模型，并进行预报结果的比较。

2. 结果

（1）各月产量重心的变化分析。由图 4 - 20 可知，在经度方向上，各月份产量重心的分布规律如下：1 月份分布在 147.07°—166.79°E 海域，2 月份分布在 144.29°—160.08°E 海域，3 月份分布在 143.84°—159.76°E 海域，4 月份分布在 142.26°—162.02°E 海域，这几个月经度方向上分布相对集中。5 月份分布在 138.33°—166.34°E 海域，6 月份分布在 142.94°—165.06°E 海域，7 月份分布在 142.76°—169.37°E 海域，8 月份分布在 146.69°—175.95°E 海域，9 月份分布在 143.4°—175.35°E 海域，10 月份分布在 142.79°—176.6°E 海域，11 月份分布在 144.96°—171.14°E 海域，这几个月经度方向上分布相对分散。12 月份分布在 150.86°—162.84°E 海域。而在纬度方向上，渔场重心各月变化不大，分布在 4.78°S 至 3.51°N。

（2）各年度季度产量重心经、纬度与 SSTA 的相关性关系分析。分析认为，经度向的季度产量重心和季度 SSTA 之间存在显著相关性（$r = 0.35$，$p < 0.01$，$n = 84$）（图 4 - 21），但是纬度向的季度产量重心和季度 SSTA 之间没有明显相关性（$r = 0.03$，$p < 0.01$，$n = 84$）（图 4 - 22）。

（3）各年季度产量重心经度分布与 SSTA 的关系分析。将各年季度产量重心通过基于最小欧式距离进行聚类，得到四个类别（图 4 - 23）。四个类别数据的平均值见表 4 - 2。由表 4 - 2 和图 4 - 23 可知，随着 SSTA 增大，产量重心经度向东偏，SSTA 越高，这一偏东趋势越明显。

表 4 - 2 SSTA 区间和平均产量重心经度

SSTA 区间	平均产量重心经度
SSTA ≤ -0.5℃	153.96
-0.5℃ < SSTA < 0.5℃	153.91
0.5℃ ≤ SSTA < 1℃	157.12
SSTA > 1℃	160.08

（4）基于 SSTA 值的鲣鱼产量重心经度预测模型。建立一元线性回归模型时，通过协方差分析表明 SSTA 值和经度值存在显著性差异（$F = 8.3815$，$P = 0.0049 < 0.04$），其建立的方程如下：

$$Y_E = 1.995 \times X_{SSTA} + 155.05$$

式中：Y_E 表示经度值，X_{SSTA} 表示 SSTA 值。

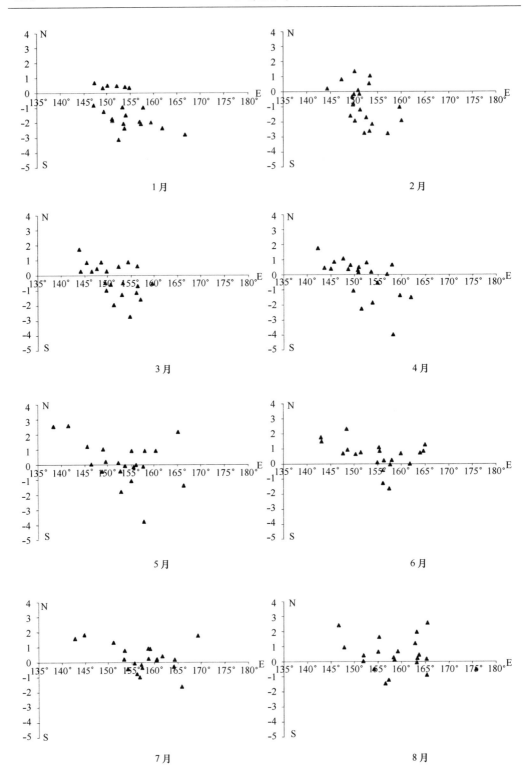

图 4 - 20   1—12 月各月鲣鱼渔场重心分布图

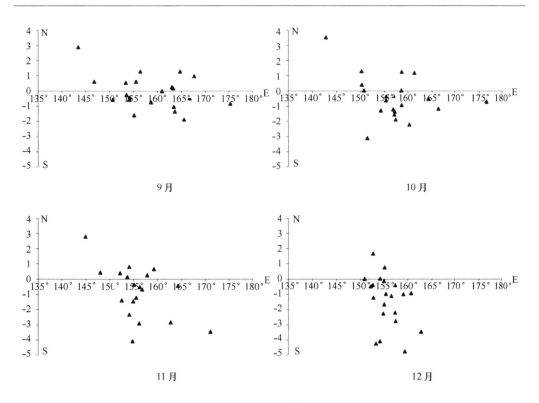

图 4 - 20　1—12 月各月鲣鱼渔场重心分布图（续）

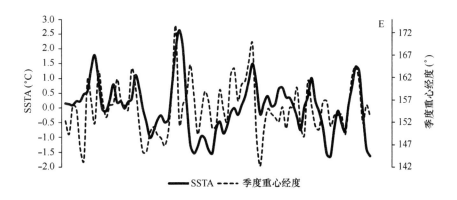

图 4 - 21　经度向季度产量重心和季度 SSTA 变化关系图

　　建立基于快速算法的 BP 神经网络模型时，设置输入神经元为 1 个，其值为 SSTA 值，输出神经元为 1 个，其值是经度值，隐藏层神经元为 3 个，其函数为 sigmoid 函数，经过训练后拟合的残差 $\delta = 0.0296$ ，得到的模型数据见表 4 - 3。

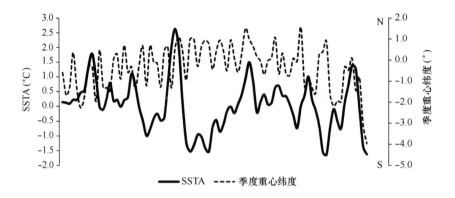

图 4 - 22　纬度向季度产量重心和季度 SSTA 变化关系图

表 4 - 3　BP 神经网络模型数据

输入层到隐藏层权重	隐藏层到输出层权重
0.098 6	- 0.247 3
- 1.828 3	- 0.705
1.246 2	0.277 1

　　样本总共 84 条，分配 60 条作为训练数据建立模型，剩余的样本作为测试数据，通过计算均方差 MSE 大小比较两个模型预测的准确率。其结果为 $MSE_Y = 19.25$，$MSE_{BP} = 11.34$，表明 BP 模型要优于一元线性模型。

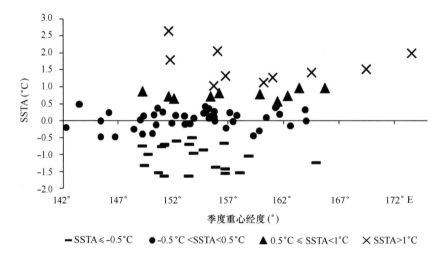

图 4 - 23　经度向季度产量重心类别与 SSTA 的关系

3. 讨论与分析

本文以季度为时间尺度，分析发现中西太平洋鲣鱼渔场重心的变化与ENSO有密切关系，通常情况下鲣鱼在130°—180°E、20°N至15°S海域均有分布。研究认为，在厄尔尼诺现象发生（SSTA≥0.5℃）时，鲣鱼渔获量重心明显东移，一般分布在151°E以东海域；在拉尼娜现象发生（SSTA≤-0.5℃）时，鲣鱼渔获量重心有整体西移趋势。郭爱和陈新军（2005）以年为单位进行了研究，认为厄尔尼诺期间（即SSTA≥0.5℃的情况下），主要分布在140°—155°E，约占61.3%；强厄尔尼诺发生时（SSTA≥1℃），主要分布在150°—175°E，约占70.2%；拉尼娜期间（SSTA≤-0.5℃），主要分布在135°—170°E，占81.5%。

产生这种现象的原因是主要受海洋环境大尺度的变化影响。鲣鱼是集群性强高度洄游的鱼类，主要集中在表温为28~30℃范围内，其分布范围通常在北太平洋赤道海域暖水池东部边界的附近海域，暖水池通常用表温高于29℃来表示，在东部边界附近海域由于上升流好的沉降流等作用，有大量的浮游生物栖息和生活，从而为鲣鱼的聚集和生长创造了条件。

研究认为，鲣鱼在经度向分布与Nino3.4的SSTA值关系密切，为此本研究以SSTA值为自变量，分别采用一元线性方程和神经网络建立鲣鱼渔场重心的预测模型，取得了较好的效果。以一元线性方程为例，其鲣鱼渔场重心的基准值为155.05°E，当SSTA为负值时，即发生拉尼娜现象时，渔场重心在155.05°E以西海域；当SSTA为正值时，即发生厄尔尼诺现象时，渔场重心在155.05°E以东海域。因此，建立的模型较好地表达了鲣鱼渔场重心分布受ENSO现象的影响程度。基于Nino3.4 SSTA值的预测模型更具有预见性和实用性，因为目前有较为成熟的SSTA预测模型，可用来预测未来3~6个月的SSTA，为鲣鱼渔场重心变化提供了可能。

本研究以季度为时间尺度研究了鲣鱼经度分布与表征ENSO现象的SSTA关系，建立的预测模型也较为简单，未考虑其他环境因子，如海表温度、营养盐、温跃层等，今后应在物理海洋学的基础上，结合生态因子及其生活史过程，考虑更多环境因子，建立更完善的预测模型，更明确解释中西太平洋的鲣鱼分布状况原因。

二、柔鱼中心渔场位置预报

（一）柔鱼中心渔场预报模型建立

柔鱼作为大洋性种类，广泛分布在北太平洋整个海域，资源丰富，是我国远洋鱿钓渔业的主要捕捞对象。在本研究中，通过计算产量和作业船次重心、线性规划模型对1998—2000年间北太平洋150°—165°E柔鱼的中心渔场进行分析，结合海洋环境条件，从中找出3年间柔鱼中心渔场分布的变化规律，并建立预报模型，为北太平洋柔鱼中心渔场预报提供依据。

1. 材料与方法

（1）数据采集。

① 生产数据的采集：从 1998—2000 年我国大陆北太平洋柔鱼钓生产数据库中提取 150°—165°E 海域有关数据，即包括日期、经度、纬度、产量、作业次数和平均日产量。时间分辨率为 d，空间分辨率为 0.5°×0.5°。

② 海洋环境数据的采集：利用日本渔情预报服务中心提供的 1998—2000 年北太平洋水温速报图，选择每年 8—10 月中旬（12—19 日）水温图代表该月份的水温分布。并分别获得 150°E、155°E、160°E、165°E 经度线上 20℃ 和 15℃ 等温线分布的纬度数作为黑潮暖水和亲潮冷水的强弱标志。

（2）处理方法。

① 重心分析法：计算各年度 8—10 月份 150°—165°E 海域的产量和作业次数的重心位置（见表 4-4）。重心分析法的公式为：

$$X = \sum_{i=1}^{k} C_i \times X_i / \sum_{i=1}^{k} C_i ; Y = \sum_{i=1}^{k} C_i \times Y_i / \sum_{i=1}^{k} C_i$$

式中：X、Y 分别为重心经度和纬度；C_i 为渔区 i 的产量；X_i 为渔区 i 中心点的经度；Y_i 为渔区 i 中心点的纬度；k 为渔区的总个数。

表 4-4　1998—2000 年 8—10 月产量和作业次数的重心位置

年份	8 月				9 月				10 月			
	产量重心		作业次数重心		产量重心		作业次数重心		产量重心		作业次数重心	
	经度 E	纬度 N	经度 E	纬度 N	经度 E	纬度 N	经度 E	纬度 N	经度 E	纬度 N	经度 E	纬度 N
1998	155°44′	42°30′	155°45′	42°30′	156°28′	42°55′	155°47′	42°43′	159°03′	43°37′	158°53′	43°34′
1999	156°52′	42°48′	156°48′	42°41′	159°08′	43°47′	158°56′	43°52′	158°06′	43°10′	158°05′	43°17′
2000	156°19′	43°37′	156°22′	43°36′	158°39′	44°28′	158°44′	44°27′	160°50′	44°09′	160°31′	44°04′
平均	156°18′	42°58′	156°18′	42°56′	158°05′	43°43′	157°49′	43°41′	159°20′	43°39′	159°10′	43°38′

② 建立渔场预报模型：利用线性回归方法建立柔鱼中心渔场与时间（月份）、海洋环境条件（黑潮势力强弱）等之间的关系式。

2. 结果

（1）各年度 8—10 月柔鱼产量的分布情况。1998 年 8 月作业渔场主要分布在 150°—157°E、40°30′—44°30′N 海域，渔区（半个经纬度内）月总产量在 500 t 以上，主要分布在 152°—156°30′E、42°—44°N 海域，其产量重心为 155°44′E、42°30′N；9 月作业渔场主要分布在 152°—161°30′E、42°—45°30′N 海域，渔区月总产量在 200 t 以上分布在 156°30′—160°30′E、43°—45°N 海域，其产量重心为 156°28′E、42°55′N；10

月作业渔场主要分布在 156°30′—162°E、42°30′—45°30′N 海域，渔区月总产量在 200 t
以上，分布在 158°—161°30′E、42°30′—45°N 海域，其产量重心为 159°03′E、43°37′N
（表 4 - 4）。

1999 年 8 月作业渔场主要分布在 151°～162°30′E、40°30′～44°30′N 海域，渔区月
总产量在 200 t 以上，主要分布在 155°～157°E、43°～44°30′N 海域，其产量重心为
156°52′E、42°48′N；9 月作业渔场主要分布在 155°～164°30′E、43°～45°30′N 海域，
主要产量在 159°～163°30′E、43°30～44°30′N 海域，其产量重心为 159°08′E、43°47′
N；10 月作业渔场主要分布在 155°～163°E、42°30′～44°N 海域，主要产量在 158°～
160°30′E、43°～44°N 海域，而其产量重心为 158°06′E、43°10′N（表 4 - 4）。

2000 年 8 月作业渔场主要分布在 154°～158°30′E、42°30′～45°N 海域，渔区月总产
量在 200 t 以上，分布在 155°～158°E、44°～45°30′N 海域内，其产量重心为 156°19′
E、43°37′N；9 月作业渔场主要分布在 155°30′～164°30′E、44°～45°30′N 海域，渔区
月总产量在 200 t 以上，分布在 156°30′～158°30′E 和 161°30′～164°E、44°30′～45°30′
N 海域内，其产量重心为 158°39′E、44°28′N；10 月作业渔场主要分布在 156°～164°
30′E、43°～45°30′N 海域，渔区月总产量在 200 t 以上，分布在 162°～164°E、44°30′
～45°30′N 海域，其产量重心为 160°50′E、44°09′N（表 4 - 4）。

（2）各年度 8—10 月作业渔场重心分布。根据产量和作业次数的重心变化情况
（表 4 - 4、图 4 - 24、图 4 - 25），8 月产量重心分布在 155°30′—158°E、42°30′—43°
42′N，平均重心位置为 156°18′E、42°58′N，而作业次数重心分布在 155°42′—156°48′
E、42°30′—43°36′N，平均重心位置为 156°18′E、42°56′N；9 月产量重心分布在 152°
54′—158°42′E、42°54′—44°30′N，平均重心位置为 158°05′E、43°43′N，而作业次数重
心分布在 155°42′—159°E、42°42′—44°30′N，平均重心位置为 157°49′E、43°41′N；10
月产量重心分布在 159°—161°E、43°36′—44°06′N，平均重心位置为 159°20′E、43°39′
N，而作业次数重心分布在 158°48′—160°30′E、43°30′—44°06′N，平均重心位置为
159°10′E、43°38′N。通过分析，2000 年 8—10 月份作业渔场的重心明显比 1998—1999
年偏北和偏东，平均约 1 个纬度和 0.5 个经度。这与海洋环境条件有着密切的关系，如
2000 年在 160°E 以西海域的 20℃等温线比 1998 年、1999 年偏北 1～2 个纬度。

（3）各年度 8—10 月海洋环境变化与作业渔场之间的关系。

① 各月份 20℃和 15℃等温线分布比较。由于柔鱼往往在冷暖水的交汇处集群并形
成渔场，因此根据北太平洋表温速报图，对 8—10 月各年度 20℃（代表黑潮前锋）和
15℃（代表冷水前锋）等温线的分布状况进行分析，有助于了解其作业渔场与海洋环
境之间的关系。就 8 月份 20℃等温线分布情况，在 150°—155°E 海域比 160°—165°E
海域偏北 1～2 个纬度，其中 1999 年在 150°—155°E 海域的暖水势力最强，其 20℃等
温线明显比其他年份偏北 1～1.5 个纬度（表 4 - 5）；在 15℃等温线分布情况，1999 年

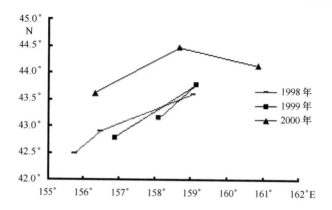

图 4 - 24　1998—2000 年 8—10 月鱿钓产量重心变化示意图

图中各点为 8、9、10 月产量重心位置

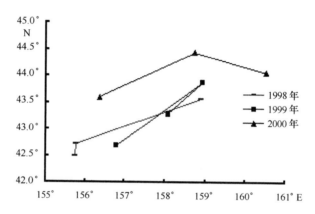

图 4 - 25　1998—2000 年 8—10 月作业次数重心变化示意图

图中各点为 8、9、10 月作业次数重心位置

8 月在 160°E 以西海域的冷水相对较弱，而 160°—165°E 海域之间的冷水则较强，较其他年份偏南 1~3 个纬度。1998—2000 年 20℃与 15℃等温线之间的平均水温梯度分别为 0.033℃/n mile、0.158℃/n mile、0.068℃/n mile，其中 1999 年和 2000 年在 150°E 附近海域的水平温度梯度为最大，分别为 0.500℃/n mile 和 0.167℃/n mile。

1998—2000 年 9 月 20℃和 15℃等温线分布情况见表 4 - 5。150°—155°E 海域的 20℃等温线明显比 160°—165°E 海域偏北 1~2 个纬度，而其 15℃等温线一般比 160°—165°E 偏南 1~2 个纬度。150°—155°E 海域 20℃与 15℃等温线之间的平均水温梯度为最强，平均在 0.04—0.20℃之间，而其他海域均在 0.025℃/n mile 以下。

20℃等温线基本上在 41°N 以南海域（表 4 - 5）。在 155°E 以西海域各年度 20℃等温线差异较大，而 155°E 以东海域则基本一致。160°E 附近海域的暖水势力较强，165°E附近暖水势力相对较弱。150°—165°E 海域的 20℃与 15℃等温线之间的水平梯度在 0.018 ~ 0.143℃/n mile 之间，其强度较前期相对下降。

表 4 – 5 1998—2000 年 8—10 月 20℃和 15℃等温线分布

月份	等温线	1998 年				1999 年				2000 年			
		150°E	155°E	160°E	165°E	150°E	155°E	160°E	165°E	150°E	155°E	160°E	165°E
8 月	20℃	40°40′	41°20′	41°30′	41°00′	42°20′	43°40′	41°05′	40°50′	41°30′	42°30′	40°58′	39°40′
	15℃	43°10′	43°00′	44°30′	45°05′	42°30′	46°00′	44°30′	41°50′	42°00′	43°55′	44°40′	43°01′
9 月	20℃	41°40′	42°10′	41°00′	41°00′	43°30′	43°40′	42°20′	40°40′	42°20′	43°25′	40°50′	40°08′
	15℃	42°05′	44°15′	46°30′	44°25′	44°25′	44°35′	45°45′	45°00′	43°35′	44°22′	45°35′	45°50′
10 月	20℃	39°20′	39°35′	40°40′	40°05′	40°30′	40°25′	40°40′	40°00′	41°25′	39°52′	40°55′	39°18′
	15℃	41°35′	43°30′	42°55′	44°00′	43°40′	43°20′	44°35′	42°10′	42°00′	43°08′	44°35′	43°52′

② 各年度黑潮暖水分支分布及其与作业渔场重心之间的关系。由于柔鱼是一种暖水种类，其幼小个体随着黑潮北上进行索饵洄游，因此充分了解黑潮暖水势力的强弱以及其前锋的发展，对柔鱼洄游分布以及作业渔场的掌握具有重要的意义。根据北太平洋海况速报图，对 1998—2000 年 170°E 以西海域的黑潮暖水分支进行分析。1998 年 8 月份第一分支在 150°—154°E、42°30′N，第二分支在 155°—157°E、42°N，第三分支在 160°—161°30′E、42°30′N，第四分支在 164°—166°30′E、42°20′N；9 月份第一、二分支 153°30′—152°E、43°30′—44°N，第三分支在 158°30′—160°30′E、43°N，第四分支在 169°—171°E、42°40′—43°N；10 月份第一分支在 152°—154°E、41°40′—42°10′N，第二分支在 155°—157°E、41°N，第三分支在 158°—160°30′E、41°—41°30′N，第四分支在 163°—165°E、41°N。

1999 年 8 月第一分支在 150°—152°E、43°—43°30′N，第二分支在 155°—157°E、44°N，第三分支在 158°—159°30′E、42°N，第四分支在 166°—169°E、42°N；9 月第一分支在 150°—152°E、43°—43°30′N，第二分支在 154°30′—157°E、43°40′—44°N，第三分支在 159°—162°E、42°30′N，第四分支在 164°—168°E、42°20′N；10 月第一分支在 150°—152°E、43°—43°30′N，第二分支在 155°—157°E、44°N，第三分支在 158°—159°30′E、42°N，第四分支在 166°—169°E、42°N。

2000 年 8 月第一分支在 152°—155°E、42°30′N，第二分支在 156°—157°30′E、43°30′N，第三分支在 160°—164°E、41°15′N，第四分支在 166°—170°E、40°30′—41°N；9 月第一分支在 147°—152°E、41°45′N，第二分支在 156°—158°E、44°30′N，第三分支在 161°—163°30′E、41°45′N，第四分支在 167°—169°E、41°—42°N；10 月第一分支在 149°—152°E、41°—41°30′N，第二分支在 156°—160°E、41°N，第三分支在 163°—165°E、41°30′N。

通过上述对海洋环境的分析，认为柔鱼的洄游分布与海洋环境关系极为密切。8—10 月柔鱼的主要作业渔场位置及其重心均基本上处在第二和第三黑潮暖水分支的前锋区。8月份主要作业渔场基本上处在黑潮的第二分支前锋区，少部分处在第一分支前锋。而9月和10月则基本上处在黑潮第三分支的前锋，少部分处在第二分支的前锋区（表4-6）。

表4-6　1998—2000年8—10月黑潮分支前锋与高产渔区的比较

月份	1998年		1999年		2000年	
	黑潮分支前锋	高产渔区范围	黑潮分支前锋	高产渔区范围	黑潮分支前锋	高产渔区范围
8月	第一分支150°—154°E、42°30′N；第二分支155°—157°E、42°N	152°—156°30′E、42°—44°N	第二分支155°—157°E、44°N	155°—157°E、43°—44°30′N	第二分支156°—157°30′E、43°30′N	155°—158°E、44°—45°30′N
9月	第三分支158°30′—160°30′E、43°N	156°30′—160°30′E、43°—45°N	第三分支159°—162°E、42°30′N	159°—163°30′E、43°30′—44°30′N	第二分支156°—158°E、44°30′N；第三分支161°—163°30′E、41°45′N	156°30′—158°30′E和161°30′—164°E、44°30′—45°30′N
10月	第三分支158°—160°30′E、41—41°30′N	158°—161°30′E、42°30′—45°N海域内	第三分支158°—159°30′E、42°N	158°—160°30′E、43°N—44°N	第三分支163°—165°E、41°30′N	162°—164°E、44°30′—45°30′N

（4）渔场移动预报模型。通过上述分析，8—10月柔鱼洄游移动的方向一般为西南—东北方向，其洄游移动受到黑潮势力强弱以及分支的影响。为了能够对8—10月柔鱼作业渔场进行预报，为此我们建立柔鱼作业渔场分布位置与时间（月份）和黑潮各分支（20℃等温线）之间的关系式。在不考虑海洋环境条件影响（黑潮各分支强弱）的情况下，分别建立柔鱼作业渔场重心的经度和纬度与时间（月份）的一元线性方程。经一元线性回归求解，得到如下表达式：

$$FG_{Long} = 141.535 + 1.8435 \times T \quad (R_{Long} = 0.8736)$$
$$FG_{Lat} = 39.75 + 0.41628 \times T \quad (R_{Lat} = 0.5589)$$

式中：FG_{Long}为柔鱼分布重心的经度，单位为"°"（十分制）；FG_{Lat}为柔鱼分布重心的纬度，单位为"°"（十分制）；T为月份（8，9，10）；R_{Long}、R_{Lat}为相关系数。

取显著水平$\alpha = 0.01$，$R_{Long} = 0.8736 > R(7, 0.01) = 0.798$，检验显著；$R_{Lat} = 0.5589 < R(7, 0.01) = 0.798$，检验不显著；

因此，在经度方向利用单个变量（时间）来预报中心渔场可以满足要求，说明8—10月在150°—165°E海域柔鱼中心渔场的分布没有显著的变化（图4-26）。而在纬度方向，由于黑潮势力的强弱直接影响着柔鱼渔场的分布，黑潮分支势力越强，柔鱼渔场分布越偏北；反之偏南。为此在纬度方向上，应加入表达黑潮势力强弱的海洋环境条件。

由于8—10月柔鱼主要作业渔场均处在黑潮的第二分支和第三分支海域，为此我们利用155°E和160°E经度线上20℃等温线的位置作为黑潮分支势力强弱的因子，并在渔场预报模型中加以体现。经过线性回归分析，得到纬度方向上渔场预报模型：

$$FG_{Lat} = -8.461 + 1.165 \times T + (Lat_{155} + Lat_{160})/2 \quad (R_{Lat} = 0.8225)$$

式中：Lat_{155}为155°E经度线20℃等温线的纬度值，单位为"°"（十分制）；Lat_{160}为160°E经度线20℃等温线的纬度值，单位为"°"（十分制）；$(Lat_{155} + Lat_{160})/2$为常量；$R_{Lat}$为相关系数。

取显著水平$\alpha = 0.01$，$R_{Lat} = 0.8225 > R(7, 0.01) = 0.798$，检验显著。因此，该模型较好地反映了在纬度方向上柔鱼中心渔场与时间、黑潮势力强弱之间的关系。

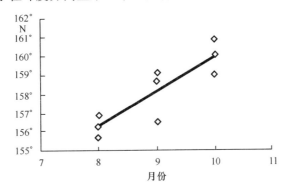

图4-26　柔鱼中心渔场经度位置与月份之间的关系

3. 结论与分析

（1）通过对1998—2000年各月份作业渔场重心分析，8月渔场平均重心为156°18′E、42°58′N，9月渔场平均重心为158°05′E、43°43′N，10月渔场平均重心为159°20′E、43°39′N。分析表明，8—10月份柔鱼的主要作业渔场和作业渔场的重心基本上处在黑潮暖水第二和第三分支的前锋区。8月份主要作业渔场基本上处在黑潮的第二分支前锋区，少部分处在第一分支前锋。而9月和10月则基本上处在黑潮第三分支的前锋，少部分处在第二分支的前锋区。

（2）海洋环境条件（如黑潮势力的强弱及其分支的分布）与柔鱼作业渔场分布关系密切。由于海洋环境条件的变化，导致2000年8—10月份作业渔场的重心明显比1998—1999年偏北和偏东，平均偏移约1个纬度和0.5个经度。

（3）通过对柔鱼作业渔场与时间、海洋环境条件之间的关系式求解发现，在经度方向上，柔鱼分布重心的经度与时间（月份）存在着较好的线性关系，这也说明柔鱼的洄游分布以及黑潮分支在经度上没有太大的年间变化。而在纬度方向，则必须要考虑黑潮势力的强弱这一因素。研究利用155°E和160°E经度线上的20℃等温线分布（纬度值）作为黑潮分支强弱的因子，并与时间（月份）一起作为自变量建立起纬度方向上的多元线性方程。

（二）柔鱼中心渔场分布与黑潮的关系

北太平洋柔鱼是目前规模性开发利用的主要种类。柔鱼通常在夏季随着黑潮北上进行索饵洄游，并在黑潮和亲潮交汇区域形成渔场。黑潮大弯曲现象使西北太平洋海况异常，从而影响该区域的中上层鱼类资源和渔获量，这是海洋渔业学家所公认的。本研究根据1998—2007年8—10月我国鱿钓船在北太平洋的生产数据，结合同期黑潮分布图，分析黑潮变化与柔鱼中心渔场分布之间的关系，以便为资源分布和渔场预报提供科学依据。

1. 材料和方法

（1）材料来源。1998—2007年8—10月我国鱿钓船在北太平洋的生产数据来自上海海洋大学鱿钓技术组，数据包括作业月份、作业位置并与之相对的作业次数、产量。1998—2007年黑潮分布图来自日本气象厅（http：//www. data. kishou. go. jp/kaiyou/db/kaikyo/series/junkro. html），海域为25°—40°N、125°—150°E。空间分布率为经纬度5°×5°。

（2）研究方法。

① 黑潮分析。在黑潮流经海域（25°—40°N、125°—150°E），以空间分布率经纬度5°×5°为一个空间单元，共分A（140°—145°E、35°—40°N）、B（145°—150°E、35°—40°N）、C（135°—140°E、30°—35°N）、D（140°—145°E、30°—35°N）和E（145°—150°E、30°—35°N）5个小区（图4－27）。同时根据黑潮分布的弯曲程度将其分为大弯曲型、小弯曲型和平直型三种类型，并分别以3、2、1来表示。

② 渔场重心计算。按月份进行柔鱼作业渔场重心计算，其公式为：

渔场重心经度＝（经度×作业次数）/（合计作业次数）；
渔场重心纬度＝（纬度×作业次数）/（合计作业次数）。

③ 作业渔场空间分布与黑潮的关系。由于柔鱼随黑潮进行南北向的洄游移动，因此本文着重研究黑潮分布与渔场重心纬度的关系。利用灰色系统关联度分析法，分析5个小区黑潮分布类型与作业渔场空间分布的关系。以各年度渔场重心纬度作为母序列，以5个小区黑潮分布类型作为子序列。

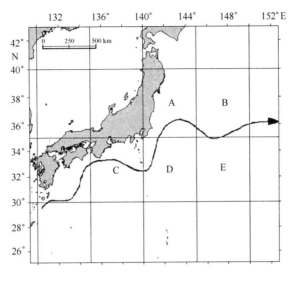

图 4 - 27　黑潮路径示意图

2. 结果

（1）黑潮分布分析。根据统计分析（表 4 - 7），1998—2007 年间黑潮空间分布情况如下：A 区内，大弯曲型所占比重最高，为 46.67%；其次为小弯曲型，占总数的 43.33%；直线型仅占总数的 10%。B 区内，小弯曲型所占比重最高，为 67.78%，其次是直线型和大弯曲型，分别占总数的 20% 和 12.22%。C 和 D 区内，同样以小弯曲型为主，分别占总数的 63.33% 和 70.0%，大弯曲型分别占总数的 34.45% 和 20.0%，直线型分别占总数的 2.22% 和 10%。E 区内，直线型所占比重最大，为 55.56%；其次为小弯曲型，占总数的 44.44%，而大弯曲型所占比重为 0%。

表 4 - 7　1998—2007 年 8—10 月 25°~40°N，125°~150°E 海域黑潮空间分布类型

年月	A	B	C	D	E	年月	A	B	C	D	E
1998 年 8 月上旬	3	2	3	2	1	2003 年 8 月上旬	2	2	2	2	1
1998 年 8 月中旬	3	1	3	2	2	2003 年 8 月中旬	2	2	2	2	1
1998 年 8 月下旬	2	2	2	2	2	2003 年 8 月下旬	2	2	2	2	1
1998 年 9 月上旬	2	2	2	2	2	2003 年 9 月上旬	2	2	2	2	1
1998 年 9 月中旬	2	2	2	2	2	2003 年 9 月中旬	2	2	2	2	2
1998 年 9 月下旬	2	2	2	2	2	2003 年 9 月下旬	2	2	2	2	2
1998 年 10 月上旬	1	2	3	2	1	2003 年 10 月上旬	2	2	2	2	2
1998 年 10 月中旬	2	2	3	2	1	2003 年 10 月中旬	2	2	2	2	2

年月	A	B	C	D	E	年月	A	B	C	D	E
1998 年 10 月下旬	1	3	3	2	2	2003 年 10 月下旬	2	2	2	2	2
1999 年 8 月上旬	3	3	2	2	1	2004 年 8 月上旬	2	2	3	1	2
1999 年 8 月中旬	3	2	2	2	2	2004 年 8 月中旬	3	2	3	1	1
1999 年 8 月下旬	3	2	2	2	2	2004 年 8 月下旬	3	2	3	1	1
1999 年 9 月上旬	3	3	2	2	1	2004 年 9 月上旬	3	2	3	1	1
1999 年 9 月中旬	3	3	2	2	1	2004 年 9 月中旬	3	2	3	1	1
1999 年 9 月下旬	3	3	2	2	1	2004 年 9 月下旬	2	2	3	1	1
1999 年 10 月上旬	3	3	2	2	1	2004 年 10 月上旬	3	2	3	1	1
1999 年 10 月中旬	3	3	2	2	1	2004 年 10 月中旬	3	2	3	1	1
1999 年 10 月下旬	3	1	3	3	1	2004 年 10 月下旬	3	2	3	1	2
2000 年 8 月上旬	3	3	3	2	1	2005 年 8 月上旬	2	2	3	2	1
2000 年 8 月中旬	3	3	3	2	1	2005 年 8 月中旬	2	2	2	2	2
2000 年 8 月下旬	2	2	3	3	1	2005 年 8 月下旬	2	2	2	2	2
2000 年 9 月上旬	2	2	3	3	1	2005 年 9 月上旬	2	1	2	2	2
2000 年 9 月中旬	3	2	3	3	1	2005 年 9 月中旬	3	2	2	2	2
2000 年 9 月下旬	2	2	3	2	1	2005 年 9 月下旬	3	2	2	2	2
2000 年 10 月上旬	3	2	3	3	1	2005 年 10 月上旬	3	1	1	2	2
2000 年 10 月中旬	2	2	2	3	1	2005 年 10 月中旬	3	1	1	2	2
2000 年 10 月下旬	3	2	2	3	1	2005 年 10 月下旬	3	1	2	2	2
2001 年 8 月上旬	3	2	2	2	1	2006 年 8 月上旬	1	2	2	3	2
2001 年 8 月中旬	3	2	2	2	1	2006 年 8 月中旬	1	2	2	2	2
2001 年 8 月下旬	3	2	2	2	1	2006 年 8 月下旬	1	1	2	2	2
2001 年 9 月上旬	3	2	3	2	1	2006 年 9 月上旬	1	1	2	2	2
2001 年 9 月中旬	3	2	2	2	1	2006 年 9 月中旬	1	1	2	3	2
2001 年 9 月下旬	3	2	2	2	2	2006 年 9 月下旬	1	2	2	3	2
2001 年 10 月上旬	3	3	2	3	1	2006 年 10 月上旬	1	2	2	3	2
2001 年 10 月中旬	3	3	2	3	1	2006 年 10 月中旬	2	1	2	3	2
2001 年 10 月下旬	3	2	2	3	1	2006 年 10 月下旬	3	1	2	3	2
2002 年 8 月上旬	2	1	2	2	2	2007 年 8 月上旬	2	1	3	2	2

续表

年月	A	B	C	D	E	年月	A	B	C	D	E
2002 年 8 月中旬	2	1	2	2	1	2007 年 8 月中旬	2	1	3	3	2
2002 年 8 月下旬	2	2	2	2	1	2007 年 8 月下旬	2	2	3	3	2
2002 年 9 月上旬	2	2	2	2	1	2007 年 9 月上旬	2	1	3	2	2
2002 年 9 月中旬	2	2	2	2	1	2007 年 9 月中旬	2	1	2	2	2
2002 年 9 月下旬	2	2	2	2	1	2007 年 9 月下旬	3	1	3	2	2
2002 年 10 月上旬	2	2	2	2	1	2007 年 10 月上旬	3	2	2	2	1
2002 年 10 月中旬	2	2	2	2	1	2007 年 10 月中旬	3	2	2	2	1
2002 年 10 月下旬	3	2	2	2	1	2007 年 10 月下旬	2	2	2	2	1

注：A：140°—145°E，35°—40°N；B：145°—150°E，35°—40°N；C：135°—140°E，30°—35°N；D：140°—145°E，30°—35°N；E：145°—150°E，30°—35°N。

（2）渔场空间分布分析。1998—2007 年 8、9、10 三个月作业渔场重心分布见表 4 -8，并计算出不同年份 8—10 月作业渔场重心的平均纬度。各年度其平均纬度值如下：1998 年为 43.1°N，1999 年为 43.26°N，2000 年为 44.04°N，2001 年为 43.38°N，2002 年为 41.98°N，2003 年为 41.95°N，2004 年为 42.52°N，2005 年为 43.03°N，2006 年为 42.52°N，2007 年为 42.93°N。其中，2000 年作业渔场平均重心处于最北端，而 2003 年处于最南端（图 4 -28）。

表 4 -8　1998—2007 年 8—10 月柔鱼作业渔场重心空间分布

年份	作业渔场重心	8 月	9 月	10 月	年份	作业渔场重心	8 月	9 月	10 月
1998	经度（°E）	154.51	156.29	158.92	2003	经度（°E）	158.22	154.06	151.79
	纬度（°N）	42.46	43.21	43.64		纬度（°N）	41.61	42.48	41.76
1999	经度（°E）	156.81	159.22	158.15	2004	经度（°E）	154.89	156.55	155.42
	纬度（°N）	42.66	43.86	43.26		纬度（°N）	42.64	42.74	42.19
2000	经度（°E）	156.32	159.2	161.24	2005	经度（°E）	153.58	155.57	154.36
	纬度（°N）	43.57	44.41	44.13		纬度（°N）	41.95	43.9	43.26
2001	经度（°E）	155.32	157.88	158.63	2006	经度（°E）	152.25	154.27	154.33
	纬度（°N）	42.9	43.67	43.57		纬度（°N）	41.75	43.14	42.67
2002	经度（°E）	163.14	156.86	156.17	2007	经度（°E）	154.74	155.55	154.35
	纬度（°N）	40.98	42.56	42.41		纬度（°N）	41.91	44.14	42.75

（3）渔场空间分布与黑潮的关系分析。以时间为 x 轴，分别以黑潮特征和渔场重

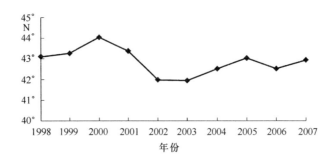

图4-28　各年度8—10月柔鱼作业渔场重心的平均纬度分布图

心纬度为 y 轴，绘制 A、B、C、D、E 各区内黑潮分布特征与渔场重心纬度的关系图，其中粗线表示黑潮特征，细线表示渔场重心纬度（图4-29至图4-33）。从图中可以看出，A 区中黑潮分布特征与渔场重心纬度的对应关系明显，而 B、C、D、E 区的对应关系相对不明显。

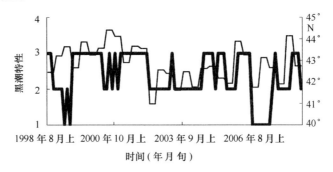

图4-29　A 空间内黑潮分布与渔场重心纬度的关系

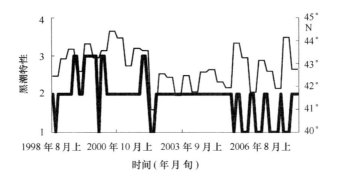

图4-30　B 空间内黑潮分布与渔场重心纬度的关系

灰色关联度分析表明：A 区的关联系数为 0.760 2，B 区为 0.727 8，C 区为 0.706 9，D 区为 0.697 7，E 区为 0.619 8。因此，A 区内的黑潮分布特征与渔场重心的

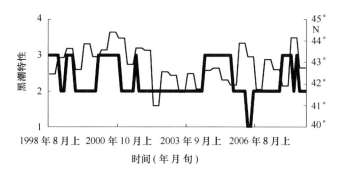

图 4 - 31　C 空间内黑潮分布与渔场重心纬度的关系

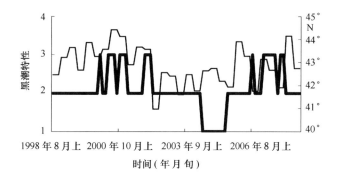

图 4 - 32　D 空间内黑潮分布与渔场重心纬度的关系

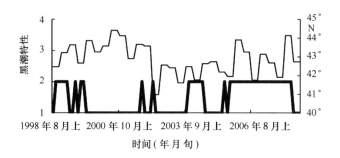

图 4 - 33　E 空间内黑潮分布与渔场重心纬度的关系

纬度关联度最大。分析也表明，A 区内发生大弯曲型（3）时，渔场重心纬度明显偏高；发生小弯曲型（2）或平直型（1）时，渔场重心纬度则相对偏低（图 4 - 29）。

　　选择 2000 年（渔场重心最北）和 2003 年（渔场重心最南）作为特例，分析黑潮空间分布类型与渔场重心的关系。分析发现（图 4 - 34），2000 年作业渔场重心纬度值最高，A 空间内黑潮明显形成一个大弯曲型；而 2003 年作业渔场重心纬度值最低，A 空间内黑潮分布基本呈现直线或小弯曲（图 4 - 34）。

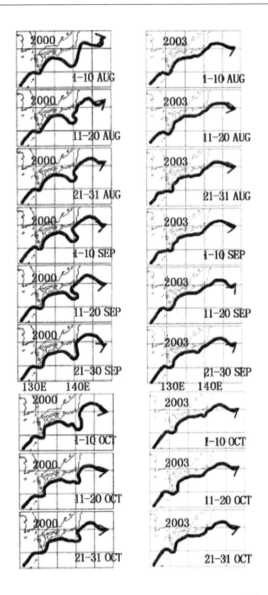

图 4 - 34　2000 年和 2003 年 8—10 月黑潮空间分布

3. 分析和讨论

　　在西北太平洋，强大的黑潮与亲潮所形成的交汇区，为海洋生物的生长与发育带来了丰富的饵料，使该海域成为世界海洋中渔业产量最高的水域之一。研究表明，黑潮路径的变化会对西北太平洋海况产生影响，从而影响该区域的渔况和产量。

　　西北太平洋柔鱼渔场主要是黑潮和亲潮交汇形成的流隔渔场，黑潮与亲潮的强弱决定了流隔的位置，从而影响渔场分布的位置。Komatsu 等（2007）研究发现浮游动植物沿黑潮下游分布，特别是黑潮弯曲的顶部，因此黑潮发生弯曲时，浮游动植物向北分布，从而影响渔场位置的北移。Sugimoto 和 Kobayashi（1988）研究发现在黑潮发生大弯曲时鱼卵输送到孵育场的比率要比平直期高，但是日本沙丁鱼 Sardinops melanostic-tus 的补充量在大弯曲时要少，这是因为弯曲时黑潮势力增强，黑潮入侵导致的觅食环境恶劣造成的。陈新军和田思泉（2001）探讨了西北太平洋柔鱼渔场和黑潮与亲潮强弱的关系，研究发现黑潮势力较强，亲潮势力较弱时渔场位置偏北，反之则偏南。另外，黑潮变化可能会影响到海洋表面温度（SST）的变化，从而影响了中上层鱼类补充量的变化和渔场的分布。Aoki 和 Miyashita（2000）对日本鳀 Engraulis japonicus 幼体的研究发现，随着离岸距离的增加幼体的平均体长也增加，这可能是由于较大个体的幼鱼洄游到北部的辐合区，由于柔鱼以鳀鱼为饵料生物，故间接影响柔鱼渔场的分布。

沈明球和房建孟（1997）认为当黑潮弯曲时形成的冷水团的面积越大，黑潮势力越强，黑潮势力的增强导致黑潮与亲潮交汇的锋区北移，使得渔场位置偏北。另外当黑潮由沿岸路线发生弯曲时需要有一个侧向力，故而在黑潮弯曲时在近岸的位置会形成一个漩涡，而在黑潮的末端也会形成一个漩涡来阻止黑潮弯曲的继续发展，这个黑潮末端的漩涡会使营养盐上翻，浮游生物量增加，造成渔场的北移。邵全琴等（2004）对西北太平洋柔鱼渔场的分布模式研究发现，涡流渔场（即黑潮分支与亲潮分支交汇形成的暖涡）CPUE 最高，这也从侧面印证了本文的结论。由于柔鱼的分布受 SST 的影响较大，当 A 区发生大弯曲时，柔鱼适宜栖息的水温 15～20℃等温线向北突出，渔场位置偏北。根据美国 NOAA 海洋遥感数据库（http：//oceanwatch. pifsc. noaa. gov/las/）的 SST 数据，2000 年 8—10 月在作业渔场内（155°E，35°—46°N 纬度向）15～20℃等温线明显北移，而 2003 年同时期 15～20℃等温线则南移，恰好说明了这点。

本研究只对黑潮分布进行定性的分析，定量研究需要在下一步进行。8—10 月份生产统计只采用了我国鱿钓船的数据，其他国家和地区的统计数据难以获得，不过我国鱿钓产量占了绝大多数，且 150°—165°E 海域是 8—10 月传统作业渔场，因此本文研究结果具有一定的代表性。

第五章 基于环境因子的渔获量预测与分析

渔获量（catch，yield）是指在天然水域中采捕的水产经济动植物鲜品的重量或数量。渔获量预测是渔情预报的重要内容之一。渔获量多少除了与资源丰度、捕捞努力量等相关外，还与海洋环境因子、气象因子等因素密切相关。科学预测渔获量有利于实现资源的可持续利用和科学管理，同时也能为渔船的合理生产提供科学依据。渔获量预测的方法很多，主要有利用多元线性统计、灰色系统、栖息地指数、时间序列分析、GIS技术、神经网络等多种方法。本章拟用东海带鱼、黄渤海蓝点马鲛、西北太平洋柔鱼等渔获量预测作为案例进行分析。

第一节 基于多元线性回归统计的渔获量预测

一、东海带鱼渔获量预测

带鱼是东海最为重要的渔业，浙江近海冬季带鱼汛是我国规模最大的渔汛，其产量约占整个东海区带鱼产量的60%以上。因此，进行带鱼渔获量预测对掌握鱼群动态和指导渔业实践有重要意义。冬季带鱼汛的预报始于20世纪50年代末期。

（一）渔获量趋势预报

已经查明冬汛带鱼是夏、秋季带鱼群体的延续。夏、秋季带鱼资源状况可直接影响到冬汛渔获量的多寡，从拖网渔轮带鱼渔获量与冬汛渔获量的变化看，两者的变动趋势完全吻合。因此，可以拖网渔轮的平均网次渔获量作为夏、秋季带鱼的资源指数，与冬汛渔获量进行相关分析（吴家骅，1985）。资源指数公式

$$D = \sum_{i=1}^{n} C_i / E_i$$

式中：D 为资源指数；C_i 与 E_i 分别为第 i 区带鱼渔获量和相应投入的捕捞力量。考虑到历年拖网的时间和捕捞效率变化不大，可作为常数，捕捞力量可用拖网次数表示。经相关分析，两者存在非常显著的相关关系。选取东海区任一渔业公司机轮拖网同期

的平均网次渔获量与冬汛带鱼渔获量进行相关分析，其相关程度均可达到极显著水平（表 5-1）。因此，通过回归分析方法，可以求得冬汛带鱼可能渔获量的估计值。

表 5-1　夏、秋季拖网渔轮带鱼平均网次渔获量与冬汛带鱼渔获量相关式及相关检验

内容	宁渔	舟渔	沪渔
直线回归式	$Y = 45.3 + 7.06X$	$Y = 43.8 + 6.11X$	$Y = 14.1 + 6.70X$
相关系数	$R = 0.928$	$R = 0.950$	$R = 0.959$
资料年份	1956—1968 年、1970—1971 年和 1973—1978 年	1965—1966 年、1971 年和 1973—1978 年	1955—1967 年和 1973 年

资料来源：吴家骅 1985。

注：Y 为冬汛浙江渔场带鱼渔获量；X 为夏秋汛（5—8 月）拖网渔轮带鱼平均网次渔获量。

（二）冬汛带鱼渔获量预报（开发初期）

渔获量的变动受众多环境因子的综合影响，在建立预报方程时需要从许多影响因子中筛选与分析出与渔获量相关的因子。吴家骅和刘子藩（1985）经过分析，在冬汛带鱼渔获量中，夏、秋季的带鱼资源指数是最重要的因子，冬汛总捕捞力量为次要因子。由于实际值在汛前不能及时取得，预报时可暂给一个估计值。根据历年资料，建立冬汛带鱼可能渔获量的两个预报方程：

$$Y = 14.48 + 4.997X_1 + 0.133X_2 \qquad （1954—1983 年）$$
$$Y = 103.4 + 6.625X_3 + 1.820X_4 \qquad （1970—1983 年）$$

式中：X_1 为上海渔业公司 5—9 月带鱼资源指数；X_2 为冬汛总捕捞力量；X_3 为宁波渔业公司 5—8 月带鱼资源指数；X_4 为 9 月带鱼相对资源修正数。冬汛的总捕捞力量是指冬汛中各汛（指汛期两次大风之间能进行捕捞的日数）的机帆船作业对数与实际作业日数乘积的总和（单位：100 对日）。1960—1983 年渔获量预报与实际总产量比较，大多数年份预报准确率在 80% 以上，80 年代初预报准确率达到 96%。

沈金鳌和方瑞生（1985）考虑到长江径流量的多少和强弱直接影响到中国沿岸流，从而间接地影响带鱼地渔场及其渔发，因此在进行渔情预报中增加了长江径流量这一环境因子。他们利用带鱼资源量指数、各汛总捕捞力量、长江径流量等建立了预报方程：

$$Y_1 = 58.10 + 6.780X_1 + 0.062X_2 - 0.156X_3$$
$$Y_2 = 138.34 + 5.39X_1 + 0.007X_2{'} - 0.313X_3$$

式中：Y_1、Y_2 分别为浙江近海各汛带鱼总产量和嵊山渔场各汛带鱼总产量，X_1 为上海市海洋渔业公司夏秋汛带鱼资源量指数，X_2、$X_2{'}$ 分别为当年各汛投入浙江近海和嵊山渔场的总捕捞努力量；X_3 为长江（9 月份）平均径流量。

（三）带鱼渔获量预报（1985 年以后）

自 20 世纪 80 年代后期以来，带鱼资源状况和捕捞利用方式与过去相比都有了很大的改变，有必要对过去应用的冬汛带鱼渔获量预报方法进行改进，以适合目前的情况。从 1995 年实施伏季休渔制度后，秋汛开捕后过于强大的捕捞力量使东海带鱼资源的密度迅速逐月降低，传统冬汛（11 月 1 日至翌年 1 月 31 日）3 个月之和的带鱼产量已少于秋汛开捕后一个半月（9 月 16 日至 10 月 30 日）的带鱼产量，因为秋汛和冬汛捕捞的都是以当年补充群体为主体的同一带鱼群体，传统的冬汛期间带鱼产量受带鱼资源总量和秋汛捕捞产量的制约和影响，刘子藩等（2004）研究试将秋冬汛带鱼渔获量视为一个整体而进行预测预报，因而具有较大的合理性和可行性。变量因子选取的方法与带鱼补充群体预报方程基本相同。各年的预报量即东海区秋冬汛合计的带鱼渔获量数据，根据浙江省各市的统计资料以及东海区的渔场生产统计进行计算和估算而得到。预报方程的建立也由计算机应用逐步回归计算方法，优选因子而得出。建立的预报方程为：

$$Y = 42.09 - 9.283\,3X_1 - 0.082\,80X_2 + 9.915\,8X_3 + 1.118\,0X_4$$

式中：Y 为东海区秋冬汛带鱼渔获量（$\times 10^4$ t）；X_1 为普陀气象站 2—8 月平均北风速（m/s）；X_2 为普陀气象站 2—8 月平均降雨量（mm）；X_3 为伏休生物量增长系数计算值 A（2 个月伏休取 1.18，3 个月伏休取 1.28，未执行伏休为零）；X_4 为舟山乌沙门海区定置张网 5—8 月幼带鱼占渔获平均比例（%）与 5—8 月平均网产（kg）乘积的几何平均值。

由表 5 - 2 可知，建立的秋冬汛东海区带鱼渔获量预报方程对 1987—1997 年各年平均拟合相对误差为 4.43，平均拟合准确率为 95.6%；拟合的平均绝对误差为 1.32 $\times 10^4$ t。预报方程经 1998—2000 年的实际检验，年平均绝对误差为 2.96 $\times 10^4$ t，最大相对误差为 8.85%，准确率在 90% 以上，符合渔业生产的要求。

由于获得较为准确的东海区带鱼产量统计目前有着较大的难度，而获取尽可能多而全面的环境、海洋调查和资源监测数据又受经费等条件上的许多限制，上述建立的预报方程不可避免地存在着一定的局限性，仍需在今后的工作中不断创新、努力，对预报方法加以改进。

表 5 - 2　东海区秋冬汛带鱼渔获量预报计算结果　　　　　单位：$\times 10^4$ t

序号	年份	渔获量	渔获量预报值	绝对误差
1	1987	19.41	16.54	2.87
2	1988	16.30	16.30	0

续表

序号	年份	渔获量	渔获量预报值	绝对误差
3	1989	15.99	16.62	-0.63
4	1990	19.15	21.74	-2.59
5	1991	22.14	21.82	0.32
6	1992	20.87	23.00	-2.13
7	1993	23.56	25.38	-1.82
8	1994	31.96	27.99	3.97
9	1995	41.49	40.37	1.12
10	1996	35.00	35.11	-0.11
11	1997	43.70	44.71	-1.01
检验	1998	46.20	49.14	-2.94
	1999	46.90	47.54	-0.64
	2000	59.80	54.51	5.29

资料来源：刘子藩等（2004）。

（四）东海带鱼渔获量对捕捞压力和气候变动的响应

渔获量的变化受捕捞压力和气候变动的共同影响。东海海域捕捞努力量呈单调增长的趋势，基于传统的渔业理论，相对应的是带鱼渔获量呈曲线型变化趋势。在消除捕捞努力量引起的变化趋势后，渔获量年间变动应与气候环境的变动有关。王跃中等（2011）的研究采用回顾性分析的技术路线，解析捕捞压力和气候变动对东海带鱼渔获量的影响。充分利用可靠的渔业统计数据，分析渔获量与捕捞努力量和气候变动时间序列的相关性，论证影响东海带鱼渔获量变动的主要因素和作用机制，在此基础上，结合已有的研究成果，预测未来气候变化对东海带鱼渔获量可能造成的影响。

1. 材料与方法

研究资料来源于《中国渔业统计年鉴》中 1956—2006 年共 51 年浙江省、福建省、江苏省和上海市的带鱼年渔获量及捕捞努力量统计数据。其中，带鱼年渔获量为东海带鱼种群分布范围内的渔获量，含东海和黄海南部（江苏省）；捕捞努力量含机动渔船和非机动渔船，非机动渔船的捕捞努力量是按非机动渔船 CPUE 与机动渔船 CPUE 的比例标准化而来。

因为没有主要河流径流量的时间序列资料，故用长江流域和东海沿岸降水时间序列来做替代。陆地降雨是基于全球降水气候中心（GPCC）网格数据 V4 1°×1°，并利用 Climate Explorer（http：//climexp. knmi. nl）选择长江流域和东海沿岸地区网格化数据集时间序列资料。

海面风速和海表水温时间序列数据利用 Climate Explorer 从每月的 2°×2℃ OADS 获取，主要选择黄海海域（119°—127°E，33°—39°N）和东海海域（117°—131°E，23°—33°N）范围内的数据。海表水温取东海海表温度距平的年平均值。东海和黄海的海面风速，取两个季节的风速，每年的 6—8 月的平均风速和 10 月至次年 3 月的平均风速分别代表夏季和冬季季风。无论季风和海表水温都显示增强趋势，增强趋势很大程度上是由于观测技术发展造成的结果，因此，在季风和海表水温与渔获量变化分析中，任何变化趋势都将被消除。

热带气旋分析数据来自日本气象厅区域专业气象中心（RSMC）东京台风中心数据文档（http：//www. jma. go. jp/）。热带气旋分析数据主要使用热带气旋影响指数（tropical cyclone index，TCI），TCI 可反映热带气旋影响时长、最大风速和大风区域的综合效应，$TCI = \Sigma T (1\ 010 - P_{min})^2$，其中 P_{min} 为最低气压，T 为热带气旋持续时长。这种热带气旋量度指标优于热带气旋发生的频率、持续时间或强度。TCI 时间序列数据选取范围为 120°—130°E，22°—37°N，其运算结果基于每 6 h 的最低气压 P_{min}、热带气旋在该区域的持续时长，并将一年中所有的热带气旋数进行累加。

降水、季风、海表温度和 TCI 时间系列数据经过标准化处理，均符合正态性，柯尔莫诺夫—斯米尔诺夫检验（Kolmogorov – Smirnov test）显著性水平为 0. 20，因此这些数据能直接用来与渔业时间序列数据计算相关性和进行回归分析。

1956—2006 年的东海带鱼年渔获量存在年际变化趋势。根据传统渔业理论，渔获量年际变化趋势主要由渔业捕捞能力单调增长所引起，可用 Fox 指数趋势模型拟合。Fox 模型通常可表示为 $Y_e = Cf_e e^{-df_e}$。式中，Y_e 为平衡渔获量，f_e 为捕捞努力量，C、d 为参数。通过 Fox 模型移除东海带鱼渔获量年际变化趋势之后，其年间变动与气候变量相关。

用多元线性回归方法把渔获量变动与气候变量联系起来，回归中的偏相关系数用于反映气候变量影响正负效应和强度。对气候变量及其后 5 年内的带鱼渔获量各时滞段进行相关性和回归分析检验，分析时滞是基于以下假设：即气候因素通过控制海洋初级生产所需的营养盐来影响渔业产量，并且渔获物存在年龄结构。尽管东海带鱼被捕获的鱼类年龄小于 3 龄的占优势，但仍对较长的时滞进行检验，是因为从营养盐的输入到进入生态系统中循环和从增进初级生产量到转变为鱼类的食饵生产量阶段需要时间。食饵供应影响鱼类的整个生命阶段，包括幼鱼成活、补充、生长和繁殖，甚至通过亲体补充关系影响到下一个生命周期。

2. 研究结果

（1）渔获量变化趋势与捕捞努力量关系。1956—2006 年间东海带鱼渔获量及捕捞努力量变化见图 5-1。从我国东海带鱼年渔获量的变化情况来看，1956—1974 年渔获量呈波动上升趋势，1974—1988 年呈波动下降趋势。1988 年之后，随着捕捞能力的快速增长，东海带鱼渔获量也大幅增加，2000 年东海带鱼渔获量达 90.99×10^4 t，之后开始呈波动下降状态。运用 SPSS 软件进行迭代计算，东海带鱼渔获量与捕捞努力量的 Fox 模型为 $Y_i = 3.692 f_i^{0.472} e^{-0.001\,024 f_i 0.472}$（式中，$Y_i$ 为第 i 年的 Fox 模型估算渔获量，f_i 为第 i 年的捕捞努力量），模型回归系数为 0.91，统计检验的相伴概率 $P < 0.01$，说明捕捞努力量的变化显著影响到东海带鱼渔获量的变化。

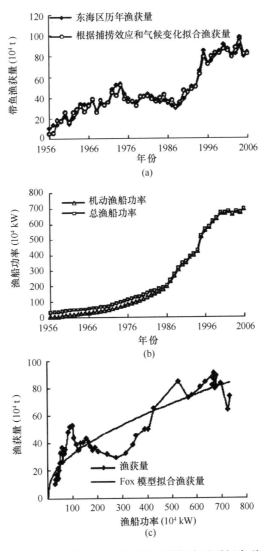

图 5-1　东海带鱼渔获量和捕捞努力量时间序列

（2）渔获量变动与气候环境时间序列的相关性。通过拟合 Fox 剩余产量模型，移除捕捞效应引起的东海带鱼渔获量年际变化趋势后，得出东海带鱼渔获量年间变动值（残差）（图 5 - 2）。移除趋势后的渔获量年间变动可以用气候变量的组合来拟合，气候变量含陆地降雨量、东海海表水温、季风风速和热带气旋影响指数（图 5 - 3）。

图 5 - 2　东海带鱼渔获量的年间变动值（残差）

用多元线性回归方法把渔获量年间变动和气候变动时间序列联系起来，对相应气候变量后 0 ~ 5 年时间间隔的渔获量变动进行了分析，渔获量年间变动和气候变量的多元线性回归模型为：

$$\Delta Y_i = 4.663T_{i-4} + 9.488S_{i-3} + 8.705S_{i-5} + 7.948W_i + 6.628W_{i-2}$$
$$- 6.084X_{i-1} - 4.652X_{i-2} - 8.600Y_{i-2} - 5.771Y_{i-3} - 5.252Z_{i-3}$$
$$- 6.275Z_{i-4} + 2.593P_{i-1} + 3.128P_{i-2} + 4.164$$

式中，ΔY_i 为第 i 年的渔获量年间变动估算值；T_i 为第 i 年的热带气旋影响指数；S_i 为第 i 年的东海海表温度；W_i 为第 i 年的东海夏季季风；X_i 为第 i 年的东海冬季季风；Y_i 为第 i 年的黄海夏季季风；Z_i 为第 i 年的黄海冬季季风；P_i 为第 i 年的长江流域和东海沿岸降雨。

渔获量年间变动和气候变量多元线性回归模型的回归系数为 0.915，方差分析结果表明其统计量 F 为 14.725，相伴概率 $P < 0.001$，回归方程中各气候变量对渔获量年间变动的偏相关分析见表 5 - 3，回归模型中各气候变量都具有显著性偏相关（$P < 0.05$），且共线性分析容差都大于 0.56，从中可以看出，该回归方程有意义。回归分析结果表明，渔获量年间变动除了与热带气旋影响指数、东海海表温度、东海夏季季风以及长江流域和东海沿岸降雨呈正偏相关外，还与东海冬季季风、黄海夏季季风和黄海冬季季风呈负偏相关（表 5 - 3）。

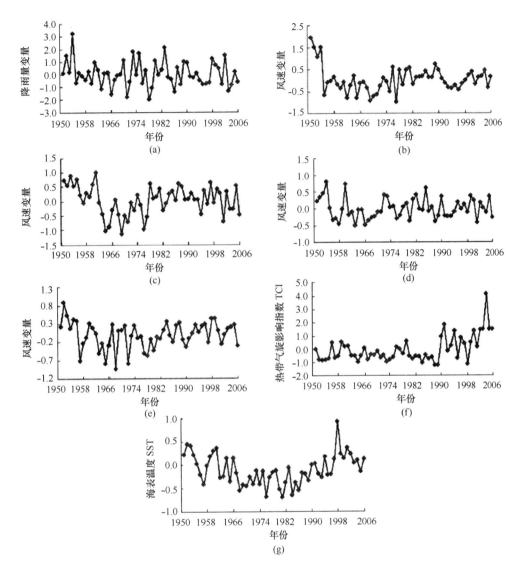

图 5 - 3　气候变量年际间变化

（a）长江流域和东海沿岸降雨；（b）黄海夏季季风；（c）黄海冬季季风；（d）东海夏季季风；（e）东海冬季季风；（f）热带气旋影响指数；（g）东海海表温度。

表 5 - 3　渔获量变动与气候变量多元线性回归方程中的偏相关分析

气候变量	偏相关系数（时滞：a）	显著性（P）
热带气旋影响指数	0.61（4）	0.00
东海海表温度	0.52（3）；0.50（5）	0.01
东海夏季季风	0.46（0）；0.38（2）	0.02

气候变量	偏相关系数（时滞：a）	显著性（P）
东海冬季季风	-0.42（1）；-0.33（2）	0.04
黄海夏季季风	-0.66（2）；-0.49（3）	0.00
黄海冬季季风	-0.44（3）；-0.50（4）	0.00
长江流域和东海沿岸降雨	0.48（1）；0.56（2）	0.00

（3）带鱼渔获量拟合结果。根据东海带鱼渔获量与捕捞努力量以及气候变量之间的关系，对东海带鱼渔获量进行了拟合。东海带鱼渔获量变动拟合值 $Y'_i = Y_i + \Delta Y_i$，其中 Y_i 为捕捞效应引起的渔获量趋势变动值；ΔY_i 为气候变动影响下的渔获量年间变动值。该方程拟合的渔获量与实际渔获量之间的回归系数达 0.99，置信水平达到 99% 以上，并且能够很好地反映出实际带鱼渔获量的变化趋势和年间变动情况（图 5-1a，c）。

3. 讨论

（1）捕捞效应。20 世纪 60 年代前期，东海海洋捕捞以木帆船为主，主要在近岸捕捞，捕捞能力低下，带鱼渔获量维持在较低水平。60 年代中后期，机动渔船数量和功率数迅速增长，年渔获量不断上升。进入 70 年代，捕捞力量连年增长，带鱼渔获量不断增加，1974 年达 52.81×10^4 t。1974 年后，单位功率渔获量下降，生物学、生态学捕捞过度的迹象产生，带鱼资源结构发生明显变化，小型化逐渐明显，年渔获量逐步下降，至 1988 年，仅有 29.37×10^4 t。1988 年后，渔业渔船大功率钢质化步伐明显加快，作业渔场由沿岸和近海逐渐向外海转移。一批高捕捞强度渔具渔法得到广泛推广应用，渔获量又开始大幅回升，2000 年东海带鱼渔获量创历史最高，达 90.99×10^4 t。2000 年后，东海带鱼资源总体状况呈现捕捞过度，沿岸、近海和外海渔场资源均出现明显衰退，全海区带鱼资源密度下降，东海带鱼渔获量开始逐步下降。

（2）气候变化。东海海域处于温带和亚热带，受陆地降雨和径流、气温、气旋和季风等气候因素影响。气候变化对渔业的影响主要是通过影响海洋物理和生物环境条件来实现。

沿海陆地降雨和径流沿海陆地降雨和径流携带大量氮、磷等营养盐及其他无机物质进入海洋，丰富的营养盐是河口及邻近海域浮游植物营养补充的主要来源，能够促进海洋初级生产力的提高。长江流域和东海沿岸降雨与东海带鱼渔获量变动呈显著正偏相关（$P < 0.01$），说明长江流域和东海沿岸降雨对东海带鱼渔业产量有着显著影响。长江流域水量丰沛，大量的入海径流在长江口海区形成了大范围的长江冲淡水，给渔场注入丰富的营养盐和饵料。长江径流入海后与东海的外海水相混合形成长江冲淡水，径流量的变化与东海渔场的温度和盐度时空变化和分布关系十分密切，流量的

增大能增加入海的营养盐数量，扩大渔场混合水区范围，能促进浮游植物尤其是低盐性的浮游植物生长，故径流量的增加有利于带鱼发生数量的增加。长江径流变化与东海渔获量有密切的关系，长江径流量大时，东海渔获量随之增加，反之则减少，1960年以来东海渔获量的 4 次长期波动与长江径流年际的变化基本一致。

季风影响东海沿岸，冬季盛行偏北风，夏季盛行偏南风，春、秋季为过渡性季节，具有典型的季风特性。虽然东海夏季风的持续时间短，持续仅 6—8 月，但却处于长江径流量的高峰期。东海夏季季风与东海带鱼渔获量变动呈正偏相关，夏季季风的正面效应是由于其增加海洋生态系统营养盐的分布并提高了营养盐的使用效率。在近岸海域，无机氮的浓度很高，但浮游植物的生产能力主要受到磷和光穿透能力限制，在长江冲淡水团锋面处可观察到非常高的叶绿素 a 和过饱和氧，这说明夏季季风驱使含丰富硝酸盐的沿岸海水与含丰富磷酸盐的底层水混合来提升海域的初级生产力，海域初级生产力的提升为鱼类和其他海洋生物的生长和繁殖提供更多有利条件，可增加海域鱼类的年生产能力。

东海带鱼渔获量变动与东海冬季季风和黄海冬季风呈负偏相关，此负面影响应与冬季环流相关的营养盐动态变化有关，冬季季风驱动沿岸流向南流动，将富含营养盐的沿岸水贴着海岸流动，沿岸水无法向外海扩展。研究表明，在冬季季风的作用下，东海南部台湾海峡西面的沿海水域具有高营养盐，但是浮游生物量不高，这表明，南向沿岸流所携带的营养盐没有被有效地利用。东海带鱼渔获量变动与黄海夏季季风呈负偏相关，此负面效应与营养盐的流失有关，由于黄渤海沿岸构造，在夏季季风作用下，形成一个偏北的沿岸流，并造成夏季长江冲淡水低盐水伸向东北，引起东海北部和长江口种群栖息地水域的营养盐损失。

水温是影响渔业的重要因素之一，水温不仅对鱼类的繁育、生长和新陈代谢有影响，而且对鱼类的洄游影响也较大。东海海表水温与东海带鱼渔获量变动呈显著正偏相关，说明水温对带鱼渔获量有重要影响。渔场水温的提高，促进海洋中浮游植物的光合作用和繁殖生长，进而促进食物链上处于更高级别海洋生物的生长发育和生物量的增加，这样带鱼的饵料就会有较多的保障；另一方面渔场水温的提高有利于带鱼亲体的性腺提前发育与成熟，产卵带鱼亲体的数量可以大大增加，这些因素都有利于秋冬汛带鱼补充群体数量的增加。目前多数学者认为全球变暖对近岸和近海的鱼类影响较大，暖水可能增加许多地区的渔获量，因为在温度较高的区域，所有生物活动都较强，鱼类能够得到较多的食物，生长快，而繁殖期缩短。

影响东海海域的热带气旋主要集中在 5—10 月。尽管热带气旋相对于海洋来说是一个偶发事件，但却对海洋生态系统带来极大的影响，热带气旋带来的强风和降雨等增加海洋生态系统营养盐的供应并促进海洋生物量的增长。热带气旋影响指数与带鱼渔获量变动呈显著正偏相关，表明热带气旋是引起带鱼渔获量变动的一个重要影响因素。研究发现,热带气旋开始时,水体浮游植物的生物量大量减少,而硝酸盐、磷酸盐等浓度显著增加,热带气旋过后,各种藻类和浮游植物水华先后出现。说明热带气旋一方面大幅度降低水域中浮游植物数量;另一方面搅动水体中沉底部的有机颗粒物质,增加溶解的营养盐,从而促进营养盐在上层和底层食物网中的循环,增强新的生产力。研究表明,以贫营养盐为主的台湾西北大陆架海域,在热带气旋过后,硝酸盐浓度增加超过 2 倍以上,初级生产力达 6 倍,变为一个更富有生产力的海域。热带气旋过后,风生混合,再悬浮,陆地径流被认定为主要因素。研究指出,台风引起的水体表面的运动结果就是大量扩散和传输含氮丰富的河口水团,由热带气旋带来的河口水团扩散会增加氮的分布及海洋初级生产中氮的利用效率。

(3)变化趋势分析。世界主要商业渔业长期变化与大规模气候变迁有关,但是气候变迁如何影响鱼类仍不确定。从捕捞努力量和气候变量拟合东海带鱼渔获量的结果来看,与实际渔获量显著相关,并且能够很好地反映出实际带鱼渔获量的变化趋势和年间变动,说明渔获量的变化受到捕捞效应和气候变动的双重影响。

渔获量变动与热带气旋影响指数、东海海表温度、东海夏季季风以及长江流域和东海沿岸降雨呈显著正偏相关,说明这些气候环境的变化对带鱼渔获量变动产生正面效应,故此推测未来全球气候变暖所引起的海水水温升高以及人类活动通过降雨和径流输入海洋生态系统营养盐的增加都可能有利于东海带鱼渔业产量的增加。联合国政府间气候变化专门委员会(IPCC)的评估报告显示,过去 50 年中,极端天气事件呈现不断增多增强的趋势,预计今后这种极端事件的出现将更加频繁。极端天气频繁发生的结果就是造成陆地降雨和径流、海水温度、季风以及热带气旋等变动加剧,最终将引起东海带鱼资源量的变动幅度加大。综合以上各种因素,可推知未来气候变化将有利于东海带鱼渔业产量的增加,且渔获量年间变动幅度将会比以往更大。

(4)结论。东海带鱼渔获量时间序列可划分成趋势变化和年间变动。趋势变化主要归因于捕捞努力量的单调增长,Fox 模型拟合结果,东海带鱼渔获量与捕捞努力量关系显著。移除趋势后的东海带鱼渔获量变动与长江流域和东海沿岸降雨、东海海表水温、热带气旋影响指数和东海夏季季风时间序列呈显著正偏相关,与东海冬季季风、黄海冬季和夏季季风呈负偏相关。这种相关表明,气候变动影响到东海带鱼渔获量年间变动:陆地降雨和径流携带大量营养盐进入沿岸生态系统,而季风驱动营养盐的扩散和循环,东海夏季季风通过驱使含丰富硝酸盐的海水与含丰富磷酸盐的低层水混合来提升海域的初级生产力。水温的升高,能促进海洋中浮游植物的光合作用和繁殖生长,进而促进食物链上处于更高级别的生物量增加,这样带鱼的饵料供应就会有较多的保障;另一方面水温的提高有利于带鱼亲体的性腺提前发育与成熟。热带气旋是一个强烈的因素,热带气旋所形成的水团流动、风生混合、上升流等能促成营养盐供应并增加水域的生物量。

从捕捞努力量和气候变量拟合东海带鱼渔获量的结果来看，与实际渔获量显著相关，并且能够很好地反映出实际带鱼渔获量的变化趋势和年间变动，这说明渔获量的变化受到捕捞效应和气候变动的双重影响。根据全球气候变化和人类活动的影响，推测未来气候变动可能有利于东海带鱼渔业产量的增加，并且在今后极端天气事件频繁发生的情况下，东海带鱼资源数量的变动将会加剧，渔获量年间变动幅度将会比以往更大。

二、黄渤海蓝点马鲛鱼渔获量预测

蓝点马鲛为暖温性中上层鱼类，分布在渤海、黄海和东海海域。蓝点马鲛鱼渔获量预报可分为渔获量趋势预报和渔获数量预报两类。1970—1974 年期间进行了渔获量趋势预报，1975 年起开展了渔获量预报。其预报方法主要有以下三种。

（1）用阶段回归分析法，分析了山东省收购量和环境条件（黄海径流量，渤海、黄海冬季水温指标，地区气温指标）的相关关系建立二级回归预报方程（毕庶万等，1965）。

（2）以 8—9 月单位捕捞努力量渔获量作为相对资源量指标，进行估算。

（3）利用一龄幼鱼的渔获量作为相对资源量指标，预报翌年春汛渔获量。

经过实践检验（表 5-4），上述各种方法均取得预期的良好效果，预报的精度较高，准确率达到80%以上（韦晟等，1988）。

表 5-4　历年春汛黄渤海渔获量预报结果检验

年份	实际产量（t）	预报产量（t）	准确率（%）	年份	实际产量（t）	预报产量（t）	准确率（%）
1970	22 469			1977	26 674	27 000	98.8
1971	23 654			1978	16 658	15 000	90.1
1972	27 271	资源属较好年份	正确	1979	16 728	16 000	95.7
1973	32 510	资源将明显好于去年	正确	1980	17 026	14 000	82.2
1974	21 513	春汛渔获量不及去年	正确	1981	16 581	16 000	96.5
1975	19 984	20 000	99.9	1982	13 257	17 000	77.9
1976	24 438	17 000	69.6	1983	10 145	12 000	84.5

资料来源：韦晟，1988。

第二节　基于灰色系统的渔获量预测

预测实际上就是借助于对过去的探讨来推测、了解未来的发展趋势。灰色预测则通过原始数据的处理和灰色模型的建立，发现、掌握系统发展规律，对系统的未来状态作出科学的定量预测。本节将介绍一些主要的灰色模型和方法，并列举在渔获量预测中的应用案例。

一、灰色动态建模原理

灰色预测建模是以灰色模块概念为基础的。灰色系统理论认为一切随机量都是在一定范围内、一定时段上变化的灰色量及灰色过程。对于灰色量的处理，不是去寻求它的统计规律和概率分布，而是从无规律的原始数据中找出规律，即对数据通过一定方式处理后，使其成为较有规律的时间序列数据，再建立模型。因为在客观系统中，无论怎样复杂，系统内部总是有关联、有整体功能和有序的。因此，作为表现系统行为特征的数据，总是蕴含着某种规律。经过一定方式处理而生成的序列数据，我们称之为"模块"。其几何意义为生成序列数据在时间与数据二维平面上所给的连续曲线与其底部（即横坐标）所构成的总称。我们将由已知数据列构成的模块，称为白色模块，而由白色模块外推到未来的模块，即由预测值构成的模块，称为灰色模块。

一般情况下，对于给定的原始数据列

$$X_{(0)} = \{x_{(0)}^{(1)}, x_{(0)}^{(2)}, x_{(0)}^{(3)}, \cdots, x_{(0)}^{(N)}\}$$

不能直接用于建模，因这些数据多为随机的、无规律的。若将原始数据列经过一次累加生成，则可获得新数据列

$$X_{(1)} = \{x_{(1)}^{(1)}, x_{(1)}^{(2)}, x_{(1)}^{(3)}, \cdots, x_{(1)}^{(N)}\}$$

其中　　$x_{(1)}^{(i)} = \sum_{k=1}^{i} x_{(0)}^{(i)}$

新生成的数据列为一单调增长的曲线，显然它增强了原始数列的规律性，而随机性被弱化了。对于非负的数据列，累加的次数越多，则随机性弱化越明显，规律性也就越强，因而较容易用指数函数去逼近。经过处理后的数据弱化了原始数据列的随机性，从而找到了其变化的规律性，并为建立动态模型提供了中间信息。

灰色系统理论之所以能够用来建立微分方程模型，是因为灰色系统理论将随机量当作在一定范围内变化的灰色量，将随机过程当作在一定幅区和一定时区变化的灰色过程。其次灰色系统理论将无规律的原始数据生成后，使其成为较有规律的生成数列再进行建模。所以，灰色 GM 建模实际上是生成数据模型，而一般建模所用的是原始数据模型。此外，灰色系统理论通过灰数的不同生成，数据的不同取舍，不同级的残差模型的补充，来调整、修正、提高模型的精度。

二、常见的 GM（n, h）模型

GM（n, h）模型是指 n 阶 h 个变量的微分方程，不同 n 与 h 的 GM 模型有不同的

意义和用途。GM 模型大体可归为以下两类。

（一）作为预测模型，常用 GM（n, 1）模型

常用 GM（n, 1）模型，即只有一个变量的 GM 模型。对数据列要求是"综合效果"的时间序列。由于 n 越大，计算越复杂，但精度未必就越高。因此一般情况下 n 值在 3 阶以下。最常用的 $n=1$ 阶模型，计算简单，适用性广，记为 GM（1, 1），称为单序列一阶线性动态模型。

GM（1, 1）模型的微分方程为 $\dfrac{\mathrm{d}x^{(1)}}{\mathrm{d}t} + ax^{(1)} = u$。

系数向量 $\hat{a} = \begin{bmatrix} a, & \mu \end{bmatrix}^{\mathrm{T}}$。

相应的时间函数为 $\hat{x}^{(1)}(t+1) = \left[x^{(0)}(1) - \dfrac{u}{a} \right]\mathrm{e}^{-at} + \dfrac{u}{a}$

求导还原后可得到：$\hat{x}^{(0)}(t+1) = -a\left[x^{(0)}(1) - \dfrac{u}{a} \right]\mathrm{e}^{-at}$

上述两个方程为 GM（1, 1）模型灰色预测的基本计算公式。

GM（2, 1）为二阶模型，有两个特征根，其动态过程能反映不同情况，即可能是单调的、非单调的或摆动的（振荡的）情况。

GM（2, 1）模型的微分方程为：

$$\frac{\mathrm{d}^2 x^{(1)}}{\mathrm{d}t^2} + a_1 \frac{\mathrm{d}x^{(1)}}{\mathrm{d}t} + a_2 x^{(1)} = u$$

其系数向量 $\hat{a} = (a_1, a_2, u)^T$

其时间响应函数为：

$$x^{(1)}(t) = C_1 \mathrm{e}^{\lambda_1 t} + C_2 \mathrm{e}^{\lambda_2 t} + \frac{u}{a^2}$$

式中：λ_1、λ_2 为两个特征根，按以下不同情况可分析系统的主要动态特征。

① 若 $\lambda_1 = \lambda_2$，则动态过程是单调的。

② 若 $\lambda_1 \neq \lambda_2$，且为实数，动态过程可能是非单调的。

③ 若 λ_1、λ_2 为共轭复根，则动态过程是周期摆动的。

（二）状态分析模型，常用 GM（1, h）模型

上面介绍的 GM（1, 1）和 GM（2, 1）一般多用于预测。而作为状态分析模型，常用 GM（1, h）模型，它可以反映 $h-1$ 个变量对于因变量一阶导数的影响。由于 $h>1$，故称为 h 个序列的一阶线性动态模型。其建模步骤如下。

设有 h 个变量 X_1, X_2, $\cdots$, X_h 组成原始数列 $x_i^{(0)} = \{ x_i^{(0)}(1), x_i^{(0)}(2), \cdots, x_i^{(0)}(n) \}$（$i=1, 2, \cdots, h$）。对 $X_i^{(0)}$ 分别作一次累加生成，得到新的数列：

$$X_i^{(1)} = \{x_i^{(1)}(1), x_i^{(1)}(2), \cdots, x_i^{(1)}(n)\} \qquad (i = 1, 2, \cdots, h)$$

建立微分方程:

$$\frac{\mathrm{d}x_1^{(1)}}{\mathrm{d}t} + ax_1^{(1)} = b_1 x_2^{(1)} + b_2 x_3^{(1)} + \cdots + b_{h-1} x_h^{(1)}$$

其系数向量 $\hat{a} = (b_1, b_2, \cdots, b_{h-1})^\mathrm{T}$ 用最小二乘法求解, 即

$$\hat{a} = (\boldsymbol{B}^\mathrm{T}\boldsymbol{B})^{-1}\boldsymbol{B}^T Y_N$$

式中: $\boldsymbol{B}$ 为累加矩阵, $\boldsymbol{Y}_N$ 为常数项向量, 分别为:

$$\boldsymbol{B} = \begin{bmatrix} -\dfrac{1}{2}\left[x^{(1)}(1) + x^{(1)}(2)\right] & x_2^{(1)}(2) & \cdots & x_h^{(1)}(2) \\ -\dfrac{1}{2}(x^{(1)}(2) + x^{(1)}(3)) & x_2^{(1)}(3) & \cdots & x_h^{(1)}(3) \\ \cdots & \cdots & \cdots & \cdots \\ -\dfrac{1}{2}(x^{(1)}(n-1) + x^{(1)}(n)) & x_2^{(1)}(n) & \cdots & x_h^{(1)}(n) \end{bmatrix}$$

$$\boldsymbol{Y}_N = \left[x_1^{(0)}(2), x_1^{(0)}(3), \cdots, x_1^{(0)}(n)\right]^\mathrm{T}$$

则可求得微分方程的解:

$$x_1^{(1)}(t + !) = \left[x_1^{(0)}(1) - \sum_{i=2}^{h} \frac{b_{i-1}}{a} x_i^{(1)}(t + !)\right] \mathrm{e}^{-at} + \sum_{i=2}^{h} \frac{b_{i-1}}{a} x_i^{(1)}(t + !)$$

三、GM (1, 1) 模型

GM (1, 1) 模型实际上就是灰色数列预测, 对时间序列数据进行数量大小的预测, 如人口预测、劳力预测、产量预测、产值预测及各种趋势预测等, 一般利用历年统计资料, 对其未来发展进行预测。这类预测不仅应用广, 而且方法步骤也有普遍意义。建立 GM (1, 1) 模型的基本步骤如下:

第 1 步: 对数据序列 $X^{(0)} = \{x^{(0)}(1), x^{(0)}(2), \cdots, x^{(0)}(N)\}$ 作一次累加生成, 得到

$$X^{(1)} = \{x^{(1)}(1), x^{(1)}(2), \cdots, x^{(1)}(N)\}$$

其中 $x^{(1)}(t) = \sum\limits_{k=1}^{t} x^{(0)}(k)$。

第 2 步: 构造累加矩阵 $\boldsymbol{B}$ 与常数项向量 $\boldsymbol{Y}_N$, 即

$$\boldsymbol{B} = \begin{bmatrix} -\dfrac{1}{2}(x^{(1)}(1) + x^{(1)}(2)) & 1 \\ -\dfrac{1}{2}(x^{(1)}(2) + x^{(1)}(3)) & 1 \\ \vdots & \vdots \\ -\dfrac{1}{2}(x^{(1)}(N-1) + x^{(1)}(N)) & 1 \end{bmatrix}$$

$$Y_N = \left[x_1^{(0)}(2), x_1^{(0)}(3), \cdots, x_1^{(0)}(N) \right]^{\mathrm{T}}$$

第3步：用最小二乘法解灰参数 $\hat{a}$

$$\hat{a} = \begin{bmatrix} a \\ u \end{bmatrix} = (\boldsymbol{B}^{\mathrm{T}} \boldsymbol{B})^{-1} \boldsymbol{B}^{\mathrm{T}} Y_N$$

第4步：将灰参数代入时间函数

$$\hat{x}^{(1)}(t+1) = \left(x^{(0)}(1) - \frac{u}{a} \right) \mathrm{e}^{-at} + \frac{u}{a}$$

第5步：对 $\hat{X}^{(1)}$ 求导还原得到

$$\hat{x}^{(0)}(t+1) = -a \left(x^{(0)}(1) - \frac{u}{a} \right) \mathrm{e}^{-at}$$

或　　　　　　　　　　$$\hat{x}^{(0)}(t+1) = \hat{x}^{(1)}(t+1) - \hat{x}^{(1)}(t)$$

第6步：计算 $x^{(0)}(t)$ 与 $\hat{x}^{(0)}(t)$ 之差 $\varepsilon^{(0)}(t)$ 及相对误差 $e(t)$

$$\varepsilon^{(1)}(t) = x^{(0)}(t) - \hat{x}^{(0)}(t)$$

$$e(t) = \varepsilon^{(0)}(t) / x^{(0)}(t)$$

第7步：模型精度检验及应用模型进行预报。

为了分析模型的可靠性，必须对模型进行精度检验。目前较通用的诊断方法是对模型进行后验差检验。即先计算观察数据离差 s_1：

$$s_1^2 = \sum_{t=1}^{m} \left[x^{(0)}(t) - \bar{x}^{(0)}(t) \right]^2$$

及残差的离差 s_2：

$$s_2^2 = \frac{1}{m-1} \sum_{t=1}^{m-1} \left[q^{(0)}(t) - \bar{q}^{(0)}(t) \right]^2$$

再计算后验比：　　　　　　　　$$c = \frac{s_1}{s_2}$$

及小误差概率：　　　　$$p = \{ |q^{(0)}(t) - \bar{q}^{(0)}| < 0.6745 s_1 \}$$

根据后验比 c 和小误差概率 p 对模型进行诊断。当 $p > 0.95$ 和 $c < 0.35$ 时，则可认为模型是可靠的，可用于预测。这时可根据模型对系统行为进行预测。

上述7步为整个建模、预测的分析过程。当所建立模型的残差较大、精度不够理想时，为提高精度，一般应对其残差进行残差 GM（1，1）模型建模分析，以修正预报模型。

四、灰色预测模型的检验方法

（一）绝对关联度检验方法

现设有原始序列

$$X^{(0)} = (x^{(0)}(1), x^{(0)}(2), \cdots, x^{(0)}(n))$$

其相应的相对误差序列为

$$\Delta = \left(\left| \frac{\varepsilon(1)}{x^{(0)}(1)} \right|, \left| \frac{\varepsilon(2)}{x^{(0)}(2)} \right|, \cdots, \left| \frac{\varepsilon(n)}{x^{(0)}(n)} \right| \right) = \{ \Delta_k \}_1^n$$

上式中 $X^{(0)}$ 为原始序列，$\hat{X}^{(0)}$ 为相应的模拟序列，ε 为 $X^{(0)}$ 与 $\hat{X}^{(0)}$ 的绝对关联度。若对于给定的 $\varepsilon_0 > 0$，有 $\varepsilon > \varepsilon_0$，则称模型为关联度合格模型。

（二）均方差比和小误差概率检验方法

设有 $X^{(0)}$ 为原始序列，$\hat{X}^{(0)}$ 为相应的模拟序列，$\varepsilon^{(0)}$ 为残差序列，则 $X^{(0)}$ 的均值、方差分别为：

$$\bar{x} = \frac{1}{n} \sum_{k=1}^{n} x^{(0)}(k), \quad S_1^2 = \frac{1}{n} \sum_{k=1}^{n} [x^{(0)}(k) - \bar{x}]^2$$

残差的均值、方差分别为：

$$\bar{\varepsilon} = \frac{1}{n} \sum_{k=1}^{n} \varepsilon(k), \quad S_2^2 = \frac{1}{n} \sum_{k=1}^{n} [\varepsilon(k) - \bar{\varepsilon}]^2$$

（1）若其中 $C = \frac{S_2}{S_1}$ 称为方差比值。对于给定的 $C_0 > 0$，当 $C < C_0$ 时，称模型为均方差比合格模型；

（2）若其中 $p = P(|\varepsilon(k) - \bar{\varepsilon}| < 0.6745 S_1)$ 称为小误差概率。对于给定的 $p_0 > 0$，当 $p > p_0$ 时，称模型为小误差概率合格模型。

通过上述分析给出了检验模型的三种方法。这三种方法都是通过对残差的考查来判断模型的精度，其中平均相对误差 $\bar{\Delta}$ 和模拟误差都要求越小越好，而绝对关联度 ε 则要求越大越好，均方差比值 C 越小越好（因为 C 小说明 S_2 小，S_1 大，即残差方差小。原始数据方差大，说明残差比较集中，摆动幅度小；原始数据比较分散，摆动幅度大。所以模拟效果好要求 S_2 与 S_1 相比尽可能小）以及小误差概率 p 越大越好。若给定 α，ε_0，C_0，p_0 的一组取值，我们就确定了检验模型模拟精度的一个等级。

常用的精度等级见表 5-5。一般情况下，最常用的是相对误差检验指标。

表 5-5　精度检验等级参照表

等级	指标临界值			
	相对误差 α	关联度 ε_0	均方差比值 C_0	小误差概率 p_0
一级	0.01	0.90	0.35	0.95
二级	0.05	0.80	0.5	0.80
三级	0.10	0.70	0.65	0.70
四级	0.20	0.60	0.80	0.60

资料来源：刘思峰、郭天榜等（1999）。

五、数列预测

数列预测就是对系统变量的未来行为进行预测，常用的数列预测模型是 GM
（1，1）模型。根据实际情况，也可以考虑采用其他灰色模型。在定性分析的基础上，
定义适当的序列算子，然后建立 GM（1，1）模型，通过精度检验之后，即可用来作预
测。其整个建模方法可参见本章"第二节的三、GM（1，1）模型"。

六、灰色灾变预测

（一）灰色灾变预测

灰色灾变预测实质上是对异常值预测。什么样的值作为异常值，往往是人们凭主
观经验和历史值来确定的。灰色灾变的任务就是要给出下一个或下几个异常值出现的
时刻，以便人们提前做好准备，采取预防性对策。

现设 X 为原始序列

$$X_\xi = (x[q(1)], x[q(2)], \cdots, x[q(m)])$$

为灾变序列，则称

$$Q^{(0)} = (q(1), q(2), \cdots, q(m))$$

为灾变日期序列。

灾变预测就是要通过对灾变日期序列的研究，来寻找其规律性，预测以后若干次
灾变发生的日期。灰色系统的灾变预测是通过对灾变日期序列建立 GM（1，1）模型实
现的。

设 $Q^{(0)} = (q(1), q(2), \cdots, q(m))$ 为灾变日期序列，其一次累加序列为

$$Q^{(1)} = (q(1), q(2), \cdots, q(m))$$

$Q^{(1)}$ 的紧邻均值生成序列为 $Z^{(1)}$，则称 $q(k) + az^{(1)}(k) = b$ 为灾变 GM（1，1）
模型。

现设 $X = (x(1), x(2), \cdots, x(n))$ 为原始序列，n 为日期。给定某一异常值
ξ，相应的灾变日期序列

$$Q^{(0)} = (q(1), q(2), \cdots, q(m))$$

其中 $q(m)(\leq n)$ 为最近一次灾变发生的日期，则称 $\hat{q}(m+1)$ 为下一次灾变的预测
日期；对任意 $k > 0$，称 $\hat{q}(m+k)$ 为未来第 k 次灾变的预测日期。

（二）灰色季节灾变预测

设 $\Omega = [a, b]$ 为总时区，若 $\omega_i = [a_i, b_i] \subset [a, b]$，$i = 1, 2, \cdots, s$，满足 Ω

$= \bigcup\limits_{i=1}^{s} \omega_i$ ；$\omega_i \cap \omega_j = \varnothing$ ，任意的 $j \ne i$ ，则称 ω（$i = 1$，2，$\cdots$，s）为 Ω 中的季节，也称时段或分时区。

设 $\omega_i \subset \Omega$ 为一个季节，原始序列

$$X = (x(1), x(2), \cdots, x(n))$$

对给定的异常值 ξ，称与之对应的灾变序列

$$X_\xi = (x[q(1)], x[q(2)], \cdots, x[q(m)])$$

相应地，我们称

$$Q^{(0)} = (q(1), q(2), \cdots, q(m))$$

为季节灾变日期序列。

季节灾变预测可按以下步骤进行：

第 1 步：给出原始序列 $X = (x(1), x(2), \cdots, x(n))$；

第 2 步：研究原始序列数据的变化范围，确定季节 $\omega_i = [a_i, b_i]$；

第 3 步：令 $y(k) = x(k) - a_i$，化原始序列为 $Y = (y(1), y(2), \cdots, y(n))$，以提高数据分辨率；

第 4 步：给定异常值 ξ，找出季节灾变序列

$$Y_\xi = (y[q(1), q(2), \cdots, q(m)])$$

及季节灾变日期序列

$$Q^{(0)} = (q(1), q(2), \cdots, q(m))$$

第 5 步：建立灾变 GM（1，1）模型；$q(k) + az^{(1)}(k) = b$；

第 6 步：检验模拟精度，进行预测。

七、基于灰色理论的渔获量预测

（一）山东海洋捕捞产量预测

潘澎（1997）发表了《灰色预测模型在山东渔业产量预测中的应用研究》，根据 1983 年以来山东海洋捕捞产量的变动情况，建立 GM（1，1）灰色序列预测模型，预测其到 2000 年的预期产量。其具体计算如下。

（1）选取 1983—1994 年产量为原始数据列：

$X^{(0)} = $（46.54，52.50，53.20，59.94，71.76，80.98，89.93，103.27，113.84，138.40，155.57，160.82）

（2）一次累加生成数列为：

$X^{(1)} = $（46.54，99.04，152.24，212.18，283，94，364.92，454.85，558.12，671.96，810.36，965.93，1 126.75）

（3）构造累加矩阵 $\boldsymbol{B}$ 与常数项向量 $\boldsymbol{Y}_n$

（4）求灰参数 a'：

$$a' = (\boldsymbol{B}^{\mathrm{T}}\boldsymbol{B})^{-1}\boldsymbol{B}^{\mathrm{T}}\boldsymbol{Y}_n$$

经计算得：$a = -0.120\,205\,5$，$\mu = 41.375\,9$。

代入时间相应方程并求导还原得：

$$X'(t+1) = 390.749\,8e^{0.120\,205\,5\,t} - 344.209\,7$$

$$\boldsymbol{B} = \begin{bmatrix} -72.79 & 1 \\ -125.64 & 1 \\ -182.21 & 1 \\ -248.06 & 1 \\ -324.43 & 1 \\ -409.89 & 1 \\ -506.49 & 1 \\ -615.04 & 1 \\ -741.16 & 1 \\ -888.15 & 1 \\ -1\,046.34 & 1 \end{bmatrix} \qquad \boldsymbol{Y}_n = \begin{bmatrix} 52.50 \\ 53.20 \\ 59.20 \\ 71.76 \\ 80.98 \\ 89.93 \\ 103.27 \\ 113.84 \\ 138.40 \\ 155.57 \\ 160.82 \end{bmatrix}$$

（5）计算结果及检验：

从表 5-6 的计算结果和回代检验看，上述模型实际值与拟合值的平均相对误差为 2.19%。表明计算结果的精确度和可信度较高，因此我们认为灰色序列预测模型对山东海洋捕捞产量预测是适用的。

表 5-6　灰色预测模型对 1983—1994 年产量的计算及检验

年份	实际值（×10⁴ t）	拟合值（×10⁴ t）	参差 $e(t)$	相对误差 $q(t)$（%）
1983	46.54	46.54	0	0
1984	51.19	48.42	2.77	5.40
1985	54.71	56.28	-1.57	-2.89
1986	61.21	63.47	-2.26	-3.70
1987	71.11	71.58	-0.47	-0.66
1988	80.91	80.72	-0.19	-0.23
1989	90.03	91.04	-7.78	-0.009
1990	102.58	102.66	-8.59	-0.008

年份	实际值（×10⁴ t）	拟合值（×10⁴ t）	参差 e（t）	相对误差 q（t）（%）
1991	117.35	115.78	1.58	1.34
1992	136.58	130.56	6.02	4.41
1993	152.61	147.24	5.36	3.52
1994	159.51	166.05	-6.54	-4.10

资料来源：潘澎（1997）。

（6）产量预测：

近年来山东海洋捕捞业发展十分迅速，但沿岸、近海捕捞过度，严重破坏了渔业资源。作为山东沿岸、近海主要捕捞海区的黄海、渤海产量占总捕捞产量的80%，如果按目前发展速度，势必会给沿岸、近海资源造成更大的压力。故应将黄渤海捕捞产量限制在一定范围内，仅对山东的东海、南海及远洋渔业产量分别建立预测模型。

对时间响应方程求导还原得：

东海 $X'(t+1) = 70.186\,56e^{0.096\,137\,4t} - 62.406\,56$

南海 $X'(t+1) = 3.085\,521e^{0.322\,736\,2t} - 2.965\,521$

远洋渔业 $X'(t+1) = 4.509\,616e^{0.250\,649\,5t} - 2.799\,616$

计算结果见表5-7、表5-8。

表5-7　山东东海、南海、远洋渔业产量的计算

年份	东海		南海		远洋渔业	
	原始值	拟合值	原始值	拟合值	原始值	拟合值
1983	7.78					
1984	11.02	6.27				
1985	7.75	7.80				
1986	7.60	8.58				
1987	10.58	9.45			1.71	
1988	9.89	10.40			2.25	1.15
1989	9.85	11.45			2.15	1.65
1990	11.17	12.61	0.12		0.93	2.12
1991	12.28	13.88	0.57	1.06	2.05	2.72
1992	18.75	15.28	2.01	1.62	5.00	3.50
1993	17.85	16.83	2.78	2.24	7.32	4.50

资料来源：潘澎（1997）。

表5-8　山东东海、南海、远洋渔业产量的预测　　　单位：$\times 10^4$ t

年份	东海	南海	远洋渔业	合计
1994	18.52	3.09	5.78	27.39
1995	20.39	4.27	7.43	32.09
1996	22.45	5.90	9.54	37.89
1997	24.72	8.15	12.26	45.13
1998	27.21	11.25	15.75	54.21
1999	29.95	15.54	20.24	65.73
2000	32.98	21.46	26.00	80.44

资料来源：潘澎（1997）。

从上述模型计算结果来看，2000年山东外海、远洋渔业的预期产量为80×10^4 t左右。1994年山东黄渤海捕捞产量为126.3×10^4 t，应对其适当压缩。但考虑到实际情况，压缩过大也不太可能，将黄渤海2000年捕捞产量限制在$90 \times 10^4 \sim 100 \times 10^4$ t较为实际，则山东海洋捕捞业2000年的合理预期产量为$170 \times 10^4 \sim 180 \times 10^4$ t。

（二）渤海对虾产量的灰色预测

郭明（1992）发表了《渤海对虾产量的灰色预测》，利用一般多元线性回归方法、灰色系统预测模型GM（0，h）和GM（1，h）对渤海对虾产量进行建模，并对其精度进行比较。研究用X_1代表渤海对虾相对产量，X_2、X_3、X_4分别代表渤海湾、莱洲湾、辽东湾幼虾相对数量，并规定1969年渤海对虾产量为100%，1969—1985年的对虾相对产量、幼虾相对数量列于表5-9。

表5-9　渤海对虾产量预测结果

年份	幼虾相对数量			对虾相对产量	预报值		
	渤海湾	莱洲湾	辽东湾		回归	GM（0，h）	GM（1，h）
1969	119	48	1	100.0	133.5	108.9	100.0
1972	20	157	16	100.5	100.6	101.9	114
1973	66	243	100	236.8	216.9	214.6	221.4
1974	13.9	165	251	313.4	301.7	293.0	305
1975	100	314	114	254.0	288.9	287.3	281.1
1976	64	37	39	87.4	90.6	93.0	95.6
1977	158	123	44	212.7	222.3	229.6	231.1

年份	幼虾相对数量			对虾相对产量	预报值		
	渤海湾	莱洲湾	辽东湾		回归	GM (0, h)	GM (1, h)
1978	163	223	42	320.0	276.3	283.3	279.5
1979	305	191	133	404.9	426.3	434.6	441.1
1980	176	276	2	313.2	300.0	310.3	303.1
1981	119	117	46	205.6	184.2	188.8	188.9
1982	20	61	23	58.2	55.6	55.6	55.0
1983	91	72	25	147.1	128.1	132.7	133.4
1984	48	21	27	53.5	63.4	65.7	67.4
1985	24	323	33	174.3	192.8	192.7	177.8

资料来源：郭明（1992）。

我们称表中数据为原始序列，记为：$\{X_k^{(0)}(i)\}$，$k = 1, 2, 3, 4$；$i = 1, 2, \cdots, 15$。

利用表 5 - 9 数据建立的普通多元回归方程为：

$$\hat{X}_1^{(0)}(i) = 0.933 X_2^{(0)}(i) + 0.459 X_3^{(0)}(i) + 0.366 X_4^{(0)}(i) - 1.694$$

其次分别建立了灰色静态多变量模型 GM（0，4）：

$$\hat{X}_1^{(1)}(i) = 0.987 X_2^{(1)}(i) + 0.493 X_3^{(1)}(i) + 0.297 X_4^{(1)}(i) - 32.509$$

灰色动态多变量模型 GM（1，4）为：

$$\frac{\mathrm{d}X_1^{(1)}}{\mathrm{d}t} + 1.731 X_1^{(1)} = 1.778 X_2^{(1)} + 0.763 X_3^{(1)} + 0.568 X_4^{(1)}$$

其相应的时间方程为：

$$\hat{X}_1^{(1)}(i) = [100 - 1.027 X_2^{(1)}(i) - 0.441 X_3^{(1)}(i) - 0.325 X_4^{(1)}(i)] e^{-1.72t(i-1)}$$
$$+ 1.027 X_2^{(1)}(i) + 0.441 X_3^{(1)}(i) + 0.328 X_4^{(1)}(i)$$

我们分别用以上三个模型预测了表 5 - 9 中对虾相对产量，结果列于表 5 - 9。三种模型预测值相对于原序列值的绝对偏差和相对偏差列于表 5 - 10。

表 5 - 10　三种模型预测结果

年份	回归模型		GM (0, h)		GM (1, h)	
	绝对	相对	绝对	相对	绝对	相对
1969	33.5	33.5	8.9	8.9	0	0
1972	0.1	0.1	1.4	1.4	13.6	13.6
1973	19.9	8.4	22.2	9.4	13.4	6.5

年份	回归模型		GM (0, h)		GM (1, h)	
	绝对	相对	绝对	相对	绝对	相对
1974	11.7	3.7	20.4	6.5	8.3	2.7
1975	34.9	13.7	33.3	13.1	27.1	10.7
1976	3.2	3.7	5.6	6.4	8.2	9.3
1977	10.1	4.7	16.9	8.0	18.4	8.6
1978	43.7	13.7	36.7	11.5	40.5	12.7
1979	21.4	5.3	29.7	7.3	36.2	8.9
1980	13.2	4.2	2.9	0.9	10.1	3.2
1981	21.4	10.4	16.8	8.2	16.7	8.1
1982	2.6	4.5	1.6	2.7	3.2	5.6
1983	19.0	12.9	14.4	9.8	13.7	9.3
1984	9.9	18.5	12.2	22.9	13.9	26.0
1985	18.5	10.6	18.3	10.5	3.4	2.0

资料来源：郭明（1992）。

　　将灰色模型预测序列对实测序列的关联度与回归模型预测的序列对实测序列的关联度进行比较（表5－11）。对预测的平均绝对误差、平均相对误差和最大偏差比较见表5－12。

表5－11　三种预测模型结果

模型	回归	GM (0, h)	GM (1, h)
关联度	0.6116	0.6281	0.6399
提高	0.0%	2.7%	4.7%

资料来源：郭明（1992）。

表5－12　三种预测模型的误差比较

模型	平均绝对误差（%）	平均相对误差（%）	最大偏差（%）
回归	17.544	9.86	43.7
GM (0, h)	16.087	8.5	36.7
GM (1, h)	15.2	8.48	40.5

资料来源：郭明（1992）。

从结果看出，灰色多变量模型预测的平均误差和最大偏差相对于回归模型均有明显下降，其下降幅度见表 5 – 13。

表 5 – 13　三种预测模型的误差比较

模型	平均绝对误差（%）	平均相对误差（%）	最大偏差（%）
GM（0，h）	8.3	13.8	16
GM（1，h）	13.4	14	7.3

资料来源：郭明（1992）。

各项比较可以证明，在各海湾幼虾相对数量已知的条件下，采用灰色系统方法建立的多边量模型，比以往的回归模型预测精度高，可信度强。从预测结果可以看出，GM（0，h）和 GM（1，h）有相近的预测精度。在这种条件下，我们可以尽量选择形式简单、计算量小的模型。

（三）渔获丰歉预测

谢骏等（1998）发表了《台湾鳗鲡苗种丰欠年的灰色年灾变预测》，作者采用了1972—1996 年 25 年的资料，对台湾鳗鱼种苗丰歉状况进行灾变预测。其原始数据见表5 – 14。具体计算过程如下。

表 5 – 14　1972—1996 年鳗鲡苗种捕获量　　　　　　　　　　单位：t

编号	1	2	3	4	5	6	7	8	9	10	11	12	13
年份	1972	1973	1974	1975	1976	1977	1978	1979	1980	1981	1982	1983	1984
产量	11	5.4	11.2	2.3	11.3	5	9	22	3	6	7	5	22

编号	14	15	16	17	18	19	20	21	22	23	24	25	
年份	1985	1986	1987	1988	1989	1990	1991	1992	1993	1994	1995	1996	
产量	7	2	13	3	8	40	12	12	10	6	15	12	

引自谢骏、肖学铮、黄樟翰等（1998）。

第 1 步：取定原始数列

$$X^{(0)} = \{ X^{(0)}(k) \mid k = 1,2,\cdots,n \}$$
$$= \{11,5.4,11.2,\cdots,12\}$$

第 2 步：确定灾变阈值 ξ。规定年产鳗鱼大于 12t 的年份为丰年，即 $\xi = 12$ ，

第 3 步：根据 ξ ，作灾变映射。

$$\xi : X^{(0)} \rightarrow X^{(0)}\xi$$
$$X^{(0)}\xi = \{ X^{(0)}\xi(k') \mid X^{(0)}(k') \geqslant \xi,$$

k' 相当于 $X^{(0)}\xi(k') = X^{(0)}(k)$ 中的 $k = \{22, 22, 13, 40, 15\}$

由此得灾变日期集：

$$
\begin{aligned}
p &= k' \mid k'X^{(0)}\xi(k') \\
&= X^{(0)}(X) \mid \\
&= \mid 8,13,16,19,24 \mid \\
&= Y[8,13,16,19,24]
\end{aligned}
$$

第 4 步：确定参数

$$
\boldsymbol{B} = \begin{bmatrix} -14.5 & 1 \\ -29 & 1 \\ -46.5 & 1 \\ -68 & 1 \end{bmatrix}
$$

$$
a = [a,\mu]^{\mathrm{T}}
$$

$$
a = [\boldsymbol{B}^{\mathrm{T}}\boldsymbol{B}]^{-1}\boldsymbol{B}^{\mathrm{T}}\boldsymbol{Y}_N
$$

$$
= (-0.202\ 940\ 24, 9.837\ 248)
$$

第 5 步：建立 GM（1，1）模型

GM（1，1）预测模型为：$\dfrac{\mathrm{d}p}{\mathrm{d}k'} - 0.202\ 940\ 24p = 9.983\ 724\ 8$

于是 GM（1，1）的时间相应函数为：

$$
p = 11.607\ 246\ 72\mathrm{e}^{0.202\ 940\ 24k'}
$$

第 6 步：精度检验

模型精度检验如下：

计算值：

$P^{(0)}(2') = 12.9$，$P^{(0)}(3') = 12.9$，$P^{(0)}(4') = 12.9$，$P^{(0)}(5') = 12.9$

原始值：

$P^{(0)}(2) = 13$，$P^{(0)}(3) = 16$，$P^{(0)}(4) = 19$，$P^{(0)}(5) = 24$

残差：

$q(2') = 0.131$，$q(3') = 0.235$，$q(4') = -0.312$，$q(5') = 0.343$

相对误差：

$e(2') = 1.007\ 9\%$，$e(3') = 1.472\%$，$e(4') = -1.640\%$，$e(5') = 1.429\%$

精度检验：

$C = 0.019$　好

$P = 1$　好

关联度：$C = 0.73$

第 7 步：模型预测

$p^{(0)}(6') = 28.9$ ，$p^{(0)}(7') = 35.5$ ，$p^{(0)}(6') - p^{(0)}(6') = 28.9 - 23.7 = 5.2$ ，
$p^{(0)}(7') - p^{(0)}(6') = 35.5 - 28.9 = 6.6$

表中最后一个丰年为 1995 年，所以下一个丰年将为 1995 + 5 = 2000 年，再下一个丰年将为 2000 + 7 = 2007 年。

如设定鳗苗年产量小于 6 t 的年份为歉年，可用同法求得歉年出现的年份。这样预测的只是年份，而不是产量。产量可通过灰色系统的其他模型进行预测。

（四）西北太平洋柔鱼渔获量预测

本研究采用灰色系统理论中灰色关联度和 GM（1，N）分析方法来确定影响柔鱼渔获量的主要因素和建立灰色预测模型，对北太平洋 150°—160°E 海域鱿钓渔获量进行预报，以便对生产规模、渔船数和资金的投入等进行宏观调控，达到合理地利用和保护渔业资源的目的。

采用数据为 1996—2001 年北太平洋鱿钓渔场 150°—160°E 海域我国渔船的总产量 X_1、作业次数 X_2、作业船数 X_3、CPUE［t/（作业次数·船）］X_4 和平均单船产量 X_5（见表 5 – 15）。其数据处理结果如下。

表 5 – 15　在北太平洋 150°E ~ 160°E 海域的生产数据

年　份	1996	1997	1998	1999	2000	2001
X_1	38 453. 9	35 541. 81	57 236. 4	46 120. 8	61 158. 05	43 989. 54
X_2	20 674	15 867	24 460	23 531	40 502	34 100
X_3	369	337	304	399	446	415
X_4	1. 86	2. 24	2. 34	1. 96	1. 51	1. 29
X_5	104. 211 1	105. 465 3	188. 277 6	115. 591	137. 125 7	105. 998 9

1. 灰色关联度结果

将表 5 – 15 中原始数据进行均值化处理，并利用上述公式进行计算，得以下关联度：

$G(1, 2) = 0.621 49$，$G(1, 3) = 0.634 08$，$G(1, 4) = 0.590 59$，$G(1, 5) = 0.733 93$

从以上结果可以看出，平均单船产量是影响渔获量的最大因子，其他依次是渔船数、作业次数和 CPUE。为此，我们选择关联度在 0.60 以上的因素作为建立模型的因子。

2. GM（1，4）灰色预测模型建立及其 2002 年渔获量预测

经过求解，得到灰类参数为 $a = 1.714 45$，$b_1 = 401.747$，$b_2 = 20.395$，$b_3 = 0.902$。

其时间响应函数为：

$$\hat{X}{}^{(1)}{}_1(t+1) = (38\,453.9 - 234.33X_5^{(1)} - 11.896X_3^{(1)} - 0.526X_2^{(1)})\,\mathrm{e}^{-1.714\,45t}$$
$$+ 234.33X_5^{(1)} + 11.896X_x^{(1)} + 0.526X_2^{(2)}$$

式中：

$$X_5^{(1)} = \sum_{i=1}^{t+1} X_5(i), X_3^{(1)} = \sum_{i=1}^{t+1} X_3(i), X_2^{(1)} = \sum_{i=1}^{t+1} X_2(i)$$

上述模型进行检验（表 5 – 16）。总体的相对误差绝对值在 2% ~ 13% 之间，平均误差为 6.125%。因此该模型有一定的可信度。该模型可用于中长期的渔获量预测。

表 5 – 16　模型检验表

年份	$\hat{X}_0$ 拟合值	观察值	误差 $\varepsilon^{(0)}$（t）	相对误差 e（t）（%）
1996	38 543.9	38 453.9	0	0
1997	31 408.4	35 541.8	4 133.3	11.63
1998	64 296.8	57 236.4	− 7 060.3	− 12.34
1999	46 586.3	46 120.8	− 465.5	− 1.01
2000	59 373.7	61 158.1	1 784.3	2.92
2001	47 883.9	43 989.5	− 3 894.3	− 8.85

根据目前北太平洋 150°—160°E 海域的资源状况以及海况情况，我们假定 2002 年平均单船产量达到往年的平均水平，为 126.11 t/艘，北太平洋实际参加生产的渔船数量为 380 艘，作业次数采用历年单船平均值为依据，合计 26 000 次。则 2002 年在北太平洋 150°—160°E 海域的鱿钓总产量将达 53 200 t 左右。

3. 结果分析

（1）渔业资源的水平影响着总产量，在捕捞能力一定的情况下，资源水平的高低甚至占主导地位，而且渔业资源具有流动性。但是在本文中，作者研究的区域是北太平洋 150°—160°E 水域，该水域的资源状况近几年来一直维持稳定状态，且在地理上保持着独立的种群结构。因此，在本文中，将其作为一个研究单元是可以接受的。

（2）影响渔获量因素的重要程度依次为平均单船产量、作业船数、作业次数和 CPUE。利用平均单船产量、作业船数、作业次数作为主要因子建立了 GM（1，4）模型，其相对误差达到 6.125%，灰色系统发展系数 a 为 1.714 45，可以用于渔获量中长期预测。

（3）灰色系统理论克服了传统统计方法中"大样本"的要求，只需几年以上的资料即可建模预测。对 2002 年北太平洋 150°—160°E 海域的柔鱼渔获量进行预测，以

380 艘鱿钓船和历年平均单船产量为依据，估计产量可达到 53 200 t。

（4）随着北太平洋鱿钓渔业的不断发展，原始资料积累的时间序列会越长。新补充的资料可补充和完善 GM（1，N）模型，增加预测的精度。

第三节　基于栖息地指数的柔鱼渔获量估算

柔鱼（*Ommastrephes bartramii*）为大洋性鱿鱼类的一种，广泛分布在整个北太平洋海域，主要被中国（包括台湾省）、日本等国家和地区利用。其中，分布在北太平洋西部海域的冬春生群是传统的捕捞对象，约占近年来北太平洋柔鱼总产量的 70%~80%。要实现柔鱼资源的可持续利用，需要加强其资源评估与预测工作的研究。由于柔鱼为一年生的种类，其资源量易受海洋环境的影响。开展其新的资源量及其渔获量评估方法的研究十分必要。栖息地指数是表征鱼类资源空间分布与海洋环境关系的重要手段，海洋环境因子合适与否直接影响到鱼类空间分布及其资源密度的大小。利用栖息地指数来估算渔业资源的潜在开发量正成为国际上的研究热点。为此，本文利用栖息地适宜性指数（HSI）模型建立柔鱼资源密度分布与海洋环境因子之间的关系以及渔获量与 HSI 之间的关系，从而根据海洋环境因子的适宜程度来预测和估算其渔获量，为渔业资源可持续利用和渔情预报提供参考（陈新军等，2013）。

一、材料与方法

（一）渔业数据

柔鱼渔获量数据来源于上海海洋大学鱿钓技术组。时间为 2003—2008 年 8—10 月，研究海域为 150°—164°E、39°—45°N，空间分辨率为 0.5°×0.5°（作为一个渔区），时间分辨率为周（从 8 月份的第一天算起）。生产数据内容包括作业位置（经纬度）、作业时间、作业次数、渔获量等。整个研究海域（150°—164°E、39°—45°N）共由 336 个渔区组成，其中捕捞区域覆盖了 171 个渔区（图 5-4）。本研究对渔获量和 HSI 的分析是基于 2003—2008 年 8—10 月共计 1 130 个样本渔区。

（二）环境数据

研究表明，表温（SST）、海面高度（SSH）和表层水温的水平梯度（GSST）是影响柔鱼资源分布的重要环境因子。为此在本研究中采用 SST、SSH 和 GSST 作为建立 HSI 的海洋环境因子。SST 及 SSH 数据来源于美国国家航空航天局（NASA）网站（http://oceancolor.gsfc.nasa.gov，accessed March，2010），时间分辨率均为周。SST 数据空间分辨率是 0.1°×0.1°，SSH 数据空间分辨率为 0.25°×0.25°。SST 及 SSH 数据

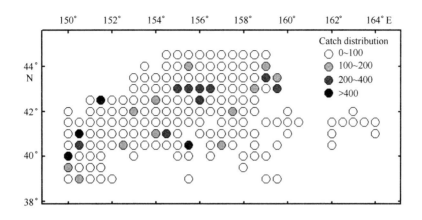

图 5 - 4　2003—2008 年 8—10 月西北太平洋柔鱼渔获量分布示意图

按均值法将其空间分辨率换算成 0.5°×0.5°，即每 25 个原始 SST 数据或 4 个原始 SSH 数据的平均值作为新的空间分辨率下的 SST 或 SSH 值。GSST 计算公式如下：

$$GSST_{i,j} = \sqrt{\frac{(SST_{i,j-0.5} - SST_{i,j+0.5})^2 + (SST_{i+0.5,j} - SST_{i-0.5,j})^2}{2}}$$

式中：$GSST_{i,j}$ 是纬度为 i、经度为 j 的 GSST 数据，$SST_{i,j-0.5}$，$SST_{i,j+0.5}$，$SST_{i+0.5,j}$ 和 $SST_{i-0.5,j}$是纬度分别为 i，i，$i+0.5$ 和 $i-0.5$ 以及经度分别为 $j-0.5$，$j+0.5$，j 和 j 的 SST 数据。

（三）模型建立

1. SI 指数模型

HSI 模型建立分以下三个步骤：① 构建单因子适宜性指数（SI）模型；② 给每个变量设置权重；③ 建立 HSI 综合模型。商业性渔业渔民总是趋向于在有鱼的地方生产，一旦发现没鱼或产量较低，即刻转移生产地或停止生产，故可以用捕捞努力量即每天的作业船次作为 SI 模型建立的指标。SI 值从 0 到 1，捕捞努力量最高时，SI 设置为 1，表示该范围内的环境最适宜柔鱼生存，捕捞努力量为 0 时，SI 设置为 0，表示该范围内的环境不适宜柔鱼生存。根据前人的研究结果，设定了适宜性指数等级及其所对应的捕捞努力量（表 5 - 17）。基于 SST、SSH 和 GSST 的 SI 值见 Gong 等（2012）。

表 5 - 17 基于生产统计数据的西北太平洋柔鱼适宜性指数值

适宜性指数值	栖息地使用描述
1.00	最高捕捞努力量（F = 最高）
0.75	较高捕捞努力量（$400 < F < $ 最高）
0.50	一般捕捞努力量（$250 < F \leqslant 400$）
0.25	较低捕捞努力量（$100 < F \leqslant 250$）
0.10	低捕捞努力量（$0 < F \leqslant 100$）
0.00	捕捞努力量为零（$F = 0$）

2. HSI 模型建立

HSI 模型采用赋予权重的算术平均算法（WAMM）：

$$HSI = W_{sst} * SI_{sst} + W_{gsst} * SI_{gsst} + W_{ssh} * SI_{ssh}$$

式中：W_{sst}、W_{gsst} 和 W_{ssh} 分别为 SST、GSST 和 SSH 的权重。据 Gong 等（2012）的研究结果，这三个因子的权重分别取 0.5，0.25 和 0.25 时最佳；SI_{sst}、SI_{gsst} 和 SI_{ssh} 分别为 SST、GSST 和 SSH 的 SI。

（四）渔获量估算

此处的渔获量是指单位时间单位空间内，在现有的捕捞能力下可捕获的产量，故所有估算基于以下假设：① 柔鱼群体的分布在同一单位时间段内（这里为 7 d）是连续分布且不变的；② 捕捞努力量的分布与历史同一时期相似；③ 所采样本渔获量的分布代表了该区域该时间段内所能捕捞到的渔获量。

估算原理：HSI 是基于捕捞努力量与海洋环境因子之间的关系建立的，HSI 高的地方资源量高，低的地方资源量低。单位时间和空间内渔获量也受到捕捞努力量与环境因子的影响，因此渔获量与 HSI 之间必然存在某种正相关关系。为此，采用以下方程进行拟合：

线性方程：$Y = a + bX$

指数方程：$Y = ae^{bX}$

对数方程：$Y = a + b\ln(X)$

幂函数方程：$Y = aX^b$

式中：Y 为渔获量；X 为 HSI；a 和 b 为估计的参数。

二、结果

（一）周渔获量与 HSI 关系分析

由图 5 - 5 可知，在同一 HSI 下，其周渔获量有所不同，即 HSI 高的海域其渔获量并不一定高，但周渔获量基本分布在 $Y = 2\,000$HSI 这一直线的下方。

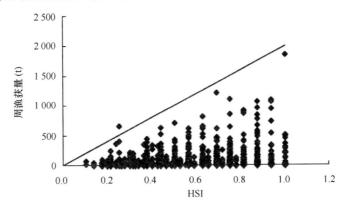

图 5 - 5 各实际周渔获量与 HSI 之间的关系

（二）周平均渔获量与 HSI 的模型拟合

计算采样渔区不同 HSI 下的周平均渔获量，并按上述公式建立周平均渔获量与 HSI 之间的关系，拟合方程参数见表 5 - 18。研究发现，线性方程中参数 a 并未通过检验（$P = 0.997$），其他方程中的各参数均通过统计检验（$P < 0.05$）。分析还发现，周渔获量与 HSI 之间的关系是显著的（$P < 0.05$），其中指数方程拟合效果为最佳，相关系数 R^2 达 0.83（表 5 - 18）。

表 5 - 18 周平均渔获量与 HSI 之间拟合方程参数

拟合方程	参数 a ［95% 置信区间］	参数 b ［95% 置信区间］	R^2	P
线性	-0.10 ［-49.33，49.14］ $P = 0.997$	175.88 ［96.53，255.23］ $P = 0.000$	0.77	0.000
指数	30.08 ［19.71，45.92］ $P = 0.000$	1.83 ［1.14，2.51］ $P = 0.000$	0.83	0.000
对数	144.87 ［96.42，193.47］ $P = 0.000$	60.99 ［14.93，107.06］ $P = 0.016$	0.54	0.016
幂函数	139.31 ［91.47，212.72］ $P = 0.000$	0.67 ［0.27，1.07］ $P = 0.005$	0.65	0.005

（三）渔获量估算

利用 2007—2008 年 8—10 月作业海域（150°—164°E、39°—45°N）的 SST、GSST 和 SSH 等环境数据，计算各渔区的 HSI，然后利用上述建立的指数模型，计算 2007—2008 年各渔区 1 ~ 13 周可能的渔获量，以此累加 2007—2008 年 8—10 月各年的渔获量，并与采样海域实际值进行对比（表 5 - 19）。2004 年预测值与实际值相差最大，预测值比实际值低超过 12 000 多 t。2007 年与 2008 年预测值与实际值基本一致。2003—2008 年总的预测值比实际值低 6 000 多 t。

表 5 - 19　2007—2008 年作业海域可能渔获量的估算值与实际渔获量比较

年份	作业渔区数	实际渔获量（t）	渔获量估算值（t）	相对误差（%）
2007	59	5 427.5	5 548.9	2.24
2008	220	21 081.6	20 542.5	- 2.56

三、讨论与分析

由于海洋环境的年间变动，柔鱼作业渔区每年不同时期都会有适当的变化，这也是商业性渔业作业的特点。2003—2008 年 8—10 月在作业海域（150°—164°E、39°—45°N）共有 171 个渔区，但是每年鱿钓船进行作业的渔区较少，周作业海区则更少，这一方面说明柔鱼中心渔场是相对集中的，即柔鱼资源分布是随着海洋环境的条件而相对集中分布；同时，另一方面在作业渔区之外的海域也有可能存在资源较丰富的渔场，因为鱿钓船在生产期间通常是相对集中的，而对传统作业渔场之外的海域鱿钓船则基本没有生产。因此，本研究利用渔业海洋学的理论建立了 HSI 模型，以此可以推测出未作业渔区的 HSI 分布情况，即其资源分布密度，然后假设在同样的捕捞努力量情况下，可以折算为各渔区的平均潜在渔获量。这一方法实现了从海洋环境条件（如 SST、GSST 和 SSH）到 HSI 分布以及到资源时空分布和资源状况评估的可能，这也是近年来渔业资源学科一个新的发展趋势。

通常，HSI 模型的开发者及应用者均假设高质量栖息地能得到较高的 HSI 值，低质量栖息地能得到较低的 HSI 值。但从图 5 - 5 可知具有较高的 HSI 的作业海区也可能获得较低的产量，或较低 HSI 的作业海区也可能获得较高的产量。这一现象说明了商业性渔业捕捞作业的特点，每艘船只要能保证自身有一定的经济利益，就会集中在某些海域作业，虽然这些海区 HSI 较低，但渔船较集中，总产量还是会比较高。而某些海区虽然 HSI 较高，但如果该海域总作业船数较少，那么总的渔获量仍较低，这一现象在其他商业性渔业中也经常出现。这一现象也说明，我们用总渔获量、捕捞努力量或单位捕捞努力量渔获量来表征 SI 与海洋环境之间的关系，或者是综合考虑它们哪一个更为科学和更为恰当，需要我们在下一步研究中进一步深入探讨。但从整体来看，渔获量基本分布在 $Y = 2\,000HSI$ 这条直线的下方，这一关系式表明了不同海区的最大潜在可能的渔获量与 HSI 之间的正相关关系。

周平均渔获量与 HSI 之间的关系表明，线性方程参数 a 并未通过检验，从参数 a 的95%置信区间可知，a 取值可能为0，即 HSI 为零时，周平均渔获量也为零，这并不违背本文假设。为此，我们将参数 a 去掉之后再做关系式拟合，可得关系式为 $Y = 175.74HSI$（$p = 0.000$，$R^2 = 0.77$），尽管这一方程在统计上是显著的，但其相关系数并未得到明显的提高，仍低于指数方程的相关系数（表 5-18）。

尽管指数方程拟合结果最佳，但当 HSI 较低（0~0.1）或较高（0.9~1）时，其实际渔获量的范围及其标准差较大（图 5-6），在使用该模型预测时应谨慎。这可能是由于 HSI 计算结果大部分集中在 0.3~0.9 之间，0.3~0.9 之间样本均超过 100 个，0~0.1 之间仅包含 2 个样本渔区，0.9~1 之间样本渔区也较少。而根据其指数模型，我们在预测 HSI 为 0.9~1 的渔获量时，其理论值要小于实际值，模型所作的预测结果可能较为保守（图 5-6）。

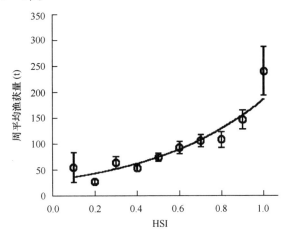

图 5-6 周平均渔获量与 HSI 之间的指数关系（误差线用标准误差表示）

本研究根据 2003—2008 年 8—10 月周渔获数据和环境数据对传统作业海域柔鱼可能的渔获量做了初步的估算，获得一些较为重要的研究结果，可为实际捕捞作业及渔情预报提供更多的信息。但本文的预测模型仍然存在一些问题，如商业性渔业数据分布集中，HSI 较低（0~0.1）或较高（0.9~1）时的渔获量估算差异较大等，有待进一步对模型进行合理适当的修正，以便做出更科学更可靠的预测与估算。

第六章　基于环境因子的渔业资源量预测与分析

资源量或资源丰度是渔业资源学的重要研究内容，也是渔情预报的主要预报内容之一。科学预测资源量和评估资源丰度有利于资源的可持续利用和科学管理。捕捞和海洋环境等因素会引起资源量或资源丰度的年间变动。科学预测资源量或者资源丰度，首先必须要了解预测对象的生活史过程、栖息环境及其洄游分布。本章以北太平洋柔鱼、西南大西洋阿根廷滑柔鱼、东南太平洋茎柔鱼、南极磷虾以及近海鲐鱼等对象为案例进行分析。

第一节　北太平洋柔鱼资源丰度（资源量）预测分析

一、西北太平洋柔鱼传统作业渔场资源丰度年间差异及其影响因子

本研究将单位捕捞努力量渔获量（*CPUE*）作为柔鱼资源丰度相对指数，假设其与资源量成正比来反映资源丰度，根据 2008、2009 年 7—11 月我国鱿钓船在北太平洋西北海域生产数据以及环境数据，比较分析两年资源丰度的年间差异，并应用信息增益方法，确定产生这种变化的关键环境因子，探讨环境变化对柔鱼种群的资源丰度和分布影响，了解其变化规律，为柔鱼资源的可持续利用提供科学依据。

（一）材料与方法

1. 材料

（1）生产数据来自上海海洋大学鱿钓技术组，时间为 2008—2009 年 7—11 月。数据范围为 35°—45°N、140°—160°E，即为传统作业渔场，统计内容包括日期、经度、纬度、日产量和作业渔船。

（2）环境数据包括 *SST*、*Chl - a* 浓度、*SSH* 和 *SSS*，其中 *SST*、*SSS* 来源于哥伦比亚大学网站环境数据库（http：//iridl. ldeo. columbia. edu），*SSH*、*Chl - a* 浓度来源于 Ocean - Watch 网站（http：//oceanwatch. pifsc. noaa. gov/las/servlets/dataset）。数据范围为 30°—45°N、140°—160°E。

2. 分析方法

（1）定义经、纬度 $1° \times 1°$ 为一个渔区，按月计算一个渔区内的单位渔船每天渔获量（catch per unit effort，CPUE），单位为 t/d。

（2）两年的作业渔船差异不显著，因此统计 2008—2009 年各月份总产量和平均 CPUE，比较资源丰度的年间差异，并利用方差分析法（ANOVA）进行差异性检验。

（3）绘制两年捕捞作业分布图，表征传统渔场资源分布情况。

（4）利用信息增益技术，计算柔鱼 CPUE 对应的各分类属性（SST、Chl-a 浓度、SSH 和 SSS）的信息增益值，依次来反映每个环境因子对渔场的影响程度，确定影响资源丰度以及分布的关键环境因子。具体方法如下：

$$I(S_1, S_2, \cdots, S_m) = -\sum_{i=1}^{m} \frac{S_i}{S} \log_2 \frac{S_i}{S}$$

$$I(S_{1j}, S_{2j}, \cdots, S_{mj}) = -\sum_{i=1}^{m} \frac{S_{ij}}{S_j} \log_2 \frac{S_{ij}}{S_j}$$

$$E_1(A) = \sum_{j=1}^{v} \frac{S_{1j} + S_{2j} + \cdots + S_{mj}}{S} I(S_{1j}, S_{2j}, \cdots, S_{mj})$$

$$\mathrm{Gain}_1(A) = I(S_1, S_2, \cdots, S_m) - E_1(A)$$

式中：m 为 CPUE 属性区间个数；S_i 为 CPUE 第 i 个属性值的记录条数；S 为样本总数；I 为信息期望；v 为属性 A 不同属性值的个数；S_{ij} 为属性 A 值等于 A_j 且 CPUE 为第 i 个属性值的记录条数；$I(S_{1j}, S_{2j}, \cdots, S_{mj})$ 为属性 A 取值 A_j 时对应的 CPUE 分类的信息期望。$E_1(A)$ 为每个属性对应于 CPUE 分类的熵，$\mathrm{Gain}_1(A)$ 为每个属性对应于 CPUE 分类信息增益值。

（5）绘制 2008—2009 年 7—11 月份 CPUE 与关键因子的叠加分布图，分析每月 CPUE 空间分布与关键环境因子的关系，以此推定渔场分布及资源丰度与环境之间的关联。

（二）结果与分析

1. 各月份作业产量及 CPUE 情况

2008 年、2009 年 7—11 月份各月份总产量及平均 CPUE 见图 6-1。从图 6-1 中可以看出，2008 年 8 月产量最高为 9 756.6 t，11 月产量最低为 2 817.9 t，月平均产量 5 394.6 t，8 月份以后各月产量呈递减趋势；2009 年产量最高的月份为 8 月的 3 346.5 t，产量最低的月份为 11 月的 751.8 t，月平均产量 1 866.2 t，8 月份以后各月产量呈递减趋势。2008 年 8 月 CPUE 最高为 4.82 t/d，11 月 CPUE 最低为 1.39 t/d；而 2009 年 CPUE 最高的月份为 8 月的 1.93 t/d，CPUE 最低的月份为 10 月的 0.79 t/d。ANOVA 结果显示，2008、2009 年每月总产量差异显著（$F_{6.872} = 0.031 < 0.05$），且两年月平均

$CPUE$ 差异显著（$F_{6.495} = 0.034 < 0.05$），以上说明 2009 年各月份总产量及 $CPUE$ 下滑幅度较大。

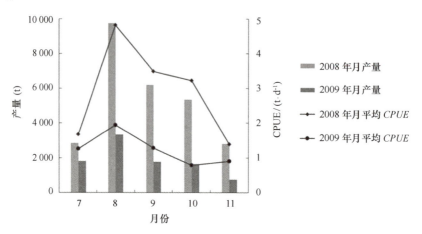

图 6 - 1　2008—2009 年各月份柔鱼产量及 $CPUE$ 分布

2. 作业分布情况

统计 2008 年、2009 年 7—11 月份的作业海域，结果见图 6 - 2。分析认为，2008 年作业海域主要集中在 152°—160°E、38°—45°N，143°—150°E、38°—42°N 内有零星作业船分布；2009 年作业海域主要集中在 153°—160°E、38°—45°N，144°—150°E、41°—43°N 内仅有少量作业船。

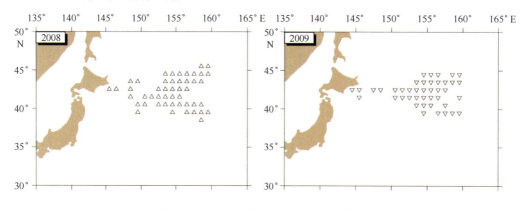

图 6 - 2　2008 年和 2009 年柔鱼作业分布

3. 信息增益分析

各属性分类结果见表 6 - 1。SST、$Chl - a$、SSH、SSS 和 $CPUE$ 按照 1.5℃、0.2 mg/m³、8cm、0.29 g/kg 和 1 t/d 的间隔进行划分区间，每个属性均划分成 8 个区间。

信息增益分析结果认为（表 6 - 2），2008 年 SST、$Chl - a$、SSH 和 SSS 对应于

CPUE 的信息增益值分别为 1.849 4、1.788 6、1.460 6 和 1.733 5；2009 年 SST、Chl - a、SSH 和 SSS 对应于 CPUE 的信息增益值分别为 0.892 9、0.771 8、0.733 9 和 0.719 1。从表 6 - 2 中可以看出，2008 与 2009 年各环境属性对应于 CPUE 的影响力最强的是 SST，其次为 Chl - a，因此，影响 2008、2009 年 7—11 月份西北太平洋传统渔场资源丰度以及分布的最关键环境因子为海表面温度。

表 6 - 1　2008 和 2009 年各属性对应的分类区间

属性	分类区间	区间总数
SST（℃）	9 - 10.5, 10.5 - 12, 12 - 13.5, 13.5 - 15, 15 - 16.5, 16.5 - 18, 18 - 19.5, 19.5 - 21	8
CHL - a（mg/m³）	0 - 0.2, 0.2 - 0.4, 0.4 - 0.6, 0.6 - 0.8, 0.8 - 1.0, 1.0 - 1.2, 1.2 - 1.4, 1.4 - 1.6	8
SSH（cm）	-18 - (-10), -10 - (-2), -2 - 6, 6 - 14, 14 - 22, 22 - 30, 30 - 46, 46 - 54	8
SSS（g/kg）	32 - 32.29, 32.29 - 32.58, 32.58 - 32.87, 32.87 - 33.16, 33.16 - 33.45, 33.45 - 33.74, 33.74 - 34.03, 34.03 - 34.32	8
CPUE/（t·d）	0 - 1, 1 - 2, 2 - 3, 3 - 4, 4 - 5, 5 - 6, 6 - 7, 7 - 8	8

表 6 - 2　各属性分别对应于 CPUE 的信息增益值

属性	对应 CPUE 信息增益值	
	2008 年	2009 年
SST（℃）	1.849 4	0.892 9
CHL - a（mg/m³）	1.788 6	0.771 8
SSH（cm）	1.460 6	0.733 9
SSS（g/kg）	1.733 5	0.719 1

4. CPUE 与 SST 的空间分布

CPUE 与 SST 空间叠加及数据分析认为，2008 年 7 月中心渔场（高 CPUE 海域）主要分布在 153.5°—158.5°E、38°—43°N 海域，温度范围 13 ~ 20℃，平均 SST 为 16.5℃；8 月分布在 152.5°—157.5°E、41°—45°N 海域，温度范围 14 ~ 18℃，平均 SST 为 16℃；9 月分布在 153.5°—159.5°E、43°—45°N 海域，温度范围 14 ~ 18℃，平均 SST 为 16℃；10 月分布在 153.5°—156.5°E、42°—45°N 海域，温度范围 10 ~ 17℃，平均 SST 为 13.5℃；11 月分布在 154.5°—156.5°E、42°—44°N 海域，温度范围 9 ~ 13℃，平均 SST 为 11℃（图 6 - 3）。

2009 年 7 月中心渔场主要分布在 153.5°—157.5°E、39°—43°N 海域，温度范围 13 ~ 19℃，平均 SST 为 16℃；8 月分布在 153.5°—157.5°E、42°—45°N 海域，温度范围

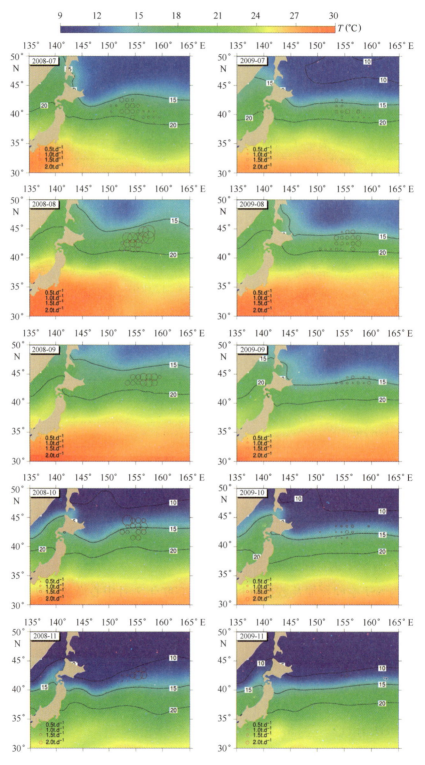

图 6 - 3　2008—2009 年 7—11 月北太平洋柔鱼 *CPUE* 空间分布与 *SST* 的关系

12～18℃，平均 *SST* 为 15℃；9 月分布在 153.5°—159.5°E、43°—45°N 海域，温度范围 12～15℃，平均 *SST* 为 13.5℃；10 月分布在 154.5°—159.5°E、41°—45°N 海域，温度范围 11～15℃，平均 *SST* 为 13℃；11 月分布在 154.5°—155.5°E、41°—44°N 海域，温度范围 8～11℃，平均 SST 为 9.5℃（图 6-3）。

5. CPUE 与 SSTA 的空间分布

CPUE 与水温距平均值 *SSTA* 空间叠加分析认为，2008 年 7 月作业渔场的 *SSTA* 范围为 0.42～2.17℃，中心渔场主要分布在 0.74～2.17℃范围内，最高 *CPUE* 为 2.87 t/d；8 月作业渔场的 *SSTA* 范围为 0.63～1.40℃，中心渔场主要分布在 0.68～1.40℃范围内，最高 *CPUE* 为 7.7 t/d；9 月作业渔场的 *SSTA* 范围为 2.58～2.94℃，中心渔场主要分布在 2.60～2.94℃范围内，最高 *CPUE* 为 4.77 t/d；10 月作业渔场的 *SSTA* 范围为 1.73～2.45℃，中心渔场主要分布在 1.86～2.45℃范围内，最高 *CPUE* 为 6.26 t/d；11 月作业渔场的 *SSTA* 为 0.38～1.64℃，中心渔场主要分布在 *SSTA* 为 1.09～5.29℃范围内，最高 *CPUE* 为 5.29 t/d（图 6-4）。

2009 年 7 月作业渔场的 *SSTA* 范围为 -0.61～0.82℃，中心渔场主要分布在 -0.61～0.32℃范围内，最高 *CPUE* 为 2.71 t/d；8 月作业渔场的 *SSTA* 范围为 -0.86～0.03℃，中心渔场主要分布在 -0.81～0.01℃范围内，最高 *CPUE* 为 3.33 t/d；9 月作业渔场的 *SSTA* 范围为 -0.87～0.47℃，中心渔场主要分布在 -0.86～0.48℃范围内，最高 *CPUE* 为 2.0 t/d；10 月作业渔场的 *SSTA* 范围为 -0.37～0.88℃，中心渔场主要分布在 -0.37～0.07℃范围内，最高 *CPUE* 为 1.83 t/d；11 月作业渔场的 *SSTA* 为 -0.47～1.75℃，中心渔场主要分布在 *SSTA* 为 -0.21～1.28℃范围内，最高 *CPUE* 为 1.84 t/d（图 6-4）。

（三）讨论

1. SST 年间变化与 CPUE 分布的关系

短生命周期的柔鱼，其资源丰度极易受到环境因子的影响。研究显示，2008 年 7—11 月受 *SST* 影响，作业海域随着时间变动逐渐向东北方向移动，经度最大偏移 2°E，纬度方向最大偏移为 5°N 左右，较高 *CPUE* 所处范围的平均 SST 逐渐降低，由 7 月份的 16.5℃降至 11 月份的 11℃。其中 7—9 月份主要作业海域处在 15～20℃等温线中间，7 月份 15℃等温线位于 43°N，8 月份位于 46°N，9 月份位于 47°N，说明黑潮势力（表温 15℃为指标）逐渐向北偏移。10 月份作业海域主要在 15℃等温线附近，到 11 月份作业海域在 10～15℃等温线之间。10℃与 15℃等温线逐渐向南偏移，黑潮势力减弱，亲潮势力（表温 10℃为指标）增强逐渐南下。2009 年 7—11 月受 *SST* 影响，作业渔场随着时间逐渐向东北方向移动，经度最大偏移 1°E，纬度方向最大偏移为 4°N 左右，较

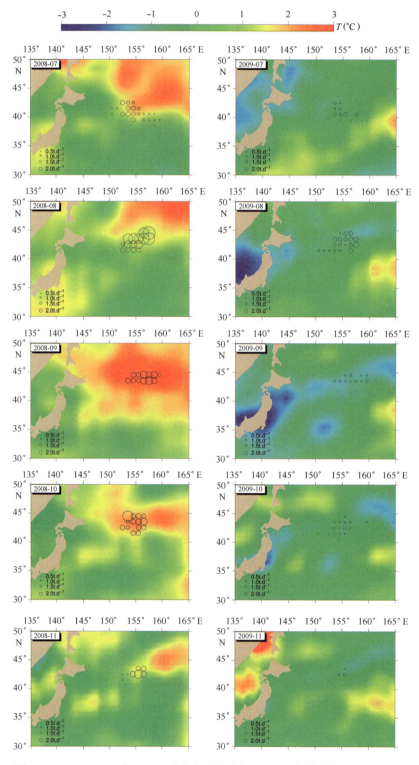

图 6-4　2008—2009 年 7—11 月北太平洋柔鱼 *CPUE* 空间分布与 *SSTA* 的关系

高 *CPUE* 所处范围的平均 *SST* 逐渐降低，由 7 月份的 16℃ 降至 11 月份的 9.5℃。其中 7—8 月份主要作业海域处在 15~20℃ 等温线中间，8 月份 15℃ 等温线较 7 月份向北偏移 2°N，黑潮势力向北偏移。9—11 月份作业海域从 15℃ 等温线逐渐转移至 10℃ 等温线附近，且 10℃ 等温线逐渐南下，亲潮势力增强向南偏移。

对比 2008 年与 2009 年 *SST* 发现，2009 年 7 月份 15℃ 等温线较 2008 年向南偏移 1°N 左右；8 月份 15℃ 等温线较 2008 年向南偏移 3°N；9 月份 15℃ 等温线较 2008 年向南偏移 4°N；10 月份 15℃ 等温线较 2008 年向南偏移 5°N；11 月份 15℃ 等温线较 2008 年向南偏移 1°N。柔鱼的传统作业渔场一般都分布在黑潮第二分支与亲潮的交汇处，且作业位置与黑潮和亲潮的相对强弱有关。以上分析说明，2009 年 7—11 月份黑潮势力比 2008 年平均偏南 2.8°N，强度减弱，势力范围减小，同期亲潮冷水团向南入侵势力变强，温度降低。暖水势力减弱，冷水势力增强导致 2009 年柔鱼传统作业海域温度降低，导致柔鱼群体向北洄游受阻，产量降低。

2. SSTA 年间变化与 CPUE 分布的关系

2008 年 7—11 月，西北太平洋柔鱼传统作业渔场的 *SSTA* 范围为 0.38~2.94℃，绝大多数作业区域均在 *SSTA* 大于 1℃ 的海域，说明这期间作业海区相对比往年较高。而 2009 年 7—11 月，作业渔场的 *SSTA* 范围为 -0.87~1.75℃，大部分作业海域在 *SSTA* 小于 -0.5℃ 的范围内，为负值，说明这期间作业海区水温相对 2008 年偏低。国外学者认为，在室温范围内，相对较高的水温更适合柔鱼的生长和繁殖，并对资源丰度的分布及渔场的变化影响很大。因此，2009 年相对较低的水温不利于柔鱼的生长，并且影响北太平洋柔鱼从南向北的洄游，导致作业海域资源丰度偏低，渔获量减少。

3. 各属性因子对 CPUE 分布的影响程度

通过信息增益技术，得到影响西北太平洋柔鱼资源丰度及分布最关键因子为温度，其次为叶绿素浓度，盐度和海表面高度的影响较小。2008 年的高 *CPUE* 分布范围为 11~16.5℃，2009 年的高 CPUE 分布范围为 9~16℃。Murata 和 Nakamura（1998）研究了 1978 年 7 月份、9 月份与 10 月份日本东南部沿海柔鱼资源量，温度分别为 5~10℃，5℃ 和 5~15℃ 时丰度比较高。Yatsu 等（1997）认为 7 月份在北太平洋亚北极边界海域处在 11℃ 与 15℃ 等温线之间较大梯度处资源量较高，本研究结果与前人基本一致。

此外，Nesis（1983）研究认为，柔鱼分布与初级生产力和次级生产力关系密切，柔鱼会因为初级生产力等变化而影响到其资源的空间分布。Ichii 等（2009）通过对北太平洋柔鱼两个群体的研究，认为资源分布随叶绿素浓度的变化而变化。秋生群一般出现在亚热带锋区，接近叶绿素锋区，浓度为 0.2 mg/m³，而冬春生群体分布在亚热带海域，生产力低，到夏季或者秋季时向叶绿素浓度较高的海域洄游。樊伟等（2004）

通过卫星遥感反演获取的环境数据分析得到渔场主要形成于叶绿素浓度处于 0.10 ~ 0.30 mg/m³ 时。本研究认为，2008 年作业海域 $Chl-a$ 浓度范围为 0.13 ~ 1.15 mg/m³，较高 $CPUE$ 分布在 0.13 ~ 0.63 mg/m³，平均 0.36 mg/m³；2009 年作业海域 $Chl-a$ 浓度范围为 0.14 ~ 1.49 mg/m³，较高 $CPUE$ 分布在 0.15 ~ 1.43 mg/m³，平均 0.44 mg/m³。2009 年较高的叶绿素浓度对柔鱼资源丰度和分布也产生了很大的影响，属于关键环境因子之一。

4. 资源丰度的变动

2008 年 7—11 月份平均 $CPUE$ 为 2.75 t/d，一个渔区最高 $CPUE$ 为 7.72 t/d；2009 年 7—11 月份平均 $CPUE$ 为 1.29 t/d，一个渔区最高 $CPUE$ 为 3.32 t/d。柔鱼栖息于复杂多变的海洋环境中，其资源丰度及其分布受到各种环境因子的影响，包括温度、盐度、叶绿素浓度、海流、水温垂直结构和流隔等。两年的资源丰度变化显著，可能是受到除温度、叶绿素、海表面高度和盐度之外等其他环境因子相互作用的影响产生的结果。未来研究可采用水温垂直结构、海流等其他环境因子结合信息增益技术研究北太平洋柔鱼的资源变动。

二、西北太平洋海域柔鱼资源丰度变化及其与表温年间变动的关系

本研究利用 1995—2002 年我国鱿钓船的生产统计数据，结合柔鱼在产卵场和索饵场的表温数据（表温及其距平均值），对西北太平洋钓渔场的柔鱼资源丰度变化及其与产卵场和作业渔场表温年间变动的关系进行探讨，并建立资源丰度与表温之间的关系。

（一）材料和方法

1. 材料来源

从 1995—2002 年我国北太平洋柔鱼钓生产数据库（由上海海洋大学鱿钓技术组提供）提取 140°—165°E 海域的生产数据，数据有日期、经度、纬度、产量、作业船数和平均日产量。其时间分辨率为 d，空间分辨率是 0.5° × 0.5°。

表层水温及其距平均值来自美国哥伦比亚大学全球海洋环境数据库。时间跨度为 1995—2002 年，分辨率为月。空间跨度为 140°—170°E、10°—45°N，分辨率为 1° × 1°。

将生产统计数据和环境数据按空间分辨率 1° × 1° 和时间分辨率月进行预处理。

2. 分析方法

（1）数据处理。根据西北太平洋海洋环境条件的差异以及鱿钓作业渔场分布的不同，将索饵场（作业渔场）分为两个海区：150°E 以西、39°—45°N 和 150°—165°E、39°—45°N。

分别求得上述两个海区及整个海区各年度的平均日产量。由于柔鱼是鱿钓作业的目标鱼种，没有兼捕物，且作业船型基本一致（即 80% 以上为 9154 型拖网改装船），因此可粗略地将平均日产量（CPUE）作为资源丰度的指标。计算公式如下：

$$CPUE = \sum_{i=1}^{n} Y_i / \sum_{i=1}^{n} F_i$$

式中：CPUE 为平均日产量，单位 t/d；Y_i 为第 i 个渔区的产量；F_i 为第 i 个渔区的作业船次。

根据日本学者的研究结果，分布在西北太平洋海域（170°E 以西）的柔鱼，其产卵场在 20°—30°N、140°—170°E 海域，产卵时间为 1—4 月，因此，分别计算出 1995—2002 年 1—4 月份产卵场、两个索饵场的表温及其距平均值。

（2）表温对资源丰度的影响程度分析。由于样本数量少，为此采用灰色关联度法对产卵场和索饵场表温及其距平均值与资源丰度之间的关系进行分析。变量为表温、表温距平均值和 CPUE。其中 CPUE 为母序列，表温及其距平均值为子序列。原始数据变换采用均值化变换。分辨系数取 0.5。

灰色关联度的计算方法如下。

假定现对 m 个样点进行评价，评价指标体系由 n 个指标组成。每一个样点的所有指标实测值就构成了一个数据列。记为：

$$x_i(k) = \{x_i(1), x_i(2), \cdots, x_i(n)\} \qquad (i = 1, 2, \cdots, m)$$

在参与评价的 m 个样点中，分别选取最优值，所有的单项指标最优值即可组成参考数据列，记为

$$x_0(k) = \{x_0(1), x_0(2), \cdots, x_0(n)\}$$

参考数据列的数值是各个样点在各指标体系中所达到的最优水平。实际上，参考数列是各样点中的"理想模式"。并以此作为灰色系统评价的标准，用其他样点和其进行对比分析，作出定量评价。

上述的 $m + 1$ 个数列 $\{x_0\}$、$\{x_1\}$、$\{x_2\}$、$\cdots$、$\{x_m\}$，若量纲或数量级或指标类型不同，则要进行初始化或归一化处理，使得评价结果具有可比性，并减少随机因素的干扰。

计算各样点与评价标准 $\{x_0\}$ 的关联系数 $\theta_i(k)$，公式如下：

$$\theta_i(k) = \frac{\Delta\min + R \cdot \Delta\max}{\Delta_i(k) + R \cdot \Delta\max} \qquad (i = 1, 2, \cdots, m; \ k = 1, 2, \cdots, n)$$

式中：$\Delta_i(k) = |x_i(k) - x_0(k)|$；$\Delta_{\min} = \min_i [\min_k \Delta_i(k)]$；$\Delta_{\max} = \max_i [\max_k \Delta_i(k)]$；$R$ 为分辨系数（$0 < R < 1$）。

灰色关联度定义为：$r_i = \frac{1}{n} \sum_{k=1}^{n} \theta_i(k)$

（3）资源丰度预报模型。通过灰色关联度方法获得影响资源丰度的主要因子，然

后利用多元统计方法建立资源丰度与多个变量之间的模型。

（二）结果

1. 产卵场表温年间变动及其与资源丰度的关系（图 6 – 5）

在柔鱼产卵场海域，各年度表温在 22.6～24.4℃间变动，表温距平均值为 0.19～
1.46℃。1995—1997 年表温处在较为正常的水平，平均表温为 22.6～22.8℃，表温距
平均值为 0.19～0.27℃，各年度鱿钓作业的平均日产量在 1.90～2.60t/d；1998 年和
2000—2002 年表温稍为偏高，平均表温为 23.4～23.7℃，表温距平均值为 0.61～
0.81℃，各年度鱿钓作业的平均日产量分别为 2.56 t/d 和 1.43～1.86 t/d；1999 年表
温则明显偏高，平均表温为 24.34℃，表温距平均值达到 1.46℃，其平均日产量为
2.046 t/d。

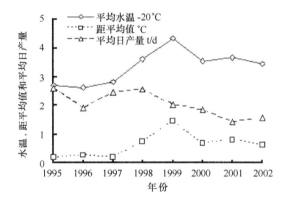

图 6 – 5 1995—2002 年产卵场表温变动与资源丰度 *CPUE* 的关系

经过灰色关联度分析，表温、表温距平均值与资源丰度的关联度分别为 0.644 和
0.626（表 6 – 3）。这说明柔鱼产卵场的平均表温及其距平均值与资源丰度有着较为密
切的关系。

表 6 – 3 各个海区平均表温和表温距平均值与资源丰度之间的关联度

海区	平均水温与资源丰度	表温距平均值与资源丰度
140°—170°E、20°—30°N	0.644	0.626
150°E 以西、39°—45°N	0.606	0.761
150°—165°E、39°—45°N	0.683	0.534

2. 索饵场水温年间变动及其与资源丰度的关系

（1）150°E 以西海域（图 6 – 6）。在柔鱼索饵场海域（39°—45°N、150°E 以西），

各年度表温在15.3～17.6℃间，表温距平均值为0.03～1.69℃。2002年表温处在较低水平，平均表温为15.3℃，表温距平均值为0.03℃，其平均日产量为0.87 t/d；1995—1997年和1998年、2001年表温处在中间水平，平均水温为15.6～16.8℃，表温距平均值为0.27～1.07℃，其平均日产量分别为1.84～2.78 t/d、3.49 t/d 和2.08 t/d；1999—2000年表温则处在较高水平，为17.4～17.5℃，表温距平均值达到1.60～1.69℃，其平均日产量为1.15～2.46 t/d。

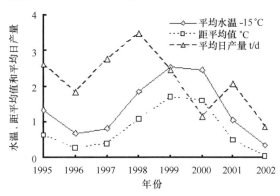

图6-6　1995—2002年150°E以西海域索饵场表温变动与资源丰度的关系

　　经过灰色关联度分析，其表温、表温距平均值与资源丰度的关联度分别为0.606和0.761（表6-3）。在1995—2002年间，除了2001年资源丰度出现小幅度上升外，其余年份的平均表温、表温距平均值变化曲线与资源丰度变化基本一致（图6-6）。

　　（2）150°—165°E海域（图6-7）。在柔鱼索饵场海域（39°—45°N、150°—165°E），各年度表温在14.5～17.0℃间，表温距平均值在-0.56～1.52℃。1995年、1997年和2002年表温处在较低水平，低于往年正常水平，平均水温为14.5～14.9℃，表温距平均值为负值，即-0.56～-0.20℃，其平均日产量为1.68～2.19 t/d；1996年和2001年表温处在中间水平，平均水温为15.1～15.6℃，表温距平均值为0.02～0.27℃，其平均日产量分别为1.87 t/d和1.25 t/d；1998—2000年表温则处在较高水平，为16.6～17.0℃，表温距平均值达到1.20～1.53℃，其平均日产量为1.99～2.41 t/d。

　　经过灰色关联度分析，表温、表温距平均值与资源丰度的关联度分别为0.683和0.534（表6-3）。1995—2002年除了1999年和2002年资源丰度出现微小异常外，其余年份的平均表温、表温距平均值变化曲线与资源丰度变化基本一致（图6-7）。

3. 资源丰度与表温距平均值之间的关系

　　通过灰色关联度分析，发现资源丰度与产卵场、索饵场的表温及其距平均值均有着较为密切的关系（灰色关联度均在0.5以上）。由于表温距平均值能更好地代表历年

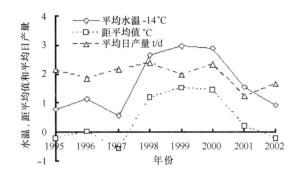

图 6 - 7　150°～165°E 海域索饵场表温变动与资源丰度的关系

表温的变动，因此采用产卵场和索饵场的表温距平均值以及它们相互交感因素分别建立多元线性方程。

（1）150°E 以西海域：分有、无产卵场和索饵场交感效应因素（T_3）分别建立渔情预报模型（表6 - 4）。两个模型在 0.05 置信限水平下，检验均为显著。但是在模型 1 中加入 T_3 因素后，其复相关系数达到0.868 7，平均相对误差只有8.58%，而未加 T_3 变量的模型 2，其复相关系数为 0.650 8，平均相对误差达到 13.77%。

表6 - 4　北太平洋 150°E 以西海域柔鱼资源丰度与表温的关系

模型 1	模型 2
$CPUE = 1.070\ 0 + 1.684\ 0T_1 + 2.759\ 6T_2 - 2.317\ 7T_3$	
$CPUE$：平均日产量（t/d）	$CPUE = 1.993\ 8 - 2.304\ 4T_1 + 2.425\ 7T_2$
T_1：产卵场水温距平均值（20°—30°N，140°—170°E）	$CPUE$：平均日产量（t/d）
T_2：索饵场水温距平均值（39°—45°N，150°E 以西）	T_1：产卵场水温距平均值（20°—30°N，140°—170°E）
T_3：$T_1 \times T_2$，为产卵场和索饵场交感效应	T_2：索饵场水温距平均值（39°—45°N，150°E 以西）
剩余标准差 = 0.587 7	剩余标准差 = 0.637 1
复相关系数 $R = 0.868\ 7$	复相关系数 $R = 0.650\ 8$
$F_{0.05} = 1.026 > p = 0.603\ 7$	$F_{0.05} = 0.734\ 9 > p = 0.576\ 4$
平均相对误差 8.58%	平均相对误差 13.77%

（2）150°—160°E 海域：同样分有、无产卵场和索饵场交感效应因素（T_3）分别建立渔情预报模型（表6 - 5）。两个模型在 0.05 置信限水平下，检验均为显著。但是在模型 1 中加入 T_3 因素后，其复相关系数达到 0.877 1，平均相对误差仅为 0.49%。而未加 T_3 变量的模型 2，其复相关系数为 0.736 7，平均相对误差达到 1.00%。

表 6 - 5 北太平洋 150°—165°E 海域柔鱼资源丰度与表温关系

模型 1	模型 2
$CPUE = 2.531\ 1 - 1.522\ 6T_1 + 0.151\ 9T_2 + 0.672\ 0T_3$	$CPUE = 2.333\ 9 - 0.915\ 2T_1 + 0.515\ 8T_2$
$CPUE$：平均日产量（t/d）	$CPUE$：平均日产量（t/d）
T_1：产卵场水温距平均值（20°—30°N，140°—170°E）	T_1：产卵场水温距平均值（20°—30°N，140°—170°E）
T_2：索饵场水温距平均值（39°—45°N，150°E 以西）	T_2：索饵场水温距平均值（39°—45°N，150°E 以西）
T_3：$T_1 \times T_2$，为产卵场和索饵场交感效应	剩余标准差 = 0.306 5
剩余标准差 = 0.243 4	复相关系数 $R = 0.736\ 7$
复相关系数 $R = 0.877\ 1$	$F_{0.05} = 2.966 > p = 0.141\ 4$
$F_{0.05} = 4.447\ 6 > p = 0.091\ 74$	平均相对误差 1.00%
平均相对误差 0.49%	

（三）结论与讨论

1. 产卵场水温年间变动及其与资源丰度关系

由于柔鱼是短生命周期的种类（寿命为 1 年），因此其亲体数量、产卵场海况对来年资源量的影响是重大的。Cairistiona 等（2001）和 Rodhouse（2001）均认为柔鱼类的资源量极易受到海洋环境条件的影响（如水温、海流等）。研究表明，产卵场的表温及其距平均值与资源丰度之间的关联度分别为 0.644、0.626，这说明产卵场的水温状况对鱼类的产卵及其补充量有一定的影响。在产卵场表温较为正常的年份（如 1995—1997 年），一般来说其资源丰度相对较为丰富；而在产卵场表温异常偏高的年份（如 1999 年），其资源丰度相对较低。2000—2002 年产卵场表温稍偏高，但其平均日产量为历年最低，这可能与索饵场的海况以及捕捞强度过大、渔场拥挤有较大的关系。据统计 2000—2001 年我国鱿钓船达到 450 多艘。

2. 索饵场表温年间变动及其资源丰度关系

索饵场温度高低对柔鱼的生长发育及其数量变动也是至关重要的。研究表明，在鱼类适合水温范围内，水温偏高有利于鱼类的新陈代谢。从两个海区的表温与资源丰度变化趋势来看，一般表温偏高的年份，其资源丰度也较高；反之较低。表温及其距平均值与资源丰度的关联度均在 0.5 以上，这也说明索饵场的水温状况对柔鱼资源丰度有着一定的影响。

3. 渔情模型分析

在渔情模型中，加入产卵场和索饵场相互交感这一因素（T_3），其模型的精度及其复相关系数均得到提高，这说明产卵场、索饵场的表温同时对资源丰度产生影响。在正常年份的情况下,产卵场和索饵场的表温距平均值均为 0,则 150°E 以西海域的资源丰度(*CPUE*)为 1.07 t/d,在 150°—165°E 海域的资源丰度 CPUE 为 2.531 1 t/d,这说明 150°—165°E 海域柔鱼的资源密度高于 150°E 以西海域,这在实际生产中也得到证实。

三、产卵场环境对柔鱼资源补充量的影响

气候变化对头足类资源的影响是通过对其生活史过程的影响来实现的。产卵场是头足类栖息的重要场所,大量的研究表明,其产卵场海洋环境的适宜程度对其资源补充量是极为重要的,因此许多学者常常利用环境变化对产卵场的影响来解释资源量变化的原因,并取得了较好的效果。因此,本研究尝试利用柔鱼产卵场环境状况来解释柔鱼资源补充量的变化。

(一)材料和方法

1. 渔业数据

采用 1995—2006 年我国西北太平洋 38°—46°N、150°—165°E 海域的柔鱼渔业生产统计数据,包括日捕捞量、作业天数、日作业船数和作业区域(1°×1° 为一个渔区)。*CPUE* 为每天的捕捞量(t)。中国大陆鱿钓渔船的功率和捕捞行为大体一致,并且没有非目标渔获物,因此 *CPUE* 可以作为柔鱼资源量丰度的指数。

2. 环境数据

西北太平洋柔鱼产卵场(20°—30°N、130°—170°E)和索饵场(38°—46°N、150°—165°E)*SST* 数据来自于 Joint WMO/IOC Technical Commission for Oceanography and Marine Meteorology Products Bulletin Data Products(空间分辨率为 1°×1°)。

3. 方法

以往的研究表明,柔鱼补充量的大小取决于其产卵场适合水温的范围,因此本研究利用柔鱼产卵场适合海表层水温范围占总面积的比例(*PFSSTA*)作为一个环境变量,来分析柔鱼补充量和环境之间的关系。另外本研究也表明,柔鱼在索饵场的分布与 SST 有密切的关系,从而一定程度地影响 *CPUE* 反映柔鱼资源量丰度的准确性。因此本研究还选取柔鱼索饵场的 *PFSSTA* 作为另一个环境变量,来分析环境变动与 *CPUE* 之间的关系。

根据前人研究结果,1—4 月为柔鱼产卵期,其适宜 *SST* 为 21 ~ 25℃;8—11 月为柔鱼主要索饵期,其各月的 *SST* 分别为 15 ~ 19℃(8 月),14 ~ 18℃(9 月),10 ~ 13℃(10 月),12 ~ 15℃(11 月)。利用 Marine Explorer 4.0(Environment simulation Laboratory Co. Ltd. Japan)分别作图并计算(图 6 - 8)。

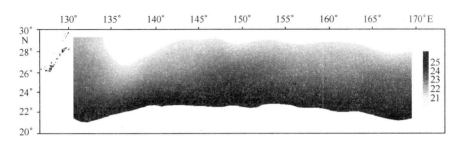

图 6 - 8　1995 年 2 月西北太平洋柔鱼产卵场 PFSSTA 图例

（黑色阴影部分代表柔鱼适合水温（21 ~ 25℃）的水域）

1995—2004 年 PFSSTA 数据进行反正弦平方根转换，以确保其服从正态分布和拥有恒定的方差。利用方差分析（ANOVA）分析 1995—2004 年 PFSSTA 的年际和年间变动，利用相关系数分析产卵场与索饵场 PFSSTA 与 CPUE 之间的关系。根据方差分析和相关系数分析的结果选取产卵场与索饵场某个或者某几个月份的 PFSSTA，建立柔鱼资源量预报模型：

$$CPUE_i = \alpha_0 + \alpha_1 P_1 + \alpha_2 P_2 + \varepsilon_i$$

式中：$CPUE_i$：第 i 年的单位捕捞努力量；P_1：产卵场的 PFSSTA；P_2：索饵场的 PFSSTA；ε_i：误差项（均值为 0，方差恒定且服从正态分布）。

预报模型建立后利用 2005 年和 2006 年的 CPUE 和环境数据对模型进行检验。

（二）研究结果

1. 产卵场

产卵场（20°—30°N、130°—170°E）的总面积为 2 860 506 km²。1995—2004 年产卵场 1—4 月适合海表层水温水域范围为 1 557 048 km²（1999 年 4 月）至 2 837 771 km²（1997 年 1 月），对应 PFSSTA 的范围为 54.4% ~ 99.2%（图 6 - 9）。产卵场 PFSSTA 年间变动不显著（$F_{9,30} = 2.25$，$P > 0.05$，ANOVA），年际变动显著（$F_{3,36} = 8.93$，$P < 0.000\ 1$，ANOVA），表明了季节的变动显著大于年际的变动。1995—2004 年 1 月平均 PFSSTA（86.8%，±6.47%）最高，4 月平均 PFSSTA（69.8%，±9.90%）最低，1—4 月逐渐降低（图 6 - 9）。相关系数分析表明，2 月（$r = 0.48$，$P < 0.01$）和 4 月（$r = 0.38$，$P < 0.05$）的 PFSSTA 与 CPUE 有显著的正相关性，1 月（$r = 0.12$，$P > 0.05$）、3 月（$r = 0.01$，$P > 0.05$）和 4 个月平均（$r = 0.27$，$P > 0.05$）的 PFSSTA 与 CPUE 无显著的相关性。

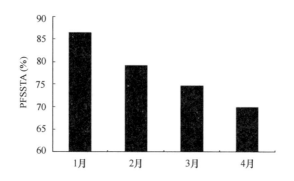

图 6 - 9 1995—2004 年 1—4 月柔鱼产卵场的平均 PFSSTA

2. 索饵场

索饵场（38°—46°N、150°—165°E）的总面积为 890 406 km²。1995—2004 年产卵场 8—11 月适合海表层水温水域范围为 136 923 km²（2000 年 10 月）至 504 110 km²（1996 年 8 月），对应 $PFSSTA$ 的范围为 15.3% ~ 56.6%。产卵场 $PFSSTA$ 年间变动不显著（$F_{9,30} = 0.89$，$P > 0.05$，ANOVA），年际变动显著（$F_{3,36} = 12.30$，$P < 0.001$，ANOVA），表明了季节的变动显著大于年际的变动。月平均 $PFSSTA$ 从 8 月（39.9%，±7.80%）逐渐减低到 11 月（25.1%，±2.36%）。相关系数分析表明，8—11 月任何一个月的 $PFSSTA$ 与 $CPUE$ 都没有显著的相关性（8 月：$r = -0.06$，$P > 0.05$；9 月：$r = -0.15$，$P > 0.05$；10 月：$r = 0.08$，$P > 0.05$；11 月：$r = -0.37$，$P > 0.05$）。

3. CPUE 和 PFSSTA 的回归分析

根据 ANOVA 和相关性分析的结果，选取产卵场 2 月份的 $PFSSTA$（P_1）和索饵场 8—11 月 4 个月 $PFSSTA$ 乘积的四次方根（P_2）作为自变量。结果该模型在统计学上显著（$P < 0.05$），这表明了 CPUE 与产卵场 2 月份的 PFSSTA 有显著的正相关性（表 6 - 6）。模型参数 a_1 的值比 a_2 大，表明了产卵场 2 月份的 $PFSSTA$ 对 $CPUE$ 的影响比索饵场 8—11 月的大。除了 1995 年，当产卵场 2 月份的 $PFSSTA$ 高时，柔鱼的资源量也表现为较高的水平；当产卵场 2 月份的 $PFSSTA$ 表现为中等水平时，柔鱼的资源量也表现为平均水平；当产卵场 2 月份的 $PFSSTA$ 低时，柔鱼的资源量也表现为较低的水平（图 6 - 10）。2 月份 $PFSSTA$ 高中低时的适合表层水温分布见图 6 - 11。

表 6 - 6 柔鱼产卵场 $PFSSTA$ 和其 $CPUE$ 的回归模型结果

模型	95% 置信限
CPUE = - 9.535 0 + 20.066 3P_1 - 12.781 2P_2	α_0：（- 18.826 7， - 0.243 3）（$p = 0.045$）
Multiple = 0.77；R Square = 0.60	α_1：（5.271 0，34.861 6）（$p = 0.014$）

续表

模型	95% 置信限
Residual s. d. S = 4. 342 6	α_2：（ -24. 818 8， -0. 743 6）（ p = 0. 040）
F = 5. 162 7；Significance *F* = 0. 041 9	

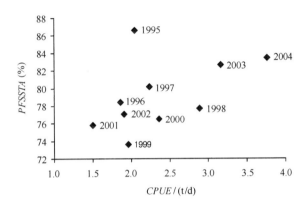

图 6 - 10　1995—2004 年 2 月份柔鱼产卵场 *PFSSTA* 和其 *CPUE* 的关系

索饵场 8—11 月 4 个月 *PFSSTA* 乘积的四次方根（ P_2 ）与 *CPUE* 有显著的负相关性，表明了 *CPUE* 受到索饵场 8—11 月 4 个月 *PFSSTA* 的共同影响。

4. 模型的检验

利用 2005 年和 2006 年的 *CPUE* 数据对模型进行了检验，通过 Bootstrap 计算得出 1995—2004 年 *CPUE* 的总体方差和模型预测的置信区间。结果表明 2005 年和 2006 年西北太平洋柔鱼的 *CPUE* 实测值都落在模型预测值的置信区间内（表 6 - 7）。

表 6 - 7　回归模型检验结果

变量	2005 年	2006 年
P_1 （%）	89. 29	81. 37
P_2 （%）	31. 10	35. 72
actual *CPUE* （t/d）	4. 82	1. 95
σ^2	0. 203 8	0. 203 8
Predicted *CPUE* （t/d）	4. 41	2. 23
Confidence intervals （t/d）	（4. 00，4. 83）	（1. 94，2. 35）

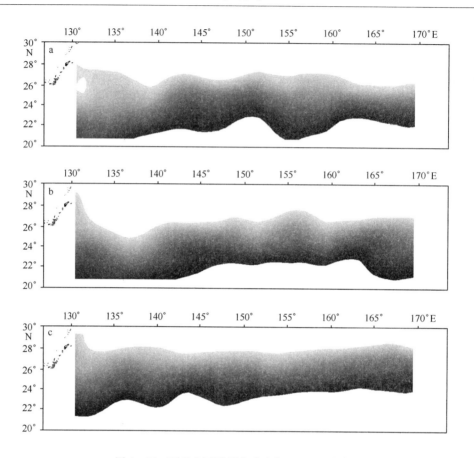

图 6-11　西北太平洋柔鱼产卵场 PFSSTA 变化

a-高 PFSSTA（2004 年 2 月）；b-中 PFSSTA（1997 年 2 月）；c-低 PFSSTA（2001 年 2 月）；
黑色阴影部分表示适合水温（21~25℃）范围

（三）小结与分析

回归模型的结果表明了产卵场和索饵场的 PFSSTA 与西北太平洋柔鱼 CPUE 的关系
密切。这与本节研究的假设一致，产卵场海表层适合水温范围的大小将影响柔鱼补充
量的大小，从而对表示柔鱼资源量丰度指数 CPUE 产生影响。另外索饵场海表层适合
水温范围的大小一定程度上影响了西北太平洋柔鱼的分布，对渔业 CPUE 产生影响。
本研究结果与前人的研究结果一致，Waluda（2001）利用产卵场海表层适合水温范围
大小解释了阿根廷滑柔鱼（Illex argentinus）补充量的变化，高水平的阿根廷滑柔鱼资
源量通常出现在产卵场具有大范围的海表层适合水温水域或者小范围的锋区水域的年
份，然而他并没有研究其索饵场海表层适合水温范围对 CPUE 的影响。本研究表明，
西北太平洋柔鱼产卵场 2 月份的 PFSSTA 决定了其补充量的大小，因此推测 2 月份可能
是西北太平洋柔鱼的产卵高峰月份。

季节的变动导致了其产卵场和索饵场 SST 的变动。产卵场 *PFSSTA* 年间的显著变化也可能是一些大尺度海洋物理过程导致的。拉尼娜现象的出现改变了西北太平洋柔鱼产卵场的海洋环境从而使得其补充量减少，然而厄尔尼诺的出现则使得其产卵场的海洋环境趋于适合柔鱼补充量的发生和生长（Chen et al. 2007）。本研究认为，拉尼娜和厄尔尼诺现象主要通过改变西北太平洋柔鱼产卵场 2 月份的 *PFSSTA*，对补充量的大小产生影响。1995—2004 年 1—4 月，拉尼娜现象一共出现 3 次，分别在 1999 年、2000 年和 2001 年，而这三年 2 月份的 *PFSSTA* 是这 11 年中最低的三年（图 6 - 10）。2003 年 2 月产卵场处于厄尔尼诺现象发生时期时，其 *PFSSTA* 相对较高（图 6 - 10）。因此推测拉尼娜现象的出现对西北太平洋柔鱼补充量的发生创造不利的海洋环境，而厄尔尼诺现象的出现则对西北太平洋柔鱼补充量的发生创造有利的海洋环境。另外北赤道海流（NEC）和黑潮的分布对产卵场的 PFSSTA 可能也有一定的影响，当 NEC 很强并且其在 130°—170°E 海域内向北的支流强势时，产卵场的 25℃ 等温线北偏从而减小了产卵场的 *PFSSTA*（图 6 - 12a），相反则产卵场的 *PFSSTA* 很高（图 6 - 12b）。黑潮在 135°—140°E 海域内发生的大弯曲同样也会使得西北太平洋柔鱼产卵场内 21℃ 南移而减低了产卵场的 *PFSSTA*（图 6 - 12b），相反则产卵场的 *PFSSTA* 很高（图 6 - 12a）。

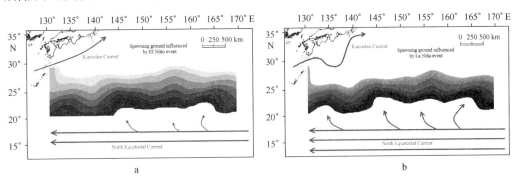

图 6 - 12　西北太平洋柔鱼产卵场两种极端海洋表层环境

a - 最适环境条件（海表层适合水温范围小）；b - 最不适环境条件（海表层适合水温范围大）。

根据本研究，*CPUE* 还受到索饵场 *PFSSTA* 的影响。*CPUE* 主要分布在产卵场的海表层适合水温范围内（图 6 - 13）。当索饵场的 *PFSSTA* 降低时导致柔鱼的分布更为集中，从而提高渔业 *CPUE*。

由于目前对西北太平洋柔鱼南北洄游的路线尚不清楚，本节并没有研究海洋环境的变化对其洄游路线或者洄游方式的影响，从而导致其资源量的变化。但是根据本研究结果，黑潮发生的大弯曲现象可能增加了柔鱼南北洄游时的死亡率。1995 年柔鱼产卵场的 *PFSSTA* 非常高，然而当年的渔业 *CPUE* 却表现出很低的水平（图 6 - 10）。再检查 1995—2004 年黑潮的分布后发现，1995 年黑潮出现一种特殊的弯曲路径，这可能

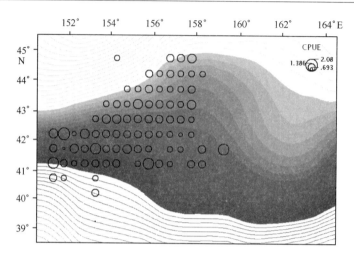

图 6 - 13　2001 年 8 月西北太平洋柔鱼 *CPUE* 以及适合水温水域（阴影部分）的分布

与其 *CPUE* 低下的表现有关。前人的研究也表明，黑潮出现大弯曲的年份，柔鱼的渔业 *CPUE* 水平低下。

四、基于表温和叶绿素因子构建西北太平洋柔鱼丰度预报模型

本研究拟探讨西北太平洋海表温度和叶绿素浓度对柔鱼资源丰度的影响，分析两种环境变量的季节和年际变化以及在厄尔尼诺、拉尼娜和正常年份三种不同环境条件下的变化情况，并利用柔鱼产卵场和索饵场温度及叶绿素浓度距平值构建柔鱼资源补充量的预报模型，为西北太平洋柔鱼冬春生群体的资源预测提供依据。

（一）材料与方法

1. 材料

（1）生产数据来自上海海洋大学鱿钓技术组，时间为 1998—2010 年。数据包括日期、经度、纬度、日产量等。

（2）环境数据包括 *SST* 和 *Chl - a* 浓度，数据范围为西北太平洋柔鱼产卵场和育肥场海域，其中育肥场范围为 35°—50° N、150°—175° E；产卵场范围为 20°—30° N、130°—170°E（Chen et al，2007）。其中 *SST* 数据来源于夏威夷大学网站（http：//apdrc. soest. hawaii. edu/data/data. php），*Chl - a* 数据来源于 Ocean - Watch 网站（http：//oceanwatch. pifsc. noaa. gov/las/servlets/dataset）。ENSO 指标拟用 Niño3. 4 区海表温距平值（*SSTA*）来表示，其数据来自美国哥伦比亚大学环境数据库（http：//iridl. ldeo. columbia. edu/SOURCES/. Indices/）。

2. 分析方法

（1）依据 NOAA 对 El Niño/La Niña 事件定义，Niño3.4 区 SSTA（下面简称为 SSTA）连续 3 个月滑动平均值超过 +0.5℃，则认为发生一次厄尔尼诺事件；若连续 3 个月低于 0.5℃，则认为发生一次厄尔尼诺事件，定义 1998—2010 年发生的异常环境事件。

（2）对 1998—2010 年西北太平洋柔鱼产卵场和育肥场海域 SST（分别称为 SGSST 和 FGSST）和 Chl-a 浓度（分别称为 SGC 和 FGC）分别进行逐月和逐年平均，分析它们的季节变化和年际变化。

（3）分别计算产卵场和育肥场 SST 和 Chl-a 浓度距平值（产卵场 SST 和 Chl-a 浓度距平值分别简称为 SGSSTA 与 SGCA，育肥场 SST 和 Chl-a 浓度距平值分别简称为 FGSSTA 与 FGCA）。利用时间序列分析和交相关函数分析它们变化与 Niño3.4 区 SSTA 的关系。

（4）依据 6—11 月渔获季节选取（1）中定义的异常环境年份，分析不同环境条件下产卵场和育肥场 SST 和 Chl-a 浓度距平值的变化规律。

（5）以单位渔船每年渔获量（CPUE）表征西北太平洋柔鱼的资源丰度（图 6-14），利用多元线性回归分别建立基于产卵场和育肥场 SST 和 Chl-a 浓度距平值的柔鱼资源丰度预报模型，并进行预报结果的比较。

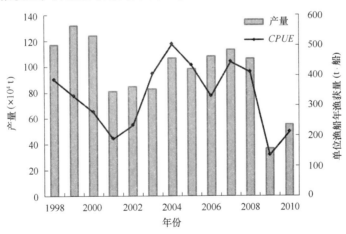

图 6-14　1998—2010 年西北太平洋柔鱼产量及 CPUE

（二）研究结果

1. 定义厄尔尼诺和拉尼娜事件

由图 6-15 可以看出，1998 年 1 月至 2010 年 12 月共发生厄尔尼诺事件 5 次，分别是 1998 年 1—5 月、2002 年 6 月至 2003 年 3 月、2004 年 7 月至 2005 年 1 月、2006 年 8

月至 2007 年 1 月和 2009 年 6 月至 2010 年 4 月；发生拉尼娜事件 6 次，分别是 1998 年 6 月至 2000 年 5 月、2000 年 10 月至 2001 年 2 月、2005 年 12 月至 2006 年 3 月、2007 年 8 月至 2008 年 5 月、2008 年 12 月至 2009 年 2 月和 2010 年 6 月至 2010 年 12 月。

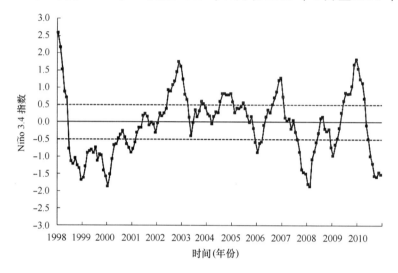

图 6-15 1998—2010 年 Niño 3.4 区 *SSTA* 时间序列分布图

2. 产卵场和育肥场 *SST* 和 *Chl - a* 浓度的季节及年际变化

对西北太平洋柔鱼产卵场和育肥场海域 1998—2010 年 *SST* 及 *Chl - a* 数据进行全场逐月和逐年平均得到季节变化和年际变化曲线（图 6 - 16）。由季节变化曲线可以看出（图 6 - 16a），*SGSST* 在 6—11 月时较高且均大于 26.5℃，8 月温度最高为 28.8℃，12 月至翌年 5 月 *SST* 在 22.5 ~ 25.5℃ 之间；*FGSST* 在 6—11 月时较高且均大于 11.0℃，最高海表温为 9 月的 17.6℃，12 月至翌年 5 月的 *SST* 低于 10℃。由年际变化曲线可以看出（图 6 - 16b），*SGSST* 从 1998 年到 2002 年呈递增趋势，从 2003 年到 2009 年 *SST* 缓慢降低，1999 年 SST 最低为 25.5℃，2002 年 *SST* 最高为 26.5℃；FGSST 年间波动更为明显，如 2004 年 *SST* 骤降和 2001 年 *SST* 骤升，2000 年 *SST* 最低为 10.9℃，2002 年 *SST* 最高为 11.7℃。

由 *SGC* 季节变化曲线可以看出（图 6 - 16c），1—3 月时 *Chl - a* 浓度较高，且在 2 月时浓度最高为 0.109 7 mg/m³，4—9 月 *Chl - a* 浓度一直递减，到 10 月时开始上升，9 月的 *Chl - a* 浓度最低为 0.044 5 mg/m³；*FGC* 在 1—5 月递增，5 月时的浓度最高为 0.592 6 mg/m³，6—8 月浓度开始递减，之后小幅振荡，1 月份育肥场的浓度最低为 0.294 0 mg/m³。由年际变化曲线可以看出（图 6 - 16d），SGC 从 1998 年到 2003 年呈递增趋势，之后几年一直递减，2010 年 *Chl - a* 浓度最低为 0.059 8 mg/m³，2003 年 *Chl - a* 浓度最高为 0.078 6 mg/m³；*FGC* 年际振荡明显，2009 年 *Chl - a* 浓度最低为

0.378 5 mg/m^3，2002 年 $Chl-a$ 浓度最高为 0.431 5 mg/m^3。

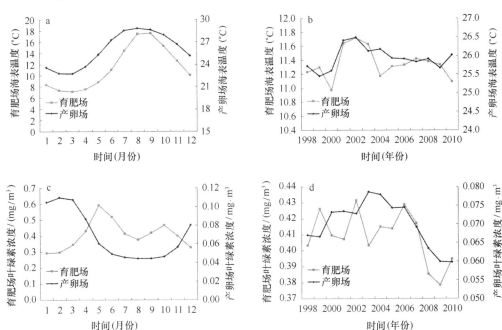

图 6-16　产卵场和育肥场的 SST 和 $Chl-a$ 浓度的季节及年际变化

3. 产卵场和育肥场的 SST 及 $Chl-a$ 浓度距平与 Niño 3.4 区 $SSTA$ 交相关分析

产卵场和育肥场的 SST 及 $Chl-a$ 浓度距平值与 Niño 3.4 区 $SSTA$ 的时间序列和交相关分析可以看出（图 6-17 和图 6-18），$SGSSTA$ 与 $SSTA$ 呈负相关关系，且 $SGSSTA$ 滞后 Niño 3.4 区 $SSTA$ -12 -8 月变化，并在 -2 月时产生最大负影响，交相关系数为 -0.390 5（$P < 0.05$）（图 6-17a 和图 6-18a）；$FGSSTA$ 与 $SSTA$ 呈负相关关系，且 $FGSSTA$ 滞后 Niño 3.4 区 $SSTA$ 0—11 月变化，并在 9 月时产生最大负影响，交相关系数为 -0.234 4（$P < 0.05$）（图 6-17b 和图 6-18b）；$SGCA$ 与 $SSTA$ 呈正相关，且 $SGCA$ 提前 Niño 3.4 区 SSTA -19 -（-4）月变化，并在 -8 月时产生最大正影响，交相关系数为 0.198 2（$P < 0.05$）（图 6-17c 和图 6-18c）；$FGCA$ 与 $SSTA$ 呈负相关并滞后 4 月，交相关系数为 -0.162 1（$P < 0.05$）（图 6-17d 和图 6-18d）。

4. 不同环境条件下 SST 与 $Chl-a$ 浓度距平值变化

根据 Niño 3.4 区 $SSTA$ 定义的异常环境事件，选取 1998 年拉尼娜年份、2008 年正常年份和 2009 年厄尔尼诺年份，分析在三种不同环境条件下柔鱼产卵场和育肥场 SST 与 $Chl-a$ 浓度距平值的变化情况。由图 6-19a 和图 6-20a 可以得出，1998 年和 2008 年柔鱼产卵场和育肥场的 $SSTA$ 较高，两年温度变化趋势基本一致，其中 1998 年 $SGSST$

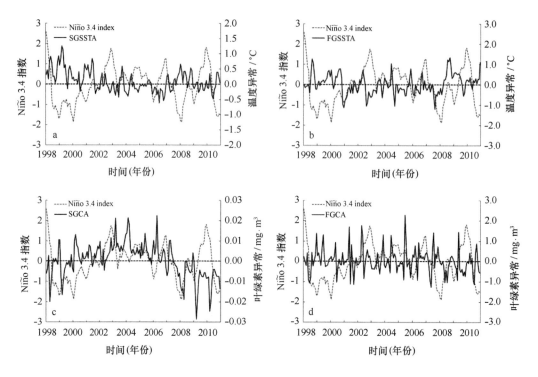

图 6 - 17　Niño 3.4 区 *SSTA* 与产卵场和育肥场 *SST* 及 *Chl - a* 浓度距平的时间序列分析

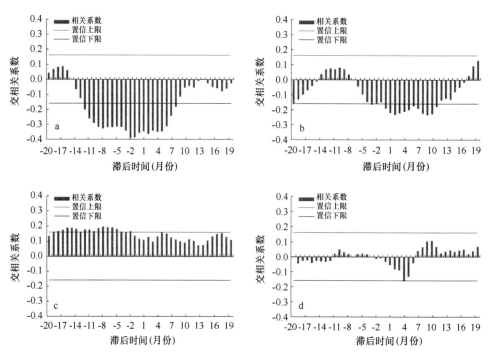

图 6 - 18　Niño 3.4 区 *SSTA* 与 *SGSSTA*、*FGSSTA*、*SGCA* 及 *FGCA* 的交相关系数

高于 2008 年，*FGSST* 低于 2008 年，而 2009 年柔鱼 *SGSSTA* 和 *FGSSTA* 明显低于前两者，9 月最低为 −0.55℃。由图 6−19b 和图 6−20b 可以得出，1998 年、2008 年与 2009 年的叶绿素浓度均低于平均水平，但程度存在差异。1998 年 *SGC* 和 *FGC* 降低最少，分别为 0.008 mg/m³ 和 0.022 mg/m³；2009 年柔鱼 *SGC* 和 *FGC* 降低最多，分别为 0.012 mg/m³ 和 0.054 mg/m³；2008 年处于两者之间。结合三年资源量变化发现，1998 年拉尼娜年份和 2008 年正常年份温度上升较高，叶绿素浓度变化较低，有利于柔鱼资源补充，两年的产量均处于较高水平，*CPUE* 也很高（图 6−14），而 2009 年厄尔尼诺事件发生时，温度与叶绿素急剧下降，不利于柔鱼生长，2009 年的产量与 *CPUE* 处于历史最低水平。

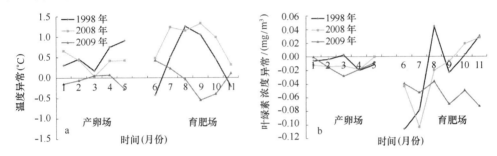

图 6−19　1998 年、2008 年和 2009 年 1—5 月 *SGSSTA* 及 *SGCA* 和 7—11 月 *FGSSTA* 及 *FGCA* 的变化

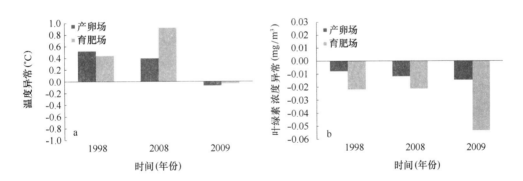

图 6−20　1998 年、2008 年和 2009 年 1—5 月平均 *SGSSTA* 及 *SGCA* 和 7—11 月平均 *FGSSTA* 及 *FGCA*

5. 基于 *SST* 和 *Chl−a* 浓度距平值柔鱼资源丰度的预测模型

利用交相关函数分析 1998—2010 年 *CPUE* 与 1—5 月产卵场及 6—11 月育肥场的 *SST* 和 *Chl−a* 浓度异常平均值的关系，发现 1—5 月产卵场温度异常与 *CPUE* 关系不显著，未通过 95% 置信水平（图 6−21a）。*CPUE* 与 *FGSSTA*（图 6−21b）、*SGCA*（图 6−21c）及 *FGCA*（图 6−21d）相关性较大，且分别滞后它们 1 a、1 a 和 0~1 a，此结果说明了当年的温度和叶绿素的大小也会影响到下一年的单船年平均产量。根据以上

分析，温度因子选取育肥场温度距平值，叶绿素则利用产卵场和育肥场叶绿素浓度异常值分别构建多元线性回归模型预报柔鱼资源丰度。模型结果见表 6 – 8，根据计算均方差值 MSE 的大小比较基于温度与叶绿素因子预报柔鱼资源丰度模型的准确率，结果 $MSE_{Chl-a} = 74.973 < MSE_{SST} = 97.545$，这表明基于叶绿素因子的预报模型优于温度模型。

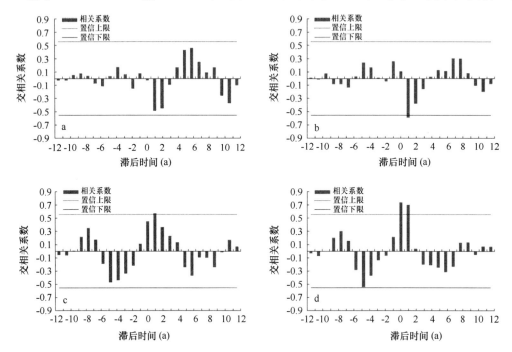

图 6 – 21　CPUE 与 SGSSTA、FGSSTA、SGCA 及 FGCA 的交相关系数

表 6 – 8　基于温度和叶绿素的资源丰度回归模型

变量	模型	F 值	P 值	均方差
育肥场温度距平值	$CPUE_n = 338.683 - 179.520 \times FGSSTA_{n-1}$	5.670	0.039	97.545
产卵场和育肥场叶绿素 a	$CPUE_n = 311.279 + 244\,5.678 \times FGCA_n +$ $2\,379.275 \times SGCA_{n-1}$	8.764	0.008	74.973

式中：CPUE 表示资源丰度，单位为 t/船；FGSSTA 为育肥场温度距平值，单位为℃；SGCA 为产卵场 Chl – a 浓度距平值，单位为 mg/m³；FGCA 为育肥场 Chl – a 浓度距平值，单位为 mg/m³，n 为年份。

（三）讨论与分析

柔鱼的资源大小和时空分布与海洋环境的关系极为密切，特别是厄尔尼诺和拉尼娜现象。已有很多研究利用 Niño 3.4 区海域的水温异常研究鱼群的资源动态，如徐冰等（2012）利用 Niño 3.4 区 *SSTA* 定义厄尔尼诺和拉尼娜事件，认为秘鲁外海茎柔鱼中心渔场位置受 ENSO 现象调控，汪金涛和陈新军（2013）研究了中西太平洋鲣鱼渔场的重心时空分布变化与 ENSO 指数的关系，并基于 Niño 3.4 区海表温度异常构建了鲣鱼渔场重心的预测模型。本研究发现 Niño 3.4 区 *SSTA* 对西北太平洋柔鱼冬春生群体的产卵场和育肥场的环境要素（温度和叶绿素）均产生滞后性影响，滞后时间为 2—9 个月，与 Chen 等（2007）的研究结果有所差异，但差异不大，说明了 Niño 3.4 区 *SSTA* 变化迅速给柔鱼资源丰度带来间接影响。根据 Niño 3.4 区 *SSTA* 定义的 1998 年、2008 年和 2009 年三种不同环境条件，发现厄尔尼诺、拉尼娜和正常年份 Niño 3.4 区 *SSTA* 对柔鱼产卵场和育肥场环境的调控机制不同，拉尼娜和正常年份产卵场和育肥场温度上升，叶绿素浓度变化较低，有利于资源补充，产量较高；厄尔尼诺年份温度和叶绿素均降低，尤其育肥场叶绿素浓度，对资源丰度产生不利影响，产量锐减。

西北太平洋柔鱼育肥场海域 $Chl-a$ 浓度明显高于产卵场 $Chl-a$ 浓度，而育肥场 *SST* 低于产卵场 *SST*，这与 Chen 等（2007）、毛志华等（2005）研究的结果一致。且两个海域环境因子具有显著的周期性变化特征：产卵场 $Chl-a$ 浓度冬季高夏季低（育肥场 $Chl-a$ 浓度夏季高冬季低）和 *SST* 冬季低夏季高的特征侧面反映了黑潮势力冬季弱夏季强的特点；育肥场 $Chl-a$ 浓度 6—12 月份的振荡变化则是黑潮与亲潮交汇，势力强弱彼消此长的体现。此外产卵场和育肥场 *SST* 及 $Chl-a$ 浓度年际振荡明显，可能是由不同年间黑潮势力弯曲变化所致。产卵场 $Chl-a$ 浓度距平范围明显低于育肥场 $Chl-a$ 浓度距平范围，且与产量存在显著的负相关关系，育肥场 $Chl-a$ 浓度距平与 *CPUE* 相关性较大。说明在柔鱼早期生活史阶段，柔鱼仔鱼适应环境能力弱，产卵场 $Chl-a$ 浓度的细微改变就可以导致柔鱼资源补充量产生极大变化，影响资源丰度。柔鱼成鱼渔场叶绿素浓度范围为 $0.1 \sim 0.6$ mg/m³（樊伟等，2004），本研究中 1998—2010 年间育肥场的年平均叶绿素浓度均在 $0.35 \sim 0.45$ mg/m³ 之间，叶绿素浓度的大小与柔鱼饵料密切相关，因此 2009 年柔鱼育肥场叶绿素浓度降低可能是导致柔鱼资源下降的因素之一。

研究认为，西北太平洋柔鱼资源丰度与产卵场和育肥场的温度及叶绿素关系密切，根据交相关分析结果，本研究以育肥场温度异常，产卵场和育肥场叶绿素浓度异常作为自变量，分别构建了柔鱼资源丰度的预测模型，均通过检验，取得较好的效果。同时结果也说明了叶绿素比温度具有更好的预测效果。由于产卵场的月平均温度均在 21℃ 以上，分布在柔鱼的适宜产卵温度范围内（余为等，2013），产卵场的温度变化可能对柔鱼资源变化影响较小，且未通过显著性检验，因此基于温度的预测模型仅选择了育肥场的温度异常值作为自变量。回归模型表明 *CPUE* 与育肥场温度负相关，与产卵场和育肥场的叶绿素浓度呈正相关，且基于叶绿素的预测模型中 *FGCA* 的系数大于 *SGCA* 的系数，表明育肥场叶绿素的影响大于产卵场叶绿素浓度的影响，以上结论与交相关分析结果一致。为了进一步提高基于环境要素的预测模型精度，未来研究应充分掌握北太平洋柔鱼生活史研究，结合海洋生态动力学研究种群动态，建立更为完善的柔鱼资源预报系统。

第二节　西南大西洋阿根廷滑柔鱼资源量预测

一、阿根廷滑柔鱼资源补充量变化机制研究进展

Bakun 和 Csirke（1998）分析认为，柔鱼类所需的栖息地应满足以下条件：① 物理海洋进程提供丰富的食物，如上升流；② 食物的聚集补充机制，如聚合流模式和锋面系统；③ 能够使种群维持现状的海流机制。根据这三个条件，他们认为西部边界流符合这三个条件，所以形成了包括阿根廷滑柔鱼在内众多不同种类柔鱼类的渔场。该过程是在密度跃层完成的：卵漂浮在某一水层，该水层有合适的温度和较少的天敌。孵化出来的幼体随着水密度的变化而到表层，达到聚合锋区。在锋区，形成的涡流促使富有营养物质的水形成上升流，这对资源补充量的形成有着重要的影响。

阿根廷滑柔鱼资源量的年间变化很大。Waluda 等（2001）利用遥感获得的产卵场 SST 数据进行分析，发现冬季成体在产卵场受到 SST 的影响很大。时间序列分析发现，西南大西洋 SST 与热带太平洋厄尔尼诺现象有着一定的联系，太平洋地区与捕捞区域南巴塔哥尼亚地区有 2.5 a 的时间差，而与产卵场北巴塔哥尼亚地区有 4 a 的时间差。这也说明处于大西洋的阿根廷滑柔鱼资源补充量变动与太平洋地区的厄尔尼诺现象有关。随后，Waluda 等（2001）进一步结合产卵场表温资料，分析了阿根廷滑柔鱼资源补充量变动与表温关系，结果表明，产卵场海域锋面所占比重低或适宜水温海域所占比重高，则来年补充到该渔业的资源量就多，反之资源量就少；产卵场海域锋面越弱，卵和幼体就会停留（或漂流）至靠近大陆架的区域。Waluda 等（2008）通过遥感方法监测了 1993—2005 年捕捞船队的分布情况，从中推测阿根廷滑柔鱼资源的分布变化。Sakurai 等（2000）认为，柔鱼类的栖息地 SST 越合适，资源补充量就越高。在对阿根廷滑柔鱼资源进行时间序列分析后，也得出相似的结论（张炜和张健，2008）。Sacau 和 Pierce（2005）收集了 1988—2003 年阿根廷滑柔鱼拖网（主要来自欧洲国家）和鱿钓（主要来自亚洲国家）的生产数据，将其 CPUE 与相关环境因子进行分析，发现每年的 1—4 月 CPUE 相对较高，且最高值分布在 42°S 和 46°S，即马尔维纳斯群岛（福克兰群岛）北侧，同时利用广义线性模型（Generalised additive models，GAMs）分析认为，高 CPUE 值在较暖和较深的水层。Crespi - Abril 等（2012）认为 37°S 以南大陆坡向外的区域，海表温和叶绿素 a 浓度对阿根廷滑柔鱼胚胎发育和繁殖有着明显的季节性限制；而在 44°—48°S 沿岸区域非常适应阿根廷滑柔鱼的生长和繁殖，对其资源量有

着较大的影响。

二、海洋环境对阿根廷滑柔鱼资源补充量的影响

（一）材料和方法

1. 环境因子选择

前人研究表明，40°—42°S、56—58°W 海域通常被认为是福克兰海域商业性重要捕捞群体（SPS）的孵化场（Csirke，1987；Basson et al，1996）（图 6 - 22），同时也是巴西海流和福克兰海流的交汇区（Rodhouse，1995；Brunetti，Ivaonvic，1992；Leta et al，1992）。根据国外其他学者的研究（Arkhipkin 和 Scherbich，1991；Arkhipkin 和 Laptikhovsky，1994；Brunetti，1981），SPS 产卵孵化时间为 6—8 月，因此本研究选定产卵海域（40°—42°S、56—58°W，图 6 - 22）6—8 月海表面温度（SST）和海表温度距平值（$SSTA$）作为海洋环境因子，并假设当年 6—8 月的 SST 和 $SSTA$ 对下一年 SPS 的资源补充量会产生影响，并通过统计方法加以验证。

2. 渔业数据

本研究采用福克兰海域阿根廷滑柔鱼的产量数据，具体产量数据及许可捕捞渔船数量来源于福克兰政府渔业管理部门，时间跨度为 1998—2008 年。由于福克兰海域阿根廷滑柔鱼渔业受到严格、科学的管理，并且比较成功，因此单位努力量捕捞量（$CPUE$）定义为每艘船每年的捕捞产量（Waluda et al，2001）。

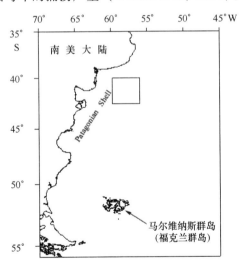

图 6 - 22　阿根廷滑柔鱼产卵场推定海域分布示意图

（40°—42°S、56°—58°W）

3. 海洋环境数据

研究认为，阿根廷滑柔鱼 SPS 资源补充量与前一年是否成功产卵与孵化密切相关（Boyle，1990），并且合适的 SST（$>12℃$）和 $SSTA$（>0）对阿根廷滑柔鱼成功孵化至关重要（Waluda et al，1999；Pierce，Guerra，1994；Boyle，Boletzky，1996）。同时，阿根廷滑柔鱼仔稚鱼主要生活在 $0 \sim 30m$ 水深范围（Waluda et al，2001），因此，本研究利用产卵场的 SST 和 $SSTA$ 因子对下一年阿根廷滑柔鱼资源补充量的影响进行分析。SST 和 $SSTA$ 数据来源于哥伦比亚大学网站：http：//iridl. ldeo. columbia. edu，时空分辨率分别为月和 $1.0° \times 1.0°$。

4. 数据分析

（1）计算出 1998—2008 年 11 年间 6—8 月产卵场 40°—42°S、56°—58°W 范围内 4 个点（40.5°S、56.5°W，40.5°S、57.5°W，41.5°S、56.5°W，41.5°S、57.5°W）的 SST 和 SSTA 的平均值，以此作为当年当月的 SST 和 $SSTA$ 数值指标。

（2）计算出 1998—2008 年间每年福克兰 SPS 鱿钓产量和 $CPUE$，以此作为资源补充量的指标。

（3）利用相关性分析对 11 年间选定的 6—8 月每月 SST、$SSTA$ 和次年产量及 $CPUE$ 数据进行统计分析，以此判断产卵场 SST 和 $SSTA$ 是否对下年的资源补充量产生影响。如果影响存在，则利用线性回归等公式建立海洋环境因子与资源补充量之间的关系。

（4）根据 2011 年产卵场 6—8 月的 SST 和 $SSTA$ 数据，预测 2012 年阿根廷滑柔鱼资源补充量。

（二）结果

1. 福克兰海域阿根廷滑柔鱼产量及 CPUE 组成

统计分析显示，1998—2008 年 11 年间，福克兰海域阿根廷滑柔鱼产量年间波动较大，$CPUE$ 基本也呈现相似的变化趋势（图 6 - 23）。1999 年福克兰海域阿根廷滑柔鱼产量最高，达到 26.625×10^4 t。此后 2000—2002 年间，产量开始急剧下降，到 2002 年时已降到历史较低水平，只有 1.341×10^4 t。2003 年上升到 10.337×10^4 t，之后 2004 年、2005 年处于低水平，2006 年后产量开始上升，到 2007 年恢复到历史正常水平 16.112×10^4 t。$CPUE$ 变化趋势和产量变化趋势基本保持一致：1999 年 $CPUE$ 最高，为 3 059.8 t/船，此后 2000—2002 年间，开始急剧下降，到 2002 年，只有 107.29 t/船，2003 年上升到 847.33 t/船，之后 2004 年、2005 年处于低水平，2006 年后产量开始上升，到 2007 年恢复到历史正常水平 2 149.36 t/船，但 2006 年 $CPUE$ 出现异常，尽管当年产量相对偏低，但 $CPUE$ 却相对较高，为 1 991.02 t/船，这可能和当年生产渔船数量减少有关（图 6 - 23）。

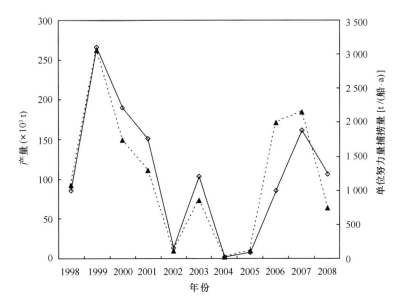

图 6 - 23　1998—2008 年间福克兰海域阿根廷滑柔鱼产量及 CPUE 分布图

2. CPUE 和孵化场海洋环境因子的关系

相关性分析表明，对于推定的孵化场，只有 6 月份 SST 和次年的 CPUE 之间存在显著相关性（$P = 0.048 < 0.05$），而 7 月（$P = 0.151 > 0.05$）和 8 月（$P = 0.249 > 0.05$）SST 和次年 CPUE 之间不存在相关性。回归分析表明，选取产卵场 6 月 SST 和次年的 CPUE 之间呈线性正相关（图 6 - 24）。

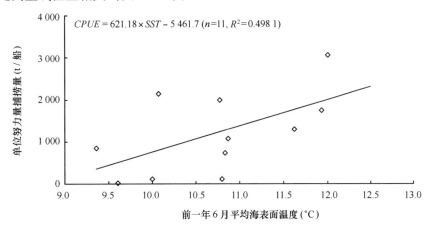

$$CPUE = 621.18 \times SST - 5\,461.7 \ (n=11, R^2 = 0.498\,1)$$

图 6 - 24　1998—2008 年福克兰海域阿根廷滑柔鱼 CPUE 和孵化场

前一年 6 月 SST 关系

同样，在分析 6—8 月 SSTA 与来年阿根廷滑柔鱼 CPUE 的关系中，相关性分析表明，只有6月（$P = 0.043 < 0.05$）SSTA 和次年的 CPUE 存在显著相关性，7月（$P = 0.251 > 0.05$）和8月（$P = 0.517 > 0.05$）均不存在相关性。回归分析表明，6月孵化场海域 SSTA 和次年的 CPUE 之间呈线性正相关（图6-25）。

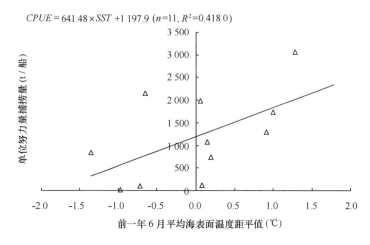

CPUE = $641.48 \times SST + 1\,197.9$ ($n=11, R^2 = 0.418\,0$)

图6-25　1998—2008年福克兰海域阿根廷滑柔鱼 CPUE 和孵化场前一年6月 SSTA 关系

综上所述，当推定产卵场海域 SST 相对较高时（如1998年、1999年、2005年和2006年，平均温度达到11.22℃），次年的阿根廷滑柔鱼 CPUE 就会相对稍高。而当推定产卵场海域 SST 较低时（如2001年、2003年和2004年，平均温度为9.40℃），次年的产量则会偏低。同样，当推定产卵场海域 SSTA 相对较大时（如1998年，1999年，2005年和2006年，平均为0.38℃），次年的 CPUE 就会相对稍高，而 SSTA 较小时（如2003年和2004年，平均仅为 -0.44℃），下一年的 CPUE 也会相对较低。

3. 2012年阿根廷滑柔鱼资源补充量预测

前面研究认为，利用孵化场6月份的 SST 和 SSTA 用于预测来年福克兰海域阿根廷滑柔鱼资源补充量是可行的。总体而言，当6月 SST 高于10℃、SSTA 大于0时，次年阿根廷滑柔鱼产量可能会相对较高；当6月 SST 低于10℃、SSTA 小于0，次年的产量和 CPUE 应可能会较低。6月 SST 和 SSTA 与次年的产量和 CPUE 基本成正相关。为此，本研究根据2011年推定孵化场海域6月的海洋环境状况，来预测2012年阿根廷滑柔鱼资源补充量。根据遥感数据分析，2011年6月份 SST 平均为11.04℃，SSTA 平均为0.52℃，因此推测2012年福克兰海域阿根廷滑柔鱼资源补充量会处在较好的水平，其预测的 CPUE 为：1 404.9 ～1 515.2 t/船。

（三）讨论

通过分析，1998—2008年的11年间，福克兰海域阿根廷滑柔鱼产量年间波动较大，*CPUE* 基本也呈现相似的变化趋势。按照产量的高低，可以将 2000—2010 年这 11 年间分为 3 个不同的阶段：2000—2001 年为高产年，2002—2004 年为低产年，2006—2008 年为高产年。通常认为，这种变化与大范围海洋环境变化有关，尤其是与厄尔尼诺和拉尼娜现象有关（Boyle，1990）。

通过对孵化场（40°—42°S、56°—58°W）6—8 月的表温与福克兰海域阿根廷滑柔鱼 SPS 群体的 *CPUE* 相关性分析，结果表明，7—8 月该海域 *SST* 和 *SSTA* 对于次年的 *CPUE* 没有显著相关性，而 6 月的 *SST* 和 *SSTA* 则与次年 *CPUE* 存在相关性，并基本呈正线性相关。其他学者研究认为，在假设产卵海域（32°—39°S，49°—61°W），6—7 月间阿根廷滑柔鱼最适温度（16 ~ 18℃）海域面积占全部产卵场海域面积比例越大，次年的阿根廷滑柔鱼资源丰度也越高（Waluda et al，2001）。16 ~ 18℃水团主要来源于巴西暖流，巴西暖流越强，满足条件的水团范围也越大，对应下一年的 CPUE 也就越高，这个结论也间接证明了本研究中得到的 *SST* 和 *SSTA* 越高，下一年 *CPUE* 也会相对越高的结果。

头足类早期生活阶段是否顺利直接影响到以后其资源量的大小，然而，这个阶段是比较脆弱的，不仅仅只受到海域环境因素的影响（Boyle，1990），还受到来自外部和内部的捕食者的影响（曹杰，2010），加之阿根廷滑柔鱼是一年生种，产卵以后便死亡，因此，阿根廷滑柔鱼早期生活经历的海洋环境对于资源补充力量是一个比较重要的影响因子。

Agnew 等（2000）研究认为，温度对福克兰海域的巴塔哥尼亚枪乌贼（*Loligo gahi*）资源补充量影响较大，当秋季温度稍低时，次年的资源补充量对应也可能越高。Challier 等（2002）通过对英格兰海峡巴塔哥尼亚枪乌贼（*Sepia officinalis*）的研究也得到了类似的结论。这说明，产卵场环境条件对鱿鱼类资源补充量的影响是很大的，关系是密切的。

研究认为，6 月产卵场 *SST* 高于 10℃、*SSTA* 大于 0 时，次年阿根廷滑柔鱼资源补充量可能相对较高；而当 6 月 *SST* 低于 10℃、*SSTA* 小于 0，次年的资源补充量可能较低。当年的 6 月 *SST* 和 *SSTA* 与次年的 *CPUE* 基本成正相关。

CPUE 经常被用于研究阿根廷滑柔鱼的资源丰度（Waluda et al，1999；2001）。由于在福克兰海域作业渔船的功率大小、船长水平、集鱼灯功率等不同，名义 *CPUE* 可能反映不了其真实的资源丰度，经过标准化后的 *CPUE* 用于今后的研究，其相关性可能会更加密切。

尽管以前一些学者对海洋环境影响西南大西洋阿根廷滑柔鱼资源丰度进行了研究，也提出了一些假设，但是影响阿根廷滑柔鱼资源补充量的机制是复杂的，可能不是哪一个因子可以解释清楚的，因此还需要更多、更深入的研究。

三、基于产卵场环境因子的阿根廷滑柔鱼资源补充量预报模型研究

本研究在前人研究的基础上用 GLBM（Generalized Linear Bayesian Models）模型标准化后的 *CPUE* 作为资源丰度指标，通过产卵场表温及其距平均值与 CPUE 的相关性分析找出影响资源丰度关键海域，利用关键海域的表温及其距平均值、适宜表温所占海域面积等因子作为影响资源丰度的环境指标，试图建立不同环境影响因子与资源丰度之间的预报模型，为西南大西洋海域滑柔鱼的科学管理与生产提供参考依据。

（一）材料与方法

1. 材料来源

阿根廷滑柔鱼冬季产卵群体是主要的商业捕捞对象，2003—2011 年我国鱿钓船队在西南大西洋的生产数据来自上海海洋大学鱿钓技术组，并假设捕获的群体全部是冬季产卵群。海表温度数据来自 http：//oceanwatch. pifsc. noaa. gov/las/servlets/dataset，时间分辨率为月，空间分辨率为经纬度 0.1°×0.1°；海表温度异常数据来自 http：//iridl. ldeo. columbia. edu，时间分辨率为月，空间分辨率为经纬度 0.5°×0.5°。海表温度数据和海表温度异常数据的经纬度范围均是 30°—45°S、40°—65°W。

2. 研究方法

（1）*CPUE* 计算。计算每年单船平均日产量 *CPUE*（t/d），并用 GLBM 模型进行了标准化处理（陆化杰，2012），标准化后的 CPUE 作为西南大西洋阿根廷滑柔鱼资源丰度指数。

（2）影响因子选取。前人研究表明，30°—45°S、40°—65°W 海域通常被认为是西南大西洋阿根廷滑柔鱼的产卵场（Basson et al，1996）。在产卵月份（6—8 月），计算分析每点 *SST*、*SSTA* 组成的时间序列值与来年 *CPUE* 组成的时间序列值的相关性，选取相关性高海域的 *SST*、*SSTA* 作为阿根廷滑柔鱼补充量的影响因子。

计算产卵场最适表层水温范围占产卵场总面积的比例是衡量产卵场栖息地环境优劣的重要方法之一（Waluda et al，2001）。根据 Waluda 等（2001）研究，将 *SST*16 ~ 18℃定义为产卵场最适表温，计算最适表层水温范围占产卵场总面积的比例（P_S），用 P_S 表达产卵场栖息环境的适宜程度。因此选定 P_S 为滑柔鱼补充量的影响因子，计算分析 P_S 组成的时间序列值与来年 CPUE 组成的时间序列值的相关性。

（3）预报模型建立。① 线性预报模型。根据（2）的相关性分析，建立影响滑柔鱼资源补充量的显著相关因子与 CPUE 之间的多元线性模型。② EBP 神经网络预报模型。误差反向传播神经网络（Error Backpropagation Network，EBP）属于多层前向神经网络，采用误差反向传播的监督算法，能够学习和存储大量的模式映射关系，已被广

泛应用于各个领域（Hush，Horne，1990；Benediktsson，Swain，1993）。

　　EBP 神经网络的建立在 matlab 软件中完成，首先对样本进行归一化处理，使样本处在 0～1 之间。使用神经网络工具箱的拟合工具，将 2003—2010 年的归一化样本作为训练样本，2011 年的归一化样本作为验证样本。网络设计的参数为：输入层神经元个数根据（2）选定的显著相关因子和 P_S 的组合而决定，输出层神经元 1 个为 CPUE，隐含层神经元个数根据经验公式得到（刘刚，2002；吕砚山，赵正琪，2001）。学习速率为 0.1，动量参数为 0.5。网络训练的终止参数为：最大训练批次 100 次，最大误差给定 0.001。模型经多次训练，取最优结果，同时防止过拟合状态的出现（金龙等，2004）。

　　EBP 模型以均方误差（MSE）作为判断最优模型的标准。拟合残差是将预报值与实际值进行比较所得，其函数定义式为 $MSE = \dfrac{1}{N}\sum\limits_{k=1}^{N}(y_k - \hat{y}_k)^2$，$y_k$ 为 CPUE 的实际值，$\hat{y}_k$ 为 CPUE 的预报值。

（二）结果

1. 年 CPUE 变化趋势

　　用 GLBM 模型标准化后的 CPUE 显示（图 6 - 26），2003—2011 年 CPUE 年间波动较大，CPUE 较低年份出现在 2006 年、2007 年，最低为 2006 年的 5.46 t/d，CPUE 最高年份出现在 2009 年，为 9.29 t/d，其余年份 CPUE 均在平均值上下波动。

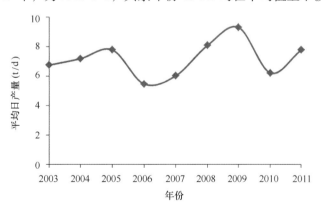

图 6 - 26　2003—2011 年阿根廷滑柔鱼 CPUE 和产卵场
前一年 6 月份 SST 变化趋势

2. 相关性分析及关键区域选择

　　在产卵月份（6—8 月）产卵场区域内（30°—45°S、40°—65°W），6—8 月份各月每一个 0.1°×0.1° 的 SST 与次年 CPUE 作相关性分析，发现 6 月份 SST 有三片连续区

域与次年 *CPUE* 呈显著相关（表6－9、图6－27），分别为区域一（Area1）的分布范围是38°—39°S、54°—55°W；区域二（Area2）的分布范围是40.5°—41.5°S、51°—52°W；区域三（Area3）的范围是39.9°—40.4°S、42.6°—43.1°W。6—8月份各月每一个0.5°×0.5°的 *SSTA* 没有与次年 *CPUE* 呈显著相关的连续区域。P_S 时间序列与 *CPUE* 时间序列相关性分析表明（表6－10），6—8月份最适表层水温范围占产卵场总面积的比例与次年 *CPUE* 之间不存在显著相关性。

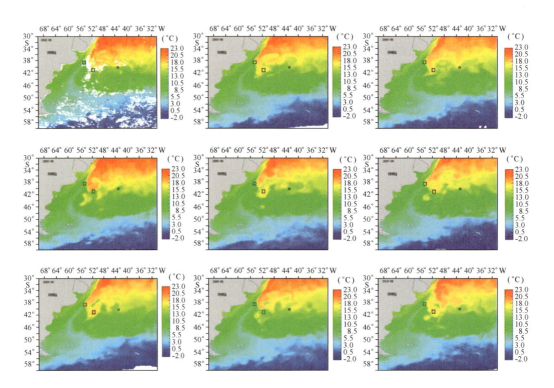

图6－27　与 *CPUE* 显著相关的关键区域及其海表温度分布图

表6－9　6月份关键区域 *SST* 与次年 *CPUE* 相关性分析参数

参数	Area1	Area2	Area3
经纬度范围	38°—39°S，54°—55°W	40.5°—41.5°S，51°—52°W	39.9°—40.4°S，42.6°—43.1°W
R 值	0.875 4	0.78	0.865 5
P 值	0.002	0.013 2	0.002 6

表 6 – 10　产卵场最适表温分为 P_S 与次年 $CPUE$ 相关性分析参数

统计参数	6 月 P_S	7 月 P_S	8 月 P_S
R 值	0.266	0.42	0.36
P 值	0.499	0.254	0.312

3. 预报模型实现及结果比较

（1）线性预报模型。根据上面的结果，利用选定的 6 月份三片连续区域表温与次年 $CPUE$（t/d）组成的样本建立多元线性模型，其方程为 $CPUE = 0.152SST_{Area1} + 0.17SST_{Area2} + 0.58SST_{Area3} - 5.8$，其相关系数 R 为 0.943（$P = 0.007 < 0.05$）。

（2）EBP 预报模型。利用选定的 6 月份三片连续区域表温和 7 月份 P_S 不同组合作为 EBP 预报模型的输入因子，构造多种 EBP 预报模型，分别是：

方案 1：选取区域一表温、区域三表温、P_S 共三个因子作为输入层，构造 3∶4∶1 的 EBP 网络结构。

方案 2：选取区域二表温、区域三表温、P_S 共三个因子作为输入层，构造 3∶4∶1 的 EBP 网格结构。

方案 3：选取区域一表温、区域二表温、区域三表温、P_S 共四个因子作为输入层，构造 4∶5∶1 的 EBP 网络结构。

利用 matlab 进行计算，获得了三种方案下的均方误差（图 6 – 28）。由图 6 – 28 可知，方案 3 的均方误差最小，其准确率为 96.4%。

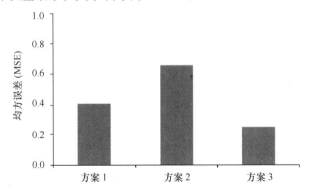

图 6 – 28　不同神经网络模型的模拟结果

（三）讨论与分析

阿根廷滑柔鱼由于其独特的生物学特性，其资源补充量的多少与其产卵场栖息环境密切相关。通常认为，巴西暖流与福克兰寒流汇合海域，营养盐丰富，是阿根廷滑柔鱼重要的饵料场，也是促使阿根廷滑柔鱼穿越整个大陆架及大陆坡海域洄游至该海域的重要动力。已有的研究表明（陈新军等，2005；刘必林，陈新军，2004），利用产卵场海表温度和海表温度异常数据来预报福克兰海域内的冬生群的资源补充量是可行的。在本研究所选择的关键区域中，用2002—2010年这些海域的表温叠加后发现（图6-27），区域一的表温可以表征福克兰寒流对阿根廷滑柔鱼资源补充量影响的强弱；区域二的表温可以表征巴西暖流对阿根廷滑柔鱼资源补充量影响的强弱，这两处表温高低与两股海流的相对强弱密切相关，影响阿根廷滑柔鱼产卵环境，进而影响到次年阿根廷滑柔鱼的资源补充量。

本研究经过相关性分析，表明只有6月份 SST 存在三片连续区域与次年 $CPUE$ 存在显著相关性，而 SSTA 和 P_S 与次年 $CPUE$ 不存在显著相关性。这与陆化杰（2012）、Waluda 等（2001）的研究结果不尽相同。分析其原因可能有两点：① 生产统计数据来源不同，中国大陆的鱿钓船都在阿根廷经济专属区线外生产，有可能导致 $CPUE$ 的变化趋势有所差异；② $CPUE$ 计算方式不同，本研究使用的是经 GLBM 模型标准化后的 $CPUE$，这更能反映阿根廷滑柔鱼资源的真实状况。

本研究建立多元线性模型所用数据样本都是经过相关性分析得到的与 $CPUE$ 呈显著相关的数据，模型符合统计检验，解释率为82.4%，优于陆化杰（2012）的用一个假设的关键区域（40°—42°S、56°—58°W）数据所建立线性模型。对于三种方案下 EBP 神经网络模型，方案3模型包含了福克兰寒流与巴西暖流两股海流的表温信息，明显优于方案1和方案2包含的一股海流表温信息的模型。

阿根廷滑柔鱼的资源补充量预报是一件极其复杂的系统工作，在其早期生活阶段不仅仅受到海域环境因素的影响，还受到来自外部和内部的捕食者的影响，利用其早期生活阶段海域环境因素进行资源量评估只是其中一种重要方法。今后需要结合物理海洋学、生态系统动力学等，综合其个体的生长、死亡等因素以及海流、初级生产力等因子，建立更为全面、科学的阿根廷滑柔鱼资源补充量预测模型，为阿根廷滑柔鱼资源合理利用和科学管理提供依据。

第三节　东南太平洋茎柔鱼资源补充量预测

一、秘鲁外海茎柔鱼资源丰度和补充量与海表温度的相关关系

茎柔鱼（*Dosidicus gigas*）属于一种大洋性头足类，广泛分布于东太平洋海域。目前世界上多个国家已对茎柔鱼资源进行了开发利用，并成为该海域重要的经济捕捞种类。我国于2001年首次组织鱿钓船对秘鲁外海茎柔鱼资源进行探捕，之后产业规模和产量不断扩大，到2011年产量达到最高值，为 25.1×10^4 t，因而目前茎柔鱼资源仍处

于中等开发程度，开发潜力较大。本研究拟利用2003—2010年我国鱿钓船在秘鲁外海生产统计数据及其作业海区 *SST* 数据，探讨哪一个海区 SST 变化对秘鲁外海茎柔鱼资源丰度和补充量丰度指数的影响最为显著，并探讨建立资源丰度预测的可能性，为茎柔鱼资源可持续开发提供科学依据。

（一）材料与方法

1. 材料来源

生产统计数据来自上海海洋大学鱿钓技术组，时间为2003年1月至2010年12月，作业渔船为我国在东南太平洋海域生产的鱿钓船，内容包括日期、经度、纬度、日产量和渔船数。

海洋表层温度（*SST*）数据来自美国哥伦比亚海洋环境数据库（http：//iridl. ldeo. columbia. edu /SOURCES/. CARTON2GIESE /SODA /. ），时间范围为2003年1月至2010年12月，时间分辨率为月；海域范围为20°N至20°S，70°—110°W，空间分辨率为1°×1°。

2. 研究方法

（1）资源丰度计算。由于鱿钓船全部用于钓捕茎柔鱼，无兼捕渔获物，且茎柔鱼生命周期在1 a左右，所以将平均日产量（*CPUE*，t/d）作为资源丰度指数，同时作为下一年资源补充量（*CPUE*，t/d）的指标。

（2）Waluda等（2006）根据卫星遥感确定了东太平洋茎柔鱼鱿钓船的作业范围，结合我国鱿钓船的主要作业海区，选定20°N至20°S、70°—110°W海域为茎柔鱼作业海区。本研究将作业海区按1°×1°的空间分辨率进行划分，利用典型相关性分析法计算每一个1°×1°空间内的 *SST* 与当年 *CPUE* 和下一年度 *CPUE* 的典型相关系数，以分析其相关性，并获得其能够表征资源丰度的最适 *SST* 因子。同时，利用线性模型来建立当年 *CPUE* 和下一年度 *CPUE* 与某一1°×1°海区 *SST* 的关系。

（二）结果

1. 资源丰度指数与作业海区 SST 的相关性

从图6-29可看出，各月中 *CPUE* 和作业海区 *SST* 相关系数高于0.8的作业位置相对较少，主要集中在3月和5月，最大相关系数分别为0.89和0.94（表6-11），其海区分别在0°—3°S、104°—110°W和8°—14°S、92°—105°W。另外，从图6-29也可发现，相关系数较高的海区多在5°N以北或5°S以南区域。

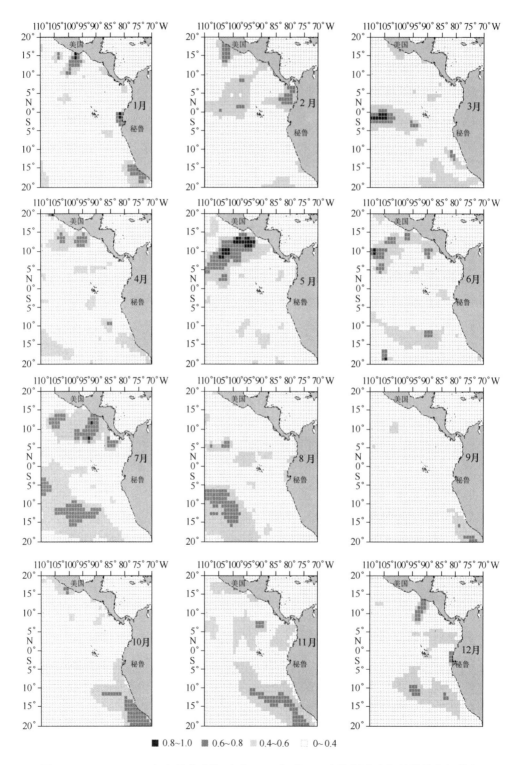

图 6 - 29　2003—2010 年各月作业海区（1°×1°）的 SST 与资源丰度相关性的空间分布

表 6 - 11　2003—2010 年各月作业海区（1°×1°）SST 与 CPUE 相关性的最大值及其对应位置

月份	最大相关系数	经度	纬度	月份	最大相关系数	经度	纬度
1	0.87	97.5°W	14.5°N	7	0.81	92.5°W	7.5°N
2	0.79	102.5°W	14.5°N	8	0.71	100.5°W	12.5°S
3	0.89	106.5°W	1.5°S	9	0.65	73.5°W	19.5°S
4	0.81	105.5°W	19.5°N	10	0.70	76.5°W	18.5°S
5	0.94	92.5°W	12.5°N	11	0.73	91.5°W	7.5°N
6	0.86	108.5°W	9.5°N	12	0.87	80.5°W	2.5°S

2. 资源补充量与作业海区 SST 的相关性

从图 6 - 30 可看出，各月资源补充量和作业海区 SST 的相关系数高于 0.8 的作业位置同样相对较少，主要集中在 2 月、6 月和 7 月，最大相关系数分别为 0.87、0.93 和 0.90（表 6 - 12），分别分布在 103°—109°W、14°—19°N，84°—107°W、5°—13°N 和 89°—93°W、14°—18°S 海域。同样，相关系数较高的海域多分布在 5°N 以北或 5°S 以南区域。

表 6 - 12　2003—2010 年各月作业海区（1°×1°）SST 与 CPUE 相关性的最大值及其对应位置

月份	最大相关系数	经度	纬度	月份	最大相关系数	经度	纬度
1	0.81	82.5°W	0.5°N	7	0.90	91.5°W	16.5°S
2	0.87	106.5°W	18.5°N	8	0.78	80.5°W	3.5°S
3	0.88	98.5°W	14.5°N	9	0.63	102.5°W	4.5°N
4	0.71	85.5°W	7.5°N	10	0.70	109.5°W	18.5°N
5	0.75	109.5°W	10.5°S	11	0.76	102.5°W	14.5°N
6	0.93	98.5°W	11.5°N	12	0.79	108.5°W	11.5°N

3. SST 与资源丰度指数和资源补充量的关系建立

由表 6 - 11 和表 6 - 12 可知，CPUE 和 SST 的相关系数在 5 月份的 12.5°N、92.5°W 位置为最高，相关系数为 0.94；CPUE 和 SST 的相关系数在 6 月份的 11.5°N、98.5°W 位置为最高，相关系数为 0.93。因此，分别选取 5 月份 12.5°N、92.5°W 位置的 SST 和 CPUE 以及 6 月份 11.5°N、98.5°W 位置 SST 和 CPUE，建立相应的关系式（图 6 - 31、图 6 - 32）。

经计算得出，茎柔鱼资源丰度指数与 5 月份 92.5°W、12.5°N 位置 SST 的相关性极

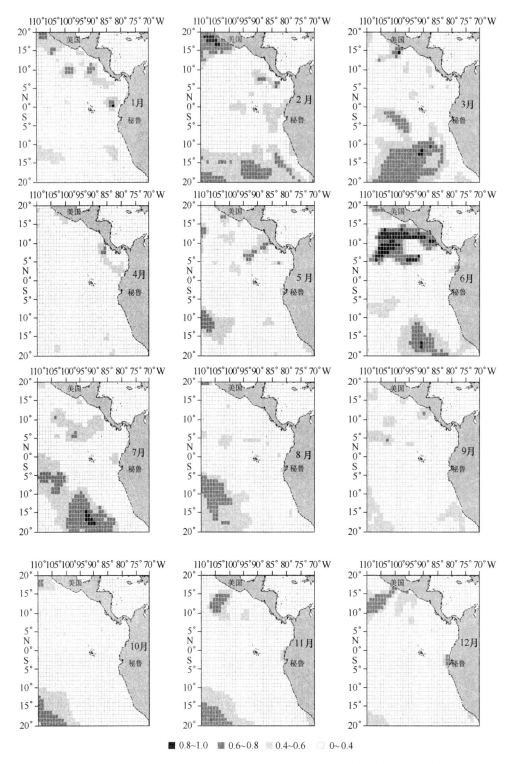

图 6-30　2003—2010 年各月作业海区 1°×1° 的 *SST* 与资源补充量相关性的空间分布

为显著（$P<0.001$）（图 6-31a），并且在线性回归中呈现出负相关（图 6-31b）。

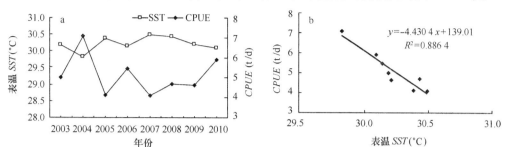

图 6-31　资源丰度与 5 月份 12.5°N、92.5°W 位置 SST 的分布（a）及其线性关系式（b）

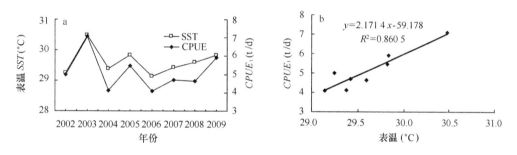

图 6-32　6 月份资源补充量与 11.5°N、98.5°W 的 SST 分布（a）及线性关系式（b）

经计算得出，茎柔鱼资源补充量与 6 月份 11.5°N、98.5°W 的 SST 相关性也十分显著（$P<0.01$）（图 6-32a），并且在线性回归中呈现出正相关（图 6-32b）。

（三）讨论与分析

1. 茎柔鱼资源丰度与作业海区 SST 相关性的空间分布

以 Waluda 等（2006）规定的茎柔鱼作业海域范围为基础，发现茎柔鱼资源丰度与作业海区 SST 相关性较高区域（最大相关系数 >0.6）除在 5°S 至 5°N 分布极少外，其他区域基本都有覆盖，这说明整个中东太平洋海域 SST 均对其资源丰度有着直接或间接的影响，究其原因：茎柔鱼属于大洋性种类，空间分布范围广，且自身具有南北洄游的特性（徐冰等，2011；Nigmatullin et al，2001）。但其影响的机理还需要在其生活史过程研究基础上，结合海洋动力学模型，进行深入分析与研究。

Kuroiwa（1998）研究指出，在公海海域内茎柔鱼的作业渔场主要分布在 3°~18°S 范围内，ICHII 等（2002）认为，在公海 5°~10°N 范围也是茎柔鱼一个重要的作业渔场。由图 6-29 和图 6-30 可知，资源丰度和资源补充量与作业海区 SST 的相关性较高区域（0.6 以上）在纬度上的分布主要集中在 5°—15°N 和 5°—20°S，从一个侧面看出，这些海域的 *SST* 环境（17～25℃）较为合适，有资源量较高的茎柔鱼分布。

2. 茎柔鱼资源丰度、资源补充量与作业海区 SST 相关性的时间分布

研究发现，茎柔鱼资源丰度和资源补充量指数与作业海区内 SST 相关性达到 0.8 以上的月份分别集中在 5 月和 6 月，在经度上分布范围较广，在纬度上都集中在 5°—15°N 内。Waluda 和 Rodhouse（2006）研究认为，秘鲁外海茎柔鱼资源丰度与前一年 9 月份哥斯达黎加外海（5°—14°N，85°—95°W）的海洋环境关系密切，在该海域中产卵时适宜 *SST*（24～28℃）所占范围的比重与其下一年度资源丰度的关系成正比。由以上分析可知，尽管在月份上有较大的差异，但用来表征海洋环境因子的海区还是基本重叠的（图 6 - 30）。有研究认为（Waluda，Rodhouse，2006），哥斯达黎加外海（5°—14°N，85°—95°W）可能是茎柔鱼的产卵场，产卵场海洋环境的适宜程度将直接影响到短生命周期种类的补充量。其内在机理及其变化规律需要进一步研究。

由于本研究中使用的产量数据全部来自我国鱿钓船的生产统计资料，对研究范围具有一定的局限性，且只将 *SST* 作为环境影响因子，未考虑盐度、叶绿素浓度、海面高度和海流等环境因素对茎柔鱼资源丰度和资源补充量的影响。在以后的研究工作中，应补充考虑其他环境因子对茎柔鱼资源量和资源补充量的影响，并进行综合分析，从而掌握茎柔鱼资源补充量的变动规律。

二、基于神经网络的茎柔鱼资源补充量预测

本研究在前人研究的基础上，尝试找出更为合适的影响茎柔鱼资源补充量的海洋环境指标，并利用误差反向传播神经网络（EBP）建立更为准确的资源补充量预报模型，为东南太平洋海域茎柔鱼的科学管理和生产提供参考依据。

（一）材料与方法

1. 材料来源

东南太平洋茎柔鱼的生产数据来自上海海洋大学鱿钓技术组，时间为 2003 年 1 月—2012 年 12 月。内容包括日期、经度、纬度、日产量、渔船数。

SST、*SSH*、*Chl - a* 数据均来自 http：//oceanwatch. pifsc. noaa. gov/las/servlets/data-set，时间分辨率为月；*SST* 空间分辨率为 0.1°×0.1°，*SSH*、*Chl - a* 空间分辨率为 0.25°×0.25°；经纬度范围是 20°S 至 20°N、110°—70°W。

本研究环境数据空间分辨率统一为 0.5°×0.5°，不同空间尺度的环境数据都是由原始空间尺度转换而成，如每一个空间尺度为 0.5°×0.5°的 *SST* 数据是计算 25 个原始数据的平均值而得到，空间分辨率转换工作由作者自主开发软件 FisheryDataProcess 完成。

2. 研究方法

（1）研究海域范围。茎柔鱼广泛分布于东太平洋的加利福尼亚（37°N）到智利（47°S）的海域中，在赤道附近海域可达到 140°W。根据我国鱿钓船的实际作业情况，选定本研究的海域范围为 20°S 至 20°N、110°—70°W。

（2）CPUE 计算。CPUE 定义如下：

$$CPUE_Y = \frac{Catch_Y}{Ves_Y}$$

其中 $Catch_Y$、Ves_Y 分别表示 Y 年的捕捞产量和作业渔船数。计算每年的单船平均日产量 CPUE（t/d）作为茎柔鱼资源丰度指标。

（3）影响因子选取。茎柔鱼资源补充量与其产卵场和索饵场的栖息环境密切相关。因此，分别计算分析 1—12 月份每点（1°×1°）SST、SSH、Chl－a 组成的时间序列值与本年和次年 CPUE 组成的时间序列值的相关性，选取相关性高海域的 SST、SSH、Chl－a 作为茎柔鱼资源补充量的影响因子。其中，SST、SSH、Chl－a 与本年 CPUE 相关性高的海域表示索饵栖息环境对资源补充量的影响；SST、SSH、Chl－a 与次年 CPUE 相关性高的海域表示产卵栖息环境对资源补充量的影响。

产卵场、索饵场最适表层水温范围占总面积的比例是衡量栖息地环境优劣的指标。有文献表明（Ichii et al，2002；Taipe et al，2001），9 月份茎柔鱼产卵时适宜 SST 为 24～28℃；7 月份茎柔鱼的索饵时适宜 SST 为 17～22℃。因此分别计算 9 月份产卵时、7 月份索饵时最适表层水温范围占总面积的比例（分别用 P_S、P_F 表示），用 P_S、P_F 表达产卵场索饵场栖息环境的适宜程度。

（4）预报模型建立。EBP 神经网络的建立在 matlab 软件中完成，首先对样本进行归一化处理，使样本处在 0～1 之间。使用神经网络工具箱的拟合工具，将 2003—2011 年的样本作为训练样本，2012 年的样本作为验证样本。网络设计的参数为：输入层神经元个数根据（3）选定的显著相关因子、P_F 以及 P_S 的组合而决定，输出层神经元 1 个为 CPUE，隐含层神经元个数根据经验公式得到（Hush，Horne，1993；金龙等，2004）。学习速率为 0.1，动量参数为 0.5。网络训练的终止参数为：最大训练批次 100 次，最大误差给定 0.001。模型训练 10 次，取最优结果，同时防止过拟合状态的出现。

EBP 模型以均方误差（MSE）作为判断最优模型的标准。拟合残差是将预报值与实际值进行比较所得，其函数定义式为 $MSE = \frac{1}{N} \sum_{k=1}^{N} (y_k - \hat{y}_k)^2$，$y_k$ 为 CPUE 的实际值，$\hat{y}_k$ 为 CPUE 的预报值。

（二）结果

1. 年 CPUE 变化

由图 6 - 33 显示，2003—2012 年茎柔鱼 *CPUE* 年间波动较大，*CPUE* 较低年份出现在 2005 年、2008 年、2009 年和 2012 年，最低年份 *CPUE* 为 2007 年的 4.03 t/d，*CPUE* 最高年份出现在 2004 年，为 7.07 t/d。

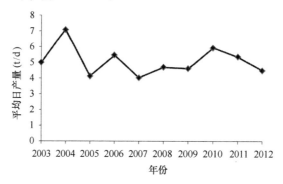

图 6 - 33　2003—2012 年东南太平洋茎柔鱼 *CPUE* 变化

2. 特征环境因子分析

在 1—12 月份 20°S 至 20°N、110°—70°W 海域范围内，各月每一个 0.5°×0.5°的 *SST* 与本年和次年 *CPUE* 作相关性分析，发现 *SST* 与本年 *CPUE* 相关性最大值出现在 7 月份的 13°N、102°W（Point1）（表 6 - 13，图 6 - 34，图 6 - 35a），*SST* 与次年 *CPUE* 相关性最大值出现在 6 月份的 8°N、103.5°W（Point2）（表 6 - 13，图 6 - 34，图 6 - 35b）处。

在 1—12 月份 20°S 至 20°N、110°—70°W 海域范围内，各月每一个 0.5°×0.5°的 *SSH* 与本年和次年 *CPUE* 作相关性分析，发现 *SSH* 与本年 *CPUE* 相关性最大值出现在 9 月份的 11°N、102°W（Point3）（表 6 - 13，图 6 - 34，图 6 - 35c）处，*SSH* 与次年 *CPUE* 相关性最大值出现在 2 月的 12°N、97.5°W（Point4）（表 6 - 13，图 6 - 34，图 6 - 35d）处。

在 1—12 月份 20°S 至 20°N、110°—70°W 海域范围内，各月每一个 0.5°×0.5°的 *Chl - a* 与本年和次年 *CPUE* 作相关性分析，发现 *Chl - a* 与本年 *CPUE* 相关性最大值出现在 3 月份的 8°S、107°W（Point5）（表 6 - 13，图 6 - 34，图 6 - 35e）处，*Chl - a* 与次年 *CPUE* 相关性最大值出现在 10 月的 10°S、93.5°W（Point4）（表 6 - 13，图 6 - 34，图 6 - 35f）处。

表 6 – 13　关键海区环境因子与资源丰度、补充量的相关性分析参数

参数	7 月 Point1 的 SST	6 月 Point2 的 SST	9 月 Point3 的 SSH	2 月 Point4 的 SSH	3 月 Point5 的 Chl – a	10 月 Point6 的 Chl – a
位置	13°N, 102°W	8°N, 103.5°W	11°N, 102°W	12°N, 97.5°W	8°S, 107°W	10°S, 93.5°W
R 值	0.86	0.91	0.91	0.92	0.94	0.92
P 值	0.001	0.000 2	0.000 2	0.000 2	0.000 03	0.000 1

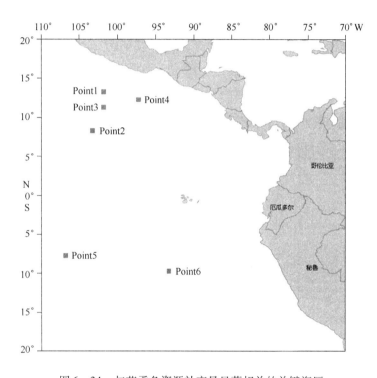

图 6 – 34　与茎柔鱼资源补充量显著相关的关键海区

3. 预报模型实现及结果比较

利用选定的关键海区环境因子以及 P_S、P_F 的不同组合作为 EBP 预报模型的输入因子，构造多种 EBP 预报模型，分别为：

方案 1：选取 Point1 的 SST、Point3 的 SSH、Point5 的 Chl – a、P_F 共 4 个因子作为输入层，构造 4∶5∶1 的 EBP 网格结构，表示利用索饵环境关键影响因子建立的预报模型。

方案 2：选取 Point2 的 SST、Point4 的 SSH、Point6 的 Chl – a、P_S 共 4 个因子作为输入因子，构造 4∶5∶1 的网络结构，表示利用产卵环境关键影响因子建立的预报模型。

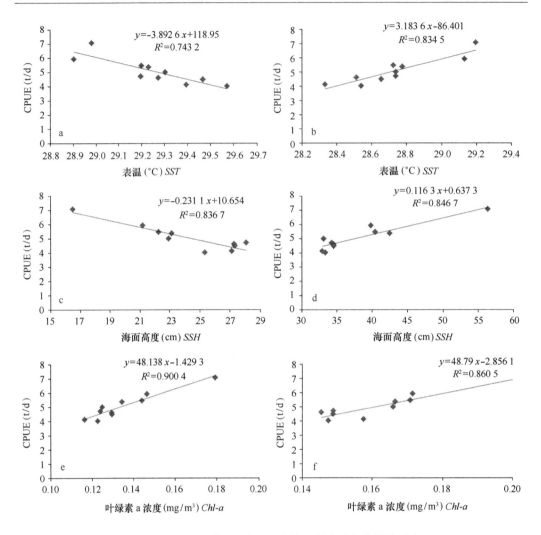

图 6-35　特征环境因子与茎柔鱼资源补充量的线性关系式

方案 3：选择 Point1，Point2 的 *SST*、Point3，Point4 的 *SSH*、Point5，Point6 的 *Chl - a*、P_S、P_F 共 8 个因子作为输入因子，构造 8:9:1 的网络结构，表示利用综合环境关键因子建立的预报模型。

利用 matlab 进行建模，计算三种方案下的均方误差（图 6-36），方案 2 和方案 3 的均方误差相近且优于方案 1，其准确率在 90% 左右。

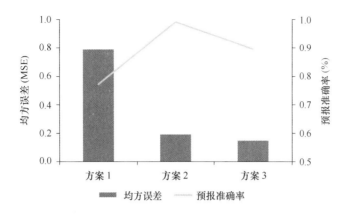

图 6 - 36　不同神经网络模型的模拟结果和准确率

（三）讨论与分析

　　茎柔鱼属于短生命周期种类，通常认为，东太平洋海域受两个低速东部边界流（秘鲁海流和加利福尼亚海流）影响，并在信风作用下产生上升流，上升流区域环境对茎柔鱼幼体和成熟体的生长、栖息等生活史过程具有十分重要的影响。已有的研究表明（陈新军，赵小虎，2006；徐冰等，2012），利用茎柔鱼栖息地环境因子来预报茎柔鱼 *SSH*、*Chl - a* 三种环境因子与 *CPUE* 进行相关性分析，选取的相关系数最大值点均在两股海流的路径之上，其中 *SST* 位置与徐冰等（2011）的研究结果基本相似。

　　比较三种方案下的 EBP 神经网络模型发现（图 6 - 36）方案 2 和方案 3 结果相近但优于方案 1，表明产卵栖息环境对资源补充量的影响要大于索饵栖息环境对资源补充量的影响，比较符合短生命周期种类的特征。

　　茎柔鱼资源补充量预报是一件极其复杂的系统工作，在其早期生活阶段不仅仅受到海域环境因素的影响，还受到来自外部和内部的捕食者的影响，利用其产卵、索饵等生活阶段海域环境因素进行资源量评估只是其中一种重要方法。今后需要结合物理海洋学、生态系统动力学等，综合其个体的生长、死亡等因素以及海流、初级生产力等因子，建立更为全面、科学的茎柔鱼资源补充量预报模型，为茎柔鱼资源合理利用和科学管理提供依据。

第四节　南极磷虾资源丰度的预测与分析

一、海冰对南极磷虾资源丰度的影响

　　南极磷虾（*Euphausua superba*）是南大洋海洋生态系统中的重要部分（Hopkins，

1985；Nicol，2006；Nicol et al，2008；孙松，刘永芹，2009），同时也是商业捕捞主要
目标种。南极磷虾通常指的是南极大磷虾，在南极生态系统中占有特殊地位，是目前
已知的地球上最大的单种生物资源。20 世纪 60 年代初，苏联率先赴南极试捕磷虾。随
后，日本、波兰、德国、智利等国家也相继开展了南极磷虾的开发利用研究，到 70 年
代初已形成小规模商业捕捞，1982 年达到历史最高产量 52.8 × 10⁴ t（陈雪忠等，
2009）。南大洋海洋环境较复杂，环境对南极磷虾丰度及其分布起着非常重要的作用
（Brierley，2002；Marschall，1988），特别是海冰（Mackintosh，1972；Smetacek et al，
1990）。研究认为，48 海区南极磷虾资源夏季丰度与上一年度冬季海冰的面积成正比
（Atkinson et al，2004；Brierley et al，1999；Hewitt et al，2003）。南大洋变化的海洋环
境对南极磷虾生活史至关重要，如海冰范围和浓度、水温和环流方式，这些因素的综
合效应使得监测和评估磷虾资源状况变得更加困难（Smetacek，Nicol，2005），同时也
直接对磷虾补充量及作业渔场的分布产生重要影响（Siegel，Loeb，1995）。本研究分
析冬春季海冰范围变动对南极磷虾资源丰度的影响，以为我国科学开发和利用南极磷
虾资源提供科学依据。

（一）材料与方法

1. 数据来源

（1）南极磷虾历年生产数据来自南极海洋生物资源保护委员会（CCAMLR）
www. ccamlr. org，数据字段包括作业年份和月份、产量（单位：t）、捕捞努力量（单
位：h）、捕捞海区。时间跨度为 1997—2008 年，分辨率为月。

（2）南极海冰数据来自博尔德科罗拉多州大学国家冰雪数据中心 http：//
nsidc. org/data/seaice_ index/，数据字段包括年份、月份、海冰面积。时间跨度为
1996—2008 年，分辨率为月。

2. 分析方法

（1）统计 1997—2008 年南极磷虾产量、变动趋势以及区域间的变化。由于南极磷
虾主要的作业方式是中层拖网，假设各个国家和地区捕捞效率几乎相同，因此以 *CPUE*
（t/h）作为衡量磷虾渔业的资源丰度指数。

$$CPUE = C/F$$

式中：*C* 表示一段时期内南极磷虾产量（t）；*F* 表示一段时期内捕捞努力量（h）。

（2）相关研究表明（Smetacek et al，1990；Brierley et al，2002），海冰作为南极磷
虾栖息地，为正在越冬的南极磷虾成体和幼体提供了很好的饵料环境。当春天来临时，
冰下生长的浮游生物在浮冰融化后可在表层大量繁殖，这样浮冰范围越大，浮游生物
群分布范围就越大；另一方面，当冬季和春季有合适的环境条件时，更多的浮游生物

量栖息在表层海域。因此，本研究主要提取和分析冬春季（7—11 月）海冰数据，利用单因素方差分析和相关性分析 1996—2008 年海冰状况以及与夏季磷虾资源丰度相关性。

（3）根据方差分析和相关性分析结果，利用线性回归建立当年夏季 CPUE 与前一年冬春季海冰面积关系模型。

$$CPUE = a_0 + a_1 x + \varepsilon$$

式中：CPUE（t/h）为夏季南极磷虾资源丰度指数；x 为冬春季海冰面积（10^6 km^2）。

（二）结果

1. 磷虾产量变动

纵观 1997—2008 年南极磷虾产量变动状况（图 6 - 37），磷虾作业渔场主要集中在 48 区，总产量稳定在 $10 \times 10^4 \sim 16 \times 10^4$ t 间，年平均产量维持在 11.2×10^4 t（图 6 - 37）。但各小区产量分布差异明显。在 48.1 区（50°—65°S，50°—65°W），1997—2001 年产量较为稳定，维持在 $4 \times 10^4 \sim 7 \times 10^4$ t 间，占 48 区产量的 38% ~ 64%。2002—2008 年产量波动较大，2008 年产量为最低，仅 2 884 t，占 48 区年总产量的 1.84%，2006 年产量为最高，达到 8.89×10^4 t，占 48 区年产量的 83.4%（图 6 - 39）。总体平均产量为 $(3.7 \pm 2.7) \times 10^4$ t（图 6 - 39），渔汛旺期为 3—7 月（图 6 - 38）。

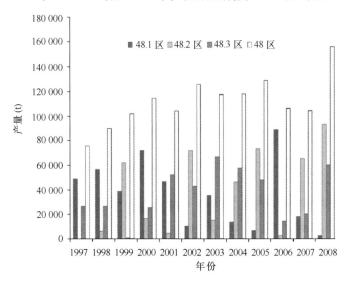

图 6 - 37　南极磷虾区域产量分布

在 48.2 区（55°—65°S，30°—50°W），其年际间产量变动较大，平均产量为 $(3.8 \pm 3.4) \times 10^4$ t（图 6 - 39）。旺汛期为 3—7 月（图 6 - 38），旺汛期的累计产量占 48.2

区产量的 75.5%。最高产量为 2008 年的 9.3×10⁴ t，占 48 区总产量的 59.7%。最低产量出现在 1997 年的 98 t，仅占 48 区产量的 0.1%（图 6 - 38）。

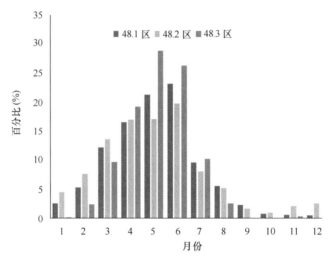

图 6 - 38　南极磷虾各区产量百分比月分布

在 48.3 区（50°—55°S，30°—50°W），其年平均产量变动相对较小（3.7 ± 2.1）×10⁴ t（图 6 - 39）。2000—2005 年产量较稳定，维持在 4×10⁴ ~ 6×10⁴ t。旺汛期为 4—6 月，其累计产量约占 48.1 区的 75%（图 6 - 38）。最高产量为 6.7×10⁴ t（2003 年），约占该年度 48 区总产量的 56.8%，最低产量仅为 985 t（1999 年），只占该年度 48 区总产量的 1%。

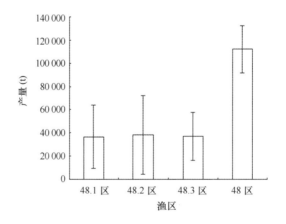

图 6 - 39　1997—2008 年各渔区磷虾年平均产量变动

2. 春冬季（7—11 月）海冰年间和季节变化

纵观 1996—2008 年 7—11 月海冰面积变动（图 6 - 40），其海冰年内各月份间呈现显著变化（ANOVA，$F_{5,72}=389.22$，$P<0.000\,1$），平均海冰面积从初春 11 月份最小值 （16.36 ± 0.31）$\times10^6\ \mathrm{km}^2$（mean $\pm$ SD）增长至 9 月份最大值（18.91 ± 0.37）$\times10^6$ km^2（图 6–40）。但各月海冰面积变化很大，特别是 9 月份海冰变动为最大，7 月为最 小（$s_7^2=0.26$），各月海冰变动方差（s_i^2）为 $s_9^2>s_{10}^2>s_{11}^2>s_8^2>s_7^2$。海冰面积最大的为 2006 年 9 月，达到 $19.4\times10^6\ \mathrm{km}^2$（图 6–41b）；最小面积为 2001 年 11 月，仅为 15.8 $\times10^6\ \mathrm{km}^2$（图 6–41a）。海冰年际间变化不显著（ANOVA，$F_{12,65}=0.12$，$P>0.05$）。 统计表明，海冰季节性变动大于年际间变动。

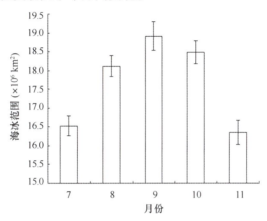

图 6–40　南极海冰 1996—2008 年 7—11 月变动

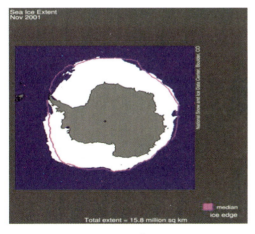
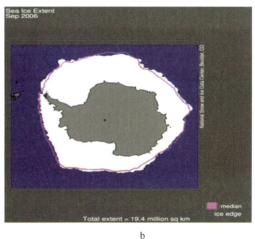

图 6–41　1996—2008 年 7—11 月南极海冰最小（a）和最大（b）范围

3. 磷虾 *CPUE* 与冬春季（7—11 月）海冰关系及其回归模型的建立

相关分析结果显示，夏季磷虾资源丰度与上一年度的 9 月海冰面积（$r=-0.756$，

$p < 0.05$）、10 月海冰面积（$r = -0.674$，$p < 0.05$）和 7—11 月平均海冰面积显著相关（$r = -0.721$，$p < 0.05$）。这表明，冬春季（7—11 月）海冰范围对下一年度南极磷虾资源丰度有着显著的负面影响，同时也表明冬春季 9、10 月份两个月海冰面积大小对磷虾资源丰度有着重要影响。为此，以冬春季（7—11 月）平均海冰面积为自变量，与来年资源丰度 CPUE 建立回归模型。

$$CPUE = a_0 + a_1 x + \varepsilon$$

式中：$CPUE$（t/h）为夏季南极磷虾资源丰度指数；x 为冬春季（7—11 月）平均海冰面积（$10^6 \ \mathrm{km}^2$）；ε 为随机误差。

回归分析表明（表 6-14），冬春季海冰范围与下一年度夏季磷虾 CPUE 呈显著负相关（$a_1 = -9.59$，$p < 0.05$），该模型可解释夏季 57.1% 的磷虾 CPUE 变动（$R^2 = 0.571$）。2006 年冬春季海冰面积较大，翌年夏季磷虾 CPUE 最低；1997—1998 年夏季 CPUE 处于中等水平，其冬春季海冰范围较 2006 年有所减少；2008 年夏季 CPUE 较高时，其冬春季海冰大范围减少（图 6-42）。

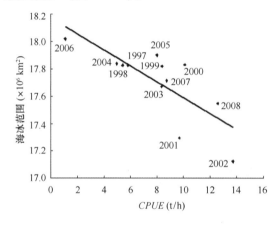

图 6-42　冬春季 7—11 月平均海冰面积与下一年度夏季南极磷虾 CPUE 的关系

表 6-14　回归分析结果

	系数	p 值	下限 95%	上限 95%
a_0	177.705	0.006 249	62.864 08	292.546
a_1	-9.594 28	0.008 126	-16.088 6	-3.1
方差分析 $F = 10.83$，Significance $F = 0.008$				
回归统计				
相关系数 R		0.755 651		
判定系数 R^2		0.571 008		
调整判定系数 R^2		0.528 109		
标准误差		2.364 379		

（三）讨论与分析

近年来南极磷虾渔业呈现稳定的趋势，其平均年产量维持在 11×10^4 t 左右，产量主要来自48区。在48区，渔汛旺期集中在3—7月，约占48区年产量的71.3%。但不同年份、不同季节的各小区（48.1区、48.2区和48.3区）产量悬殊较大，如2008年主要产量来自48.2区和48.3区，48.1区产量较少；但1997年夏季48.2区仅98t（图6-37）。

根据CCAMLR统计认为，近年来48区 CPUE 保持稳定增长，平均 CPUE 达到11.9t/h，2006年达到最高，为15.4t/h。但各小区（48.1区、48.2区和48.3区）CPUE 年间波动较大，48.1区平均 CPUE 为 10.6 ± 3.9t/h，48.2区平均 CPUE 为 14.8 ± 4.1t/h，48.3区平均 CPUE 为 11.4 ± 3.2t/h。根据对海冰面积的统计，发现7—10月平均海冰面积波动较大，尤其在2000年和2001年比较低，平均面积仅为 17.1×10^6 km^2，其余年份海冰面积维持在 $17.5 \times 10^6 \sim 18.0 \times 10^6$ km^2。

研究认为，48区夏季磷虾 CPUE 与上一年冬春季（7—11月）平均海冰面积呈现显著的负相关，特别是9月和10月。即当上年冬春季海冰范围较大时，翌年夏季磷虾 CPUE 较低，反之亦然。回归模型可以解释57.1%的48区夏季 CPUE 变动。冬春季海冰范围不仅对磷虾成年体及未成熟个体的生长产生影响（Brierley et al，2002），同时也影响到南极磷虾的作业时间和范围，进而影响到南极磷虾渔业 CPUE。

从大洋尺度范围来讲，海冰范围作为影响磷虾资源丰度的主要因子，预测模型仍存在一些不足。比如分布在大陆架斜坡海域的磷虾种群，被认为是南极绕极流运输的产物（Hofmann，Murphy，2004；Nicol，Foster，2003），环流方式可能也对磷虾资源丰度产生影响，因此影响南极磷虾资源丰度的环境因素是多方面的，可能并不是简单的因果关系。为此，今后的研究应在海冰的基础上，综合其他各种环境因子，进一步完善磷虾资源丰度的预测模型。

二、南极磷虾资源丰度变化与海冰和表温的关系

20世纪60年代以来，渔业发达国家已先后对南极海洋生物资源进行了商业性的开发和利用，近几年南极磷虾的捕获量维持在每年 10^5 t 以上，特别在南极半岛周边CCAMLAR辖区48渔区，捕捞活动最为密集。南大洋海洋环境较复杂，环境因素对南极磷虾丰度及其分布有显著的影响。

研究表明，48渔区南极磷虾资源丰度与海冰的面积有一定的相关性（Smetacek et al，1990；Brierley et al，2002）。此外，其他海洋环境也影响着南极磷虾资源的分布，如海冰范围和密集度、环流方式和海底构造等因素。本研究主要以中国磷虾作业的主要渔区——48.2区为例，研究海冰和海表面温度对南极磷虾资源丰度的影响，以期为

中国开发和利用南极磷虾资源提供一定的科学依据。

（一）材料与方法

1. 数据来源

（1）生产数据。南极磷虾历年生产数据来自南极海洋生物资源保护委员会 CCAM-LR（http：//ww. ccamlr. org），数据包括作业年份和月份、产量（t）、捕捞努力量（h）、捕捞海区。结合本文的研究海域——48.2 区（57°—64°S，30°—50°W）（图 6 - 43），析取出 2003—2010 年磷虾的产量数据进行初步分析，其时间分辨率为月。

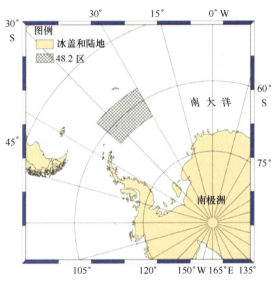

图 6 - 43　研究区域

（2）环境数据。南极海冰密集度（Sea ice concentration）来自 http：//www. iup. unibremen. de：8084/amsr/，时间跨度为 2003—2010 年，时间分辨率为天，空间分辨率为 6.25km。南极海域的海表温度（sea surface temperature，SST）数据来自网站 http：//oceancolor. gsfc. nasa. gov，时间跨度为 2003—2010 年，时间分辨率为月，空间分辨率为 9 km。

2. 分析方法

（1）生产数据的处理。目前，南极磷虾的捕捞主要以单船中层拖网为主，属于大型尾滑道拖网加工船，作业水深一般在 200m，作业区域主要分布在海冰边缘及外围水域。通常认为，单位捕捞努力量渔获量（CPUE）可作为渔业资源密度指标，其大小也常被作为资源丰度的相对指数来反映资源丰度的变化。南极磷虾主要的作业方式是中层拖网，因此以 CPUE（t/h）作为衡量磷虾渔业的资源丰度指数。计算方法为：

$$CPUE = C/F$$

式中：F 表示有效拖网作业时间即捕捞努力量（h），C 表示该段时间内南极磷虾捕捞产量（t）。

相似性系数（B）计算根据 Bray Curtis 计算公式：

$$B = 100 \times \left[1 - \frac{\sum_{i=1}^{s} \mid x_{ij} - x_{im} \mid}{\sum_{i=1}^{s} \mid x_{ij} + x_{im} \mid} \right]$$

式中：x_{ij} 和 x_{im} 分别为第 i 年在第 j 个月和第 m 个月的 $CPUE$；S 为磷虾捕捞作业的年数。为减弱月份间 $CPUE$ 的大小悬殊，首先对 $CPUE$ 进行二次方根转化，接着分别用聚类分析和非度量多维度（nMDS）进行分析，当 nMDS 计算的胁迫系数 stress < 0.05 时，吻合极好；当 0.05 < stress < 0.1 时，吻合较好；当 0.01 < stress < 0.02 时，吻合一般；而当 stress > 0.02 时，吻合较差。聚类分析采用组平均距离方法，所有的计算及 nMDS 和聚类分析均采用国际通用软件 Primer 实现。根据该结果，结合磷虾产量及 $CPUE$ 变动情况，本文主要析取 2003—2010 年中 2—8 月 48.2 区海冰和 SST 的面积与磷虾的 $CPUE$ 进行回归分析。

（2）环境数据的处理。首先运用 IDL（Interactive Data Language）语言对环境数据进行南半球 EASE Grid（Equal Area Scalable Earth Grid）投影变换；其次根据 48.2 区的海域范围，利用 ArcGIS 软件绘制其矢量图；再基于 IDL 运用矢量图层实现目标区域影像的裁切；最后对所裁切的区域进行面积统计计算。

根据对 48.2 区温度的统计结果显示，最低温度为 −2℃；结合前人关于磷虾分布水温在 −1.3 ~ 3℃ 的研究结果，选择 SST 在 −2 ~ 3℃ 的范围来计算 SST 总面积。为研究不同海冰密集度和 SST 对磷虾 $CPUE$ 的影响，除了计算海冰和 SST 的总面积，还计算出了不同海冰密集度和 SST 区间的面积。其中海冰密集度面积的计算是以 10% 为间隔的，即海冰密集度为 10% 的海冰面积为海冰密集度在 0% ~ 10% 之间的面积和，以此类推；SST 面积的计算是以 1℃ 为间隔的。

（3）磷虾资源丰度与海冰、SST 相关性分析。根据相关性回归分析过程中最佳的拟合结果，确定利用线性回归建立磷虾捕捞的 $CPUE$ 与海冰和 SST 的面积随年份变化的关系模型：

$$CPUE = ax + b$$

利用二次多项式回归建立磷虾捕捞的 $CPUE$ 与海冰和 SST 的面积随月份变化的关系模型：

$$CPUE = ax^2 + bx + c$$

式中：$CPUE$（t/h）为南极磷虾资源丰度指数；x 为海冰或 SST 面积；c 为常数。

首先，分别以 2003—2010 年每年 2—8 月海冰和 *SST* 平均面积为自变量，与磷虾 *CPUE* 平均值建立回归模型。其次，分别以 2—8 月每年各月份海冰和 *SST* 月平均面积为自变量，与磷虾 *CPUE* 平均值建立回归模型。最后再针对不同海冰密集度和 SST 区间与磷虾 *CPUE* 进行回归分析，从而找出相关性最大的海冰密集度和 *SST* 范围。

（4）主成分分析。首先从年间变化对影响南极磷虾丰度情况的 *CPUE*、海冰面积和 SST 面积三个要素进行分析，其中 *CPUE* 为年平均值、海冰为密集度大于 90% 时的海冰面积、海温为 $1 \sim 2℃$ 时的 *SST* 面积。其次，从年内变化对三个要素进行分析，其中 *CPUE* 为月平均值、海冰为密集度 60% ~ 70% 时的海冰面积、海温为 $0 \sim 1℃$ 时的 *SST* 面积。SPSS 在调用 Factor Analyze 过程进行分析时，首先会自动对原始变量进行标准化，因此以后的输出结果中在通常情况下都是指标准化后的变量。

（二）结果

1. 磷虾产量及 CPUE 变动

纵观 2003—2010 年南极磷虾 48.2 区年总产量和 *CPUE* 的年平均值变动状况（图 6 - 44a），其年际间产量变动较大，最高产量为 2008 年的 9.3×10^4 t，最低产量出现在 2006 年的 0.31×10^4 t（平均产量为 5.5×10^4 t）。由于 2006 年只有 3、4 月进行了磷虾作业，本研究将该年份作为异常值剔除。2003—2005 年 *CPUE* 平均值为 6.3 t/h，2007—2009 年达到了 14 t/h。图 6 - 44b 为 2003—2010 年 48.2 区磷虾每个月平均产量和 *CPUE* 平均值的变动状况，由图中可以看出 4—6 月份磷虾的产量较高，累计产量占所有月份产量的 68.9%；其中 3—7 月份的 *CPUE* 均在 10 t/d 以上，9 月和 10 月生产数据均为 0。

2. 磷虾捕捞时间的相似性分析

用 *n*MDS 计算的胁迫系数为 0.05，因而能较好地反映磷虾捕捞作业期间各月份的分布关系。由图 6 - 45 可知，磷虾捕捞月份间的 Bray Curtis 相似性指数较高，在相似性系数为 0.5 以上的水平下大致分为 2—6 月和 7—8 月两组，这说明磷虾捕捞作业时间有明显的相似性。

3. 海冰和 SST 面积分布变动

2003—2010 年 48.2 区 2—8 月份海冰和 *SST*（$-2 \sim 3℃$）面积年间变动平缓（图 6 - 46a），海冰年内各月份间呈现逐渐递增的显著变化，而 *SST*（$-2 \sim 3℃$）面积变化趋势与海冰正好相反——整体逐渐递减（图 6 - 46b）。平均海冰面积从 2 月份最小值（2.5×10^4 km^2）增长至 8 月份最大值（56×10^4 km^2），平均 *SST* 面积从 3 月份最大值（76×10^4 km^2）递减至 8 月份最小值（33×10^4 km^2）。统计结果表明，海冰与 *SST*（$-2 \sim 3℃$）面积年内变动大于年际间变动。

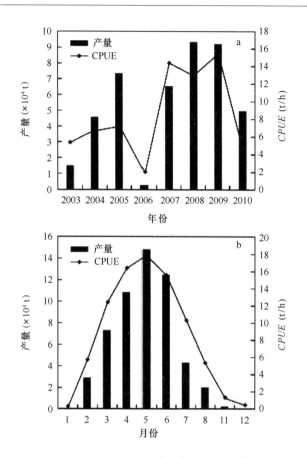

图 6 - 44　2003—2010 年 48.2 区磷虾年产量与 CPUE 年平均值变动情况（a）

和磷虾月平均产量和 CPUE 月平均值变动情况（b）

4. 磷虾 CPUE 与海冰面积回归分析

回归分析结果表明，海冰年平均面积与磷虾年平均 CPUE 年间变化呈显著负相关，相关系数 R 为 0.8，且该模型可解释 64% 的磷虾 CPUE 变动（图 6 - 47a）。而年内变化为磷虾月平均 CPUE 随着海冰月平均面积的增大而增大；当 CPUE 达到峰值后，磷虾 CPUE 随海冰月平均面积的增加而减小（图 6 - 47b）。

以海冰密集度为自变量从年间和年内研究其与磷虾 CPUE 之间的相关性结果如图 6 - 48 所示。从图 6 - 48 中可以看出，年间变化的趋势是磷虾 CPUE 随着密集度的增加而变大，在密集度大于 90% 的时候相关性达到最大（图 6 - 49a）；而在年内变化中海冰密集度在 50% ~ 70% 的区间内面积与磷虾 CPUE 之间的回归模型较好，尤其是密集度为 60% ~ 70% 时的海冰面积与磷虾 CPUE 的回归模型最好（图 6 - 49b）。

5. 磷虾 CPUE 与 SST 面积回归分析

回归分析结果表明，SST（ - 2 ~ 3℃）年平均面积与磷虾年平均 CPUE 年间变化没

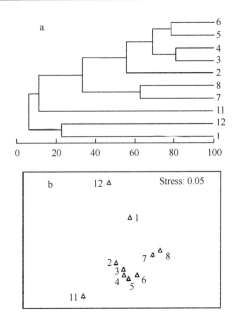

图 6 - 45　Bray Curtis 相似性系数的聚类分析（a）和 nMDS 排序图（b）
（排序图右上角为排序图胁迫系数值）

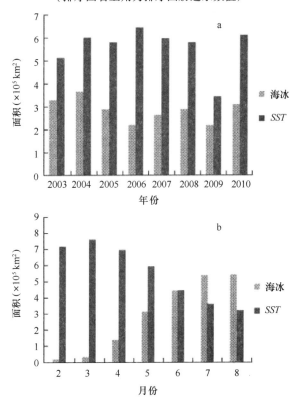

图 6 - 46　海冰和 SST 面积平均值随年份变动情况（a）和随月份变动情况（b）

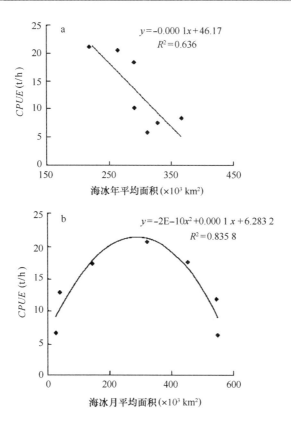

图 6 – 47　海冰面积与磷虾 *CPUE* 年平均值之间的关系（a）
及月平均值之间的关系（b）

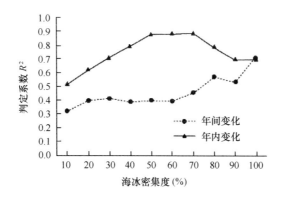

图 6 – 48　判定系数随不同海冰密集度的变化情况

有相关性（图 6 – 50a）。但是年内变化显示磷虾月平均 *CPUE* 随着 *SST*（ – 2 ~ 3℃）月
平均面积的增大而增大；当 *CPUE* 达到峰值后，磷虾 *CPUE* 随 *SST*（ – 2 ~ 3℃）月平均
面积的增加而减小（图 6 – 50b）。

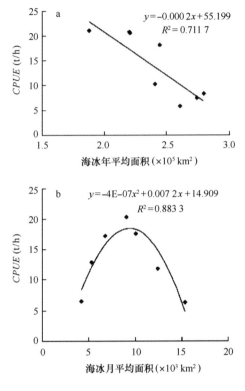

图 6 - 49　磷虾 CPUE 与海冰密集度大于
90% 的海冰面积 （a） 及海冰密集度为
60% ~ 70% 的海冰面积 （b） 之间的关系

　　以不同的 *SST* 区间为自变量从年间和年内研究其与磷虾 *CPUE* 之间的相关性结果
如图 6 - 51 所示。从图 6 - 51 可以看出，年间变化中 *SST* 为 1 ~ 2℃时，*SST* 面积与磷虾
CPUE 之间的相关性较高 （图 6 - 52a）；而在年内变化中 *SST* 为 0 ~ 1℃时，*SST* 面积与
磷虾 *CPUE* 之间的回归模型最好 （图 6 - 52b）。

6. 海冰和 *SST* 对磷虾 *CPUE* 影响的主成分分析

　　表 6 - 15 为 3 个原始变量之间的相关系数矩阵，可以看出变量之间直接的相关性比
较强，*CPUE* 与海冰和 *SST* 呈现显著的负相关性。

表 6 - 15　相关系数矩阵

	CPUE	*SST*	海冰
CPUE	1.00	− 0.90	− 0.84
SST	− 0.91	1.00	0.73
海冰	− 0.84	0.73	1.00

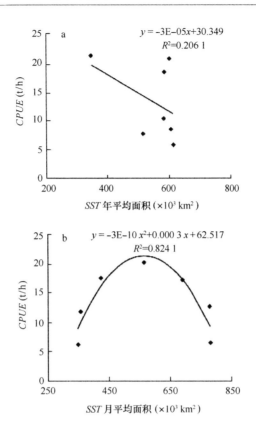

图 6 - 50　SST（$-2 \sim 3$℃）面积与磷虾 $CPUE$ 年平均值之间的关系（a）及月平均值之间的关系（b）

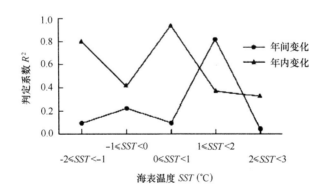

图 6 - 51　判定系数随不同海表温度的变化情况

表 6 - 16 给出的是各成分的方差贡献率和累计贡献率，由表 6 - 16 可知，只有第一个特征根大于 1，因此 $SPSS$ 只提取了第一个主成分。第一主成分的方差占所有主成分方差的 88.59%，因此选第一个主成分已经足够描述南极磷虾资源丰度情况。

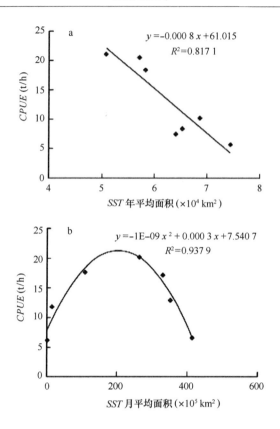

图 6 – 52 磷虾 $CPUE$ 与海表温度为 $1 \sim 2℃$（a）及海表温度为 $0 \sim 1℃$（b）的 SST 面积之间的关系

表 6 – 16 总方差解释表

成分	最初特征值			提取的平方载荷		
	总计	% of 方差	累积 %	总计	% of 方差	累积 %
1	2.66	88.59	88.59	2.66	88.59	88.59
2	0.28	9.39	97.98			
3	0.06	2.02	100.00			

表 6 – 17 是主成分系数矩阵，可以说明各主成分在各变量上的载荷，从而得出主成分的表达式：

$$F1 = -0.978X1 + 0.937X2 + 0.907X3$$

其中，$X1$、$X2$、$X3$ 的系数较大，可以看成是反映 $CPUE$、SST 和海冰的综合指标。

年内变化分析最终得到的主成分表达式如下：

$$F1 = 0.276X1 + 0.979X2 - 0.892X3$$

其中，$X2$、$X3$ 的系数较大，可以看成是反映 SST 和海冰的综合指标。

表 6 - 17　主成分系数矩阵

成分	CPUE	SST	海冰
1	- 0.978	0.937	0.907

（三）讨论

根据 CCAMLR 统计结果显示：近年来南极磷虾渔业呈现稳定的趋势，2008 年南极磷虾捕捞产量开始向上突破（15×10^4 t），2009 年稍作回落（12×10^4 t），2010 年又开始大幅上升至 21.2×10^4 t，产量主要来自 48 渔区。48.2 区作为 48 渔区主要的作业海域之一，也是中国磷虾捕捞作业的主要海域之一，从 2003—2010 年可以看出渔汛旺期主要集中在 3—7 月，约占该海区年产量的 90.2%，平均 CPUE 达到 14.2 t/h。

1. 海冰对磷虾 CPUE 的影响

南极的海冰是影响全球气候的重要因素，南极海冰的分布范围、密集度、冻结和融化等也是影响南大洋初级生产力的重要因素，南极磷虾的时空变动与海冰的消长关系也十分密切。本研究结果表明：磷虾 CPUE 在年间的变化趋势是随着海冰面积的增加而减小的，在年内的变化趋势是随着海冰面积的变化先增大后减小。综合认为海冰与磷虾 CPUE 在年间变化为一元线性负相关关系，相关系数为 0.8；在年内变化为一元二次多项式曲线相关关系，相关系数为 0.92。不同海冰密集度的海冰面积与磷虾 CPUE 之间的相关性分析显示，年间和年内变化关系同样有着较好的相关性：年内变化中海冰密集度为 60% ~70% 时的海冰面积与磷虾 CPUE 的相关性最高；而年间变化的趋势则是磷虾 CPUE 随着密集度的增加而变大，在密集度大于 90% 的时候相关性达到最大。年间变化的研究结果与陈峰等人（2012）研究结果 "48 区夏季磷虾 CPUE 与上一年冬春季平均海冰面积呈现显著的负相关" 相一致，年内变化的研究结果也充分表明磷虾渔场受海冰的制约因季节而变，渔期也相应改变。海冰的年间变化中，不同海冰密集度所占的面积有所差异，但海冰主要集中在密集度大于 90% 的范围内（图 6 - 53）。该密集度范围所占的面积可以近似代表研究区域内海冰的总面积，从而解释了年间变化中磷虾 CPUE 与密集度大于 90% 的海冰面积相关性最大的原因。从图 6 - 48 中磷虾 CPUE 与不同海冰密集度的海冰面积的回归结果可以看出：判定系数随着海冰密集度的增加先上升后降低，在密集度为 60% ~70% 时达到最大，此时的回归模型可解释 88.3% 磷虾 CPUE 变动。这可能与磷虾捕捞时渔船选择的作业方式有关，由于海冰季节性迁移的因素，60%～70% 密集度的海冰可能是渔船生产的适宜位置，其附近的浮游生物也较为丰富。

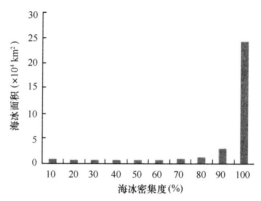

图 6 – 53   不同海冰密集度的海冰面积变化

2. SST 对磷虾 CPUE 的影响

研究认为，捕获率变动与 SST 有关，通过科考和渔业调查获取的 SST 可作为预测 48.3 区南极磷虾产量的指标之一。通过本研究可以看出 2—8 月份 SST 的变化与海冰有着显著的关联：SST（－2～3℃）面积越大，海冰面积越小（图 6 – 46）；磷虾的 CPUE 随 SST 的变化趋势与海冰类似。在年内变化中磷虾 CPUE 与 SST（－2～3℃）面积呈现曲线回归关系，尤其是 SST 为 0～1℃ 时 SST 面积与磷虾 CPUE 之间的相关性最高；而年间变化则是 SST 为 1～2℃ 时 SST 面积与磷虾 CPUE 之间的相关性较高，与 SST（－2～3℃）面积之间没有相关性。这与朱国平等（2010）研究的"磷虾捕捞时起放网表温在 0.5～1.0℃ 及 1.0～1.5℃ 时平均 CPUE 较高"的结论相一致，但是其研究的时间尺度仅仅是 2010 年 1—2 月。根据本研究中 2003—2020 年的 SST 数据可以发现，年间 SST（－2～3℃）面积分布的范围广、变化幅度小，对磷虾变动的影响较小；结合回归分析的结果——磷虾 CPUE 与 SST 为 1～2℃ 时 SST 面积呈显著负相关，这说明 SST 为 1～2℃ 时的水温条件是磷虾生长的适宜环境。年内 SST 与海冰一样有着季节性的变化：随着温度的升高，SST 面积逐步增大，适宜磷虾生长的海温范围逐渐扩展，浮游生物开始生长，磷虾也开始大量繁殖，其丰度也慢慢变大；当 SST 的面积超过一定范围后，一方面浮游生物的密度开始下降，另一方面磷虾也随着海冰的消退而向大陆架靠近，48.2 区磷虾丰度开始下降，CPUE 便相应降低；反之，磷虾 CPUE 升高。

3. 海冰、SST 对磷虾 CPUE 的交互影响

综合上述研究可以发现：海冰和 SST 作为两个相互关联和影响的南大洋物理环境因子，对磷虾的生长环境有着较为重要的影响，共同作用成为磷虾资源丰度的主要影响因子。从年间变化来看，海冰面积越大、SST 面积越小，海冰将覆盖越多的浮游生物，加上不利的海温因素将抑制其生长和繁殖，从而导致磷虾生长所需的营养盐的减少并随着海冰向外海推移；此外海冰面积增大的同时使得磷虾可捕捞区域越小，捕捞产量随之降低，作业时间相对延长，综合作用使磷虾捕捞的 $CPUE$ 减小。从年内变化来看，当春天来临时，SST 逐渐升高引起海冰慢慢开始融化，冰下生长的浮游生物在浮冰融化后可在表层大量繁殖（陈峰等，2010），磷虾的分布随着海冰的消退而向大陆架移动。夏季随着 SST 达到高值时，海冰大量消退，磷虾可以扩散到大陆架边缘；同时，海冰的消退可以提高该海区的藻类含量和初级生产力水平，从而使磷虾的补充量和资源量得到增加。秋季来临后，磷虾幼体数量众多，分布于整个陆架海域，高密度区域出现在大陆架坡折海区。在进入冬季后，SST 下降、海冰的面积扩大并达到最大，磷虾的分布也再次远离大陆架向大洋移动，也可能仍停留在夏季的高丰度区或分散到海冰下或潜伏到海底（陈峰等，2010）。因此，SST 和海冰的季节性变动造成了磷虾的季节性迁移，海冰范围不仅对磷虾成年体及未成熟个体的生长产生影响，同时也影响到南极磷虾的作业时间和范围，进而影响到南极磷虾的 $CPUE$。

本节研究了海冰和 SST 对南极磷虾资源影响的关系，但影响南极磷虾资源丰度的环境因素是多方面的，例如南极海域叶绿素的分布对磷虾的生长和繁殖有很大的作用，磷虾的时空变动与叶绿素关系密切（Roger et al，2004）。此外，磷虾的分布还可能与南极环流方式和海底构造等因素有着一定的关联，这些影响因子与南极磷虾资源丰度可能并不是简单的因果关系。因此，今后应结合叶绿素遥感监测数据以及其他环境因子进行深入研究，逐步完善磷虾资源丰度与环境因子之间的相互作用机制。

第五节 东海鲐鱼资源丰度分析与预测

一、近 10 多年来东、黄海鲐鱼资源丰度年间变化分析

鲐鱼（*Scomber japonicus*）广泛分布于太平洋、大西洋和印度洋沿岸至大陆架的热带、温带水域，属沿岸性中上层鱼类，栖息水层 0～300 m（Kiparissis et al，2000；李纲等，2010）。东、黄海鲐鱼是我国近海主要捕捞的经济鱼种之一，同样也是东、黄海区海洋生态系统中的重要鱼种，主要被日本、韩国以及中国大陆和台湾省利用（张晶，韩仕鑫，2004），是上述各国和地区围网渔业的目标鱼种。2000 年以来，中、日、韩三国大型灯光围网渔业年渔获量波动剧烈，渔获组成以低龄鱼组成的状况持续存在的情况表明（由上龍嗣等，2012），东、黄海鲐鱼资源可能已经过度捕捞。尽管我国于 2007 年将灯光围网纳入东海区伏季休渔范围，但是近几年群众灯光围网渔业的快速、无序

发展，无疑加大了鲐鱼资源进一步衰退的风险。了解和掌握渔业资源种群动态是渔业资源评估和渔业管理的目的和基础，受渔业统计数据获得性等因素限制，东、黄海鲐鱼资源评估研究的结果可能存在较大偏差（李纲，2008；由上龍嗣等，2012）。除资源评估外，相对资源丰度指数常被作为衡量渔业资源数量水平的指标，也是进行渔业管理决策的基础。

基于以上原因，本研究根据 1999—2011 年我国大型灯光围网渔业生产统计数据，使用广义线性模型（Generalized Linear Model，GLM）和广义加性模型（Generalized Additive Model，GAM）估计了东、黄海鲐鱼资源丰度指数，并对丰度指数与海水表温之间的关系进行了统计分析，以期了解和掌握 2000 年以来东、黄海鲐鱼资源丰度变化趋势及原因，为渔业资源评估和管理提供基础数据和科学依据。

（一）材料与方法

1. 数据来源

鲐鱼渔业生产统计数据来源于中国远洋渔业协会上海海洋大学鱿钓技术组，时间为 1999—2011 年。渔业生产数据字段包括作业时间（年、月）、作业渔区编号、产量（t）和放网次数。每一个渔区对应一个 $30' \times 30'$ 的空间区域，因此鲐鱼渔业数据空间分辨率为 $0.5°$。1999—2011 年，从事鲐鱼生产的灯光围网企业共累计 7 家，除辽宁渔业集团（辽渔 723、辽渔 752、辽渔 753、辽渔 758）、大连海洋渔业公司（辽渔 719、辽渔 720）和宁波海裕海洋渔业有限公司（宁渔 651、宁渔 652、宁渔 653、宁渔 654）投入生产的渔船保持稳定生产外，其他企业从事生产的渔船存在较大变动。为保持数据的一致性，减少对研究结果的干扰，渔业生产数据仅使用上述三家企业、10 艘围网渔船的生产统计数据。

海洋环境数据包括月平均海表面温度（SST）、月平均海表面高度（SSH）和月平均海表面叶绿素浓度（Sea Surface Chlorophyll – a Concentration，SSC）。月平均 SST、SSH 和 Chl – a 数据都来源于美国国家大气和海洋局 OceanWatch LAS（http：//ocean-watch. pifsc. noaa. gov/las/servlets/dataset），空间分辨率分别为 $0.1°$、$0.05°$ 和 $0.25°$。

2. 名义 CPUE 的定义

名义 CPUE 的定义和计算方法有多种（田思泉，陈新军，2010），本研究使用累积渔获量与累积捕捞努力量（累积放网次数）的比值作为名义 CPUE：

$$CPUE = \frac{\sum_{i=1}^{n} Catch_i}{\sum_{i=1}^{n} Effort_i}$$

式中，$\sum\limits_{i=1}^{n} Catch_i$ 表示某船在同一年、同一月、同一渔区的累积渔获量；$\sum\limits_{i=1}^{n} Effort_i$ 则为对应的累积放网次数。

3. GLM 和 GAM 模型

GLM 和 GAM 模型是 CPUE 研究中常用的方法，可参见文献 Maunder，Punt（2004），Campbell（2004），Maunder，Starr（2003）。本研究使用时间变量（年、月）、空间（经度、纬度）、环境变量（SST、SSH、SSC）和捕捞能力变量（船）作为解释变量，ln（CPUE + 1）作为响应变量构建 GLM 和 GAM 模型。GLM 模型表示为：

$$\ln(CPUE + 1) - Year + Month + Ship + Longitude$$
$$+ Latitude + SST + SSH + SSC$$

使用Ⅲ型离均差平方和检验 GLM 模型中各解释变量是否为显著性变量（Su et al，2008）。

GAM 模型表示为：

$$\ln(CPUE + 1) - Year + Month + Ship + s(Longitude) + s(Latitude)$$
$$+ s(SST) + s(SSH) + s(SSC)$$

式中：函数 s（x）表示协变量 x 的立方样条函数。

将 GLM 模型检验得到的显著性变量及交互项依次加入 GAM 模型，得到不同结构的 GAM 模型。模型结构的选择由赤池信息准则（Akaike Information Criterion，AIC）来判断，选取 AIC 值最小为最佳模型（Su et al，2008）。

4. 资源丰度指数与 SST 关系

以 3—5 月东海 27°—30°N，122°—128°E 的平均 SST 作为表征鲐鱼产卵场的环境因子（郑晓琼等，2010），对平均 SST 与经 GAM 标准化后的鲐鱼资源丰度指数进行回归分析，构建线性回归方程，并检验二者是否存在显著的线性关系。

（二）结果

1. GLM 模型分析结果

解释变量 ln（$CPUE + 1$）服从正态分布（$\mu = 2.71$，$\sigma = 0.99$；图 6 – 54）。GLM 模型显著性变量的检验见表 6 – 18。Ⅲ型离均差平方和的检验结果表明所有解释变量均为显著变量，除 SST 外（$P < 0.05$），其他解释变量对 $CPUE$ 的影响极显著（$P < 0.01$）。因此，将所有变量作为 GAM 模型的解释变量，构建 GAM 模型。

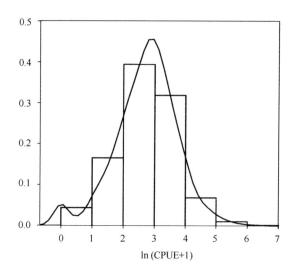

图 6 - 54 ln（CPUE + 1）频次分布及正态密度曲线

表 6 - 18 东、黄海鲐鱼灯光围网渔业 CPUE 的 GLM 模型偏差分析

来源	自由度	离差平方和	均方差	Wald 秩平方和	F	P
年	12	179.02	14.92	197.77	16.36	0.000 0
月	5	68.34	13.67	75.50	14.99	0.000 0
船	1	13.41	13.41	24.04	14.71	0.000 1
经度	1	28.99	28.99	14.82	31.80	0.000 0
纬度	9	21.76	2.42	32.03	2.65	0.004 6
SST	1	4.19	4.19	4.63	4.60	0.032 0
SSH	1	8.15	8.15	9.00	8.94	0.002 8
SSC	1	17.45	17.45	19.28	19.14	0.000 0
残差	4 701.24	3 998.97	0.91			

注：GLM 模型响应变量为 ln（$CPUE$ + 1），R^2 = 0.083，修正 R^2 = 0.077。

2. GAM 模型分析结果

将 GLM 模型筛选出的显著性解释变量逐一加入 GAM 模型，构建不同结构的 GAM 模型。随着解释变量的逐渐增加，模型 AIC 值在逐步下降，即包含所有 8 个解释变量的 GAM 模型为最佳模型（表 6 - 19）。GAM 模型分析结果显示，所有变量均为显著性变量（$P < 0.01$）。最佳 GAM 模型对 CPUE 方差的总解释率为 11.69%，其中变量年的解释率最高，为 4.52%，其次是变量月，解释率为 1.99%。变量船对 CPUE 的影响在所有变量中排第三位，解释率为 1.56%，以下依次为纬度（1.24%）、SSC（1.11%）、

SST（1.02%）、经度（0.93%）和 SSH（0.33%）（表 6 - 19）。

表 6 - 19 东、黄海鲐鱼灯光围网渔业 CPUE 的 GAM 模型分析结果

加入项	自由度	偏差	残差自由度	残差偏差	累计解释率（%）	P	AIC
无效			4 417	4 361.63			
+ 年	12	197.18	4 405	4 164.45	4.52	0.000 0	12 304.62
+ 月	5	86.89	4 400	4 077.56	6.51	0.000 0	12 221.47
+ 船	9	23.82	4 391	4 053.74	7.06	0.000 0	12 213.58
+ s（经度）	1	40.77	4 387	4 012.97	7.99	0.000 0	12 170.92
+ s（纬度）	1	54.00	4 383	3 958.97	9.23	0.000 0	12 113.07
+ s（SST）	1	44.50	4 379	3 914.47	10.25	0.000 0	12 065.13
+ s（SSH）	1	14.41	4 375	3 900.06	10.58	0.004 4	12 050.83
+ s（SSC）	1	48.41	4 371	3 851.65	11.69	0.000 0	11 997.65

在所有变量中，变量年对 $CPUE$ 的影响最大，其对 $CPUE$ 方差解释率的贡献占 38.67%。这说明，$CPUE$ 的年间变化很大。估算的 $CPUE$ 年效应显示，1999—2005 年 $CPUE$ 总体上呈下降趋势，其中 2001 年 $CPUE$ 降至最低水平。2005 年以后 $CPUE$ 逐渐增长，2008 年增至 13 年来最高水平，随后 $CPUE$ 又呈现逐年下降的趋势（图 6 - 55a）。从 $CPUE$ 的月变化看，7 月 $CPUE$ 最低，8—12 月 $CPUE$ 保持相对稳定，尽管 12 月 $CPUE$ 最高，但其标准差也最大（图 6 - 55b）。

变量船代表了捕捞效能对 $CPUE$ 的影响。GAM 分析结果可知，758 船（辽渔 758）捕捞效能最高而 651（宁渔 651）最低。宁波海裕海洋渔业公司 4 艘渔船之间捕捞效能基本一致，而辽宁渔业集团所属渔船间的捕捞效能差异最为明显（图 6 - 55c）。

空间变量经度和纬度对 $CPUE$ 的影响最小，累计解释率为 2.17%，占总解释率比重仅为 18.56%。空间因素对 $CPUE$ 的影响表明 $CPUE$ 从近海到外海呈现先增长再下降的趋势，在 125°E 达到最大值（图 6 - 55d）。在东海，$CPUE$ 随纬度增加则呈现先下降再增长的趋势，即 $CPUE$ 在东海有两个高值区，分别是东海南部 27°—28°N 和东海北部 30°—32°N。尽管 $CPUE$ 在 26°N 达到最大值，但在该区域因数据量较少导致标准差也很大，故该结果不可信。在黄海，$CPUE$ 则随纬度增加呈递减趋势（图 6 - 55e）。

环境因素 SST、SSH、SSC 也对 $CPUE$ 产生了影响，尽管三者对 $CPUE$ 发差的累计解释率仅为 2.46%。$CPUE$ 和 SST 关系表明，在秋冬季的黄海，随水温升高（11 ~ 25℃）$CPUE$ 呈下降趋势，而在夏季东海，$CPUE$ 随水温增长而增加，高 $CPUE$ 出现在 SST 为 26.5 ~ 30℃时（图 6 - 55f）。SSH 是对 $CPUE$ 影响最小的变量。$CPUE$ 随 SHH 增

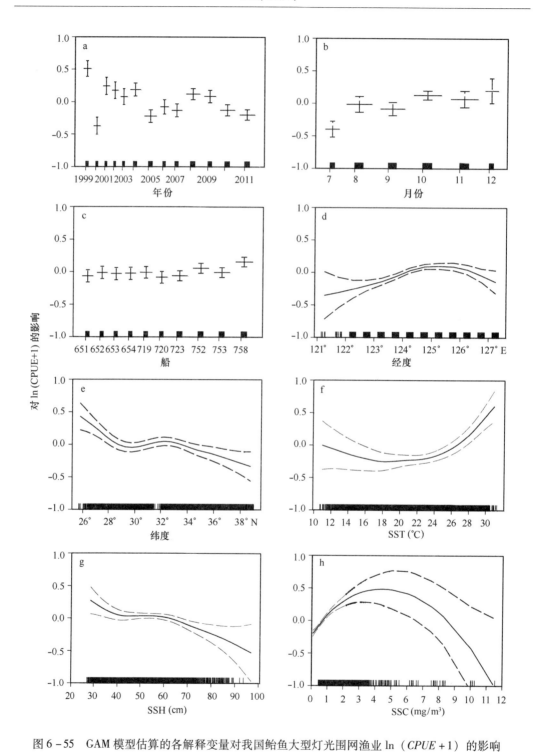

图 6 - 55　GAM 模型估算的各解释变量对我国鲐鱼大型灯光围网渔业 ln（$CPUE$ + 1）的影响

加呈递减趋势，SSH 在 28 ~ 40 cm 时，$CPUE$ 最大（图 6 - 55g）。$CPUE$ 与 SSC 关系图

表明，当 SSC 大于 2 mg/m³ 时，置信区间长度迅速增加，即估计精度迅速下降；当 SSC 小于 2 mg/m³ 时，置信区间长度非常小，$CPUE$ 随 SSC 增加而增加（图 6-55f）。

3. 资源丰度年间变化

从 GAM 分析结果看，1999—2011 年这 13 年间，东黄海鲐鱼资源丰度指数（年效应）总体上呈波动下降趋势（图 6-56）。其中 1999 年，2001—2004 年，2008 年、2009 年资源丰度高于 13 年来的平均水平，2005—2007 年，2010 年、2011 年低于平均水平。1999 年，鲐鱼资源丰度指数最高，2000 年降至最低点，2001 年又恢复到较高水平。2002—2005 年丰度指数持续下降，尽管后三年有所增加，但 2008 年之后，丰度指数又连续下降。同期，GAM 标准化后的 $CPUE$（$CPUE_{GAM}$）以及名义 $CPUE$ 呈现大致相同的变化趋势，但在 2002 年、2009 年，三者的变动趋势不同。2002 年名义 $CPUE$ 增长、GAM 标准化 $CPUE$ 下降；2009 年名义 $CPUE$ 大幅上升，而 GAM 标准化 $CPUE$（$CPUE_{GAM}$）略有增长（图 6-56）。对比三者的年间波动发现，年效应的年间波动最大（CV=4.08），其次名义 $CPUE$（CV=3.83），波动最小的是 $CPUE_{GAM}$（CV=3.75）。由此可见，虽然三者皆可用来表征过去 13 年来鲐鱼资源的变动趋势，但资源丰度指数反映的鲐鱼资源量年间波动情况明显高于后两者。

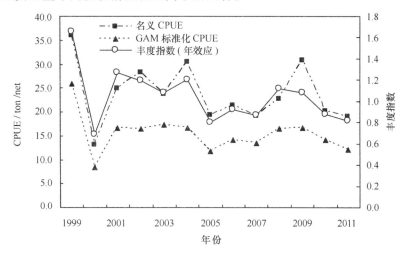

图 6-56　名义 $CPUE$、GAM 标准化 $CPUE$ 以及 GAM 模型估计的资源丰度指数

4. 资源丰度指数与环境关系

GAM 模型认为，SST 是海洋环境因子中最为重要的影响因素。除各别年份外，1999—2011 年鲐鱼资源丰度指数（AI）与 3—5 月产卵场平均 SST 波动趋势基本一致（图 6-57）。回归分析的结果显示，二者呈线性关系（$r=0.60$，$P<0.05$；表 6-20），其表达为：

$$AI = -3.51 + 0.23SST$$

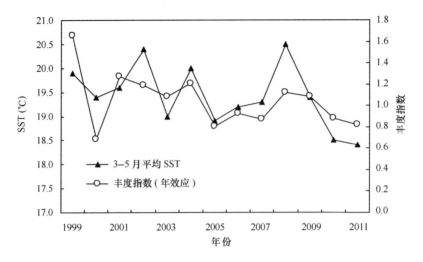

图 6 - 57　1999—2011 年东、黄海鲐鱼资源丰度指数与 3—5 月产卵场表温关系

表 6 - 20　鲐鱼资源丰度指数与 3—5 月产卵场表温关系的方差分析结果

来源	df	SS	MS	F	Significance F
回归分析	1	0.28	0.28	6.09	0.031
残差	11	0.51	0.05		
总计	12	0.79			

（三）讨论与分析

　　$CPUE$ 是渔业资源评估研究的基础内容，通常被假设为与渔业资源丰度成比例，并被作为资源相对丰度指数来反映渔业资源丰度的大小或衡量渔业资源数量水平（Wallace et al, 1998）。来源于商业性渔业数据的 $CPUE$，由于受时间、空间、渔船性能、环境等多种因素影响，因而常使用统计模型对 $CPUE$ 进行标准化后，来反映渔业资源丰度的情况（Maunder, Punt, 2004）。对 $CPUE$ 标准化方法及模型有多种，如人工神经网络（Maunder, Starr, 2003）、广义线性混合模型（Helsera et al, 2004），GLM 模型（Battaile, Quinn, 2004）、GAM 模型（Bigelow et al, 1999）等。由于 GAM 模型非常适合处理 $CPUE$ 及其影响因子间的非线性关系，且对数据的误差分布要求不高，因此其在 $CPUE$ 标准化方面的应用日益广泛（Chambers, Hastie, 1997）。在 $CPUE$ 标准化过程中，年效应必须从模型中提取出来，因为年效应反映了资源丰度的年变化（Maunder, Punt, 2004）。本研究使用 GAM 模型对我国鲐鱼大型灯光围网渔业 $CPUE$ 进行了标准化，估计了 $CPUE$ 的年效应，以此反映东、黄海鲐鱼

资源丰度的变动情况。

当前，东、黄海鲐鱼资源年龄结构以低龄鱼为主，0 岁鱼是构成资源的主体（由上龍嗣等，2012），因此 0 岁鱼的资源状况可基本反映总体的资源状况。对比 GAM 模型估计丰度指数与日本估算的 0 岁鱼丰度指数发现（由上龍嗣等，2012），除个别年份外，二者年变化趋势基本匹配（图 6－58）。这表明，本研究估算的资源丰度指数较好地反映了东、黄海鲐鱼资源量水平。

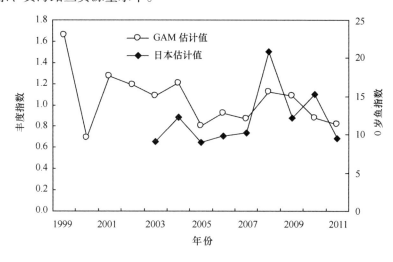

图 6－58　GAM 模型估计鲐鱼资源丰度指数与日本估计的鲐鱼 0 岁鱼丰度指数

产卵场 SST 和捕捞努力量是导致东、黄海鲐鱼资源量变动的关键（李纲等，2011）。Yatsu 等（2005）研究发现，SST 影响日本东部海域鲐鱼的补充量，Hiyama 等（2002）认为，低温对提高鲐鱼补充量有利，郑晓琼等（2010）则认为东、黄海鲐鱼资源量与产卵场适宜 SST 面积呈正相关，李纲等（2011）研究发现东、黄海鲐鱼资源量与 SST 是非线性关系，在适宜温度范围内，鲐鱼资源量将增长，反之则减少。本研究结果则显示，鲐鱼资源丰度指数与其东海产卵场产卵季节的平均 SST 的年间波动趋势基本一致，二者呈线性关系。在产卵场平均 SST 较高的年份，如 1999 年、2002 年、2004 年、2008 年，鲐鱼资源丰度指数也高。反之在产卵场平均 SST 较低的 2000 年、2003 年、2005 年、2010 和 2011 年，鲐鱼资源丰度指数也低（图 6－57）。可见，SST 的年间变动是导致鲐鱼资源量变动的重要因素。短寿命的鱼类繁殖力通常很高，当环境条件适宜时补充量将大幅增加（King，1995），资源量则随之增加。就本研究结果而言，在产卵季节，鲐鱼产卵场的 SST 较高，对鲐鱼资源量增加有利。Bartsch（2001）、Bartsch 和 Coombs（2005）也证实，产卵场水温较高可提高浮游阶段鲐鱼卵、幼鱼和后期幼鱼的存活率，意味着补充量的增加。

除环境因素对东、黄海鲐鱼资源造成影响外，过高的捕捞强度可能是导致近年来该资源丰度下降的另一个重要因素。1999—2011 年，虽然鲐鱼资源丰度总体上呈下降趋势，但同期鲐鱼渔获量总体上呈上升趋势。特别是 2008 年以后，中、日、韩三国围网渔业产量超过 50×10^4 t，2010 年虽然降至 36×10^4 t，但 2011 年仍然高达 45×10^4 t（图 6 - 59）。日本自 2001 年起产量逐年小幅增长，韩国围网渔业年产量虽然波动剧烈，但 2007—2011 年年均产量超过 14×10^4 t。我国大型灯光围网因渔船减少而产量逐年下降，而浙江群众围网产量逐年增长的态势则非常明显，2011 年产量更是高达 17×10^4 t，首次同时超过日本和韩国（图 6 - 59）。浙江群众围网渔业渔船数量至 20 世纪末进入快速增长阶段，渔船数从 1999 年的 154 艘增至 2006 年的 635 艘，之后渔船数开始下降，2011 年降至 251 艘。与之相对的是浙江、福建两省有囊灯光围网（俗称"三角虎"围网）渔船数量却在大幅增长，出现盲目发展的趋势。多年来持续、高强度的捕捞导致的直接后果是 2012 年我国灯光围网渔业产量、产值急剧下降，整个行业普遍亏损。以舟山市为例，2012 年舟山市群众小型灯光围网和深水灯光围网渔业产量较 2011 年分别减少 44.72% 和 39.2%。此外，我国大型灯光围网渔业产量较 2011 年下降 56.7%、名义 CPUE 下降 28.2%，为 1998 年以来的最低水平。

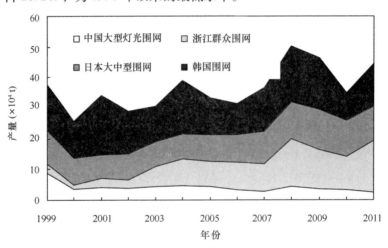

图 6 - 59　1999—2011 年东、黄海中（大型灯光围网、浙江群众灯光围网）日、韩三国鲐鱼产量

　　本研究应用 GLM 模型和 GAM 模型估算了过去 13 年来东、黄海鲐鱼资源丰度指数及变动趋势，并分析了捕捞和环境因素 SST 对鲐鱼资源变动的影响。研究结果表明基于年效应的丰度指数较好地反映了过去东、黄鲐鱼资源的变动情况。在无资源评估研究结果支持下，资源丰度指数是掌握资源丰度的变动、衡量资源水平的重要手段。

二、海表水温和拉尼娜事件对东海鲐鱼资源丰度的影响

本研究利用浙江群众传统灯光围网生产数据及日本西海区水产研究所评估的东海鲐鱼生物量数据，研究海表水温、Niño3.4 区海表水温距平对东海不同海域鲐鱼资源变动影响的异同性，为东海鲐鱼资源的评估与管理提供依据。

（一）数据与方法

1. 数据来源

鲐鱼资源量用单位努力量捕捞量（CPUE）表示，其数据来自浙江省群众传统灯光围网生产数据，时间为 1971—2006 年；东海北部海域鲐鱼资源量数据由日本西海区水产研究所对东海区鲐鱼资源量评估数据（$B_{estimated}$）表示，该数据来自日本水产与渔业研究局网站，时间为 1973—2007 年。1970—2007 年东海区月平均海表水温数据来自美国国家航空航天局（NASA）物理海洋分发文档中心网站，空间分辨率为 2°，空间范围为 27°—33°N，121°—127°E。1970—2007 年每月 Niño3.4 温度距平数据来自美国国家海洋与大气局（NOAA）气候预测中心网站。

2. 研究方法

（1）数据预处理。第 i 年浙江近海鲐鱼资源量以 $CPUE_i$ 表示，$CPUE_i$ 由下式计算：

$$CPUE_i = \frac{Catch_i}{f_i}$$

式中：$Catch_i$ 为浙江省群众传统灯围第 i 年捕捞产量；f_i 为其对应船组数。

（2）分析方法。采用相关系数方法对 $CPUE$、$B_{estimated}$ 与海表水温等进行分析，其关系式为：

$$r = \frac{n(\sum XY) - (\sum X)(\sum Y)}{\sqrt{\left[n\sum X^2 - (\sum X)^2\right]\left[n\sum Y^2 - (\sum Y)^2\right]}}$$

式中：X、Y 分别为两个长度相同的时间系列，其中 X 为海表水温或海表水温距平时间系列，数据按同一位置，同一月份不同年份组成；Y 为 $CPUE$ 或 $B_{estimated}$ 时间系列，按年组成；r 为相关系数；n 为样本数。对相关系数较大（$P < 0.1$）的连续月份进行合并，并保证合并后的时间系列能提高相关系数，否则不进行合并。冬半年月份与上半年月份合并时，采用上一年的冬半年月份与当年下半年月份合并分析以保证时间连续。

（二）结果

1. 海表水温与鲐鱼资源的关系

研究认为，浙江近海 $CPUE$ 与海表水温呈正相关。全年数据大致可分为两段，当

年3—6月与上一年9—12月（经度121°—123°E区间，为11月）。3—6月相关系数最大的海域为31°—33°N，121°—123°E（$r=0.43$，$n=36$，$P<0.05$，图6-60a），上一年9—12月相关系数最大的海域为29°—31°N，123°—125°E（$r=0.47$，$n=36$，$P<0.05$，图6-60b）。

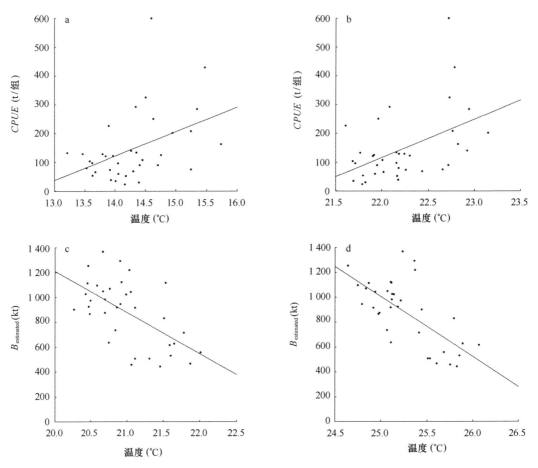

图6-60　海表水温与鲐鱼 $CPUE$ 或 $B_{estimated}$ 的相关关系

东海北部鲐鱼 $B_{estimated}$ 与海表水温关系具有类似特点，但呈显著负相关关系，3—6月相关系数最大的海域为27°—29°N、123°—125°E（$r=-0.59$，$n=35$，$P<0.05$，图6-60c），上一年9—12月相关系数最大的海域为27°—29°N、123°—125°E（$r=-0.68$，$n=35$，$P<0.05$，图6-60d）。

2. Niño3.4温度距平与资源量变动关系

7月份 Niño 3.4 温度距平与浙江近海 $CPUE$ 存在显著正相关关系，其他月份与浙江近海 $CPUE$ 的关系均不显著，Niño 3.4 温度距平与东海北部 $B_{estimated}$ 不存在显著关系。

但研究认为，1—3 月 Niño3.4 温度距平的平均值对浙江近海 *CPUE*、东海北部 $B_{estimated}$ 的变动具有指示性。该平均温度距平为负值时的年份有 1971—1972 年，1974—1976 年，1981 年，1984—1986 年，1989 年，1996—2001 年（1998 年除外）和 2006 年。当该平均值为负值时，浙江近海 *CPUE* 出现相对低值（*CPUE* 小于 100 t/组，并且比其前、后年均低）年份的概率大，如在相对低值年份 1972 年、1975 年、1981 年、1985 年、1989 年、1991 年、1998 年、2000 年、2006 年中，仅 1991 年与 1998 年为例外年份（图 6 - 61a）；东海北部 $B_{estimated}$ 变化也呈相似规律，东海北部资源较差或变差年如 1975—1976 年，1980—1981 年，1984—1986 年，1989—1990 年，1996—2000 年，2006 年与该平均温度距平为负值时的年份有较好的对应关系（图 6 - 61b）。1970—2007 年所有拉尼娜年为 1970—1972 年，1973—1976 年，1984—1985 年，1988—1989 年，1995—1996 年，1998—2000 年，2000—2001 年，2005—2006 年。因此，该平均值为负时其对应的年份常发生拉尼娜事件，仅 1981 年例外。

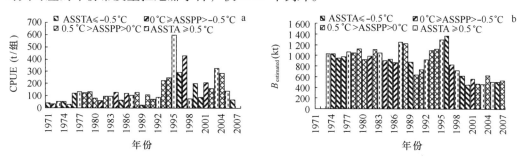

图 6 - 61　鲐鱼资源量年际变动与 1—3 月 Niño 3.4 温度距平的平均值（ASSTA）之间的关系

（三）讨论

1. 海表水温对东海鲐鱼资源变动的影响分析

日本西海区水产研究所对东海区鲐鱼资源量的评估值与日本东海区鲐鱼捕捞产量呈显著正相关（$r = 0.83$，$n = 35$，$P < 0.001$），但与浙江近海 *CPUE* 或捕捞产量不存在显著相关性。日本在东海区捕捞鲐鱼的主要海域为济州岛东南海区、对马海峡和九州西南近海（程家骅等，2005），因此，本研究中以日本西海区水产研究所估算的 $B_{estimated}$ 作为东海北部鲐鱼资源量状况指标，是可行的。

浙江群众鲐鲹鱼灯光围网主要以舟山附近渔场为作业海区（张洪亮等，2007），其渔获组成以鲐鱼占明显优势（张洪亮等，2006），因此利用该资料基本上能反映浙江近海鲐鱼资源的变化情况。但本研究采用船组数作为捕捞努力量有一定的缺陷，*CPUE* 计算会受到实际捕捞网次、捕捞天数（张洪亮等，2007）、围网种类组成（如单围、双围等）（宋海棠，丁天明，1996）、技术因素（如围网技术发展、渔民转产等）（宋海棠等，1995）、环境因素（如长江冲淡水强引起渔场分散）等的影响。但结合相关文献分析（张洪亮等，2007；宋海棠等，1995），本研究 CPUE 能从总体上反映浙江近海鲐鱼资源的变动趋势。

浙江近岸鲐鱼 CPUE 与长江口附近海域 3—6 月平均海表水温相关性最强，据宋海棠等（1995）的研究结果，长江冲淡水与台湾暖流是影响浙江近海鲐鲹鱼围网渔场形成及作业位置重要因素，长江冲淡水的强弱对鲐鱼生殖洄游、繁殖、生长有较大影响，而长江冲淡水与台湾暖流的强弱均影响东海海表水温的分布与变动。Hiyama 等（2002）研究了海表水温对鲐鱼资源补充量的影响，认为在 30°N、125°E 点 2—6 月平均海表水温与鲐鱼资源补充量呈显著负相关关系，该结论与本研究结果基本相似，但海域的位置稍微偏南。浙江近海 CPUE、东海北部 $B_{estimated}$ 均与上一年 9—12 月平均海表水温显著相关，但两者关系相反，其原因目前缺少文献支持。

上述两种指标基本反映了浙江近海与东海北部海域的鲐鱼资源状况。根据东海鲐鱼洄游路线及标志放流回捕结果（张秋华等，2007；朱德山等，1982），两海区鲐鱼资源存在直接或间接交换可能。据此，本研究推测上一年 9—12 月海表水温分布可能影响鲐鱼越冬洄游路线选择，即水温降低过快有可能使黄、渤海等海域的鲐鱼南下洄游受阻，而进入东海北部海域的济州岛东南、九州西南海域越冬，而 3—4 月则可能是生殖洄游海域选择的重要时期，高温有利于东海中南部鲐鱼向浙江近海洄游，且表温越高，则性腺发育快，鲐鱼产卵后就地索饵；若表温低，则性腺发育慢，鲐鱼将继续向北洄游进入黄、渤海区。

由于海表水温的变化会影响鲐鱼资源的空间分布，利用不同海域评估资料研究鲐鱼资源量变化与海表水温的关系则会存在不同的结论。如 Hiyama 等（2002）认为，低温有利于提高鲐鱼资源的补充，Nishida（1997）、Hwang（1999）等则观点相反。本研究采用不同海区生产或评估数据得到两种不同关系，这种相反关系可能预示海洋环境变化影响鲐鱼资源空间分布格局。多年资料表明，东海海表水温呈显著上升趋势（图6-62a），与之相对应，浙江近海鲐鱼 CPUE 也呈上升趋势（图6-62b），而东海北部鲐鱼 $B_{estimated}$ 则呈下降趋势（图6-62c），浙江近海鲐鱼 CPUE 与海表水温呈正相关，而东海北部鲐鱼 $B_{estimated}$ 与海表水温呈负相关。

2. 厄尔尼诺、拉尼娜事件对东海鲐鱼资源量的影响

厄尔尼诺、拉尼娜事件对我国气候、东海海洋环境的影响较为复杂（朱家喜，2003），而研究厄尔尼诺、拉尼娜事件对渔业资源的影响则更为复杂（洪华生等，1997）。从本研究结果分析，拉尼娜事件不利于鲐鱼资源，如浙江近海 CPUE 相对低的年份如 1972 年、1975 年、1985 年、1989 年、1998 年、2000 年、2006 年均为拉尼娜年，东海北部 $B_{estimated}$ 相对低的年份如 1975—1976 年、1984—1985 年、1989 年、1998—2000 年、2006 年也对应拉尼娜年，这一结论有别于其他研究结果（洪华生等，1997），

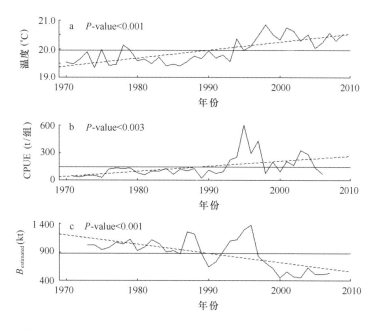

图 6 - 62　海表水温（30°N，124°E）、$CPUE$ 与 $B_{estimated}$ 的趋势分析

图中虚线为趋势回归线；实线为平均值；P_value 为趋势回归 P 值

且拉尼娜事件对东海鲐鱼资源变动影响具有同向性。

　　利用当年前 3 个月的 Niño 3.4 温度距平的平均值能粗略反映鲐鱼资源的丰歉年（图 6 - 61），其影响机制值得进一步探索，但影响资源变化的其他因素模糊了这种关系。如 1991 年 1—3 月 Niño3.4 距平均值为正年，$CPUE$ 为相对低年，但该年浙江近海鲐鱼资源状况较好（陈卫忠等，1998；陈阿毛，丁天明，1995），宋海棠等（1995）认为该年低产与长江冲淡水引起渔场分散有关；再如 2002—2005 年东海北部 $B_{estimated}$ 较差，但浙江近岸 $CPUE$ 较好，这有可能受海表水温变化引起鲐鱼资源空间分布调整所影响，此外还有捕捞压力的影响（张洪亮等，2007）。

3. 对东海鲐鱼资源评估的建议

　　海洋环境变化对鱼类资源变动、时空分布有重要的影响（曹晓怡等，2009；曹杰等，2010）。上述研究结果表明受海洋环境变化的影响，东海鲐鱼资源的时空分布具有非均匀性和动态性特点。从目前东海鲐鱼资源评估研究看（陈卫忠等，1998；李纲，2008；张洪亮等，2007），较少考虑上述特点。建议在未来东海鲐鱼资源评估及有关研究中，应该充分重视这些特点。

第七章　全球海洋环境变化对
渔业资源的影响

第一节　全球海洋环境变化概述

约占地球面积71%的海洋，蕴藏着丰富的可再生资源——海洋生物资源。地球上约90%的动物蛋白存在于海洋中。它不仅是人类未来发展重要的资源基础，也是地球生命系统的重要组成部分。全球气候的变化（包括海洋酸化）、海洋环境异常变化等对海洋生物资源（特别是渔业资源）分布和数量变动的影响已越来越显著，联合国粮农组织每两年一次的世界渔业与养殖报告多次将海洋环境与渔业资源、全球气候变化对其影响等作为重要主题来讨论。深刻了解和掌握全球气候变化（包括海洋酸化）对海洋生态环境、海洋生物资源影响的机制及其可能产生的后果，把握这一领域的国际前沿研究动态，有利于可持续开发和利用海洋渔业资源，有利于海洋生物资源养护与恢复以及海洋生态系统的稳定。

一、全球气候变暖及其对海洋生态系统的影响

全球气候变暖是一种"自然现象"。人们焚烧化石矿物或砍伐森林并将其焚烧时产生二氧化碳等多种温室气体，由于这些温室气体对来自太阳辐射的可见光具有高度的透过性，而对地球反射出来的长波辐射具有高度的吸收性，能强烈吸收地面辐射中的红外线，也就是常说的"温室效应"，导致全球气候变暖。全球变暖的后果，会使全球降水量重新分配、冰川和冻土消融、海平面上升等，既危害自然生态系统的平衡，更威胁人类的食物供应和居住环境。全球气候变暖一直是科学家关注的热点。

（一）全球气候变暖概念及其产生原因

全球变暖（global warming）指的是在一段时间中，地球的大气和海洋因温室效应而造成温度上升的气候变化现象，其所造成的效应称之为全球变暖效应。近100多年来，全球平均气温经历了：冷→暖→冷→暖四次波动，总的来看气温为上升趋势。进入20世纪80年代后，全球气温明显上升。

　　许多科学家都认为，大气中二氧化碳排放量增加是造成地球气候变暖的根源。国际能源机构的调查结果表明，美国、中国、俄罗斯和日本的二氧化碳排放量几乎占全球总量的一半。调查表明，美国二氧化碳排放量居世界首位，年人均二氧化碳排放量约 20 t，排放的二氧化碳占全球总量的 23.7%。中国年人均二氧化碳排放量约为 2.51 t，约占全球总量的 13.9%。

　　全球气候变暖产生的主要原因有：① 人为因素：人口剧增，大气环境污染，海洋生态环境恶化，土地遭侵蚀、盐碱化、沙化等破坏，森林资源锐减等。② 自然因素：火山活动，地球周期性公转轨迹变动等。

　　"在过去 50 年观察得到的大部分暖化都是由人类活动所致的"，这一结论在抽样调查中有 75% 受访者明示或暗示接受了这个观点。但也有学者认为，全球温度升高仍然属于自然温度变化的范围之内；全球温度升高是小冰河时期的来临；全球温度升高的原因是太阳辐射的变化及云层覆盖的调节效果；全球温度升高正反映了城市热岛效应；等等。

（二）全球气候变暖趋势及其后果

　　据政府间气候变化委员会预测，未来 50～100 年人类将完全进入一个变暖的世界。由于人类活动的影响，21 世纪温室气体和硫化物气溶胶的浓度增加很快，使未来 100 年全球、东亚地区和中国的温度迅速上升，全球平均地表温度将上升 1.4～5.8℃。到 2050 年，中国平均气温将上升 2.2℃。全球变暖的现实正不断地向世界各国敲响警钟，气候变暖已经严重影响到人类的生存和社会的可持续发展，它不仅是一个科学问题，而且是一个涵盖政治、经济、能源等方面的综合性问题，全球变暖的事实已经上升到国家安全的高度。

　　全球气候变暖的后果是极其严重的。主要表现在：① 气候变得更暖和，冰川消融，海平面将升高，引起海岸滩涂湿地、红树林和珊瑚礁等生态群丧失，海岸侵蚀，海水入侵沿海地下淡水层，沿海土地盐渍化等，从而造成海岸、河口、海湾自然生态环境失衡，给海岸带生态环境带来了极大的灾难。② 水域面积增大。水分蒸发也更多了，雨季延长，水灾正变得越来越频繁。遭受洪水泛滥的机会增大、遭受风暴影响的程度和严重性加大。③ 气温升高可能会使南极半岛和北冰洋的冰雪融化，北极熊和海象会渐渐灭绝。④ 许多小岛将会被淹没。⑤ 对原有生态系统的改变以及对生产领域的影响，例如：农业、林业、牧业、渔业等。

（三）全球气候变暖对海洋生态系统的影响

　　随着全球气温的上升，海洋中蒸发的水蒸气量大幅度提高，加剧了海洋变暖现象，但海洋中变暖在地理上是不均匀的。由于气候变暖造成的温度和盐度变化的共同影响，降低了海洋表层水密度，从而增加垂直分层。这些变化可能减少表层养分可得性，因此，影响温暖区域的初级和次级生产力。已有证据表明，季节性上升流可能受到气候变化影响，进而影响到整个食物网。气候变暖变化的后果可能影响浮游生物和鱼类的群落构成、生产力和季节性进程。随着海洋变暖，向两极范围的海洋鱼类种群数量将增加，而范围更朝赤道方向的种群数量将下降。在一般情况下，预计气候变暖变化将驱动大多数海洋物种的分布范围向两极转移，温水物种分布范围扩大以及冷水物种分布范围收缩。鱼类群落变化也将发生在中上层种类，预计它们将会向更深水域转移以抵消表面温度的升高。此外，海洋变暖还将改变捕食－被捕食的匹配关系，进而影响整个海洋生态系统。

　　已有调查表明，由于全球变暖导致南极的两大冰架先后坍塌，一个面积达 1×10^4 km² 的海床显露出来，科学家因此得以发现很多未知的新物种，例如，类似章鱼、珊瑚和小虾的生物。据美国国家海洋和大气管理局报道，美洲大鱿鱼在过去十年里在美国西海岸的搁浅死亡事件有所上升，该巨型鱿鱼一般生活在加利福尼亚海湾以南和秘鲁沿海的温暖水域。但随着海水变暖，它们向北部游动，并发生了大量个体搁浅在沙滩上死亡的事件。其北限分布范围也从 20 世纪的 80 年代 40°N 扩展到现在 60°N 海域。

　　根据统计，在过去 100 年中，三大洋水温处在上升阶段，其 100 年中三大洋总体上升 0.51℃（图 7 - 1）。各大洋水温上升趋势不一样（图 7 - 2），总体在 0.43 ~ 0.71℃/100 a（表 7 - 1）。在我国近海海域，其水温上升趋势更明显，在黄海海域水温上升达到 1.21℃/100 a，东海北部和南部分别上升 1.21℃/100 a 和 1.14℃/100 a（图 7 - 3）。

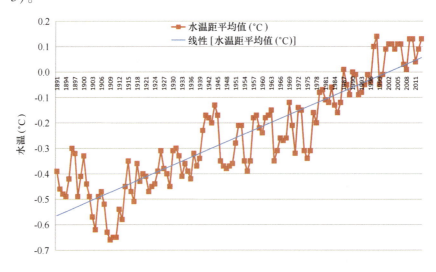

图 7 - 1　1981—2013 年全球水温上升趋势示意图

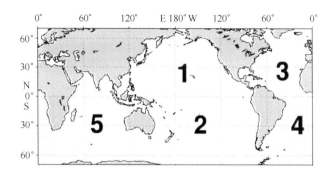

图 7 - 2 世界三大洋海域示意图

1 - 北太平洋；2 - 南太平洋；3 - 北大西洋；4 - 南大西洋；5 - 印度洋

表 7 - 1 三大洋海域水温变化情况

海域	长期变化趋势（℃/100 年）
北太平洋	0.45
南太平洋	0.43
北大西洋	0.61
南大西洋	0.71
印度洋	0.57

二、海洋酸化及其对海洋生物资源的危害

2003 年，"海洋酸化"（ocean acidification）这个术语第一次出现在英国著名科学杂志《自然》上。2005 年，研究灾难和突发事件的专家詹姆斯·内休斯为人们勾勒出了"海洋酸化"潜在的威胁：距今 5 500 万年前海洋里曾经出现过一次生物灭绝事件，罪魁祸首就是溶解到海水中的二氧化碳，估计总量达到 $45\,000 \times 10^8$ t，此后海洋至少花了 10 万年时间才恢复正常。2009 年 8 月 13 日超过 150 多位全球顶尖海洋研究人员齐聚摩纳哥，并签署了《摩纳哥宣言》。这一宣言的签署进一步意味着全球科学家对海洋酸化严重伤害全球海洋生态系统表示严重关切。该宣言指出，海水酸碱值（pH）的急剧变化，比过去自然改变的速度快上 100 倍。而海洋化学物质在近数十年的快速改变，已严重影响海洋生物、食物网，生态多样性及渔业等。该宣言呼吁决策者将二氧化碳排放量稳定在安全范围内，以避免危险的气候变迁及海洋酸化等问题。倘若大气层的二氧化碳排放量持续增加，到 2050 年时，珊瑚礁将无法在多数海域生存，进而导致商业性渔业资源的永久改变，并严重威胁数百万人民的粮食安全。

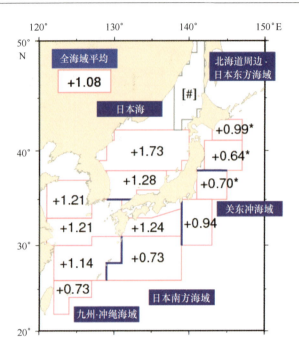

图 7 – 3　西北太平洋海域各海区 100 年来水温增加情况

（一）海洋酸化概念及其产生原因

1. 海洋酸化概念

海洋酸化是指海水由于吸收了空气中过量的二氧化碳，导致酸碱度降低的现象。酸碱度一般用 pH 值来表示，范围为 0 ~ 14，pH 值为 0 时代表酸性最强，pH 值为 14 代表碱性最强。蒸馏水的 pH 值为 7，代表中性。海水应为弱碱性，海洋表层水的 pH 值约为 8.2。当空气中过量的二氧化碳进入海洋中时，海洋就会酸化。研究表明，由于人类活动影响，到 2012 年，过量的二氧化碳排放已使海水表层 pH 值降低了 0.1，这表示海水的酸度已经提高了 30%。

1956 年，美国地球化学家洛根·罗维尔开始着手研究大工业时期制造的二氧化碳在未来 50 年中将产生怎样的气候效应。洛根和他的合作伙伴在远离二氧化碳排放点的偏远地区设立了两个监测站。一个在南极，那里远离尘器，没有工业活动，而且一片荒芜，几乎没有植被生长；另一个在夏威夷的莫纳罗亚山顶。50 多年来，他们的监测工作几乎从未间断。监测发现，每年的二氧化碳浓度都高于前一年，被释放到大气中的二氧化碳不会全部被植物和海洋吸收，有相当部分残留在大气中，且被海洋吸收的二氧化碳数量非常巨大。

2. 海洋酸化产生原因

海洋与大气在不断进行着气体交换，排放到大气中的任何一种成分最终都会溶于海洋。在工业时代到来之前，大气中碳的变化主要是自然因素引起的，这种自然变化造成了全球气候的自然波动。但工业革命以后，人类开采使用大量的煤、石油和天然气等化石燃料，并砍伐了大片的森林，至 21 世纪初，已排出超过 $5\,000 \times 10^8$ t 的二氧化碳。这使得大气中的碳含量逐年上升。

受海风的影响，大气成分最先溶入几百米深的海洋表层，在随后的数个世纪中，这些成分会逐渐扩散到海底的各个角落。研究表明，19 世纪和 20 世纪海洋已吸收了人类排放的二氧化碳中的 30%，且现在仍以约 100×10^8 t/h 的速度吸收着。2012 年美国和欧洲科学家发布了一项新研究成果，证明海洋正经历 3 亿年来最快速的酸化，这一酸化速度甚至超过了 5500 万年前那场生物灭绝时的酸化速度。人类活动使得海水在不断酸化，预计到 2100 年海水表层酸度将下降到 7.8，到那时海水酸度将比 1800 年高 150%。

（二）海洋酸化的危害

1. 对浮游植物的影响

由于浮游植物构成了海洋食物网的基础和初级生产力，它们的"重新洗牌"很可能导致从小鱼小虾到鲨鱼、巨鲸的众多海洋动物都面临冲击。此外，在 pH 值较低的海水中，营养盐的饵料价值会有所下降，浮游植物吸收各种营养盐的能力也会发生变化。且越来越酸的海水还会腐蚀海洋生物的身体。研究表明，钙化藻类、珊瑚虫类、贝类、甲壳类和棘皮动物在酸化环境下形成碳酸钙外壳、骨架效率明显下降。由于全球变暖，从大气中吸收二氧化碳的海洋上表层也由于温度上升而密度变小，从而减弱了表层与中深层海水的物质交换，并使海洋上部混合层变薄，不利于浮游植物的生长。

2. 对珊瑚礁的影响

热带珊瑚礁为近 25% 的鱼类提供了庇护、食物及繁殖场所，其产量占全球渔获的 12%。研究小组发现，当海水 pH 值平均为 8.1 的时候，珊瑚生长状态最好。当 pH 值为 7.8 时，就变为以海鸡冠为主。如果 pH 值降至 7.6 以下，两者都无法生存。天然海水的 pH 值稳定在 7.9～8.4 之间，而未受污染的海水 pH 值在 8.0～8.3 之间。海水的弱碱性有利于海洋生物利用碳酸钙形成介壳。日本研究小组指出，预计本世纪末海水 pH 值将达 7.8 左右，酸度比正常状态下大幅升高，届时珊瑚有可能消失。

3. 对软体动物的影响

一些研究认为，到 2030 年南半球的海洋将对蜗牛壳产生腐蚀作用，这些软体动物是太平洋中三文鱼的重要食物来源，如果它们的数量减少或是在一些海域消失，那么对于捕捞三文鱼的行业将造成影响。此外，在酸化的海洋中，乌贼类的内壳将变厚、密度增加，这会使得乌贼类游动变得缓慢，进而影响其摄食和生长等。

4. 对鱼类的影响

实验表明，同样一批鱼在其他条件都相同的环境下，处于在现实的海水酸度中，30个小时仅有10%被捕获；但是当把它们放置在大堡礁附近酸化的实验水域，它们便会在30个小时内被附近的捕食者斩尽杀绝。《美国国家科学院院刊》的最新报道：模拟了未来50~100年海水酸度后发现，在酸度最高的海水里，鱼仔起初会本能地避开捕食者，但它们很快就会被捕食者的气味所吸引——这是因为它们的嗅觉系统遭到了破坏。

5. 对海洋渔业的影响

海洋酸化直接影响到海洋生物资源的数量和质量，导致商业渔业资源的永久改变，最终会影响到海洋捕捞业的产量和产值，威胁数百万人口的粮食安全。虽然海水化学性质变化会给渔业生产带来多大影响目前还没有令人信服的预测，但是可以肯定的是海洋酸化会造成渔业产量下降和渔业生产成本升高。

海洋酸化使得鱼类栖息地减少。在太平洋地区，珊瑚礁是鱼类和其他海洋动物的主要栖息地，这些生物为太平洋岛屿国家提供了约90%的蛋白质。据估计，珊瑚和珊瑚生态系统每年为人类创造的价值超过3 750亿美元。如果珊瑚礁大量减少，则将对环境和社会经济产生重大影响。

海洋酸化使得鱼类食物减少。海洋酸化会阻碍某些在食物链最底层、数量庞大的浮游生物形成碳酸钙的能力，使这些生物难以生长，从而导致处于食物链上层的鱼类产量降低。

联合国粮农组织估计，全球有5亿多人依靠捕鱼和水产养殖作为蛋白质摄入和经济来源，鱼类为其中最贫穷的4亿人提供了每日所需的大约一半动物蛋白和微量元素。海水的酸化对海洋生物的影响必然危及这些贫困人口的生计。

三、对渔业影响较大的全球气候变化现象

（一）厄尔尼诺 - 南方涛动（ENSO）

对渔业资源影响最明显的气候现象之一是厄尔尼诺（EINino）和与之对应的拉尼娜（La Nina）现象。厄尔尼诺现象是大范围内海洋和大气相互作用后失去平衡而产生的一种气候现象，其显著特征是赤道太平洋东部和中部海域海水表面温度大范围持续异常增暖的现象。拉尼娜现象则是指赤道太平洋东部和中部的海表面温度大范围持续异常变冷的现象。南方涛动（Southern Osc illation）则是指太平洋与印度洋间存在的一种

大尺度的气压升降振荡现象，由于厄尔尼诺与南方涛动活动密切相关，因此被统称为厄尔尼诺-南方涛动（ENSO）现象。

（二）大洋暖池（Warm Pool）和冷池

大洋暖池（Warm Pool）又称热库或暖堆，一般是指热带西太平洋及印度洋东部多年平均海表温度（SST）在 28℃ 以上的暖海区。由于太阳辐射、热量交换、自东向西信风吹送等的共同作用，大量暖水逐渐积蓄在暖池区，致使该区 SST 比东太平洋高出 3~9℃。它的总面积约占热带海洋面积的 26.2%，占全球海洋面积的 11.7%，东西跨越 150 个经度，南北伸展约 35 个纬度，西太平洋暖池的深度在 60~100 m 之间。其范围变化可作为预测厄尔尼诺现象的依据之一。

与暖池相对应的是"冷池"现象。"冷池"是指夏季白令海北部海域水下出现的低温区域，冷池的出现是由于冬季海冰形成以及春夏海水表层加热等多种因素造成的。而随着气候变化，冷池的范围也随之缩小或变大。

（三）阿留申低压（Aleutian Low）

阿留申低压是指位于 60°N 附近阿留申群岛一带的大范围副极地低气压（气旋）带，阿留申低压冬季位于阿留申群岛地区，到了夏季向北移动，并几乎消失。它吸引周围空气作逆时针方向旋转，进而吹动周围大洋表层水体形成逆时针方向环流系统。在北太平洋的 45°N 以北，构成以阿留申低压为中心，由阿拉斯加暖流、千岛寒流（亲潮）和北太平洋暖流组成的气旋型环流系统。

（四）北大西洋涛动（North Atlantic Oscillation, NAO）

北大西洋涛动是指亚速尔（Azores）高压和冰岛（Iceland）低压之间的气压的南北交替变化，调节着北大西洋 40°—60°N 之间西风的强弱，最主要影响北美和欧洲的气候变化，正 NAO 态时西风增强并北移，温度升高，负 NAO 时则呈现相反的作用。

（五）太平洋年代气候振动（Pacific Decadal Oscillation, PDO）

海-气相互作用的气候模式除了在太平洋存在 ENSO 的年际变化以外，在北太平洋和北美地区还存在年代尺度的变化，主要表现为太平洋年代气候振动现象。太平洋年代气候振动是一种长周期气候波动现象，一般 20~30 年出现一次。与厄尔尼诺的变化类似，人们也根据海水温度的变化把 PDO 分为暖和冷的阶段。PDO 暖（冷）期，热带东太平洋海温偏高（低），北太平洋海温则显著降低（升高）。已有的研究还表明，ENSO 和 PDO 长期的气候变化在时空上关系密切。

四、气候变化对世界主要渔业资源波动的影响

目前，世界上主要捕捞渔业资源有金枪鱼类、秋刀鱼（*Cololabis saira*）、智利竹笑鱼（*Trachurus murphyi*）、秘鲁鳀（*Engraulis ringens*）、鳕鱼类和鲑科鱼类等，本节就这几种鱼类资源变动与气候变化关系的研究进展做一概括分析。

（一）金枪鱼类

金枪鱼类是世界上重要的经济鱼类，广泛分布于各大洋温热带海域，资源丰富，为世界远洋渔业和大洋沿岸国家的主要捕捞对象。金枪鱼类主要包括黄鳍金枪鱼（*Thunnus albacares*）、大眼金枪鱼（*T. obesus*）、长鳍金枪鱼（*T. alalunga*）、蓝鳍金枪鱼（*T. maccoyii*）和鲣鱼（*Katsuwonus pelamis*）等。

鲣鱼是目前金枪鱼类中年捕捞总产量最高的种类，主要分布在中西太平洋、东太平洋、印度洋和东大西洋等海域，在世界金枪鱼渔业中占有重要的地位。其中，鲣鱼在中西太平洋热带海域（WCPO）产量最高。西太平洋有全球海水表温最高的大洋暖池（西太平洋暖池），该暖池区高温、低盐、初级生产力较低。资料表明，西太平洋暖池区鲣鱼产量是整个西太平洋地区最高的。究其原因，是因为该暖池东部水域巨大的涌升流形成了低温、高盐、高初级生产力的条带区——冷水舌，暖池和冷水舌之间的辐合区是浮游植物和微型浮游动物聚集的重要区域，饵料生物丰富，营养物质较多，形成了鲣鱼良好的索饵场，也就成为良好的鲣鱼围网渔场。太平洋共同体秘书处（原南太平洋委员会，SPC）在1990—1992年间实施的金枪鱼标志放流项目和Lohedey等（1997）对美国围网渔船捕捞的鲣鱼单位捕捞努力量渔获量（CPUE）数据和南方涛动指数（SOI）、暖池区海水表温29℃等温线的计算分析表明，鲣鱼渔场的分布变动和ENSO的发生、西太平洋暖池的移动存在密切的联系。沈建华等（2006）通过对中西太平洋金枪鱼围网鲣鱼渔获量时空分布分析研究也发现，发生厄尔尼诺的年份鲣鱼渔获量分布重心在经度会偏东，在纬度会在当年或次年偏南；相反，在拉尼娜发生的年份，鲣鱼渔获量分布重心在经度会偏西，在纬度会在当年或次年偏北。周甦芳（2005）在研究厄尔尼诺－南方涛动现象对中西太平洋鲣鱼围网渔场的影响时，根据NOAA对厄尔尼诺的定义，确定在1982—2001年间共发生了6次厄尔尼诺（1982年/1983年，1986年/1987年，1991年/1992年，1993年，1994年/1995年，1997年/1998年）和5次拉尼娜（1983年/1984年，1984年/1985年，1988年/1989年，1995年/1996年，1998年/2000年），中西太平洋鲣鱼围网渔场的空间分布受厄尔尼诺和拉尼娜现象的影响非常明显。在发生厄尔尼诺的年份，鲣鱼CPUE经度重心明显东移，移至160°E以东（最东到177°E）；在发生拉尼娜的年份，鲣鱼CPUE经度重心则明显西移，移至160°E以西（最西到143°E）。一般一次厄尔尼诺和拉尼娜过程，经度重心摆动幅度达到近30个经度。

　　许多研究都表明，ENSO 的发生影响了西太平洋暖池区的范围变化，进而造成鲣鱼渔场的变化。在发生厄尔尼诺时，赤道东太平洋变暖，涌升流减弱，西太平洋暖池向东扩展，暖水占据了赤道中、东太平洋地区，暖池和冷水舌之间的辐合区也随着暖池的东扩而向东移动，因此在该辐合区形成的鲣鱼高产渔场也随之东移。拉尼娜发生过程则刚好相反，西太平洋暖池向西收缩，辐合区也随着暖池的西移而向西移动，鲣鱼渔场也随之西移。

　　黄鳍金枪鱼和大眼金枪鱼也是重要的捕捞种类，其中黄鳍金枪鱼世界年捕捞总产量仅次于鲣鱼。太平洋黄鳍金枪鱼和大眼金枪鱼渔场分布海域大尺度的海洋流系有和厄尔尼诺关系密切的东向南赤道流、西向北赤道流和黑潮流系，西向赤道流和东向北赤道逆流等，其发展变化对黄鳍金枪鱼和大眼金枪鱼渔场分布的变化有重要影响。Lu 等（2001）研究发现，在厄尔尼诺发生期间，热带太平洋 SST 比常年上升的海域（155°W以东的赤道太平洋海域），黄鳍金枪鱼钓获率较高，而大眼金枪鱼的高钓获率海域则位于东赤道太平洋的西部边缘。在拉尼娜年份，随着东赤道太平洋 SST 的降低，该海域黄鳍金枪鱼钓获率也较低，黄鳍金枪鱼钓获率较高的区域移动到在拉尼娜年份 SST 较高的北赤道太平洋海域；随着东赤道太平洋 SST 的降低，在该海域大眼金枪鱼的钓获率也明显下降。

　　长鳍金枪鱼也是重要的捕捞种类之一。太平洋长鳍金枪鱼渔场主要分布在 30°N 附近的西北太平洋海域和 0°—40°S 之间的西南太平洋海域。西南太平洋海域向东扩展到120°W 附近，高渔获量水域主要分布在 10°S 附近和澳大利亚以东海域。研究表明，长鳍金枪鱼的渔场分布受到大尺度海洋现象的影响。Lu 等（1998）根据台湾延绳钓捕捞资料研究发现，ENSO 发生后，西南太平洋 0°—10°S 之间长鳍金枪鱼的 CPUE 增大，这可能是由于 ENSO 带来的 0°—40°S 之间的西南太平洋海域长鳍金枪鱼适宜水温区域向北缩小引起的，导致长鳍金枪鱼渔场向北缩小到 0°—10°S 之间。另外，Lu 等（1998）还发现，在 30°S 以南海域长鳍金枪鱼 CPUE 在 ENSO 发生 4 年后出现下降，在 10°—30°S 海域长鳍金枪鱼 CPUE 在 ENSO 发生 8 年后出现下降，这种滞后现象可能是由于 ENSO 期间长鳍金枪鱼产卵和补充量降低引起的。Kimura 等（2003）根据日本 1970—1988 年的北太平洋长鳍金枪鱼延绳钓数据分析认为：北太平洋长鳍金枪鱼存在着逆时针的洄游，在厄尔尼诺发生时，北太平洋中部和西南部出现冷水区，会引起长鳍金枪鱼洄游路径比非厄尔尼诺年份宽。

（二）秋刀鱼

　　秋刀鱼为冷水性中上层鱼类，资源丰富，渔法简单，渔获效率高，属于经济效益较高的渔业品种。秋刀鱼栖息于亚洲和美洲沿岸的太平洋亚热带和温带 18°—66°N 水域，渔场主要分布在西北太平洋温带水域，主要的两大渔场为日本东北部海域渔场和千岛群岛以南延伸到公海的外海渔场。

西北太平洋秋刀鱼渔场的形成和分布主要受黑潮暖流和千岛寒流（亲潮）的影响。每年春季，随着水温逐渐升高，西北太平洋秋刀鱼向北开始索饵洄游，夏季到达千岛群岛沿岸的千岛寒流区，形成太平洋秋刀鱼的夏季索饵场。随着鱼体逐渐成长成熟后，鱼群开始向南洄游，在日本东北沿岸和千岛群岛以南公海形成秋季渔场并被捕捞。西北太平洋秋刀鱼的产卵期较长，从秋季持续到次年春季，秋季的主要产卵场位于黑潮前锋北部的黑潮－千岛寒流的辐合区，冬春季的产卵场则位于黑潮水域。沈建华等（2004）研究指出，作为秋刀鱼饵料的寒流系浮游动物（如甲壳类、毛颚类）及鱼卵的丰度和分布受海洋环境影响，另外，秋刀鱼的索饵过程也需要适宜的环境条件，所以秋刀鱼渔场的形成和分布受海洋环境的影响很大。由于千岛寒流的水温较低，不适宜秋刀鱼生存，所以秋刀鱼渔场在水温更适宜的黑潮－千岛寒流的辐合区形成，并随着季节变换和水温的变化南北移动，夏季千岛群岛附近的水温升高，且有丰富的饵料，所以秋刀鱼主要在千岛群岛和鄂霍茨克海索饵、育肥；秋季随着水温下降，鱼群也逐渐南下以获得足够的食物。所以，黑潮的强弱会影响秋刀鱼种群的丰度，而千岛寒流的势力则会影响鱼群的肥满度和渔场的形成和位置。Tian 等（2003）还研究发现大型秋刀鱼（体长 28.9～32.4 cm，平均体长 30.7 cm）丰度与黑潮冬季海水表温密切相关，而中型秋刀鱼（体长 24.0～28.5 cm，平均体长 26.8 cm）丰度则与黑潮－千岛寒流的辐合区以及千岛寒流的海水表温密切相关，表明这两种尺寸的秋刀鱼丰度分别受到亚热带和亚寒带不同海洋环境的影响。Tian 等（2003）还研究了 ENSO 对太平洋秋刀鱼资源的影响，发现 ENSO 对大型秋刀鱼资源有明显的影响。通过对 1950—2000 年太平洋秋刀鱼丰度和 ENSO 数据的分析，Tian 等（2003）指出，这 51 年间共有 25 年发生 ENSO 现象（其中 15 年厄尔尼诺和 10 年拉尼娜）。数据显示，厄尔尼诺对大型秋刀鱼有正面影响，拉尼娜则对大型秋刀鱼起负面影响，在厄尔尼诺年份大型秋刀鱼丰度高于一般年份，是拉尼娜年份的 3 倍。Tian 等（2002）还研究发现，ENSO 对中型太平洋秋刀鱼资源波动基本上没有明显影响，但中型太平洋秋刀鱼丰度却和北太平洋指数（North Pacific Index，NPI）显著相关，表明阿留申低压可能对中型太平洋秋刀鱼资源有影响。这些研究显示，两种尺寸的太平洋秋刀鱼资源受到了不同的海洋环境系统变化的影响。

（三）智利竹筴鱼

智利竹筴鱼为大洋性中上层鱼类，主要分布于东南太平洋的秘鲁、智利沿海，也见于西南大西洋的阿根廷南部沿海和 35°—50°S 间新西兰以东被称为"竹筴鱼带"的狭长水域。Arcos 等（2001）研究认为，智利竹筴鱼作为暖温性鱼种，东南太平洋沿岸的 15℃等温线对竹筴鱼的分布具有重要的意义。智利竹筴鱼幼鱼适宜栖息在较暖的水域，成鱼则喜欢栖息在偏冷的水域，在智利沿海由南向北，表层水温逐渐升高，因此，幼鱼主要分布在海水表温高于15℃的近岸海域，而成鱼主要分布在15℃等温线以南海域。竹筴鱼在智利近海的分布范围随着15℃等温线的变动而发生变化，特别在发生厄尔尼诺和拉尼娜期间。1997—1998年发生厄尔尼诺，随着西北海域的暖水（>15℃）侵入智利中南部沿海水域（智利竹筴鱼主要的索饵场），15℃等温线在1997年和1998年均向南偏移，比正常年份更向南，这直接影响到智利竹筴鱼的洄游，并使原来不在一起集群的不同体长大小的竹筴鱼混杂在一起。从渔获情况看，1997—1998年，在该渔场捕获到的智利竹筴鱼以体长小于26 cm的幼鱼为主，其比例在有些月份甚至占到总渔获量的80%。

（四）秘鲁鳀

秘鲁鳀为集群性中上层鱼类，分布于东南太平洋，在世界渔业中占有很高地位，产量极高但不稳定，年产量最高可达$1\,000 \times 10^4$ t左右，但有的年份仅约100×10^4 t，主要生产国为秘鲁和智利。1998年联合国粮农组织研究报告对1997—1998年的厄尔尼诺对秘鲁鳀等中上层鱼类资源大幅波动的影响进行了分析。报告认为，东太平洋，特别是南美洲西部地区是受厄尔尼诺暖流不利影响最严重的地区，沿海水温上升和上升的减弱，造成生物量和中上层小鱼群严重下降，下降的主要原因是得不到补充和生长条件不佳以及自然死亡率增加。在这次强厄尔尼诺之前也发生过异常气候对秘鲁鳀资源波动的影响。郑国光等（1993）报道，秘鲁在1970年的秘鲁鳀产量为$1\,228 \times 10^4$ t，但在1972年由于发生厄尔尼诺，其渔获量锐减到445×10^4 t。同时，厄尔尼诺的影响还持续了$2 \sim 3$年，1973年和1974年秘鲁鳀的渔获量分别为150×10^4 t和300×10^4 t，分别是1970年渔获量的1/8和1/4。虽然秘鲁捕捞的鳀鱼大幅减少，但在北智利200 m的深水海区原来未出现过鳀鱼的海域却发现了鳀鱼的分布。这种现象也被认为是由于1972年厄尔尼诺发生后，赤道暖流侵入秘鲁沿岸导致传统秘鲁鳀渔场发生变化引起的。另外，Laws（1997）编著的《厄尔尼诺和秘鲁鳀鱼渔业》一书中也论述了厄尔尼诺与秘鲁鳀鱼资源的关系和渔业管理等问题。

（五）鳕类

鳕类（Gadiformes）是世界主要经济鱼种，栖息于海洋底层和深海中，广泛分布于世界各大洋，种类繁多，主要有大西洋鳕（*Gadus morhua*）和狭鳕（*Theragra chalcogramma*）等。大西洋鳕主要分布于北大西洋两岸，欧洲主要是英国、冰岛、挪威等国近海和巴伦支海的西斯匹次卑尔根岛海域。这些海域主要受来自于墨西哥湾流的北大西洋暖流影响，加上西斯匹次卑尔根暖流、挪威暖流、西格陵兰暖流、东格陵兰寒流等多个海流交汇，形成了东北大西洋渔场。在北美洲，大西洋鳕主要分布于纽芬兰岛海域直到缅因湾，这些海域深受墨西哥湾暖流和拉布拉多寒流交汇影响。Ottersen等（2001）研究发现，在巴伦支海区域，北大西洋涛动（NAO）和水温的变化可以解释

55% 的大西洋鳕丰度的变化。在高 NAO 年，强西风增加了从西南方向流来的北大西洋暖流和挪威暖流，使巴伦支海水温升高，适宜于大西洋鳕幼体的存活和生长，而且水温升高也提高了大西洋鳕幼体的主要饵料飞马哲水蚤（*Calanus finmarchicus*）的数量。同时，流入巴伦支海的挪威暖流也携带了大量的浮游动物饵料，其流量增加也有利于大西洋鳕幼体的生长。在北美洲西北大西洋海域，Mann 等（1994）研究发现，加拿大纽芬兰近海的大浅滩（Gand Banks）和拉布拉多海域的大西洋鳕鱼渔场的渔获量也受到NAO 引起的海温和盐度变化的影响。O'brien 等（2000）研究了气候变化与鳕鱼资源的关系。自从 1988 年以来，北大西洋海域的海水温度持续升高，导致鳕鱼资源由于得不到补充，5 龄以下甚至是 3 龄以下的未成熟鳕鱼成为该地区大西洋鳕渔获物中主要部分。美国《Science》杂志报道，20 世纪 80 年代后半期到 90 年代期间，北冰洋冰的融化在增加，北冰洋融化的冰冲淡了海水的盐度，这些低盐度海水从北冰洋南下随着拉布拉多寒流流经戴维斯海峡流入西北大西洋，使该区域形成新的水温差交界线，生态系统发生变化，使浮游生物的生长和组成也发生变化，最后导致大西洋鳕鱼资源下降。美国海洋大气局（NOAA）2007 年夏在白令海对狭鳕资源进行调查时发现，原来栖息于白令海、阿留申海域的狭鳕向北移动到了普里比洛夫群岛西北外海到靠近俄罗斯专属区一带海域，初步认为地球气候变暖也许是白令海狭鳕渔场北移的原因。白令海北部海域的"冷池"现象同样对狭鳕资源产生影响。Wyllie – echeverria 等（2002）研究了白令海海域冷池和鱼群分布的关系。冬季随着较强阿留申低压的东移，白令海变暖，冷池范围缩小。随着较弱阿留申低压的西移，白令海变冷，冷池范围也变大，这种变化直接影响白令海狭鳕的鱼类种群的变化。

（六）鲑科鱼类

鲑科（Salmonidae）鱼类为北半球重要的冷水性经济鱼类。鲑类为溯河性鱼类，分布于太平洋、大西洋的北部及北冰洋海区和沿岸诸水系流域中。Mantua 等（1997）研究发现，1925 年、1947 年和 1977 年曾发生过 3 次太平洋年代气候振动现象（1925 年由冷期变为暖期，1947 年由暖期变为冷期，1977 年又由冷期变为暖期）。在 PDO 暖（冷）期，热带东太平洋海温偏高（低），北太平洋海温则显著降低（升高），其中后两次太平洋年代气候振动发生时，都对北太平洋的鲑类渔获量造成了很大的影响。Francis 等（1994）的研究也有类似的结论。Reist 等（2006）则研究了气候变化对北极淡水鱼类和溯河产卵鱼类的影响。洄游鱼类会受到气候变化对淡水、河口及海洋地区的综合影响。气候变化导致的气温升高，可能对北极淡水鱼类和溯河产卵鱼类产生三种后果：①局部群体灭绝；② 分布范围向北迁移；③ 通过自然选择发生基因变化。许多鱼类的分布受到等温线位置的限制，气候变化在温度变化上的反映和饵料食物等资源变化上的反映影响鱼类的分布。当温度升高时，大西洋鲑（*Salmo salar*）就可能从原来在欧洲和北美的分布区域南部消失，并迁移到原来较冷的河流中（这些河流比原来更暖，更适合大西洋鲑栖息）。在大西洋西部，随着大西洋鲑栖息的河流更富有生产力，大西洋鲑的丰度也会增加。对北极红点鲑（*Salvelinus alpinus*）来说，温度升高对其影响是多重的。由于夏季海面温度升高，最适生长温度（12 ~ 16℃）的长时间持续，海洋生产力的增加，会使北极红点鲑的平均体长和体重增加。但同时由于春季较高的温度和冰层融化的加快，对在春季融冰时洄游的大西洋鲑产生不利影响，虽然这种情况也可能会提高大西洋鲑在海中居留的适应能力，但会使其耐盐能力下降以及成功溯河洄游的时间缩短，温度的急剧升高还会阻碍洄游鱼类渗透压调节能力，引起能量消耗的增加并导致生长率下降以及降海过程中死亡率的增加。

（七）小结

纵观国内外大量文献对气候变化与主要渔业资源波动关系的报道，对于气候变化怎样影响某些渔业资源的变动已有较为清晰的认识，但也存在一些局限和不足。近年来，随着全球气候变化的加剧，其对世界渔业资源波动的影响也更加明显，因此，需要更加关注气候变化对渔业资源波动的影响，通过拓宽研究领域和改进研究方法来更深入全面地分析研究气候变化与世界渔业资源波动的关系。

首先，气候变化对渔业影响是多方面的，本研究所综述的主要局限于对海洋捕捞渔业资源的影响，总结分析了当前气候变化对这些渔业资源时空变化影响的研究现状。气候变化对鱼类生理、生态、生殖活动等，特别是对鱼类补充群体（仔稚幼鱼）的影响更明显，还有很多方面有待进一步分析研究。

其次，从渔业资源的区域分布上，世界多数鱼类资源分布在陆架的边缘海，本节所总结的主要是大洋性鱼类，而对近海渔业资源的影响涉及很少。实际上，气候变化可能对近海、港湾渔业资源的时空分布影响也非常显著。今后需要进一步加强此类关注和研究。另外，气候变化对于滩涂养殖业的影响也很大，如2008年冬季发生的拉尼娜现象使得中国南方海水养殖渔业遭受重创，而针对此方面的研究还很少，需要加强关注研究。

最后，从研究方法上讲，此前研究多数是基于时间序列资料的统计分析为主，而缺少结合物理海洋模型的渔业资源变化模型或生态系统动力学模型研究。而此类模型则有望从机制上揭示气候变化对渔业资源变化的影响。

第二节　海洋环境变化对头足类资源渔场影响

一、气候变化对头足类资源的影响

气候变化对头足类资源的影响是通过对其生活史过程的影响来实现的。其生活史过程通常包括索饵洄游和产卵洄游（图 7 - 4）。在到达索饵海域之前，头足类仔稚鱼通常随着海流移动，比如北太平洋柔鱼随着黑潮北上，阿根廷滑柔鱼随着巴西暖流南下，由于个体较小、活动能力较弱，这一过程是影响头足类资源量多少的极为重要的一个环节。因此，本小节按照头足类的生活史过程（产卵场的仔稚鱼期，随海流的幼体成长期，索饵场的生长期以及产卵洄游期）的各个阶段来分析目前的研究现状。

（一）气候变化对头足类产卵场的影响

产卵场是头足类栖息的重要场所，大量的研究表明，其产卵场海洋环境的适宜程度对其资源补充量是极为重要的（Dawe et al，2000，2007；Jacobson，2005），因此许多学者常常利用环境变化对产卵场的影响来解释资源量变化的原因，并取得了较好的效果。

在鱿鱼类（近海枪乌贼和大洋性柔鱼类）方面，Dawe 等（2000，2007）利用海温和北大西洋涛动（NAO）等数据，利用时间序列分析方法研究海洋气候变化对西北大西洋皮氏枪乌贼（*Loligo pealeii*）和滑柔鱼（*Illex illecebrosus*）资源的影响。结果显示，产卵场水温的变化会影响其胚胎发育、生长和补充量。Ito 等（2007）研究指出，在产卵场长枪乌贼（*Loligo bleekeri*）胚胎发育的最适水温为 12.2℃，这一研究有利于对长枪乌贼资源量的预测与分析。Tian（2009）利用日本海西南部 50 m 水层温度和 1975—2006 年生产渔获数据，利用 DeLury 模型和统计分析方法研究长枪乌贼资源年际间变化，结果认为：由于 20 世纪 80 年代其产卵场环境受到全球气候的影响，导致其水温由冷时代转向暖时代，造成在 90 年代间长枪乌贼资源量下降。Arkhipkin 等（2004）利用产卵场不同水层的温度、含氧量和盐度等环境数据，利用 GAM 模型等方法对马尔维纳斯群岛（福克兰群岛）附近的巴塔哥尼亚枪乌贼（*Loligo gahi*）资源变动进行了研究，结果显示，产卵场的盐度变化会影响巴塔哥尼亚枪乌贼的活动以及在索饵场的分布。另外，他们还发现当产卵场水温高于 10.5℃时巴塔哥尼亚枪乌贼就会较早的洄游到索饵场。Waluda 等（1999）认为，产卵场适宜表温的变化对阿根廷滑柔鱼资源补充量具有十分重要的影响，产卵场适宜表温的变化来源于巴西暖流和福克兰海流相互配置的结果。Leta（1992）研究还发现，厄尔尼诺现象会使产卵场水温升高，盐度下降，并以此推断对阿根廷滑柔鱼补充量产生影响。Waluda 和 Rodhouse（2004）研究认为，9 月份产卵场适宜温度（24～28℃）范围与茎柔鱼资源补充量成正相关，同时厄尔尼诺和拉尼娜等现象对茎柔鱼资源存在明显的影响，认为厄尔尼诺和拉尼娜现象会使产卵场初级和次级生产力发生变化，并进而影响到茎柔鱼的早期生活阶段以及成熟个体。Sakurai 等（2000）认为太平洋褶柔鱼也有相同的情况。Cao 等（2009）利用北太平洋柔鱼冬春生西部群体产卵场与索饵场的适合水温范围解释了其资源量的变化。Chen 等（2007）分析了厄尔尼诺和拉尼娜现象对西北太平洋柔鱼资源补充量的影响。

在章鱼方面，Lopez 和 Hernandez（2007）指出，章鱼的胚胎发育、幼体生长等与水温有着密切的关系。Caballero - Alfonso 等（2010）利用表温、NAO 指数和生产统计数据，利用线性模型对加那利群岛附近海域章鱼资源量变化进行了研究。结果显示，温度是影响章鱼资源量的一个重要的环境指标，NAO 也通过改变产卵场的水温而间接影响章鱼的资源量。同时，也指出气候变化对头足类资源的影响是不可忽视的。Leite 等（2009）结合产卵场的环境因子和渔获数据，利用多种方法对巴西附近海域章鱼的栖息地、分布和资源量进行了研究。结果显示，环境因子会影响章鱼类的资源密度和分布，而且在潮间带附近海域，较小的章鱼在温暖的水域环境中能够更快地生长。另外，小型和中型个体大小的章鱼在早期阶段多分布在较适宜温度高出 1～2℃ 的水域内，这有利于其生长。可见，温度等环境因子对章鱼类的资源密度和分布有明显的影响作用。

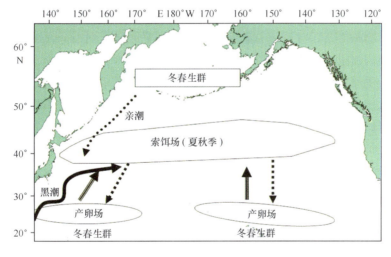

图 7-4　头足类洄游示意图——以北太平洋柔鱼为例

（二）气候变化对头足类其他生活过程的影响

除对产卵场产生影响外，索饵洄游、索饵场的生长和繁殖洄游等也是头足类生命周期的重要组成部分，但是目前针对这一部分的研究较少。Kishi 等（2009）根据太平洋褶柔鱼生物学数据，利用生物能模型和营养生态系统模型对其资源变动进行了研究。结果显示，由于日本海北部的捕食密度高于日本海中部，导致在日本海北部的太平洋褶柔鱼的个体要比从日本海中部洄游来的柔鱼个体要大。同时，伴随着全球气温日益升高，结果会造成太平洋褶柔鱼洄游路径的改变。Choi 等（2008）研究发现，由于全球气候的改变，造成了太平洋褶柔鱼洄游路径发生变化，而且伴随着海洋生态系统环境的变化，也影响到了其产卵场分布以及幼体的存活，进而影响到其补充量。Lee 等

（2003）研究认为，对马暖流会发生年际变化，从而影响到其产卵场环境条件以及幼体生长。王尧耕和陈新军（2005）认为，分布在北太平洋的柔鱼，周年都会进行南北方向的季节性洄游，黑潮势力以及索饵场表温高低直接影响到柔鱼渔场的形成及空间分布。

（三）研究现状分析

通过上述研究分析，我们认为目前全球气候的变化（包括温度等）通过影响产卵场的环境条件而间接地影响到头足类资源补充量，在产卵场环境变化与头足类补充量之间关系研究比较多，得到了一些研究成果，并被用来预测其资源补充量。但是，全球气候变化对头足类资源量影响的关键阶段是从孵化到稚仔鱼的生活史阶段（图 7－5），即产卵以后的这段时间，因为该阶段头足类主要是被动地受到环境的影响，不能主动地适应环境的变化，而当稚仔鱼发育到成鱼后，头足类个体拥有了较强的游泳能力就能够通过洄游等方式寻找适宜的栖息环境而主动地适应环境的变化。但是，在研究过程中，我们注重了产卵场环境变化与头足类补充量（渔业开发时，即头足类成体数量）之间的关系响应研究，而对其中间阶段（随海流移动、生长）头足类死亡、生长及其影响机理的研究甚少。为了可持续利用和科学管理头足类资源，我们不仅要考虑环境变化对产卵场中个体生长、死亡的影响，也应重视对其幼体、稚仔鱼等不同生命阶段中的影响，只有这样才能进一步提高海洋环境变化对头足类资源补充量的预测精度。

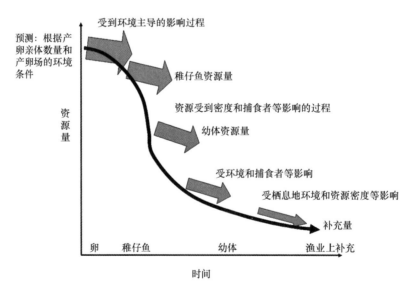

图 7－5 头足类资源补充过程及其影响因素示意图

二、厄尔尼诺和拉尼娜事件对秘鲁外海茎柔鱼渔场分布的影响

本研究拟利用我国鱿钓船生产统计数据，选择厄尔尼诺和拉尼娜事件发生时段，分析茎柔鱼渔场分布及其环境状况，掌握其资源空间分布的变化规律，为合理开发和利用秘鲁外海茎柔鱼资源提供依据。

（一）材料与方法

1. 材料

（1）生产数据。来自上海海洋大学鱿钓技术组，时间为 2005 年 1 月至 2009 年 12 月。统计对象为我国在秘鲁外海生产的鱿钓船。统计内容包括日期、经度、纬度、日产量和渔船数。

（2）环境数据。厄尔尼诺和拉尼娜事件采用 Nino 3.4 *SSTA* 指标来表征，资料来自美国国家海洋大气局（NOAA）气候预报中心网站（http：// www. cpc. ncep. noaa. gov/），时间范围为 2005—2009 年。水温数据来自美国哥伦比亚海洋环境数据库，包括海洋表面温度（SST）和垂直水温数据（5～300 m），时间范围为 2005—2009 年，时间分辨率为月，空间分辨率分别为 $1° \times 1°$ 和 $0.5° \times 0.5°$。

2. 分析方法

（1）定义经纬度 $0.5° \times 0.5°$ 为一个渔区，按月计算一个渔区内的单船平均日产量（*CPUE*），单位为 t/d。

（2）依据 NOAA 对厄尔尼诺/拉尼娜事件定义，Nino 3.4 区 *SSTA* 连续 3 个月滑动平均值超过 +0.5℃，则认为发生一次厄尔尼诺事件；若连续 3 个月低于 - 0.5℃，则认为发生一次拉尼娜事件（http：//usembassy. state. gov/ islamabad/ wwwh 03100303. htm1），然后选出相应月份进行分析比较。

（3）利用 Marine Explore 4.8 绘制厄尔尼诺和拉尼娜发生月份的 *CPUE* 和 *SST* 叠加分布图，分析 *CPUE* 空间分布与 *SST* 的关系。

（4）由于茎柔鱼夜晚上游至 0～200 m 的水层活动（Nigmatullin et al，2001），所以选取 15 m 水层温度（T_{15}）、50 m 水层温度（T_{50}）、100 m 水层温度（T_{100}）和 200m 水层温度（T_{200}）作为垂直水温的研究指标，分析 CPUE 空间分布与各层水温的关系。

（5）利用 Sufer 8.0 绘制厄尔尼诺和拉尼娜发生月份的高产区域水温垂直剖面图，分析中心渔场的垂直水温结构。

（二）结果

1. 厄尔尼诺和拉尼娜事件的确定

2005 年 1 月—2009 年 12 月间共发生厄尔尼诺事件 2 次，分别是 2006 年 8—12 月

和 2009 年 6—12 月；发生拉尼娜事件 3 次，分别是 2006 年 1—3 月、2007 年 10 月至 2008 年 5 月和 2009 年 1—3 月（图 7 - 6 和表 7 - 2）。

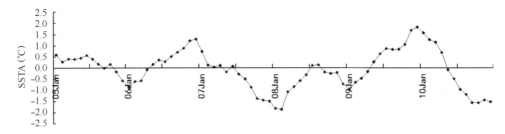

图 7 - 6　2005 年 1 月至 2009 年 12 月 Nino3.4 区 SSTA 时间序列分布图

表 7 - 2　2005—2009 年各月受厄尔尼诺和拉尼娜的影响情况

月份	1 月	2 月	3 月	4 月	5 月	6 月	7 月	8 月	9 月	10 月	11 月	12 月
2005	N	N	N	N	N	N	N	N	N	N	N	N
2006	LN	LN	LN	N	N	N	EN	EN	EN	EN	EN	EN
2007	N	N	N	N	N	N	N	LN	LN	LN	LN	LN
2008	LN	LN	LN	LN	LN	N	N	N	N	N	N	N
2009	LN	LN	LN	N	N	EN	EN	EN	EN	EN	EN	EN

注：EN、LN 和 N 分别代表受厄尔尼诺、拉尼娜影响的月份和正常月份。

为了考虑到研究资料的同步性，本研究分别选取 2006 年、2007 年和 2009 年的 10—12 月份作为研究时段，分析厄尔尼诺和拉尼娜事件对茎柔鱼渔场空间分布的影响。

2. 厄尔尼诺和拉尼娜事件下 CPUE 与 SST 的空间分布

空间叠加分析认为，2006 年 10—12 月在厄尔尼诺事件影响下，其 10 月中心渔场（高 CPUE）分布在 10.85°—11.97°S、82.08°—83.15°W 海域，平均 SST 为 20.6℃；11 月分布在 11.95°—12.82°S、81.30°—82.20°W，平均 SST 为 20.6℃；12 月分布在 13.67°—13.92°S、81.15°—81.60°W，平均 SST 为 21.9℃（图 7 - 7）。2009 年 10—12 月同样在受厄尔尼诺事件影响下，10 月中心渔场分布在 10.90°—11.36°S、82.45°—83.38°W，平均 SST 为 19.2℃；11 月分布在 11.13°—13.40°S、81.98°—83.21°W，平均 SST 为 20.0℃；12 月分布在 13.01°—15.31°S、80.01°—82.01°W，平均 SST 为 21.0℃（图 7 - 7）。由此说明，在厄尔尼诺事件影响下，2007 年和 2009 年 10—12 月两年间的中心渔场空间分布及其平均 SST 基本相同。

2007 年 10—12 月在拉尼娜事件影响下，10 月中心渔场分布在 10.45°—10.68°S、82.60°—83.20°W，平均 SST 为 17.7℃；11 月分布在 11.42°—11.47°S、82.33°—

82.43°W，平均 SST 为18.3℃；12月分布在12.48°—13.48°S、81.40°—82.98°W，平均 SST 为19.8℃（图7-8）。其中心渔场的平均 SST 比受厄尔尼诺事件影响的2006年和2009年低1~2℃，且偏北1~2个纬度。

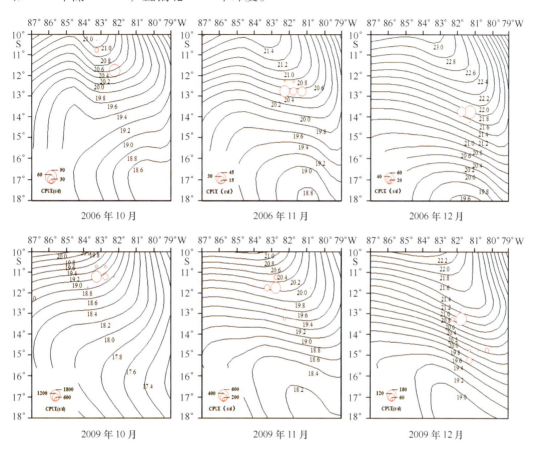

图7-7　2006年和2009年10—12月秘鲁外海茎柔鱼 $CPUE$ 空间分布及其与 SST 的关系

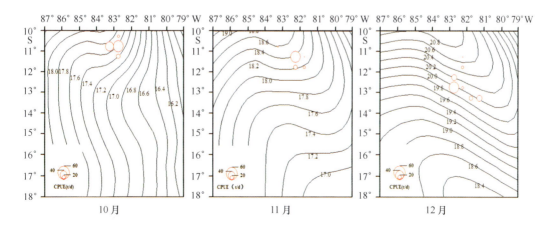

图7-8　2007年10—12月秘鲁外海茎柔鱼 $CPUE$ 空间分布及其与 SST 的关系

3. 厄尔尼诺和拉尼娜事件下中心渔场与各水层温度空间分布的关系

统计发现，2006 年、2007 年和 2009 年 10—12 月份中心渔场基本分布在 10°—15°S，80°—85°W 的海域。由于篇幅所限，本节仅对 2006 年和 2007 年 10—12 月份进行厄尔尼诺和拉尼娜事件下中心渔场分布与各水层水温（T_{15}，T_{50}，T_{100}，T_{200}）之间关系的分析。

分析认为，2006 年 10 月中心渔场主要位于 10.03°—11.97°S、81.13°—83.33°W 海域（图 7-9a），相应的 T_{15}、T_{50}、T_{100} 和 T_{200} 分别为 19.4 ~ 21.5℃、16.2 ~ 18.4℃，

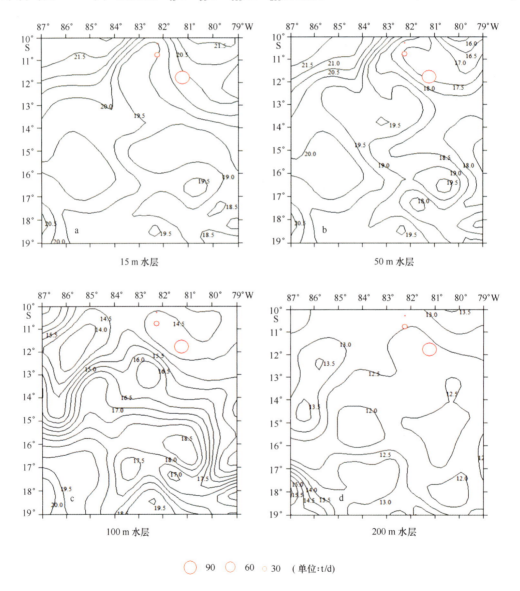

图 7-9   2006 年 10 月秘鲁外海茎柔鱼 *CPUE* 与各水层温度分布图

14.0 ~ 14.8℃ 和 12.3 ~ 13.5℃（图7-9a—d）。2006 年 11 月中心渔场主要位于 11.93°—13.83°S、81.30°—82.57°W 海域（图 7-5a），相应的 T_{15}、T_{50}、T_{100} 和 T_{200} 分别为 19.8 ~ 21.5℃、17.8 ~ 18.8℃、14.3 ~ 15.5℃ 和 12.2 ~ 12.4℃（图 7-10a—d）。2006 年 12 月中心渔场主要位于 13.62°—14.05°S、80.75°—81.85°W 海域（图 7-11a），相应的 T_{15}、T_{50}、T_{100}、T_{200} 分别为 21.4 ~ 22.2℃、18.3 ~ 18.5℃、14.5 ~ 15.1℃ 和 12.2 ~ 12.4℃（图 7-11a—d）。

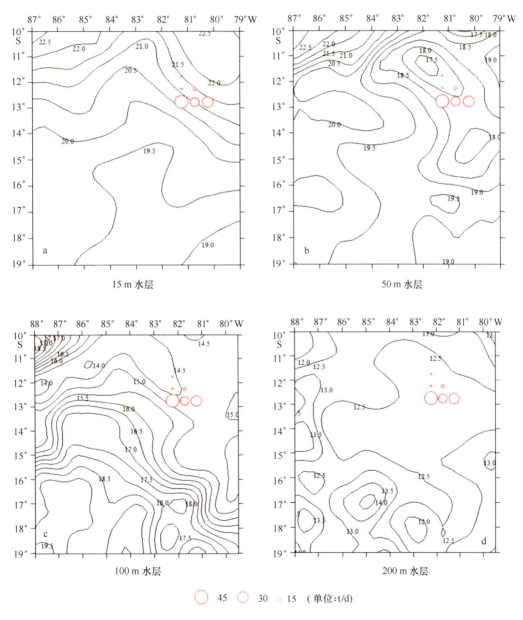

图 7-10　2006 年 11 月秘鲁外海茎柔鱼 CPUE 与各水层温度分布图

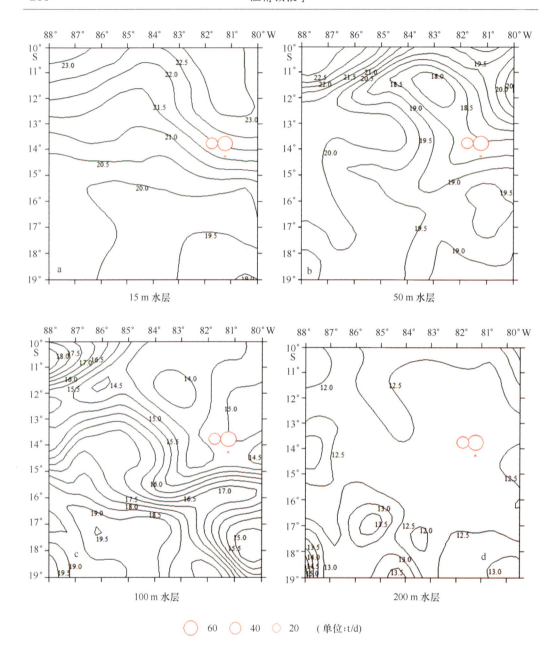

图 7-11　2006 年 12 月秘鲁外海茎柔鱼 *CPUE* 与各水层温度分布图

2007 年 10 月中心渔场主要位于 10.23°—11.20°S、82.60°—83.30°W 海域（图 7-12a），相应的 T_{15}、T_{50}、T_{100}、T_{200} 分别为 25.5~26.2℃、25.3~26.1℃、12.5~13.1℃ 和 11.0~11.2℃（图 7-12a—d）。2007 年 11 月中心渔场主要位于 10.50°—11.67°S、81.60°—84.23°W 海域（图 7-13a），相应的 T_{15}、T_{50}、T_{100} 和 T_{200} 分别为 25.5~26.1℃、25.1~26.1℃、12.4~13.8℃ 和 11.0~11.6℃（图 7-13a—d）。2007 年 12

月中心渔场主要位于 11.45°—13.50°S、81.40°—82.98°W 海域（图 7 - 14a），相应的 T_{15}、T_{50}、T_{100} 和 T_{200} 分别为 25.5 ~ 25.9℃、24.5 ~ 25.7℃、12.4 ~ 14.7℃ 和 11.1 ~ 11.6℃（图 7 - 14a—d）。

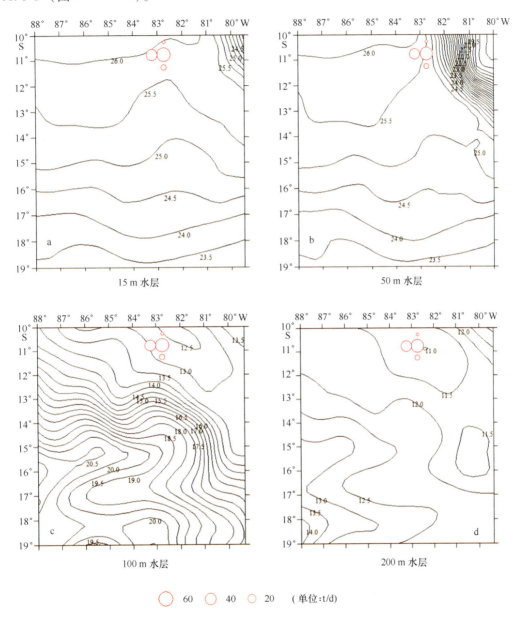

图 7 - 12　2007 年 10 月秘鲁外海茎柔鱼 *CPUE* 与各水层温度分布图

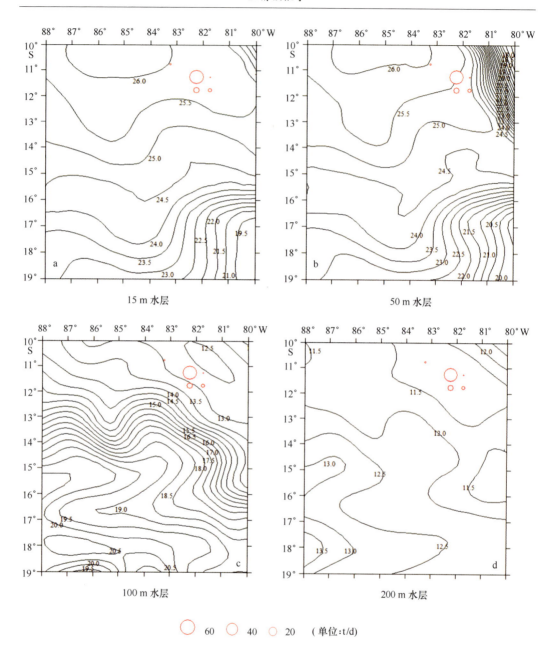

15 m 水层

50 m 水层

100 m 水层

200 m 水层

◯ 60　◯ 40　○ 20　（单位：t/d）

图 7 - 13　2007 年 11 月秘鲁外海茎柔鱼 CPUE 与各水层温度分布图

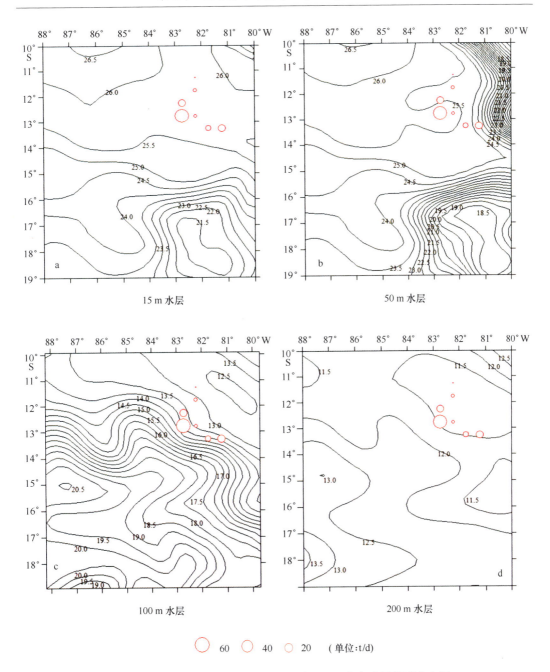

15 m 水层

50 m 水层

100 m 水层

200 m 水层

60   40   20   （单位：t/d）

图 7-14 2007 年 12 月秘鲁外海茎柔鱼 *CPUE* 与各水层温度分布图

4. 厄尔尼诺和拉尼娜事件下中心渔场与水温垂直结构的关系

本节以 2006 年 12 月和 2007 年 12 月为例进行水温垂直结构的分析与比较。2006 年 12 月中心渔场分布在 13.62°—14.05°S、80.75°—81.85°W 海域，高产区在 13.67°—13.92°S、81.15°—81.60°W 海域；2007 年 12 月中心渔场分布在 11.45°—13.50°S、81.40°—82.98°W 海 域，高 产 区 在 12.48°—13.48°S、81.40°—82.98°W 海域。因此选取 2006 年 12 月 13.75°S 和 14.25°S 两个断面，2007 年 12 月 12.75°S 和 13.25°S 两个断面，分别做水温垂直结构剖面图，比较高产海域水温结构的差异。同时，以 13℃ 等温线作为上升流强度的指标，20℃ 等温线作为暖水团势力的指标。

从图 7 - 15a—b 可以发现，2006 年 12 月中心渔场附近海域 13℃ 等温线略向下弯曲，高度只达到 150 m 水深左右，并未形成明显的上升流。中心渔场等温线密集区集中在 40～100 m 水深处。此时，暖水势力达到 30 m 水层处。而 2007 年 12 月中心渔场附近海域的 13℃ 等温线向上弯曲明显（图 7 - 15c—d），向上到达 60 m 的水层，形成了较为强盛的上升流。同时，等温线密集区集中在 20～70 m 水深处，其等温线密集程度远高于 2006 年 12 月份。作业海域 50 m 以上均为 20℃ 以上的暖水团（图 7 - 15c—d）。

（三）讨论

1. 年间 SST 变化与 CPUE 分布的关系

2006 年 10—12 月份受厄尔尼诺事件影响，秘鲁外海茎柔鱼渔场随着时间逐渐向东南方向移动，其中经度方向最大偏移为 2°W，纬度方向变化较大，最大偏移为 3.07°S；最大 CPUE 所处范围的平均 SST 逐渐升高，由 10 月的 20.5℃ 升至 12 月的 21.9℃。2009 年 10—12 月份同样也受到厄尔尼诺事件影响，茎柔鱼渔场逐渐向东南方向偏移，其中经度方向最大偏移为 3.37°W，纬度方向变化较大，最大偏移为 4.41°S；最大 CPUE 所处范围的平均 SST 逐渐升高，由 10 月的 19.2℃ 升至 12 月的 20.6℃。

2007 年 10—12 月份受拉尼娜事件影响，茎柔鱼渔场也随着时间向东南方向偏移，但相比 2006 年和 2009 年同期偏移相对较小，经度方向最大偏移为 1.80°W，纬度方向最大偏移为 3.03°S；最大 CPUE 海域的平均 SST 也逐渐升高，由 10 月的 17.7℃ 升至 12 月的 20.0℃，相比 2006 年和 2009 年的 10—12 月差别较大，中心渔场的最低 SST 分别减小 2.87℃ 和 1.5℃，最高 SST 分别减小 1.91℃ 和 0.63℃，与 Mariategu 等（1997）的研究结果相似。可见，厄尔尼诺和拉尼娜事件不仅影响着茎柔鱼作业渔场的空间变化，同时也使得作业渔场 SST 发生了较大变化。Niquen 等（1999）研究指出，如厄尔尼诺和拉尼娜事件等大范围海洋环境变化，会改变秘鲁外海茎柔鱼的生存环境，进而导致其生活习性和分布的变化。从另一个侧面也反映出，10—12 月份茎柔鱼对 SST 适应范围还是比较大的，从 2007 年 10 月份（拉尼娜事件）最低的 17℃ 到 2006 年 12 月份（厄尔尼诺事件）最高温的 22℃。

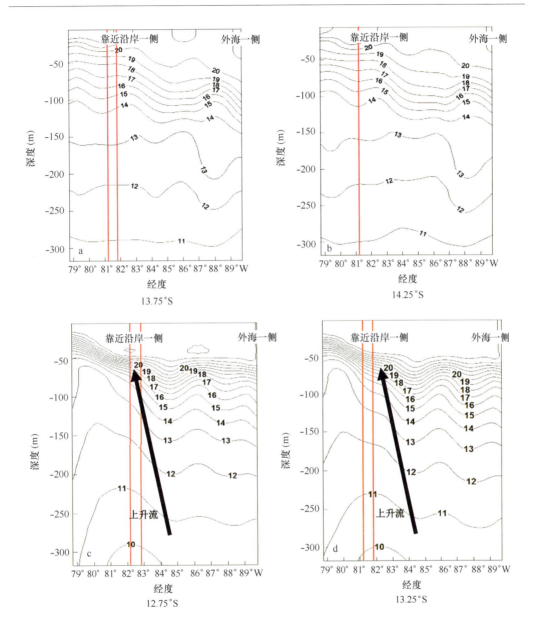

图 7-15　2006 年和 2007 年 12 月茎柔鱼作业渔场和水温垂直结构的关系

红线表示作业位置

2. 中心渔场与各水层水温及其垂直结构的关系

2006 年 10—12 月的 T_{15} 和 T_{50} 分别由 19.3 ~ 21.5℃、16.2 ~ 18.4℃升至 21.4 ~ 22.2℃、18.3 ~ 18.4℃；2007 年 10—12 月的 T_{15} ~ T_{50} 的变化趋势则相反，分别由 25.5 ~ 26.2℃、25.3 ~ 26.1℃略降低至 25.5 ~ 25.9℃、24.5 ~ 25.7℃。可见，由于厄尔尼诺和拉尼娜事件的影响，两个年份当中 T_{15} 和 T_{50} 表现出较大差异，T_{15} 和 T_{50} 的最大

温度差值分别为 6.77℃和 9.84℃。而 2006 年 10—12 月的 T_{100} 和 T_{200} 与 2007 年 10—12 月相比则变化较小，最大温度差值分别为 0.69℃和 0.51℃。

2006 年 12 月因厄尔尼诺事件的影响，赤道附近出现西风气流，使原堆积在西部的暖海水向东回流，吹拂着水温较高的赤道逆流海水向秘鲁寒流来的方向逆洋流南下形成了厄尔尼诺暖流，造成了中东太平洋深层冷水涌升大大减弱，导致上升流明显减弱，茎柔鱼渔场主要分布在外洋水与沿岸水交汇处，其高产位置所处的等温线平稳且较为稀疏，从 13℃等温线开始水层厚度随水深增大而变大。2007 年 12 月则与 2006 年相反，因受拉尼娜影响，信风持续加强，赤道太平洋东侧表面暖水被刮走，深层的冷水上翻作为补充，海表温度进一步变冷，导致涌升势力增强，形成强劲的上升流，将下层海水中的硝酸盐类和磷酸盐类等营养物质带到水面，茎柔鱼渔场主要分布在上升流等温线密集交汇处，其高产位置所处等温线发生倾斜，13℃以上等温线较为密集。Nevárez –Martínez 等（2000）也研究指出，厄尔尼诺事件会造成茎柔鱼资源量的下降，而在发生拉尼娜事件的月份，当沿海上升流势力增强时，其资源量则会增加。

三、厄尔尼诺/拉尼娜对太平洋柔鱼西部冬－春生群体资源渔场的影响

柔鱼（Ommastrephes bartrami）广泛分布在北太平洋海域，具有生命周期较短、生长快等特点。柔鱼通常可分为四个种群，即西部海域的秋生群、冬－春生群和中东部海域的秋生群、冬－春生群。我国于 1993 年开发了西北太平洋柔鱼资源，其中西部冬－春生群为我国鱿钓船传统捕捞对象，年产量在 $6×10^4 ~ 7×10^4$ t。国内外一些学者对柔鱼渔场分布、形成机制等进行了研究（Rodhouse，2001；Anderson，Rodhouse，2001；陈新军，1995，1997，1999；陈新军，田思泉，2001），但在大范围海洋环境变动对柔鱼资源渔场影响的研究则很少。通常认为，短生命周期的柔鱼类，其资源量除受人为因素、温度、盐度、海流等影响外，全球气候异常也会使其资源和渔场发生波动，特别是厄尔尼诺/拉尼娜事件（Yatsu，Watanabe，1996；Yatsu，2000）。为此，本研究拟通过厄尔尼诺/拉尼娜现象对柔鱼西部冬－春生群产卵场、索饵场表温变化以及对其资源量和渔场分布影响的研究，掌握其影响程度和变化规律，为合理开发和利用西北太平洋柔鱼资源提供科学依据。

（一）材料和方法

1. 材料来源

柔鱼西部冬－春生群体的产卵场为 20°—30°N、140°—170°E，索饵场（即主要作业渔场）为 38°—46°N、150°—165°E（图 7－16）。其产量、捕捞努力量及作业位置等生产统计数据来自上海水产大学鱿钓技术组，时间为 1995—2004 年。

产卵场和索饵场的海水表层水温（SST）、海水表层温度距平均值（SSTA）数据来

自哥伦比亚大学网站 http：//iridl. ldeo. columbia. edu，空间分辨率为 1°×1°。表达厄尔尼诺和拉尼娜现象采用 Nino 3.4 *SSTA* 指标，来自美国国家海洋大气局（NOAA）气候预报中心网站（http：//www. cpc. ncep. noaa. gov/）。

分别对产卵场和索饵场的 *SST*、*SSTA* 按月进行统计求平均值。

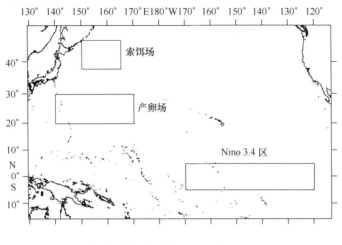

图 7 - 16　研究区域划分示意图

2. 数据分析

（1）*CPUE* 计算。设定 1°×1° 为一个作业渔区，生产数据按月进行统计，并计算各月平均日产量（*CPUE*），即为 1°×1° 内的总产量除以总作业次数，单位为 t/d。由于柔鱼是光诱鱿钓作业中的目标鱼种，没有兼捕物，且作业船型基本一致（即 90% 以上为 8154 型拖网改装船），因此可粗略地将 *CPUE* 作为资源丰度的指标。

（2）厄尔尼诺和拉尼娜事件的确定。依据 NOAA 对厄尔尼诺/拉尼娜事件定义，Nino 3.4 区 *SSTA* 连续 3 个月滑动平均值超过 +0.5℃，则认为发生一次厄尔尼诺事件；若连续 3 个月低于 -0.5℃，则认为发生一次拉尼娜事件。

（3）时间序列分析。对产卵场和索饵场的 *SST* 值与 Nino3. 4 区 *SSTA* 进行交相关分析。

（二）结果

1. 厄尔尼诺事件确定

根据所确定的定义，1995 年 1 月至 2004 年 12 月间，共发生 4 次厄尔尼诺事件（1995 年 1—3 月，1997 年 5 月至 1998 年 4 月，2002 年 5 月至 2003 年 3 月，2004 年 7—12 月）和 3 次拉尼娜事件（1995 年 9 月至 1996 年 3 月，1998 年 7 月至 2000 年 6 月，2000 年 10 月至 2001 年 2 月）（图 7 - 17）。

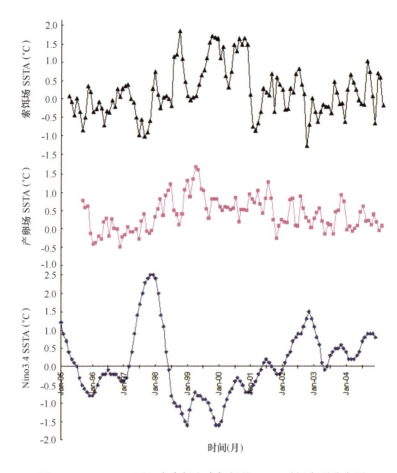

图 7 - 17　Nino3.4 区、产卵场和索饵场的 SSTA 时间序列分布图

2. 不同气候对产卵场海洋环境的影响

　　经时间序列的交相关分析，产卵场的 SST 较 Nino 3.4 区的 $SSTA$ 有 8 个月的滞后负相关（图 7 - 18a，图 7 - 17）。产卵期（1—5 月）产卵场海域受到厄尔尼诺和拉尼娜事件影响的情况见表 7 - 3。产卵场海域各月 $SSTA$ 值范围为 - 0.15 ~ 1.12℃，不同气候条件下产卵场 $SSTA$ 差异显著（图 7 - 19），拉尼娜年、厄尔尼诺年和正常年所对应的 $SSTA$ 平均值分别为 0.84℃、0.18℃ 和 0.15℃。

3. 不同气候对索饵场海洋环境的影响

　　经时间序列的交相关分析，索饵场 SST 较 Nino3.4 $SSTA$ 有 3 个月滞后的负相关（图 7 - 17，图 7 - 18b）。索饵期（8—11 月）索饵场海域受到厄尔尼诺和拉尼娜现象影响的情况见表 7 - 4。索饵场各月 $SSTA$ 值范围为 - 1.23 ~ 1.33℃。不同气候条件下索饵场的 $SSTA$ 差异显著（图 7 - 20），拉尼娜年、正常年和厄尔尼诺年所对应的值分别为 1.16℃、0.27℃ 和 -0.47℃。

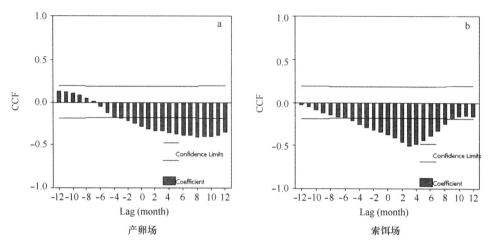

图 7-18 产卵场和索饵场 *SST* 值与 Nino3.4 区 *SSTA* 值之间关系

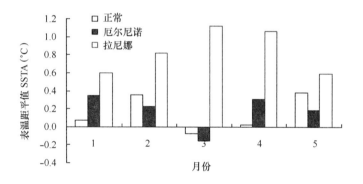

图 7-19 不同气候条件下 1—5 月产卵场 *SSTA* 分布

表 7-3 1995—2004 年 1—5 月产卵场受厄尔尼诺和拉尼娜的影响情况

年份	1 月	2 月	3 月	4 月	5 月	年份	1 月	2 月	3 月	4 月	5 月
1995	EN	EN	EN	EN	EN	2000	LN	LN	LN	LN	LN
1996	N	N	N	N	LN	2001	LN	LN	N	N	N
1997	N	N	N	N	N	2002	N	N	N	N	N
1998	EN	EN	EN	EN	EN	2003	EN	EN	EN	EN	EN
1999	N	N	LN	LN	LN	2004	N	N	N	N	N

注：N—正常；EN—受到厄尔尼诺影响；LN—受到拉尼娜影响。

表7-4 1995—2004年8—11月索饵场受厄尔尼诺和拉尼娜影响情况

年份	8月	9月	10月	11月	年份	8月	9月	10月	11月
1995	N	N	N	N	2000	LN	LN	N	N
1996	N	N	N	N	2001	N	N	N	N
1997	EN	EN	EN	EN	2002	EN	EN	EN	EN
1998	N	N	LN	LN	2003	N	N	N	N
1999	LN	LN	LN	LN	2004	N	N	EN	EN

注：N—正常；EN—受到厄尔尼诺影响；LN—受到拉尼娜影响。

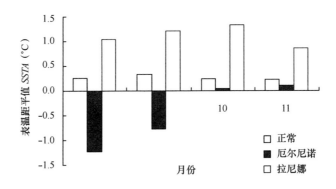

图7-20 不同气候条件下8—11月索饵场SSTA变化

4. 不同气候条件对柔鱼作业渔场空间分布的影响

在150°—165°E海域，各年度柔鱼作业渔场范围基本一致，即在153°—166°E、40°—44°N海域（图7-21），但高产渔区分布和渔场集散度有所差异。其中，受拉尼娜影响的1999年（表7-4），作业渔区位置偏北（43°~44°N），产量较为集中，最高单位渔区（1°×1°）产量超过3 000 t（图7-21a）；正常年份的2001年，作业渔区相对分散，主要分布在42°—43°N，且单位渔区（1°×1°）产量较低，均不足1 000 t（图7-21b）；受厄尔尼诺影响的2002年，作业位置明显偏南（42°N），渔场最为集中，单位渔区（1°×1°）最高产量超过2 000 t（图7-21c），2004年更是超过6 000 t。

此外，分析了柔鱼产量（单位渔区产量超过 0.5×10^4 t 或 CPUE 大于 1 t/d）分布与 SST 之间关系，在正常年份下，作业渔场分布相对较广，适宜 SST 范围最广，为14~19℃；受厄尔尼诺影响年份，作业渔场适宜 SST 较低，为14~17℃；受拉尼娜影响年份，作业渔场适宜 SST 较高，为16~19℃。

5. 不同气候条件对柔鱼资源量的影响

研究表明，厄尔尼诺和拉尼娜事件对柔鱼资源补充量的影响，是通过产卵场和索

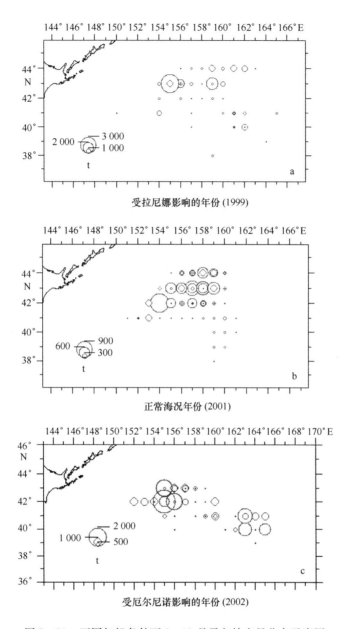

图 7 - 21　不同气候条件下 8—10 月柔鱼钓产量分布示意图

　　饵场的海况变化来实现的。分析发现，索饵场受到厄尔尼诺影响的年份（2002 年和 2004 年），8—10 月单位渔区（1°×1°）产量超过 1 000 t 的渔区数量为最多，累计分别达到 13 个和 15 个（表 7 - 5），渔场高度集中。在影响柔鱼资源量大小的多个因素中，2002 年和 2004 年产卵场海况条件均为正常，*SSTA* 平均为 0.15℃，有利于资源量的发生；而上一年度的资源状况可能是主要影响因子，例如，2004 年 8—10 月 *CPUE* 为 3 ~

5 t/d，上一年的资源丰度为3.16 t/d；2002年8—10月 *CPUE* 为1.7～2.0 t/d，上一年资源丰度为1.50 t/d（表7 - 5）。

索饵场受到拉尼娜影响的年份（1999年），8—10月单位渔区产量超过1 000 t 的渔区数量处在第二位，为7个，作业渔场较为集中，*CPUE* 较低，为1.7～2.4 t/d。但上一年资源丰度为2.89 t/d（表7 - 5）。产卵场和索饵场 *SSTA* 异常偏高（分别为1.45℃和1.30℃），可能导致柔鱼资源量的降低。

正常年份（2001年和2003年），8—10月单位渔区产量超过1 000 t 的渔区数量分别为0个和5个，作业渔场分布较为广泛。2001年8—10月 *CPUE* 较低，为1.7～2.4 t/d，但上一年资源丰度为2.36 t/d（表7 - 5），产卵期1—2月受到拉尼娜现象影响（表7 - 3），其平均 *SSTA* 为0.88℃，不利于资源量的发生。2003年8—10月 *CPUE* 为1.94～4.06 t/d，相对较高，而上一年资源丰度为1.91 t/d，但由于当年产卵场受到厄尔尼诺影响，平均 *SSTA* 值为0.164℃，有助于资源补充量的发生。

表7 - 5　不同气候条件下8—10月主要作业渔区分布及其 CPUE 值

气候条件	时间	上一年 *CPUE*(t/d)	单位渔区（1°×1°）超过1 000 t 分布海域及其个数	月 *CPUE*（t/d）	产卵场情况
拉尼娜影响	1999年8月	2.89	43°—44°N，155°—157°E（2）*	1.91	拉尼娜和正常
	1999年9月		43°—45°N，159°—162°E（5）	2.41	
	1999年10月		43°—44°N，160°—161°E（0）/（882t）	1.70	
正常年	2001年8月	2.36	42°—43°N，154°—155°E（0）/（990t）	1.37	正常和拉尼娜
	2001年9月		43°—44°N，157°—158°E（0）/（820t）	1.26	
	2001年10月		43°—44°N，158°—159°E（0）/（760t）	1.64	
	2003年8月	1.91	41°—42°N，151°—152°E（0）/（720t）	1.94	厄尔尼诺
	2003年9月		41°—43°N，152°—155°E（3）	3.13	
	2003年10月		41°—43°N，151°—153°E（2）	4.06	
厄尔尼诺影响	2004年8月	3.16	42°—43°N，152°—157°E（6）	5.07	正常
	2004年9月		42°—44°N，155°—160°E（6）	3.70	
	2004年10月		43°—44°N，157°—159°E（3）	2.97	
	2002年8月	1.50	40°—42°N，163°—165°E（4）	1.71	正常
	2002年9月		42°—44°N，152°—160°E（7）	2.02	
	2002年10月		42°—43°N，155°—157°E（2）	1.94	

　*43°—44°N，155°—157°E（2）表示为在1°×1°渔区内月产量超过1 000 t 的分布海域，括号内数字表示产量超过1 000 t 的渔区个数。若没有超过1 000 t 的渔区，则选择最高渔区产量表达在最后。

（三）讨论

1. 对柔鱼产卵场 SST 及其补充量的影响

柔鱼是海洋生态中短生命周期者，通常只有一年的寿命。其群体结构和补充量极易受到环境的影响（王尧耕，陈新军，2005）。最近研究表明，柔鱼类资源量和补充量变化在统计学上可以用海洋环境参数波动来解释（Waluda et al，2001；Rodhouse，2001）。Ichii 等（2009）认为环境剧烈变动是造成柔鱼资源波动的主要原因。本研究说明，厄尔尼诺/拉尼娜对西北太平洋柔鱼产卵场 SST 产生显著的滞后影响，进而影响到柔鱼的生长、繁殖和补充量发生。若产卵期（1—5月）产卵场受厄尔尼诺事件影响，则该年 CPUE 上升；若受拉尼娜事件影响，则该年 CPUE 迅速下降。Brower 和 Ichii 认为（2005），柔鱼冬 – 春生群产卵适宜 SST 为 21 ~ 25℃，其中最适 SST 为 22 ~ 24℃。在受到厄尔尼诺影响情况下，其产卵场 SSTA 为 0.18℃，平均 SST 为 23.7℃，处在最适 SST 范围内，因此有利于资源补充量的发生，如 2003 年因当年产卵场 1—5 月受厄尔尼诺影响，其 8—10 月 CPUE 达到 1.94 ~ 4.06 t/d（表 7 - 5），处在高水平状态，而其上一年的资源丰度仅为 1.91 t/d；在受到拉尼娜影响情况下，其产卵场平均 SSTA 达到 0.85℃，平均 SST 为 24.5℃，超过适宜 SST 范围，适宜产卵的海区面积出现下降，因而不利于资源补充量的发生，如 1999 年和 2001 年因当年产卵场 1—5 月受拉尼娜影响，SSTA 分别达到 1.54℃ 和 0.88℃，其 8—10 月平均 CPUE 处在最低水平，为 1.26 ~ 2.41 t/d（表 7 - 5）。

2. 对柔鱼索饵场及其渔场空间分布的影响

研究认为，厄尔尼诺/拉尼娜对西北太平洋海域柔鱼索饵场 SST 产生显著的滞后影响，并影响到作业渔场的空间分布。若索饵场受到拉尼娜影响，索饵场 SST 普遍增高，亚北极锋面北移，作业渔场偏北且较为集中，其高产渔场适宜 SST 范围小，为 16 ~ 19℃；若索饵场受到厄尔尼诺影响，索饵场 SST 普遍降低，亚北极锋面南移，作业渔场偏南，高产作业渔场更为集中，适宜 SST 较低，为 14 ~ 17℃；而正常年份，其高产渔场的适宜 SST 范围最广，为 14 ~ 19℃，作业渔场分散，单位渔区产量较低，大多数不足 1 000 t。

产生这一现象的原因，需要从厄尔尼诺/拉尼娜对黑潮主轴及其分布的影响进行分析。柔鱼为暖水性种类，其幼体冬 – 春生群每年春夏季随黑潮向北移动，因此分析黑潮势力的强弱及其路径对柔鱼生长、渔场分布有着重要的作用。研究表明，黑潮主轴的移动与厄尔尼诺/拉尼娜事件密切相关。1937—1990 年间黑潮共发生 7 次大弯曲，其持续时间和蛇行状态各有差异，但上述各次的大蛇行均对应着厄尔尼诺年。廖学耕（1995）研究发现，黑潮在日本近海大蛇行的同时，其续流区 150°—170°E 也有小规模的蛇行出现，8月份平均SST年变动扩大到±2℃，周平均SST变动甚至可达±5℃。这不仅使得日本近海鳗鱼渔场有很大的年变动，而且使柔鱼分布的北界也出现某种程度的年变动。

厄尔尼诺事件发生后，PN断面的黑潮流量开始剧减，使得黑潮在日本南部即产生蛇行大弯曲。厄尔尼诺发生期间，由于赤道东风较弱，中西太平洋暖水池无法带动更多的能量，使得黑潮向北移动的动力不足，导致亚北极锋面南移；而在拉尼娜发生期间，情况则相反。亚北极锋面的北限移动影响着柔鱼渔场分布和形成。

四、水温上升对西北太平洋柔鱼栖息地的影响

本研究拟用西北太平洋柔鱼的生产数据和SST数据，结合联合国政府间气候变化专门委员会（IPCC）的第四次评估报告（AR4）中对未来水温上升的推算，研究水温上升对西北太平洋柔鱼的栖息地的影响，为柔鱼资源的高效开发和利用提供科学依据。

（一）材料与方法

1. 数据来源

本研究采用1998—2004年6—11月份我国鱿钓生产数据以及对应的海表面温度（SST），时间分辨率为月份，空间分辨率为经纬度0.5°×0.5°。经纬度范围为38°—46°N，143°—192°E，其中生产数据包括月份、作业次数以及日产量。SST来自美国NOAA的oceanwatch数据库，网址是http：//oceanwatch. pifsc. noaa. gov/。

2. 研究方法

（1）计算平均SST及$CPUE$。由于在oceanwatch数据库中下载到的SST数据是每年每月的数据，因此首先需要对SST数据进行预处理，将1998—2004年某个月的SST数据集合在一个工作表中，计算出这些年平均的SST值，用这些平均的SST值来代表该月的SST值。

$CPUE$（t/d）的计算采用如下的计算公式：

$$CPUE = \frac{P}{V}$$

式中：P表示经纬度0.5°×0.5°空间的产量（t）；V表示经纬度0.5°×0.5°内的作业船次（船次）。

（2）西北太平洋柔鱼栖息地的预测。单位捕捞努力量渔获量（$CPUE$）是衡量资源丰度的重要指标，$CPUE$高的区域的SST范围我们认为是该种群鱼类所适宜栖息的温度范围。因此我们用1998—2004年6—11月份$CPUE$与SST的柱状图来推算出6—11月每月西北太平洋柔鱼适宜栖息的表层水温范围。

（3）气候变暖造成的水温上升。政府间气候变化专门委员会（IPCC）第四份评估

报告（AR4）对全球未来气候进行了推算。为了对未来气候做出评估，我们须先就未来温室气体排放至大气中的不同情景做出假设。IPCC 第四次评估报告采用了六个排放情景。这六个排放情景依照排放强度从高至低分别为 A1FI、A2、A1B、B2、A1T 和 B1。专家们预测说，从现在开始到 2100 年，全球平均气温的"最可能升高幅度"是 1.8～4℃，海平面升高幅度是 18～59 cm。依据 IPCC 第四次评估报告，本研究拟定四种水温上升的情况：① 每月平均 SST + 0.5℃；② 每月平均 SST + 1℃；③ 每月平均 SST + 2℃；④ 每月平均 SST + 4℃。

根据这样的水温上升趋势，利用 Marine explore 作图，用西北太平洋柔鱼适宜栖息的水温范围来预测其潜在栖息地的变化情况。

（二）结果

1. 西北太平洋柔鱼栖息地分布

从图 7－22 可以看出，6 月和 7 月的 CPUE 值小于 1.3（1.1～1.3）t/d，8—11 月的 CPUE 大于 2.3（2.3～2.9）t/d，可以看出 6 月和 7 月的 CPUE 值比 8—11 月的 CPUE 值明显偏低，8—11 月是捕捞高峰期。月平均 CPUE 最高的月份是 11 月，它的值为 2.9 t/d。

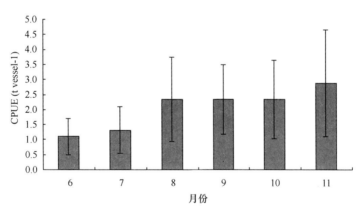

图 7－22　1998—2004 年西北太平洋柔鱼 6—11 月平均 CPUE
及其标准差

从图 7－23 可以看出，8—11 月的产量集中在 145°—170°E 之间，而 6、7 月份的产量集中在 160°—170°W 之间。实际上，8—11 月和 6—7 月捕捞的群体是不一样的，8—11 月份捕捞的是渔场位于 170°E 以西海域的冬－春生群体。本研究只选择其中一个群体作为研究对象，因此选择 8—11 月份的群体作为研究对象。

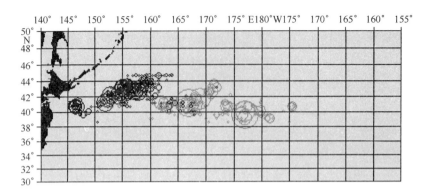

图 7 - 23　1998—2004 年西北太平洋柔鱼 6—11 月产量空间分布图

深色圆圈表示 8—11 月产量，浅色圆圈表示 6、7 月产量

2. 西北太平洋柔鱼的适宜水温范围

从图 7 - 24 可以看出，1998—2004 年月平均 SST 的范围在 5 ~ 25℃之间，跨度较广。其中 6 月西北太平洋柔鱼的适宜栖息的温度范围在 12 ~ 18℃之间，7 月其适宜栖息的温度范围在 12 ~ 21℃之间，8 月其适宜栖息的温度范围在 15 ~ 23℃之间，9 月其适宜栖息的温度范围在 14 ~ 21℃之间，10 月其适宜栖息的温度范围在 12 ~ 21℃之间，11 月其适宜栖息的温度范围在 10 ~ 16℃之间。

3. 西北太平洋柔鱼的潜在栖息地

图 7 - 25 是利用 1998—2004 年 8—11 月每月的西北太平洋柔鱼适宜栖息的温度范围来预测其潜在的栖息地。从图 7 - 25 可以看出，其潜在栖息地呈带状分布，并且其产量都集中在此潜在栖息地的范围内，因此也可以说明用适宜水温范围来预测其潜在栖息地是比较可靠的。

4. 水温上升对西北太平洋柔鱼潜在栖息地的影响

图 7 - 26 是在水温上升 0.5℃、1℃、2℃、4℃情况下，用 1998—2004 年 8—11 月西北太平洋柔鱼适宜栖息的水温来预测其潜在栖息地的变化情况。我们可以从图 7 - 26 看出，随着水温上升，西北太平洋柔鱼的潜在栖息地逐渐北移，图 7 - 27 表示了其最南边界随水温上升的变化趋势，可以看出 8 月西北太平洋柔鱼的潜在栖息地最南边界从一开始的 37.5°E 北移到了升温 4℃后的 42.5°E；9 月西北太平洋柔鱼的潜在栖息地最南边界从一开始的 39°E 北移到了升温 4℃后的 43°E；10 月西北太平洋柔鱼的潜在栖息地最南边界从一开始的 38°E 北移到了升温 4℃后的 41.5°E；11 月西北太平洋柔鱼的潜在栖息地最南边界从一开始的 39°E 北移到了升温 4℃后的 43°E。其面积变化参见表 7 - 6。从表 7 - 6 可知，8—11 月份，西北太平洋柔鱼潜在栖息地面积总的趋势是随着水温上升而增大，但是 8 月份在水温上升 0.5℃、1℃、2℃时面积比不升温时面积有所

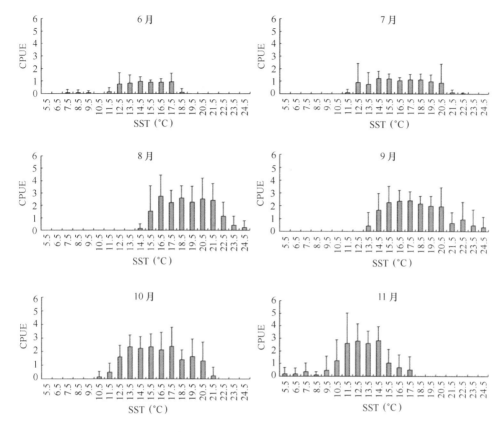

图 7 - 24　1998—2004 年西北太平洋柔鱼 6—11 月平均 SST 与 CPUE 的关系

横坐标的数值表示的是温度区间，区间范围为 1℃

减小。11 月份，在水温上升 1℃时的面积比升温 0.5℃时的面积有略微的减小。

表 7 - 6　1998—2004 年 8—11 月西北太平洋柔鱼栖息地面积随水温上升的变化情况

月份	8 月		9 月		10 月		11 月	
水温	面积（km²）	面积增大比例（%）	面积（km²）	面积增大比例（%）	面积（km²）	面积增大比例（%）	面积（km²）	面积增大比例（%）
SST	1 141 346		954 568		1 262 394		763 555	
SST + 0.5℃	1 116 873	− 2.19	959 626	0.53	1 262 959	0.04	769 373	0.76
SST + 1℃	1 115 706	− 0.10	981 405	2.22	1 266 479	0.28	769 293	− 0.01
SST + 2℃	1 092 532	− 2.12	1 020 627	3.84	1 335 451	5.16	822 407	6.46
SST + 4℃	1 173 772	6.92	1 228 922	16.95	1 526 277	12.50	975 576	15.70

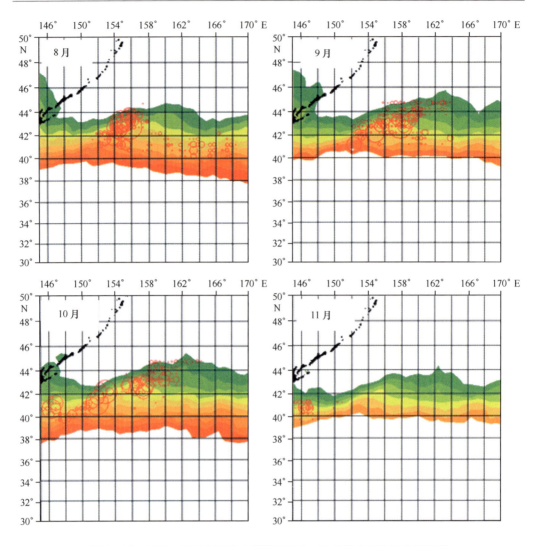

图 7-25　1998—2004 年西北太平洋柔鱼 8—11 月潜在栖息地的预测图

（三）结论与讨论

本研究利用了 SST 与 CPUE 及产量的关系，确定西北太平洋柔鱼适宜的水温范围，并根据此范围绘制了其栖息地的月空间分布图，较好地反映了西北太平洋柔鱼资源与时空变化的情况。得出的各月资源分布图的覆盖范围有所不同，主要是受到渔船的作业范围的限制，因为渔业资源调查受到资金等因素的限制，在时间与空间上都十分有限，因为对渔业资源状况的了解，很大程度上依赖于商业捕捞数据。渔业捕捞行为的根本目的是使渔民获得最大利润，因此基于渔业捕捞数据 CPUE 与渔业资源量的关系受渔业资源密度、渔民捕捞行为等因素的影响。

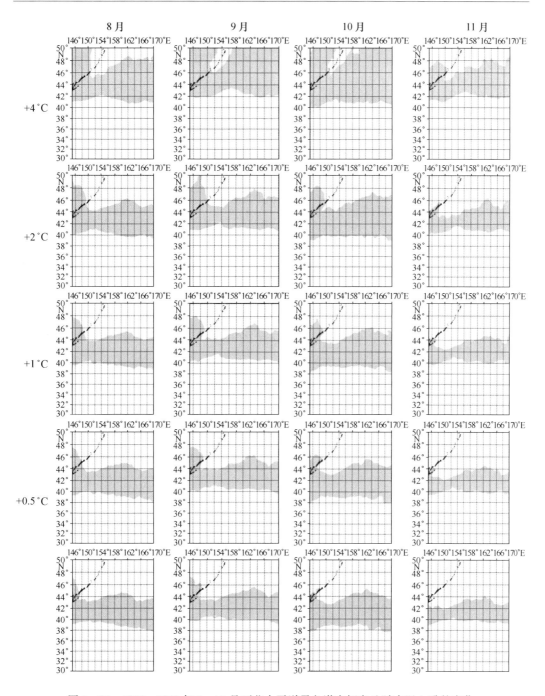

图 7 - 26　1998—2004 年 8—11 月西北太平洋柔鱼潜在栖息地随水温上升的变化

　　由于渔业生产的不确定性，生产数据除了受环境变化影响外，还受捕捞努力量、渔船的技术水平和统计偏差等影响，对生产数据取月平均进行分析，可减小数据偶然性变化导致的偏差和弱化异常值的影响，也可以简化数据量。对生产数据取月平均固然有可

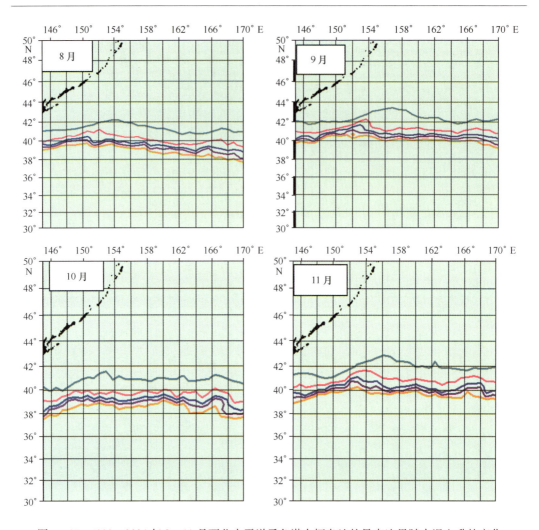

图 7-27 1998—2004 年 8—11 月西北太平洋柔鱼潜在栖息地的最南边界随水温上升的变化

（黄色代表平均 SST，紫色代表 SST+0.5℃，蓝色代表 SST+1℃，粉红色代表 SST+2℃，

绿色代表 SST+4℃）

能将数据的一些特征因子掩盖掉，但是从长时间序列和海量数据来看，其内在规律性还是能够显现出来。

本研究主要分析了 SST 的月变化对柔鱼资源分布影响，而忽略年变化的影响，因为柔鱼是一年生种类，其不同生命阶段的适宜环境是不一样的，海洋环境的月效应可能比年效应更为明显。

本研究根据政府间气候变化专门委员会（IPCC）第四份评估报告（AR4）拟定的四种水温上升的情况（+0.5℃、+1℃、+2℃、+4℃），可以得出西北太平洋柔鱼栖息地面积是随着水温上升而增大的，这样的规律可以为当前全球气候变暖情况下更好地评估西北太平洋柔鱼资源状况提供一定的科学依据。

第三节　海洋环境变化对东、黄海鲐鱼资源的影响

一、水温变动对东黄海鲐鱼栖息地的影响

鲐鱼（*Scomber japonicus*）属于近海浮游性鱼类，广泛地分布在西太平洋以及沿岸区域。其资源主要由韩国、日本和中国（包括台湾省）的灯光围网渔船所捕获。已有的研究认为，鲐鱼资源出现了下降趋势，东、黄海大型灯光围网（不含群众灯光围网作业）鲐鱼产量在 $1.8 \times 10^4 \sim 2.3 \times 10^4$ t 间波动。国内外学者对鲐鱼的渔业生物学进行了比较系统的研究。由于鲐鱼是一种中上层鱼类，厄尔尼诺现象对鲐鱼的渔获量和资源量会产生明显的影响。鱼类栖息地是渔业资源学的重要研究内容，栖息地分布范围的变化直接受到各种环境因子的影响，进而也影响到鱼类的资源量及其空间分布。表温是影响鱼类栖息地的重要环境因子之一，水温上升是当前全球气候变化中的一个重点特征。为此，本研究拟通过我国近海鲐鱼灯光围网的生产统计数据，结合海洋遥感的表温因子，确定其适宜的栖息地分布范围，同时模拟不同水温升高情况下，鲐鱼栖息地的变化趋势，为今后鲐鱼资源管理和预测提供基础。

（一）材料与方法

1. 材料

（1）渔获数据。本文的渔获生产统计数据来自上海海洋大学鱿钓技术组。时间为 1999—2007 年 7—12 月，数据包括作业日期、作业位置、渔区总产量（t）、放网次数和平均网次产量（t/网次），研究区域为东海 25°—38°N、121°—128°E。时间分辨率为月，空间分辨率以 0.25°×0.25°表示一个渔区。

（2）表温（*SST*）。来自 OceanWatch 网站 http：//oceandata. sci. gsfc. nasa. gov/MO-DISA/Mapped/ Monthly/4km/SST/，空间分辨率为 0.05°×0.05°。按空间分辨率 0.25°×0.25°进行处理。

2. 研究方法

（1）一个渔区的产量和 *CPUE* 统计。分别统计 1999—2007 年 7—12 月各月每一个渔区（0.25°×0.25°）内产量和作业次数，并以此计算获得单船平均月产量（*CPUE*），计算公式如下：

$$CPUE_i = \frac{CATCH_i}{NET_i}$$

式中：$CPUE_i$ 为渔区 i 的鲐鱼资源丰度（t/网次）；$CATCH_i$ 为渔区 i 的产量（单位：t）；NET_i 为渔区 i 的作业次数（单位：网次）。

（2）鲐鱼栖息地分布。利用统计获得的 CPUE 进行绘制空间分布图，从而可以获得基于渔获统计的鲐鱼栖息地分布图，也可以探讨其各月的栖息地空间分布规律。

（3）鲐鱼栖息的适宜表温分析。利用频度分析法，分析各月 CPUE 与 SST 的关系，获得各月最适的 SST 范围。

（4）水温升高对鲐鱼栖息地分布的影响预测。研究认为，预计几十年以后全球温度会变暖 1.8～4.08℃，海平面升高幅度为 18～59 cm，为此本文模拟四种 SST 升高的情况：① 每月 SST+0.5℃；② 每月 SST+1℃；③ 每月 SST+2℃；④ 每月 SST+4℃。

（二）研究结果

1. CPUE 时空分布

由图 7-28 可知，7 月平均 CPUE 最低，不足 15t/网次，11/12 月的 CPUE 值为最高，均超过 25t/网次。根据图 7-28 所示，7—12 月栖息地分布有一个明显的南北移动，7—8 月主要分布在 26°—28°N，122°30′—124°30′E；9—10 月主要分布在 33°—37°30′N，123°—124°30′E；11—12 月主要分布在 32°30′—34°N，124°—125°30′E。

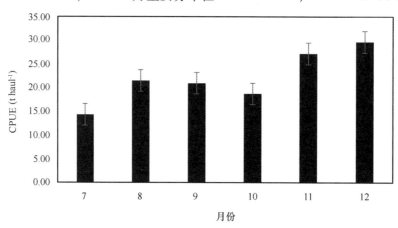

图 7-28 1999—2007 年 7—12 月各月东黄海鲐鱼平均 CPUE 分布

2. 各月鲐鱼的适宜表温分析

由图 7-29 可知，7—9 月的适宜 SST 范围与 10—12 月明显不同。7—9 月的适宜 SST 为 24～30℃，其中 7 月为 24～30℃，8 月为 26～29℃，9 月为 26～28℃。10～12 月的适宜 SST 为 15～21℃，其中 10 月为 17～21℃，11 月为 15～19℃，12 月为 11～15℃。

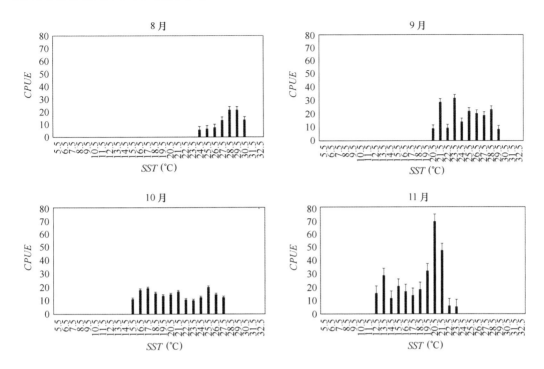

图 7 - 29 1999—2007 年 8—11 月各月 SST 与 CPUE 关系

7—9 月横坐标为 18—31；10—12 月为 7.7—28.5

3. 鲐鱼潜在栖息地分布及水温上升对潜在栖息地的影响

在水温上升 0.5℃、1℃、2℃、4℃情况下，其各月潜在栖息地的变化情况见图 7 - 30。由图 7 - 30 可知，随着水温上升，鲐鱼潜在栖息地逐渐北移。从表 7 - 7 可知，其栖息地面积随着水温的上升而发生变化，总体呈现下降的趋势。

表 7 - 7 东黄海鲐鱼各月潜在栖息地面积随水温上升的变化情况

月份	8 月		9 月		10 月		11 月	
水温	面积（km²）	面积减小比例	面积（km²）	面积减小比例	面积（km²）	面积减小比例	面积（km²）	面积减小比例
SST	193 861		298 067		159 901		275 572	
SST + 0.5℃	128 589	0.66	255 606	0.85	166 503	1.04	252 402	0.91
SST + 1℃	91 198	0.47	209 158	0.70	172 356	1.07	276 227	1.00
SST + 2℃	64 432	0.33	228 491	0.76	163 209	1.02	269 645	0.97
SST + 4℃	25 345	0.13	140 695	0.47	133 676	0.83	140 482	0.50

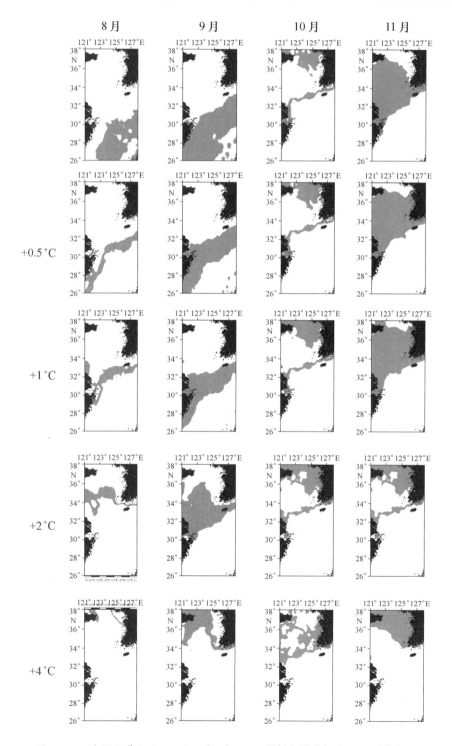

图 7 - 30　表温上升 0.5、1、2、4℃后 8—11 月鲐鱼潜在栖息地预测分布图

（三）讨论

1. 时空变化对东海鲐鱼的栖息地影响

经过各年间经纬度的产量统计比重和渔场重心的情况结合分析，发现近 9 年来鲐鱼的产量分布主要集中在 26°—38°N，121°—128°E 范围内的海域内。渔场的重心由北向南偏移。崔科和陈新军（2005）对鲐鱼渔场的分布及其重心的年际变动进行比较分析，宋海棠等（1995）、杨红等（2001）对鲐鱼、鲹鱼的围网渔场变化研究发现鲐鱼的渔场重心变化主要受沿岸水团和外海高盐水团的强弱变化影响，当沿岸水团势力弱而外海水团势力强时，渔场分布相对比较集中；外海势力与沿岸水团的势力相等时渔场的分布范围就很广，鲐鱼的产量也高；当沿岸水团势力强于外海势力时，渔场向南偏移，产量较少。这些说明鲐鱼渔场的差异是由黑潮分支、台湾暖流、长江冲淡水、黄海冷水团等不同性质的水流相互作用形成的。东海鲐鱼每年作南向北的洄游，不同的学者对不同海域的渔业鲐鱼资源进行研究，发现也存在很大的差异。

2. 基于 SST 适宜温度下的潜在栖息地

本文中根据适宜的 SST 范围直方图分析每个月中的 CPUE 值（图 7 - 29）。8—9 月的最适宜温度是 24 ~ 30℃，随着季节变动，东海鲐鱼作南向北的洄游，10—11 月的最适宜温度是 15 ~ 19℃。长江冲淡水与台湾暖流也会影响东海鲐鱼的围网渔场形成及作业位置等，长江冲淡水会影响鲐鱼的生殖洄游、繁殖、生长等。在本研究中所模拟的几种场景中表明了海表水温会影响鲐鱼的越冬洄游路线，水温下降有可能会使海域内的鲐鱼南下洄游受阻，而进入东海北部的海域过冬，这些都有可能影响潜在栖息地的迁徙路线。

3. 厄尔尼诺、拉尼娜事件对东海鲐鱼资源量的影响

厄尔尼诺、拉尼娜事件对我国气候、东海的海洋环境影响很大（朱家喜，2003）。资料显示东海水表温呈上升趋势，同时浙江近海鲐鱼 CPUE 与海水表温呈正相关，而东海北部鲐鱼 CPUE 与海水呈负相关（李振太，许柳雄，2005）。研究发现厄尔尼诺温度距平的平均值能够简单地反映鲐鱼资源的歉丰年（张洪亮等，2007）。拉尼娜事件对东海鲐鱼的资源变动影响有同时性，但是总体来看还是会不利于鲐鱼的资源（洪华生等，1997）。

二、基于环境因子的东、黄海鲐鱼剩余产量模型及应用

鲐鱼为中上层鱼类，其资源量变动与海洋环境关系密切（李振太，许柳雄，2005；张洪亮等，2007；洪华生等，1997），特别是厄尔尼诺等现象。为此，在渔业资源评估中，需要其环境因子。本研究根据 1997—2006 年东、黄鲐鱼资源量、渔获量数据以及

产卵场的环境因子，即平均 SST 和适宜 SST 面积，假设环境因子对东、黄海鲐鱼剩余产量产生影响，运用基于环境条件的剩余产量模型（Environmentally Dependent Surplus Production model，EDSP 模型）对假设进行验证，以把握环境变化对东、黄海鲐鱼资源变动产生的影响，为渔业管理部门提供参考和决策支持。

（一）材料与方法

短寿命的鱼类繁殖力通常很高，当环境条件适宜时能够产生大量幼鱼，环境对这一资源的影响可能超过捕捞（King，1995）。其中，产卵场适宜的环境条件对当年的补充量以及个体的生长产生影响，最终影响整个群体的资源量。鲐鱼就是一种短寿命的中上层鱼类，目前其渔获量中以当龄鱼和 1 龄鱼为主（张洪亮等，2007；Li et al，2008），补充量是决定其资源状况的主要因素。鲐鱼推测的产卵场主要分布在东海中南部以及浙江近海鱼山、舟山和长江口渔场，每年春季 3—5 月为主要产卵季节（唐启升，2006；郑元甲，2003）。因此，本研究以鲐鱼推测的产卵场（27°—30°N、122°—128°E）产卵季节（3—5 月）SST 作为环境因子，根据 1997—2006 年鲐鱼渔获和资源量，构建基于环境的东、黄海鲐鱼剩余产量模型，用于评估环境对东、黄海鲐鱼剩余产量的影响。

1. 渔业数据

1997—2006 年东、黄海鲐鱼资源量数据来自于李纲（2008）（表 7 - 8）。剩余产量 P_t 由下式计算：

$$P_t = B_{t+1} - B_t + C_t$$

式中：B_{t+1} 和 B_t 分别表示 $t + 1$ 年和 t 年的资源量；C_t 为 t 年的渔获量（Hilborn，Walters，2001）。计算结果见表 7 - 8。

2. 海表面温度数据

SST 数据被用来描述产卵场鲐鱼繁殖成功率和生长的环境。月平均 SST（27°—30°N，122°—128°E）数据来源于探险者 5 号卫星的高分辨率辐射计（AVHRR）遥感数据，下载自美国航天局物理海洋学分布式档案中心（http：//poet. jpl. nasa. gov），空间分辨率分别为 4 km×4 km。研究区域按经、纬度 0.5°×0.5° 被划分成为 12 列×6 行，共计 72 个渔区。SST 也转化为空间分辨率 0.5°×0.5° 的数据。

采用产卵场平均 SST 和适宜 SST 面积作为表征影响鲐鱼资源的环境因子（Yatsu et al，2005；李纲，陈新军，2007）。根据前人研究成果（小西芳信等，2001；张孝威，1983；邓景耀，赵传絪，1991），将 15～21℃ 作为鲐鱼产卵的适宜 SST。适宜 SST 面积以产卵区 3—5 月平均 SST 为 15～21℃ 的渔区数（0.5°×0.5°）。整理后的数据见表 7 - 8。

表 7 - 8　东、黄海鲐鱼资源量、渔获量、剩余产量及表温

年份	资源量 (×1 000 t)	渔获量 (×1 000 t)	剩余产量 (×1 000 t)	平均水温 (℃)	适宜 SST 的栖息地面积（渔区数）
1997	985	430	342	19.9	44
1998	897	377	222	20.3	39
1999	743	376	301	19.6	45
2000	668	255	297	19.4	48
2001	709	340	297	19.6	42
2002	667	289	293	20.4	41
2003	671	306	292	19.0	45
2004	656	389	283	20.0	39
2005	550	334	259	18.9	47
2006	475	253		19.2	43

3. 基于环境条件的剩余产量模型

Schaefer 模型是运用最广的剩余产量模型，可由下式描述：

$$P_t = rB_t\left(1 - \frac{B_t}{K}\right)$$

式中：B_t 为 t 年的资源量；r 为内禀自然增长率；K 为环境容纳量。

假设内禀自然增长率 r 和环境容纳量 K 与产卵场环境因子呈线性关系（詹秉义，1995），即：

$$r_t = \gamma + \alpha I_t$$
$$K_t = \eta + \beta I_t$$

式中：α、β、γ 和 η 均为待定系数。上述分别代入 $P_t = rB_t\left(1 - \frac{B_t}{K}\right)$，即获得基于环境条件的剩余产量（EDSP）模型：

$$P_t = (\gamma + \alpha I_t)B_t\left[1 - \frac{B_t}{\eta + \beta I_t}\right]$$

式中：当 I_t 等于零时，EDSP 模型即为 Schaefer 模型。根据上式，可得到最大可持续产量（MSY）及其对应的资源量 B_{MSY} 和捕捞死亡系数 F_{MSY}：

$$B_{MSY} = \frac{\eta + \beta I_t}{2}$$

$$MSY = \frac{(\gamma + \alpha I_t)(\eta + \beta I_t)}{4}$$

$$F_{\mathrm{MSY}} = \frac{\gamma + \alpha I_t}{2}$$

基于平均 SST 和适宜 SST 面积的 EDSP 模型分别简称 EDSP 模型 1 和 EDSP 模型 2，利用 Akaike 信息法则（akaike information criterion，AIC）进行判断最佳模型。AIC 值由下式计算：

$$\mathrm{AIC} = N\ln(\mathrm{RSS}) + 2(P + 1) - N\ln(N) \tag{9}$$

式中：P 为模型中参数的个数；N 为观察值（数据样本）的个数；RSS 为残差平方和。AIC 值小的拟合优度最佳，该模型为最优模型。

（二）结果

1. 产卵场环境因子变化

产卵期间 3—5 月，产卵场平均 SST 为 18.9 ~ 20.4℃（表 7 - 8，图 7 - 31a），适宜 SST 的面积为 39 ~ 48 个渔区（表 7 - 8，图 7 - 31b）。研究认为，平均 SST 与适宜 SST 面积呈反比（图 7 - 31c），可用关系式 $y = 137.82 - 4.80x$ 来拟合（$r = 0.80$，$P < 0.01$）。

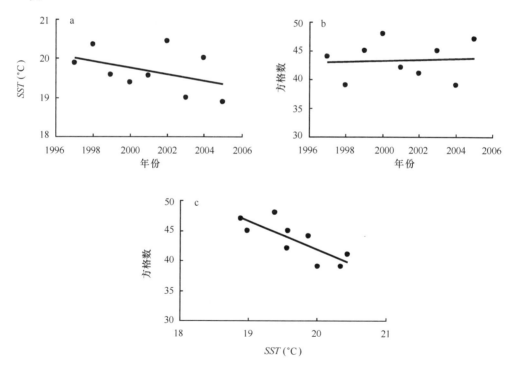

图 7 - 31　空间平均 SST 和方格数数据

在东海海域，1997—2006 年 3—5 月平均 SST 沿西南—东北方向呈带状分布，西北部近海低、东南外海最高。适宜 SST 在东海西北部舟山群岛附近海域以及东海东南部外海分布较少，而南向北则逐渐增加（图 7-32）。有些年份适宜 SST 空间分布比较特殊，如 2002 年，浙江近海及 27°30′N 以南海域 SST 偏高，适宜 SST 面积在浙江近海增加而在东海南部大幅下降；2003 年和 2005 年适宜 SST 的分布情况与 2002 年正好相反；2000 年是适宜 SST 面积最大的一年，其增量主要来自东海北部外海的增加（图 7-32）。

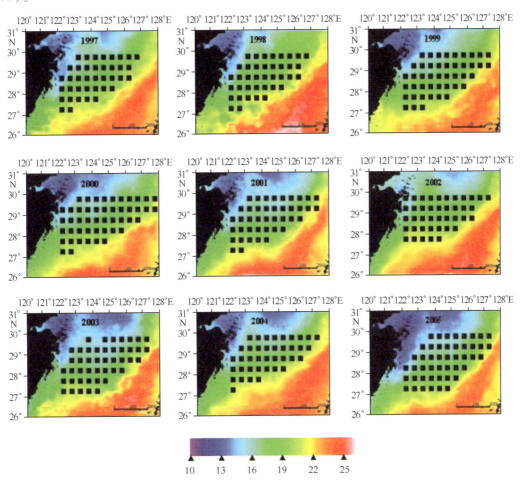

图 7-32　1997—2005 年 3—5 月平均 SST 和栖息地空间分布

2. EDSP 模型

EDSP 模型 1 和模型 2 的拟合优度明显要优于传统的 Schaefer 模型。EDSP 模型 2 的 AIC 值为最小，因此该模型（基于渔区数的 EDSP 模型）为最适（表 7-9），EDSP 模型 2 的剩余产量估计值与观察值也最接近（图 7-33）。从表 7-9 也可看出，EDSP 模型 1 的平均 SST 对环境容量 K 有负影响，对内禀自然增长率 r 有正的影响；而 EDSP 模型 2 的适宜 SST 面积对 K 有正的影响，对 r 有负的影响（表 7 - 9）。

表 7 - 9　EDSP 模型和 Schaefer 模型拟合结果

模型		EDSP 模型 1	EDSP 模型 2	Schaefer 模型
模型参数	α	0.055	-0.025	$-$
	γ	-0.21	1.80	
	β	-166	121	$-$
	η	4 929	$-3 431$	1 391
管理参数	$\overline{B}_{MSY}$	830	916	855
	$\overline{MSY}$	360	318	300
	$\overline{F}_{MSY}$	0.43	0.36	0.35
AIC		47.47	46.89	69.73

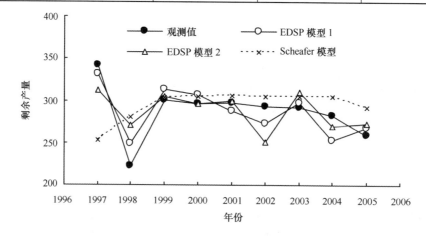

图 7 - 33　剩余产量观测值及模型估计值

适宜 SST 面积（渔区数）对东、黄海鲐鱼剩余产量的影响可进一步通过 EDSP 模型 2 表现出来。与资源量有关的量包括环境容量 K、B_{MSY}、MSY 与适宜 SST 面积的变化相一致（$\beta > 0$），适宜 SST 面积在 39 ~ 48 个渔区数，与之对应的 B_{MSY}（$K/2$）估算值在 75.9×10^4 ~ 112.5×10^4 t 间，MSY 在 25.7×10^4 ~ 38.7×10^4 t 间（图 7 - 34）。内禀自然增长率 r 和 F_{MSY} 与适宜 SST 面积的变化则相反（$\alpha < 0$），F_{MSY}（$r/2$）在 0.31 ~ 0.34/a 间（图 7 - 34）。

（三）分析和讨论

1. 基于栖息地指数的 EDSP 模型

本研究定义了两个表征产卵场适宜环境的因子，即平均 SST 和适宜 SST（15 ~

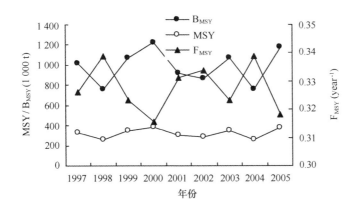

图 7-34 基于产卵场适宜表温海域面积的 EDSP 模型估算的 B_{MSY}、MSY 和 F_{MSY}

21℃）面积，从而建立两个不同的 EDSP 模型。通过对两个 EDSP 模型拟合优度的分析，基于适宜 SST 面积的 EDSP 模型（EDSP 模型 2）的 AIC 值相对较小（表 7-9）。环境容量 K 和内禀自然增长率 r 通常是负相关的（Punt，Hilborn，2001），EDSP 模型 2 结果表明，K 和 r 呈负相关。

EDSP 模型的结果证实了本研究关于东、黄海鲐鱼的剩余产量取决于其资源量以及和环境条件有关的适宜海域面积的假设。虽然渔业数据有限，但 EDSP 模型较好地描述了资源量、剩余产量与环境条件之间的关系。剩余产量模型，包括 EDSP 模型，由于相对比较简单且对数据的要求不高，因此最为常用，但它并不是在任何条件下都有用（Hilborn，Walters，2001）。资源处于平衡状态是传统剩余产量模型的重要假设，但这仅仅是理论上的。在 EDSP 模型中，由于环境容量 K 随产卵场适宜海域范围每年都在变化，因此平衡状态的假设并不严格（Jacobson et al，2005）。

2. SST 对鲐鱼资源量和剩余产量的影响

EDSP 模型 2 的结果表明，适宜 SST 面积越多，越有利于鲐鱼产卵和幼体的生长。环境容量 K 与产卵场适宜 SST 面积呈正比，因为资源量越高，需要的占用空间面积也就越大（Jacobson et al，2005）。但是，K 与平均 SST 呈反比（图 7-31c，表 7-8）。剩余产量包含补充量、自然死亡和个体生长三个部分，前者受环境因素影响，而后二者可能同时受密度制约（density dependent）和环境因素影响（Watanabe，Yatsu，2004；Yatsu et al，2005）。研究发现无论是东、黄海的鲐鱼（对马群系）还是太平洋群系鲐鱼，产卵场 SST 和繁殖成功率均呈负相关（由上龍嗣等，2008；Hiyama，Yoda，2002；Watanabe，Yatsu，2004）。在目前东、黄海鲐鱼低资源水平的情况下，环境成为影响剩余产量的主要因素之一。上述分析表明，产卵场适宜 SST 面积对幼鱼和成鱼影响可能与对繁殖成功率和补充量的影响一样重要，从而决定了东、黄海鲐鱼的剩余产量。

研究还说明，SST 对鲐鱼分布也产生了影响。产卵期间，SST 偏高，亲鱼分布偏北，反之则偏南。黑潮是影响东海 SST 的重要因素，春季 SST 升温加快（樊孝鹏等，2006），因此其适宜 SST 的空间分布及其增减与黑潮势力的强弱有关。鲐鱼产卵场分布在东海东南部黑潮边缘，沿西南—东北方向逐渐增加。在温暖的年份，黑潮势力强，产卵场适宜 SST 面积在东海外海下降，如 1998 年（表 7 - 8，图 7 - 32）；相反，在寒冷的年份，黑潮势力弱，产卵场适宜 SST 面积在东海近海下降而在外海大幅增加，如2003 年和 2005 年（表 7 - 8，图 7 - 32）。此外，沿岸水也对产卵场 SST 分布有影响，若沿岸冷水势力弱，适宜 SST 面积在沿岸海域增加，如 2002 年（图 7 - 32），反之则会下降，如 2005 年。SST 的变化对太平洋东岸鲐鱼的分布有类似的影响，在厄尔尼诺发生的 1982—1984 年、1992—1993 年，东北太平洋 SST 偏高，鲐鱼北上至加拿大西海岸，较常年明显偏北（Hemández，Orteg，2000）。

3. 对渔业管理的启示

Wada 等（1995）、Jacobson 和 Maccall（1995）指出传统的管理目标包括 MSY、F_{MSY} 和 B_{MSY}，对鲐鱼和沙丁鱼，这些管理目标在环境条件不好时应调低，反之则应调高。对东、黄海鲐鱼而言，环境条件较好并不表示可提高总可捕捞量或捕捞努力量。近几年，东、黄海鲐鱼资源始终处于低水平状况，而且其资源以 0 岁和 1 岁为主。环境条件适宜，若提高总可捕捞量，则表示更多的 0 岁鱼和 1 岁鱼被捕捞，可能导致生长型过度捕捞。适宜 SST 面积的大小是资源量高低的"指示器"，环境较差的年份，K 较小，自然条件可支撑的资源量较低，应采取更为严格的管理措施，如设定较低的可捕量。

本研究建立的 EDSP 模型 2，可利用适宜 SST 面积可为准确地判断当年资源量和剩余产量，为渔业管理和配额制定提供科学依据。2006 年和 2007 年产卵场适宜海域面积分别为 43 个和 44 个渔区，环境条件属于中等水平。根据 EDSP 模型 2 可得出的结论是，2006—2007 年东、黄海鲐鱼资源和剩余产量变动不大，资源量仍维持在低水平，与我国 2006—2007 年东、黄海鲐鱼大型灯光围网生产情况基本相符。

第四节　海洋环境变化对中西太平洋鲣鱼资源渔场影响

一、中西太平洋鲣鱼时空分布及其与 ENSO 关系探讨

鲣鱼（*Katsywonus pelamis*）广泛分布于三大洋中低纬度海域，其中中西太平洋为主要分布海域。近年来，中西太平洋的年产量平均为 1.25×10^6 t，约占世界总产量的 50% 以上。研究认为，中西太平洋鲣鱼与海洋环境关系密切，如厄尔尼诺 - 南方涛动指数（ENSO）、水温等。Hampton 等（1999）认为鲣鱼资源波动、渔场分布不论在季

节还是在年间都非常明显，但主要还是受到大尺度海洋环境的影响；其标志放流结果也表明，鲣鱼会随 ENSO 发生产生相应的迁移，证明了鲣鱼对水温的敏感性非常强烈（Hampton，1997）。Lehodey 等（1997）对金枪鱼（*Thunnini*）渔业受 ENSO 的影响作了分析，认为 ENSO 现象会引起鲣鱼渔场的移动。但目前国内在中西太平洋鲣鱼资源与渔场时空分布及其经度分布与 ENSO 的关系进行研究还较少。为此，本研究收集中西太平洋海域（20°N—25°S，175°W 以西）海洋环境因子数据，包括海水表面温度（SST）、ENSO 指数以及鲣鱼 1990—2001 年该海域金枪鱼围网作业产量和作业次数数据，通过数理分析等方法，以期获得鲣鱼资源渔场的分布规律，降低作业盲目性，减少生产成本，提高捕捞效率。

（一）材料和方法

1. 材料来源

（1）鲣鱼渔获数据来源于南太平洋渔业委员会。时间跨度为 1990—2001 年。空间分辨率为 5°×5°，时间分辨率为月。数据内容包括作业位置、渔获量和投网次数。

（2）中西太平洋海水表面温度（SST）资料来源于哥伦比亚大学环境数据库 http：//iridl. ldeo. columbia. edu。空间分辨率为 1°×1°，数据的时间分辨率为月。ENSO 指标采用 Nino3. 4 区海水表面温度（SSTA），来自美国 NOAA 气候预报中心（http：//www. cpc. ncep. noaa. gov/）。

2. 方法

（1）SST 按间距 1℃ 为标准，分析作业产量、作业次数与 SST 的关系，得出作业渔场的适宜 SST 范围。并利用非参数统计 K - S（Kolmogorov - Smirnov）检验进行产量与表温关系的显著性检验（Perry，Smith，1994；颜月珠，1985）。

（2）经度按间距 5° 为标准，分析作业产量、作业次数与经度的关系，得出鲣鱼作业渔场的时空分布及其变化。

（3）利用各月产量重心来分析中心渔场的移动。产量重心的计算公式为：

$$X = \sum_{i=1}^{k} C_i \times X_i / \sum_{i=1}^{k} C_i; \quad Y = \sum_{i=1}^{k} C_i \times Y_i / \sum_{i=1}^{k} C_i$$

式中：X、Y 分别为重心位置；C_i 为渔区 i 的产量；X_i 为渔区 i 中心点的经度；Y_i 为渔区 i 中心点的纬度；k 为渔区的总个数。

（4）交相关分析。利用高产区经度重心、平均经度和 ENSO 指标之间的交相关关系，判断三者之间内在联系。

（二）结果

1. 产量、作业次数与 SST 的关系

分析表明，1990—2001 年主要产量集中在海表水温（SST）为 28～30℃海域，尤其以 29～30℃最多；其次为 30～31℃，其他 SST 范围所占产量比重相对较小（图7-35）。统计结果表明，SST 为 28～30℃的产量除个别年份外，大部分年份均占总产量的90% 以上（表7-10）。作业次数在 SST 为 28～30℃水域也占很高比重（表7-10），但高产区作业次数比重相对均低于产量的比重。

K-S 检验表明，各年的统计量 $D < P$（$\alpha/2 = 0.10$）（表7-11），检验结果不显著，即认为各年作业渔场的产量和表温之间没有明显差异，两者关系密切。

表7-10　1990—2001 年表温 28～30℃捕捞产量和作业次数所占的比重

年份	1990	1991	1992	1993	1994	1995	1996	1997	1998	1999	2000	2001
产量比重（%）	95.6	93.2	93.4	92.9	94.0	85.1	79.4	90.1	90.4	94.4	84.4	92.6
作业次数比重（%）	95.3	92.2	94.5	92.7	92.9	82.2	78.1	89.1	89.9	94.2	83	90.2

表7-11　K-S 检验统计表

年份	样本数	D	P（$\alpha/2$）	结果	年份	样本数	D	P（$\alpha/2$）	结果
1990	428	0.0098	0.0793	不显著	1996	478	0.0085	0.0750	不显著
1991	421	0.0120	0.0799	不显著	1997	503	0.0114	0.0731	不显著
1992	461	0.0100	0.0764	不显著	1998	511	0.0096	0.0725	不显著
1993	487	0.0104	0.0743	不显著	1999	556	0.0101	0.0696	不显著
1994	452	0.0101	0.0771	不显著	2000	524	0.0096	0.0716	不显著
1995	386	0.0097	0.0835	不显著	2001	292	0.0087	0.0960	不显著

2. 产量、作业次数在经度方向的空间分布

分析表明，中西太平洋鲣鱼广泛分布在 120°E 至 175°W，但主要分布在 120°E和 140°—175°E海域（图7-36）。各年度的主要作业渔场在经度上呈现东西移动（图7-36），1990—1993 年、1997—1998 年和 2001 年作业经度偏东，1994—1996年、1999—2000 年偏西（图7-36）。在主要的作业经度范围内，1990—2001 年间，只有 1992 年产量比重低于作业次数比重，其余各年产量比重都高于作业次数比重（表7-10）。

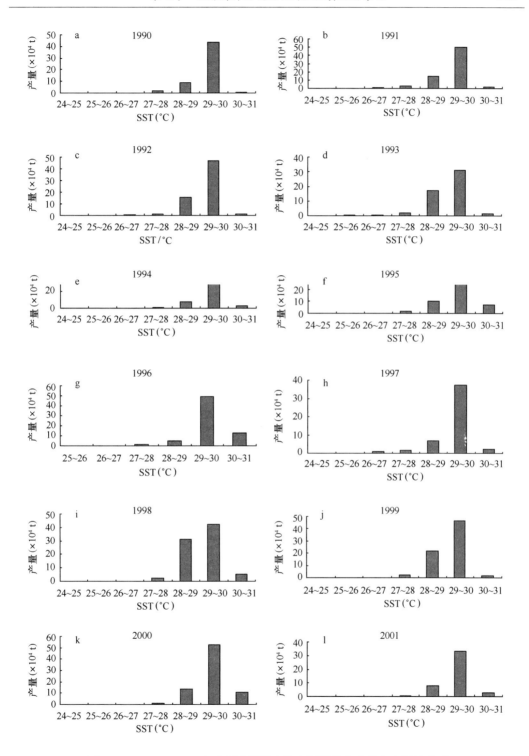

图 7 - 35　1990—2001 年中西太平洋金枪鱼围网鲣鱼产量与表温的关系

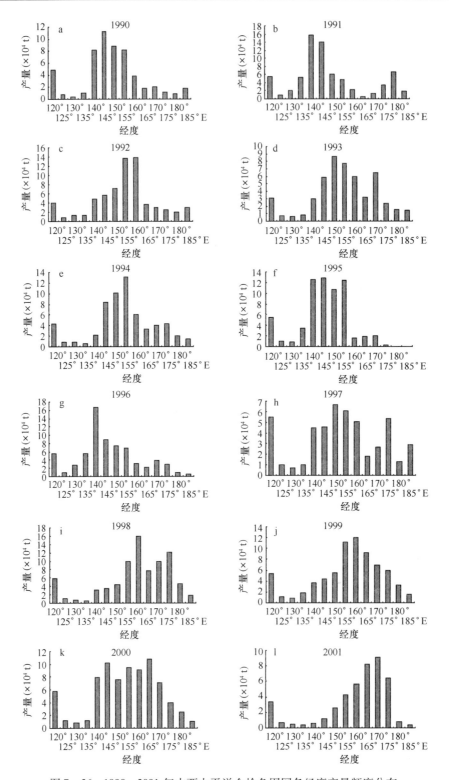

图 7 - 36 1990—2001 年中西太平洋金枪鱼围网各经度产量频度分布

3. 高产区经度变化与 ENSO 的关系

分析表明，现高产区经度变动与 ENSO 变化有关（表 7 - 12 和图 7 - 37）。高产区经度重心、平均经度与 ENSO 指标的在时间序列上有着类似的变化趋势。交相关分析表明，它们均存在着显著的负相关，且有一年的滞后期（图 7 - 38），即经度重心、平均经度的变化较 ENSO 指数滞后一年。

表 7 - 12　1990—2001 年中西太平洋金枪鱼围网主要产量分布及所占比重

年份	1990	1991	1992	1993	1994	1995
主要产量作业经度（E）	140°—155°	140°—150°	150°—160°	140°—170°	145°—160°	140°—155°
所占总产量比重（%）	66.2	50.9	52.0	79.4	60.9	74.5
所占作业次数比重（%）	71.1	60.6	47	80.4	61.8	72.4
年份	1996	1997	1998	1999	2000	2001
主要产量作业经度（E）	135°—155°	140°—175°	155°—175°	155°—175°	140°—170°	155°—175°
所占总产量比重（%）	66.4	74.7	68.5	62.1	79.1	76.2
所占作业次数比重（%）	65.8	69.1	54.3	54.8	72	38.2

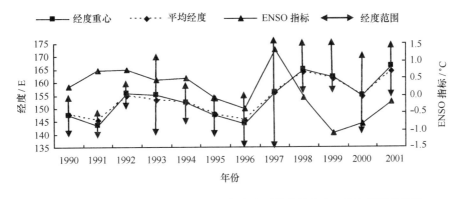

图 7 - 37　中西太平洋金枪鱼围网鲣鱼高产区作业经度和 ENSO 指标的关系

（三）结论与分析

1. 鲣鱼高产区与 SST 关系

鲣鱼是中西太平洋金枪鱼围网中的目标鱼种。在 SST 为 24～31℃ 范围水域均有鲣鱼可捕捞。研究认为，鲣鱼主要集中在 SST 为 28～30℃ 范围内，认为 29℃ 等温线可用来反映中西太平洋鲣鱼的空间分布状况。Lehodey 等（1997）发现，鲣鱼作业渔场会随着暖池边缘 29℃ 等温线在经向上发生偏移。李政纬（2005）认为，29℃ 等温线东界会

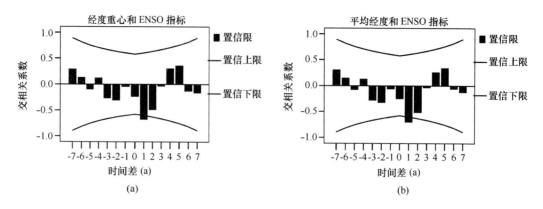

图 7 - 38　中西太平洋金枪鱼围网作业经度重心、平均经度和 ENSO 指标间的时间序列分析

受 ENSO 现象的影响，进而影响到金枪鱼围网渔场的东西向分布。

2. 鲣鱼时空分布及其与 ENSO 关系

鲣鱼在中西太平洋主要分布在 120°E 至 175°W 和 20°N 至 25°S 海域，但每年在各个经度范围的分布比重有所不同。厄尔尼诺期间，主要分布在 140°—155°E，约占 61.3%；强厄尔尼诺发生时，主要分布在 150°—175°E，约占 70.2%；拉尼娜期间，主要分布在 135°—170°E，占 81.5%。这说明，鲣鱼在经度上的波动和 ENSO 现象有密切关系（Jose，Sofia，2001）。另外，1995 年后相对 1995 年前渔获产量在主要的作业经度范围分布更加集中，这可能与现代科学技术在渔场预报和捕捞技术等方面的应用有一定的关系，在高产区的作业效率在提高。

3. 有关问题的探讨

郭爱和陈新军（2005）、陈新军（1995，1997）认为，作业渔场分布除受水温影响，还受海流、温跃层、浮游生物等方面的影响，不同渔区渔获表层的水温也有所不同。此外，本研究以年为单位，对鲣鱼经度分布与 ENSO 指标年间变化进行了分析，忽略了年内的变化。研究表明，鱼类可能存在季节性变化。Jose 和 Sofia（2001）发现东太平洋鲣鱼存在空间和季节性的变化规律。为此，今后研究需综合多环境因子，考虑月份或季节的变化，来研究中西太平洋金枪鱼围网资源渔场的空间分布。

二、ENSO 现象对中西太平洋鲣鱼围网渔场的影响分析

标志放流发现，鲣鱼个体的小范围移动受水温、饵料、盐度等影响具有高度可变性，但鲣鱼群体的大范围移动主要受海洋环境的大尺度变化（如厄尔尼诺引起的海洋环境的变化）的影响。厄尔尼诺－南方涛动（ENSO 现象）是迄今为止发现的引起全球气候年际变化的最强烈的海－气相互作用现象（巢纪平，2002；翟盘茂等，2000）。在 ENSO 期间，赤道太平洋的气压、海面高度、海流、温跃层、营养盐、碳循环、初级生

产力等渔场环境发生明显改变（Fedoro，Philander，2000；Turk et al，2001；Chavez et al，1999），从而引起了鱼类资源密度的空间变化。许多研究表明，ENSO现象对太平洋的金枪鱼渔业有显著影响（苗振清，黄锡昌，2003；Lu et al，1998；Lehody et al，1997）。如Lu等（1998）研究了ENSO对南太平洋长鳍金枪鱼（*Thunnus alalunga*）影响，Lehodey（1997）通过研究美国船队在西太平洋的围网捕捞数据表明ENSO对西太平洋的金枪鱼围网有显著影响。本研究将着重研究ENSO现象对中西太平洋鲣鱼围网渔场的影响，探索中西太平洋鲣鱼围网渔场的影响因素。

（一）材料与方法

1. 数据来源

中西太平洋鲣鱼围网数据来自SPC，以经纬度50°×5°为统计单位的分月统计资料，包括年、月、作业经度、作业纬度、分品种产量和作业天数（捕捞努力量）等数据，时间自1982年1月至2001年12月（http：//www. spc. org. nc）。温度数据是美国国家海洋和大气局（NOAA）的气候预报中心（Climate Prediction Center）提供的1982年1月至2001年12月Niño3.4区的月平均海表温度（SST）与海表温度距平（SSTA）序列（http：//www. cpc. noaa. gov）。

2. 数据处理

（1）ENSO指标的定义及计算。长期以来，确定ENSO的指标一直是世界海洋和气象学界研究的重要课题之一。以前大多采用Niño 3区（5°N至5°S、90°—150°W）的海温作为反映ENSO的指标。但Trenberth（1997）等认为Niño3.4区（5°N至5°S、120°—170°W）更接近西太平洋暖池，水温更高，而且更能反映赤道中太平洋地区的对流活动，因此比Niño 3区更有代表性。NOAA于2003年9月30日发布了ENSO现象的定义，Niño 3.4区的温度距平连续3个月超过+0.5℃为厄尔尼诺；连续3个月低于-0.5℃为拉尼娜。NOAA将这一定义作为ENSO指标每月发布对ENSO现象的监测和预测信息。因此本研究采用Niño 3.4区的海表温度研究ENSO现象与中西太平洋鲣鱼围网渔场的关系。

计算单位捕捞努力量渔获量经度重心G。单位捕捞努力量渔获量（CPUE）反映不同汛期、不同渔场资源群体资源量的大小和密度，是表示资源密度的主要指标。为表示鲣鱼资源密度在经度上的变化，计算了单位捕捞努力量渔获量经度重心G_i，公式如下：

$$G_i = \sum L_i(G_{ij}/E_{ij})/\sum(G_{ij}/E_{ij})$$

式中：L_i为区域i的中心经度；C_{ij}为j月在区域i的鲣鱼总产量；E_{ij}为j月在区域i的捕捞努力量（天数）。计算所得的G不考虑鲣鱼资源密度在纬度上的变化，结果为经度坐标值。

（2）计算相对变异系数（标准离差率）。为比较 Niño3.4 区月平均海表温度与单位捕捞努力量渔获量经度重心这两个变量的离散程度，计算相对变异系数（标准离差率），计算公式为：

$$CV = \sqrt{\frac{\sum (X - \bar{X})^2}{n - 1}} / \bar{X} \times 100\%$$

式中：CV 表示相对变异系数；x 为 Niño3.4 区月平均海表温度或单位捕捞努力量渔获量经度重心；x 为 Niño3.4 区月平均海表温度平均值或单位捕捞努力量渔获量经度重心平均值；n 为样本数量，$n = 240$。

本研究将其作为衡量 Niño3.4 区月平均海表温度与单位捕捞努力量渔获量经度重心摆动幅度的指标，如果 CV 值接近，表示这两个变量摆动幅度相似。

（二）结果及讨论

1. ENSO 现象对中西太平洋鲣鱼围网渔场空间分布的影响

中西太平洋鲣鱼围网渔场的空间分布受 ENSO 现象影响明显。从图 7 - 39 可以看出，1982—2001 年共发生了六次厄尔尼诺（1982 年/1983 年，1986 年/1987 年，1991 年/1992 年，1993 年，1994 年/1995 年，1997 年/1998 年）和五次拉尼娜（1983 年/1984 年，1984 年/1985 年，1988 年/1989 年，1995 年/1996 年，1998 年/2000 年）。自 1990 年以来 ENSO 现象发生频率加快，往往厄尔尼诺刚结束，拉尼娜便接踵而至。1982—2001 年间发生了两次强厄尔尼诺（1982 年/1983 年和 1997 年/1998 年），其中 1997 年/1998 年的厄尔尼诺是 20 世纪最强烈的一次。厄尔尼诺年份，鲣鱼单位捕捞努力量渔获量经度重心明显东移，东移到 160°E 以东，最东可至 177°E（1997 年 8 月）。拉尼娜年份，单位捕捞努力量渔获量经度重心西移，一般西移至 160°E 以西，最西到 143°E（1989 年 4 月）。一次厄尔尼诺和拉尼娜过程，经度重心东西摆动幅度可达近 30 个经度（1995 年/1996 年拉尼娜和 1997 年/1998 年厄尔尼诺）。1998 年以前，拉尼娜期间和通常情况下，单位捕捞努力量渔获量经度重心一般回到 160°E 以西，但在 1998 年下半年，厄尔尼诺突然结束，拉尼娜开始时，单位捕捞努力量渔获量经度重心并没有回到常规的 160°E 以西的拉尼娜渔场，而在 165°E 左右摆动。

热带西太平洋是全球海洋温度最高的海域，海水表温常年高于 28℃，被称为西太平洋暖池，热带东太平洋在信风的作用下，生成了巨大的涌升流，形成称为冷舌的低温、高盐、高初级生产力的条带区域。暖池和冷舌在暖池边缘生成一个强烈的辐合区，是浮游植物与微型浮游动物聚集的重要区域，是许多大型鱼类的索饵场，也是鲣鱼的良好索饵场，经常形成良好的围网渔场（郑利荣，1986；Lehodey et al，1997）。在赤道太平洋地区，温跃层的深度由西向东逐渐抬升。暖池高温、低盐且初级生产力较低，但它是鲣

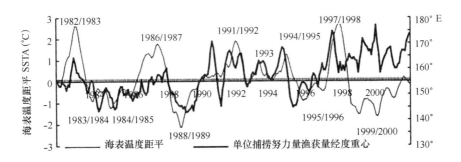

图7-39　Niño3.4区海表温度距平与中西太平洋鲣鱼围网单位捕捞努力量渔获量
经度重心时间序列图（3个月滑动平均）

鱼的主要产卵区域，鲣鱼在该区域的热带岛屿附近饵料丰富的海区（包括马绍尔群岛和中美洲的热带海域）常年产卵。太平洋的西部和中部均有仔鱼分布，主要集中在145°W以西、20°S至20°N和145°W以东、10°S至10°N的赤道附近水域。鲣鱼常聚集在温跃层以上的混合水层中，摄食量很大，常作长距离的索饵洄游。围网渔船捕捞的多为游泳于7~8 m深水层的鲣鱼鱼群，渔获物中多数为年龄在9个月左右、体长约35 cm的鲣鱼。

　　厄尔尼诺发生时，西太平洋暖池向东扩展，原先覆盖在赤道西太平洋的暖水层变薄。同时，赤道东太平洋的涌升流减弱，暖水逐步占据了赤道中、东太平洋地区，赤道中、东太平洋的水温升高、温跃层变浅。海表温度和温跃层等的变化引起鲣鱼栖息区域的明显改变。据有关文献报道（Lehodey et al，1997），通过标志放流研究发现，鲣鱼的栖息区域随着暖池的东扩而向东扩展，使得厄尔尼诺期间，西太平洋暖池区鲣鱼资源密度相对下降。同时，暖池和冷舌间形成的辐合区随着暖池的东扩而向东移动（Picaut et al，1996），在该辐合区形成的鲣鱼高产渔场随之向东移动。因此，厄尔尼诺发生时，鲣鱼单位捕捞努力量渔获量经度重心东移。拉尼娜事件过程则相反。西太平洋暖池向西收敛，覆盖在赤道西太平洋的暖水层变厚，同时，暖池与冷舌间的辐合区随着暖池向西收缩，鲣鱼在暖池区的资源密度增加，渔场随之西移。因此，拉尼娜发生时，单位捕捞努力量渔获量经度重心西移。

　　当然，影响鲣鱼索饵行为的除了上述提到的暖池移动引起的海水温度和温跃层的变化等因素外，还有一个很重要的因素就是饵料的丰度状况。用海岸带水色扫描仪（CZCS）和宽视场水色扫描仪（SeaWiFS）获取的海洋水色卫星图反演的叶绿素a浓度图上可清楚地看到（Fedorov，Philander，2000），1998年以前，在拉尼娜现象和通常情况下，赤道东太平洋存在一个叶绿素含量较高的冷性水舌，可一直向西延伸到160°E，而从菲律宾到160°E的暖池一般初级生产力较低。在拉尼娜现象和通常情况下，160°E附近易形成良好的渔场，因此，单位捕捞努力量渔获量经度重心一般回到160°E以西。

而通过 SeaWiFS、热带大气海洋观测阵列（Tropical Atmosphere Ocean Array，TAO）等观测发现，1998 年 6 月厄尔尼诺突然结束前，1998 年 5 月东太平洋偏东信风恢复，上升流加强，在 165°E 附近的赤道太平洋地区浮游植物激增（Turk et al，2001；Chavez，Strutton，1999）。且其后的 1999—2001 年，165°E 附近的赤道太平洋地区叶绿素 a 含量一直比 1997 年厄尔尼诺爆发前高。因此，在 1998 年下半年，厄尔尼诺突然结束，拉尼娜开始时，单位捕捞努力量渔获量经度重心并没有回到常规的 160°E 以西的拉尼娜渔场，而在 165°E 左右摆动。

2. Niño3. 4 区海表温度与鲣鱼单位捕捞努力量渔获量经度重心的关系

Niño3. 4 区海表温度与鲣鱼单位捕捞努力量渔获量经度重心有明显的相关关系，Niño3. 4 区海表温度升降幅度与鲣鱼单位捕捞努力量渔获量经度重心的东西摆动幅度基本相似。厄尔尼诺期间，Niño3. 4 区海表温度升高，鲣鱼单位捕捞努力量渔获量经度重心东移；拉尼娜期间则相反。两者之间呈显著的相关关系（Pearson 相关系数 $r = 0.186$，$P < 0.01$，$n = 240$），且 Niño3. 4 区海表温度升降与单位捕捞努力量渔获量经度重心的东西摆动的标准离差率分别为 4.71% 和 4.21%，相当接近，两者的波动形状非常相似（图 7 - 40）。因此，可将 Niño3. 4 区海表温度作为预测预报鲣鱼资源空间分布变化的一个重要指标。

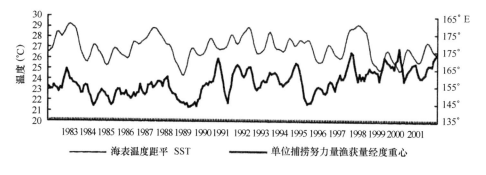

图 7 - 40　Niño3. 4 区海表温度与中西太平洋鲣鱼围网单位捕捞努力量渔获量经度重心
时间序列图（3 个月滑动平均）

位于赤道中太平洋的 Niño3. 4 区接近西太平洋暖池，Niño3. 4 区海表温度的上升和下降对应着暖池的东扩和西缩。厄尔尼诺发生时，暖池向东扩展，Niño3. 4 区海表温度升高，鲣鱼单位捕捞努力量渔获量经度重心东移。拉尼娜发生时则相反。如 1995 年/1996 年拉尼娜从 1995 年 9 月开始，1996 年 3 月结束。Niño3. 4 区海表温度从 26℃ 降低到 1996 年 2 月的最低点 25.8℃，单位捕捞努力量渔获量经度重心从 153.6°E 向西回摆到 148.8°E。1997 年/1998 年厄尔尼诺，从 1997 年 5 月开始到 1998 年 6 月突然结束。温度最低点为 28.6℃，到 1997 年 1 月到达最高点 29.3℃，比常年偏高 2.8℃，其后下降到 1998 年 5 月的 28.4℃，仍比常年偏高 0.7℃。单位捕捞努力量渔获量经度重心向东最远移动到 177°E，且一直在 160°E 以东。1995 年/1996 年拉尼娜和 1997 年/1998 年厄尔尼诺期间，经度重心东西摆动幅度最大达到近 30 个经度。应用 NOAA 的全球月平均海表温度和 SPC 的金枪鱼围网渔获数据制作鲣鱼 CPUE 和等温线分布图，图 7-41 选取的是 1996 年第 1 季度（拉尼娜期间）、1997 年第 1 季度（通常情况）、1998 年第 1 季度（厄尔尼诺期间）的鲣鱼 CPUE 和等温线分布情况。从拉尼娜到通常情况再发展到厄尔尼诺的过程中鲣鱼 CPUE 和等温线的变化情况，较为直观地反映了暖池东扩，中、东太平洋海表温度升高，CPUE 经度重心东移的变化。1996 年第 1 季度 28℃、29℃等温线（暖池边缘）比常年偏西，平均 CPUE 较高的渔场集中在西部，大致在 160°E 以西。1997 年第 1 季度平均 CPUE 较高的渔场在 180°E 以西的 28～29℃等温线附近。1998 年第 1 季度，西太平洋的暖池一直向东到东太平洋沿岸，160°E 以东的大部分渔场的

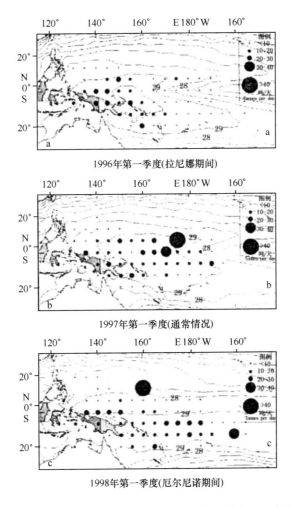

1996年第一季度(拉尼娜期间)

1997年第一季度(通常情况)

1998年第一季度(厄尔尼诺期间)

图 7-41　中西太平洋鲣鱼单位捕捞努力量与平均海面温度分布图

CPUE 比 1997 年、1996 年第一季度高。这充分说明了厄尔尼诺过程中，中、东太平洋（包括 Niño3.4 区）海表温度的升高与 CPUE 经度重心东移的变化是基本一致的。

（三）结语

ENSO 现象影响赤道太平洋的海洋环境如海表温度、温跃层、营养盐、初级生产力的分布和水平，引起鲣鱼资源量的变动和鲣鱼鱼群在水平方向和垂直方向上的移动。本研究将 Niño3.4 区海表温度作为反映 ENSO 现象的指标，通过分析其与鲣鱼单位捕捞努力量渔获量经度重心的关系，对 ENSO 现象在中西太平洋的鲣鱼资源经度分布方面的影响作了初步研究，尚未涉及 ENSO 现象对鲣鱼资源量等的影响，待以后进一步研究。

随着卫星、海洋观测技术的发展和海洋观测系统（如 TAO）的建立和完善，人们能够监测 ENSO 现象的发生、发展过程以及它对赤道太平洋的海洋环境的影响。通过海气耦合动力学模式、统计模式、物理海洋/统计大气模式等提前预报 ENSO 现象的发生和发展，如 NOAA 可提前一年预测 Niño3.4 区海表温度，并且时间越接近精度越高。因此，运用 Niño3.4 区的海表温度结合叶绿素等初级生产力分布情况预测预报中西太平洋鲣鱼围网渔场分布可能发生的变化是完全有可能实现的。

主要参考文献

1. 曹杰，陈新军，刘必林，田思泉，钱卫国.2010. 鱿鱼类资源量变化与海洋环境关系的研究进展. 上海海洋大学学报，19（2）：232－239.

2. 曹杰.2010. 西北太平洋柔鱼资源评估与管理. 上海：上海海洋大学.

3. 曹立业.1996. 酸雨对渔业的影响. 中国水产科学，3（2）：109－114.

4. 曹晓怡，周为峰，樊伟.2009. 印度洋大眼金枪鱼、黄鳍金枪鱼延绳钓渔场重心变化分析. 上海海洋大学学报，18（4）：466－471.

5. 巢纪平.2002. ENSO－热带海洋和大气中和谐的海气相互作用现象，海洋科学进展，20（3）：1－8.

6. 陈阿毛，丁天明.1995. 鲐鲹鱼幼鱼发生量调查报告. 浙江水产学院学报，14（1）：36－40.

7. 陈宝红，周秋麟，杨圣云.2009. 气候变化对海洋生物多样性的影响.437－444.

8. 陈峰，陈新军，刘必林，钱卫国，田思泉.2010. 西北太平洋柔鱼渔场与水温垂直结构关系. 上海海洋大学学报，19（4）：495－504.

9. 陈峰，陈新军，刘必林，朱国平，许柳雄.2011. 海冰对南极磷虾（Euphausua superba）资源丰度的影响. 海洋与湖沼.（04）.

10. 陈峰，陈新军，刘必林，朱国平，许柳雄.2011. 海冰对南极磷虾资源丰度的影响. 海洋与湖沼，42（4）：493－499.

11. 陈峰，陈新军，钱卫国，刘必林，田思泉.2010.2009 年西北太平洋柔鱼产量下降及渔场变动原因分析，广东海洋大学学报.30（1）：65－71.

12. 陈立奇，高众勇，詹力扬，等.2013. 极区海洋对全球气候变化的快速响应和反馈作用. 应用海洋学学报，（1）：138－144.

13. 陈立奇，赵进平，卞林根，等.2003. 影响北极地区迅速变化的一些关键过程研究. 极地研究，15（4）：283－302.

14. 陈求稳，程仲尼，蔡德所，等.2009. 基于个体模型模拟的鱼类对上游水库运行的生态响应分析. 水利学报，40（8）：897－903.

15. 陈卫忠，胡芬，严利平.1998. 用实际种群分析法评估东海鲐鱼现存资源量. 水产学报，22（4）：334－339.

16. 陈文河.2004. 气候对我国海洋渔业的影响. 河北渔业，（6）：19－21.

17. 陈新军，刘必林，王尧耕.2009. 世界头足类. 北京：海洋出版社，60－69.

18. 陈新军，刘必林，王跃中.2005.2000 年西南大西洋阿根廷滑柔鱼产量分布及其与表温关系的初步研究．湛江海洋大学学报，25（1）：29－34.

19. 陈新军，田思泉，许柳雄. 2005. 西北太平洋海域柔鱼产卵场和作业渔场的水温年间比较及其与资源丰度的关系．上海水产大学学报，14（2）：168－175.

20. 陈新军，赵小虎. 2006. 秘鲁外海茎柔鱼产量分布及其与表温的关系初步研究．上海水产大学学报，15（11）：65－70.

21. 陈新军，曹杰，田思泉，刘必林，马金，李思亮. 2010. 表温和黑潮年间变化对西北太平洋柔鱼渔场分布的影响．大连水产学院学报. 25（2）：119－126.

22. 陈新军，陈峰，高峰，雷林. 2012. 基于水温垂直结构的西北太平洋柔鱼栖息地模型构建．中国海洋大学学报. 42（6）：52－60.

23. 陈新军，等. 2014. 西南大西洋阿根廷滑柔鱼渔业生物学．科学出版社．

24. 陈新军，冯波，许柳雄. 2008. 印度洋大眼金枪鱼栖息地指数研究及其比较．中国水产科学，2：269－278.

25. 陈新军，高峰，官文江，雷林，汪金涛. 2013. 渔情预报技术及模型研究进展．水产学报，8：1270－1280.

26. 陈新军，龚彩霞，田思泉，高峰，李纲. 2013. 基于栖息地指数的西北太平洋柔鱼渔获量估算．中国海洋大学学报（自然科学版），4：29－33.

27. 陈新军，韩保平，刘必林，陆化杰，著. 2013. 世界头足类资源及其渔业．科学出版社．

28. 陈新军，李曰嵩. 2012. 基于个体生态模型的研究及在渔业中应用进展．水产学报. 36（4）：629－640.

29. 陈新军，刘必林，田思泉，钱卫国，李纲. 2009. 利用基于表温因子的栖息地模型预测西北太平洋柔鱼（Ommastrephesbartramii）渔场．海洋与湖沼，6：707－713.

30. 陈新军，刘必林，王尧耕. 2009. 世界头足类．北京：海洋出版社. 735－766.

31. 陈新军，刘必林. 2005. 2004 年北太平洋柔鱼钓产量分析及作业渔场与表温的关系．湛江海洋大学学报，6：41－45.

32. 陈新军，刘金立. 2004. 巴塔哥尼亚大陆架海域阿根廷滑柔鱼渔场分布及与表温的关系分析．海洋水产研究，6：19－24.

33. 陈新军，刘廷，高峰，王其茂，官文江，邹斌，雷林. 2010. 北太平洋柔鱼渔情预报研究及应用．中国科技成果，21：37－39.

34. 陈新军，陆化杰，刘必林，钱卫国. 2012. 利用栖息地指数预测西南大西洋阿根廷滑柔鱼渔场．上海海洋大学学报，21（3）：431－438.

35. 陈新军，陆化杰，刘必林，田思泉. 2012. 大洋性柔鱼类资源开发现状及可持续利用的科学问题．上海海洋大学学报. 21（5）：831－840.

36. 陈新军，钱卫国，许柳雄，田思泉. 2003. 北太平洋150°～165°E 海域柔鱼鱿钓渔场及其预报模型研究．海洋水产研究，4：1－6.

37. 陈新军，钱卫国，许柳雄，田思泉. 2003. 北太平洋150°—165°E 海域柔鱼重心渔场的年间变动．湛江海洋大学学报，3：26－32.

38. 陈新军，田思泉，陈勇，曹杰，马金，李思亮，刘必林，著. 2011. 北太平洋柔鱼渔业生物学．科学出版社.

39. 陈新军，田思泉，许柳雄.2005.西北太平洋海域柔鱼产卵场和作业渔场的水温年间比较及其与资源丰度的关系.上海水产大学学报，2：168－175.

40. 陈新军，田思泉.2007.利用 GAM 模型分析表温和时空因子对西北太平洋海域柔鱼资源状况的影响.海洋湖沼通报，2：104－113.

41. 陈新军，田思泉.2005.西北太平洋海域柔鱼的产量分布及作业渔场与表温的关系研究.中国海洋大学学报（自然科学版），1：101－107.

42. 陈新军，田思泉.2001.西北太平洋海域柔鱼渔场分析探讨.渔业现代化，3：3－6.

43. 陈新军，田思泉.2006.西北太平洋柔鱼资源丰度时空分布的 GAM 模型分析.集美大学学报（自然科学版），4：295－300.

44. 陈新军，许柳雄，田思泉.2003.北太平洋柔鱼资源与渔场的时空分析.水产学报，4：334－342.

45. 陈新军，赵丽玲，等.2011.世界大洋性渔业概况.海洋出版社.

46. 陈新军，赵丽玲，等.2013.世界主要国家和地区渔业概况.海洋出版社.

47. 陈新军，赵小虎.2006.秘鲁外海茎柔鱼产量分布及其与表温关系的初步研究.上海水产大学学报，（01）：65－70.

48. 陈新军，赵小虎.2005.西南大西洋阿根廷滑柔鱼产量分布与表温关系的初步研究.大连水产学院学报，3：222－228.

49. 陈新军，赵小虎.2005.智利外海茎柔鱼产量分布及其与表温的关系.海洋渔业，2：173－176.

50. 陈新军，郑波.2007.中西太平洋金枪鱼围网渔业鲣鱼资源的时空分布.海洋学研究，2：13－22.

51. 陈新军.1997.关于西北太平洋的柔鱼渔场形成的海洋环境因子的分析.上海水产大学学报，6（4）：263－267.

52. 陈新军.1999.北太平洋（160°—170°E）大型柔鱼渔场的初步研究.上海水产大学报.8（3）：197－201.

53. 陈新军.2004.北太平洋150°E 以西海域柔鱼渔场与时空、表温及水温垂直结构的关系.上海水产大学学报，1：78－83.

54. 陈新军.1995.西北太平洋柔鱼渔场与水温因子的关系.上海水产大学报.4（3）：181－185.

55. 陈新军.2007.先进的海洋遥感与渔情预报技术.实验室研究与探索，8：153.

56. 陈新军.2004.渔业资源与渔场学.北京：海洋出版社.

57. 陈雪忠，徐兆礼，黄洪亮.2009.南极磷虾资源利用现状与中国的开发策略分析.中国水产科学，16（3）：451－458.

58. 陈雪忠，徐兆礼，黄洪亮.2009.南极磷虾资源利用现状与中国的开发策略分析.中国水产科学.（03）.

59. 程家骅，黄洪亮.2003.北太平洋柔鱼渔场的环境特征.中国水产科学，10（6）：507－512.

60. 程家骅，张秋华，李圣法，等.2005.东黄海渔业资源利用.上海：上海科学技术出版社.

61. 程家骅，林龙山.2004.东海区鮸鱼生物学特征及其渔业现状的分析研究.海洋渔业，26（2）：73－78.

62. 川村隆一，治文.1987.北太平洋海－气相互作用的季节变化.气象科技，（6）：46－51.

63. 崔科，陈新军. 2007. 东黄海鲐鱼资源丰度与表温关系. 南方水产，4：20 – 25.

64. 崔雪森，樊伟，沈新强. 2004. 西北太平洋柔鱼渔情速报系统的开发. 水产学报，27（6）：600 – 605.

65. 戴立峰，张胜茂，樊伟. 2012. 南极磷虾资源丰度变化与海冰和表温的关系. 极地研究，24（4）：352 – 360.

66. 丁天明，宋海棠. 1995. 机轮拖网捕捞鲐鲹鱼的现状及渔况分析. 浙江水产学院学报，14（1）：47 – 52.

67. 董正之. 1992. 头足类的分布特点及其区系特征. 黄渤海海洋，10（4）：37 – 43.

68. 渡边良朗. 1995. 日本上层鱼类资源研究新动向. 李春荣译. 国外水产，（1）：32 – 36.

69. 樊伟，陈雪忠，沈新强. 2006. 基于贝叶斯原理的大洋金枪鱼渔场速预报模型研究. 中国水产科学，13（3）：426 – 431.

70. 樊伟，程炎宏，沈新强. 2001. 全球环境变化与人类活动对渔业资源的影响. 中国水产科学，8（4）：91 – 94.

71. 樊伟，崔雪森，沈新强. 2004. 西北太平洋巴特柔鱼渔场与环境因子关系研究. 高技术通讯，14（10）：84 – 89.

72. 樊伟，崔雪森，沈新强. 2006. 渔场渔情分析预报的研究及其进展. 水产学报，29（5）：706 – 710.

73. 樊伟，崔雪森，周甦芳. 2004. 太平洋大眼金枪鱼延绳钓渔获分布及渔场环境浅析. 海洋渔业，26（40）：261 – 265.

74. 樊伟，周芳，沈建华. 2005. 卫星遥感海洋环境要素的渔场渔情分析应用. 海洋科学，29（11）：67 – 72.

75. 樊伟，伍玉梅，陈雪忠，黄洪亮. 2010. 南极磷虾的时空分布及遥感环境监测研究进展. 海洋渔业. （01）.

76. 范江涛，陈新军，曹杰，田思泉，钱卫国，刘必林. 2010. 西北太平洋柔鱼渔场变化与黑潮的关系. 上海海洋大学学报. 19（3）：378 – 384.

77. 范江涛，陈新军，钱卫国，刘必林. 2011. 南太平洋长鳍金枪鱼渔场预报模型研究. 广东海洋大学学报. 31（6）：61 – 67.

78. 范江涛，陈新军，钱卫国，刘必林. 2011. 瓦努阿图周边海域长鳍金枪鱼渔场分布及其与表温关系. 海洋湖沼通报，1：71 – 78.

79. 方精云，唐艳鸿，林俊达，等. 2000. 全球生态学——气候变化与生态响应［M］. 北京：高等教育出版社，1 – 278.

80. 方舟，陈新军，李建华，陆化杰. 2013. 阿根廷专属经济区内鱿钓渔场分布及其与表温关系，上海海洋大学学报. 22（1）：134 – 140.

81. 方舟，沈锦松，陈新军，陆化杰，李建华. 2012. 阿根廷专属经济区内鱿钓渔场时空分布年间差异比较. 海洋渔业. 34（3）：295 – 300.

82. 冯波，陈新军，许柳雄. 2009. 多变量分位数回归构建印度洋大眼金枪鱼栖息地指数. 广东海洋大学学报，3：48 – 52.

83. 冯波，陈新军，许柳雄. 2009. 利用广义线性模型分析印度洋黄鳍金枪鱼延绳钓渔获率. 中国水产科学，2：282 – 288.

84. 冯波，陈新军，许柳雄. 2007. 应用栖息地指数对印度洋大眼金枪鱼分布模式的研究. 水产学报，
　　6：805 – 812.

85. 冯波，田思泉，陈新军. 2010. 基于分位数回归的西南太平洋阿根廷滑柔鱼栖息地模型研究. 海洋
　　湖沼通报.（1）：15 – 22.

86. 高峰，陈新军，范江涛，雷林，官文江. 2011. 西南大西洋阿根廷滑柔鱼智能型渔场预报的实现及
　　验证. 上海海洋大学学报，20（5）：754 – 758.

87. 龚彩霞，陈新军，高峰，官文江，雷林. 2011. 地理信息系统在海洋渔业中的应用现状及前景分
　　析. 上海海洋大学学报. 20（6）：902 – 909.

88. 官文江，陈新军，高峰，李纲. 2009. 海洋环境对东、黄海鲐鱼灯光围网捕捞效率的影响. 中国水
　　产科学，6：949 – 958.

89. 官文江，陈新军，李纲. 2011. 海表水温和拉尼娜事件对东海鲐鱼资源时空变动的影响. 上海海洋
　　大学学报，20（1）：102 – 107.

90. 官文江，陈新军，潘德炉. 2007. 遥感在海洋渔业中的应用与研究进展. 大连水产学院学报，1：
　　62 – 66.

91. 郭爱，陈新军，范江涛. 2010. 中西太平洋鲣鱼时空分布及其与 ENSO 关系探讨. 水产科学. 29
　　（10）：591 – 596.

92. 郭爱，陈新军. 2005. ENSO 与中西太平洋金枪鱼围网资源丰度及其渔场变动的关系. 海洋渔业，
　　4：338 – 342.

93. 郭爱，陈新军. 2008. 基于表温的中西太平洋鲣栖息地适应指数的研究. 大连水产学院学报，6：
　　455 – 461.

94. 郭爱，陈新军. 2009. 利用水温垂直结构研究中西太平洋鲣鱼栖息地指数. 海洋渔业，1：1 – 9.

95. 郭亚宁，冯莎莎. 2010. 基于决策树方法的数据挖掘分析. 软件导刊，9（9）：103 – 105.

96. 寒江. 2006. 北极的气候变化及其影响. AMBIO – 人类环境杂志，33（B11）：456 – 456.

97. 韩士鑫，刘树勋. 1993. 海渔况速报图的应用. 海洋渔业，2：007.

98. 洪华生，何发祥，杨圣云. 1997. 厄尔尼诺现象和浙江近海鲐鱼渔获量变化关系. 海洋湖沼通报，
　　（4）：8 – 16.

99. 洪华生，何发祥，杨圣云. 1997. 厄尔尼诺现象和浙江近海鲐鱼渔获量变化关系. 海洋湖沼通报，
　　（4）：8 – 16.

100. 胡振明，陈新军，周应祺. 2009. 秘鲁外海茎柔鱼渔场分布和水温结构的关系. 水产学报，33
　　（5）：770 – 777.

101. 胡振明，陈新军，周应祺，钱卫国，刘必林. 2010. 利用栖息地适宜指数分析秘鲁外海茎柔鱼渔
　　场分布. 海洋学报，32（5）：67 – 75.

102. 胡振明，陈新军. 2008. 秘鲁外海茎柔鱼渔场分布与表温及表温距平值关系的初步探讨. 海洋湖
　　沼通报，4：56 – 62.

103. 黄传平. 1995. 浙江渔场夏秋汛机帆船灯围作业渔况分析. 浙江水产学院学报，14（1）：41 – 46.

104. 黄洪亮，陈雪忠，冯春雷. 2007. 南极磷虾资源开发现状分析. 渔业现代化.（01）.

105. 黄韦艮，肖清梅，楼林．2002. 国内外赤潮卫星遥感技术及应用进展．遥感技术与应用，17（1）：32－36.

106. 贾涛，李纲，陈新军，刘必林，钱卫国．2010. 东南太平洋茎柔鱼栖息地指数分布研究．广东海洋大学学报．19（suppl）：19：93－97.

107. 金龙，况雪源，黄海洪，覃志年，王业宏．2004. 人工神经网络预报模型的过拟合研究．气象学报，（01）：62－70.

108. 金显仕，单秀娟，郭学武，李显森．2009. 长江口及其邻近海域渔业生物的群落结构特征．生态学报．（09）.

109. 金岳，陈新军．2014. 利用栖息地指数模型预测秘鲁外海茎柔鱼热点区．渔业科学进展．35（3）：19－26.

110. 李崇银，朱锦红．2002. 年代际气候变化研究．气候与环境研究，7（2）：209－219.

111. 李崇银，朱锦红．2002. 年代际气候变化研究．气候与环境研究，7（2）：209－219.

112. 李春喜，王志和，王文林．2001. 生物统计学（第二版）．北京：科学出版社.

113. 李凤岐，苏育嵩．2000. 海洋水团分析．青岛：青岛海洋大学出版社，24－36.

114. 李纲，陈新军，官文江，等．2010. 东黄海鲐鱼资源评估与管理决策研究．北京：科学出版社，1－4.

115. 李纲，陈新军．2007. 东海鲐鱼资源和渔场时空分布特征的研究．中国海洋大学学报（自然科学版），6：921－926.

116. 李纲，陈新军．2009. 夏季东海渔场鲐鱼产量与海洋环境因子的关系．海洋学研究，1：1－8.

117. 李纲，郑晓琼，陈新军．2011. 基于水温因子的东、黄海鲐鱼剩余产量模型建立．上海海洋大学学报，20（1）：108－113.

118. 李纲．2008. 我国近海鲐鱼资源评估及风险评价．上海水产大学博士学位论文.

119. 李建平．2005. 北极涛动的物理意义及其与东亚大气环流的关系．海－气相互作用对我国气候变化的影响．北京：气象出版社，169－176.

120. 李向心．2007. 基于个体发育的黄渤海鳀鱼种群动态模型研究．青岛：中国海洋大学.

121. 李政纬．2005. ENSO 现象对中西太平洋鲣鲔围网渔况之影响．国立台湾海洋大学硕士学位论文．PP16.

122. 廖圣赐．2007. 导致大西洋鳕鱼资源枯竭的罪魁祸首是地球变暖［N］．现代信息，22（6）：35.

123. 廖圣赐．2007. 据美国 NOAA 调查船调查东白令海的狭鳕主群向北移动明显［N］．现代信息，22（11）：34－35.

124. 林景祺．1994. 狭鳕等三种鳕鱼生态和资源．海洋科学，2：25－29.

125. 刘必林，陈新军．2004. 2001 年西南大西洋阿根廷滑柔鱼产量分布及其与表温关系的初步研究．海洋渔业，26（4）：326－330.

126. 刘刚．2002. 一种综合改进的 BP 神经网络及其实现．武汉理工大学学报，24（10）：57－60.

127. 刘洪生，陈新军．2002. 2000 年 5—7 月北太平洋海域水温分布及柔鱼渔场研究．湛江海洋大学学报，1：34－39.

128. 刘树勋，韩士鑫，魏永康．2005. 东海西北部水团分析及与渔场的关系．水产学报，8（2）：125－

133.

129. 刘树勋，韩士鑫，魏永康．1988. 判别分析在渔情预报中应用的研究．海洋通报，7（1）：63 - 70.

130. 刘勇，陈新军．2007. 中西太平洋金枪鱼围网黄鳍金枪鱼产量的时空分布及与表温的关系．海洋
渔业，29（4）：298 - 301.

131. 楼林，黄韦艮．2003. 基于人工神经网络的赤潮卫星遥感方法研究．遥感学报，73：125 - 130.

132. 陆化杰，陈新军，方舟．2013. 西南大西洋阿根廷滑柔鱼渔场时空变化及其与表温的关系．海洋
渔业，35（4）：382 - 388.

133. 陆化杰，陈新军．2008.2006 年西南大西洋鱿钓渔场与表温和海面距平值的关系．大连水产学报，
23（3）：230 - 234.

134. 陆化杰，陈新军．2008.2006 年北太平洋柔鱼作业渔场时空变化及其与表温的关系．广东海洋大
学学报，1：93 - 97.

135. 陆化杰．2012. 西南大西洋阿根廷滑柔鱼渔业生物学及资源评估．上海：上海海洋大学.

136. 吕砚山，赵正琪．2001. BP 神经网络的优化及应用研究．北京化工大学学报，28（1）：67 - 69.

137. 毛志华，朱乾坤，龚芳．2005. 卫星遥感北太平洋渔场叶绿素 a 浓度．水产学报，29（2）：270 -
274.

138. 毛志华，潘德炉，潘玉球．1996. 利用卫星遥感 SST 估算海表流场．海洋通报，15（1）：84 - 90.

139. 苗振清，黄锡昌．2003. 远洋金枪鱼渔业．上海：上海科学技术文献出版社.

140. 彭海涛．2011. 全球变暖背景下近十年来北极海冰变化分析．南京大学.

141. 钱维宏．1996. ENSO 预报模式及其改进的进展．海洋预报，13（3）：1 - 12.

142. 钱卫国，陈新军，郑波，刘必林．2008. 智利外海茎柔鱼资源密度分布与渔场环境的关系．上海
水产大学学报，1：98 - 103.

143. 任广成．1991. 太平洋海温对冬季阿留申低压的影响．气象学报，49（2）：249 - 252.

144. 阮均石．1990. 厄尔尼诺/南方涛动现象．气象教育与科技，（1）：1 - 9.

145. 商少凌，张彩云，洪华生．2005. 气候 - 海洋变动的生态响应研究进展．海洋学研究，23（3）：
14 - 22.

146. 邵帼瑛，张敏．2006. 东南太平洋智利竹笺鱼渔场分布及其与海表温关系的研究．上海水产大学
学报，15（4）：470 - 472.

147. 沈建华，韩士鑫，樊伟，等．2004. 西北太平洋秋刀鱼资源及其渔场．海洋渔业，26（1）：61 -
65.

148. 沈建华，陈雪冬，崔雪森．2006. 中西太平洋金枪鱼围网鲣鱼渔获量时空分布分析．海洋渔业，
28（1）：13 - 19.

149. 沈新强，王云龙，袁骐，等．2004. 北太平洋鱿鱼渔场叶绿素 a 分布特点及其与渔场的关系．海洋
学报，26（6）：118 - 123.

150. 史赟荣，晁敏，全为民，唐峰华，沈新强，袁骐，黄厚见．2011.2010 年春季长江口鱼类群落空
间分布特征．中国水产科学．（05）.

151. 宋海棠，丁天明．1996.1995 年浙江渔场秋季鲐鲹鱼鱼汛特点分析．海洋水产科技，52（2）：31
- 36.

152. 宋海棠，陈阿毛，丁天明，等．1995．浙江渔场鲐鲹鱼资源利用研究．浙江水产学院学报，14（1）：2：13．

153. 孙松，刘永芹．2009．南极磷虾与南大洋生态系统．自然杂志，31（2）：88－90．

154. 孙松，刘永芹．2009．南极磷虾与南大洋生态系统．自然杂志．（02）．

155. 孙英，凌胜根．2012．北极：资源争夺与军事角逐的新战场．红旗文稿，（16）：88．

156. 唐建业，石桂华．2010．南极磷虾渔业管理及其对中国的影响．资源科学．（01）．

157. 田思泉，陈新军，冯波，钱卫国．2009．西北太平洋柔鱼资源丰度与栖息环境的关系及其时空分布．上海海洋大学学报，5：586－592．

158. 田思泉，陈新军．2010．不同名义 CPUE 计算法对 CPUE 标准化的影响．上海海洋大学学报．19（2）：240－245．

159. 汪金涛，陈新军．2013．中西太平洋鲣鱼渔场的重心变化及其预测模型建立．中国海洋大学学报（自然科学版），43（8）：44－48．

160. 汪金涛，高峰，雷林，陈新军．2014．基于神经网络的东南太平洋茎柔鱼渔场预报模型的建立及解释．海洋渔业，36（2）：131－137．

161. 王宇．2000．世界金枪鱼渔业资源开发利用研究．北京：海洋出版社．

162. 王从军，邹莉瑾，李纲，陈新军．2014．1999—2011 年东、黄海鲐资源丰度年间变化分析．水产学报，1：56－64．

163. 王东阡，王腾飞，任福民，等．2013．2012 年全球重大天气气候事件及其成因．气象，39（4）：516－525．

164. 王桂忠，何剑锋，蔡明红，等．2005．北冰洋海冰和海水变异对海洋生态系统的潜在影响．

165. 王凯，严利平，程家骅，等．2007．东海鲐鱼资源合理利用的研究．海洋渔业，29（4）：337－343．

166. 王荣，孙松．1995．南极磷虾渔业现状与展望．海洋科学．（04）．

167. 王亚民，李薇，陈巧缓．2009．全球气候变化对渔业和水生生物的影响与应对．中国水产，（1）：21－24．

168. 王尧耕，陈新军．2005．世界大洋性经济柔鱼类资源及其渔业．北京：海洋出版社．

169. 王宇．2000．世界金枪鱼渔业资源开发利用研究，北京：海洋出版社．

170. 魏季瑄．1991．数理统计基础及其应用．成都：四川大学出版社，184－185．

171. 吴伟平，谢营樑．2010．南极磷虾及磷虾渔业．现代渔业信息．（01）．

172. 吴雪明，张侠．2011．北极跟踪监测与评估体系的设计思路和基本框架．国际观察，4：9－16．

173. 夏章英．1984．光诱围网．海洋出版社，北京，2．

174. 徐冰，陈新军，李建华．2012．海洋水温对茎柔鱼资源补充量影响的初探．上海海洋大学学报，21（5）：878－883．

175. 徐冰，陈新军，陆化杰，刘必林．2013．影响秘鲁外海茎柔鱼资源丰度和补充量与海表温度的相关关系．海洋渔业，35（3）：296－302．

176. 徐冰，陈新军，钱卫国，田思泉．2011．秘鲁外海茎柔鱼渔场时空分布分析．中国海洋大学学报，41（11）：43－47．

177. 徐冰，陈新军，田思泉，钱卫国，刘必林 . 2012. 厄尔尼诺和拉尼娜事件对秘鲁外海茎柔鱼渔场分布的影响，水产学报，36（5）：696 – 707.

178. 徐冰 . 2012. 秘鲁外海茎柔鱼渔场时空分布及资源补充量与环境的关系 . 上海海洋大学硕士学位论文 .

179. 徐洁，陈新军，杨铭霞 . 2013. 基于神经网络的北太平洋柔鱼渔场预报 . 上海海洋大学学报，22（3）：432 – 438.

180. 徐鹏翔，李莹春，朱国平，夏辉，许柳雄 . 2012. 光照条件下南极磷虾的行为观察 . 水产学报 . (02).

181. 颜天，周名江 . 2001. 加强赤潮毒性评价和灾害评估势在必行 . 海洋科学，25，（4）：55 – 56.

182. 颜月珠 . 1985. 商用统计学 . 台湾：三民书局（省），787.

183. 杨凡 . 2010. 北极生态保护法律研究 . 中国海洋大学 .

184. 杨桂山，朱季文 . 1993. 全球海平面上升对长江口盐水入侵的影响研究 . 中国科学（B 辑），23（1）：69 – 76.

185. 杨纪明 . 1985. 海洋渔业资源开发潜力估计 . 海洋开发 .

186. 易倩，陈新军，余为，刘必林，李建华，方舟 . 2014. 基于信息增益法技术比较智利和秘鲁外海茎柔鱼渔场环境 . 上海海洋大学学报 . 23（2）：272 – 278.

187. 易倩，陈新军 . 2012. 基于信息增益法选取柔鱼中心渔场的关键水温因子 . 上海海洋大学学报，21（3）：425 – 430.

188. 由上龍嗣，檜山義明，依田真里，等 . 2009. 平成 20 年マサバ対馬暖流系群の資源評価 . 西海区水産研究所，［2010 – 4 – 22］.

189. 由上龍嗣，檜山義明，依田真里，等 . 2012. 平成 24 年マサバ対馬暖流系群の資源評価 . わが国周辺の水産資源の現状を知るために，167 – 196.

190. 于子江，杨乐强，杨东方 . 2004. 海平面上升对生态环境及其服务功能的影响 . 城市环境与城市生态，16（6）：101 – 103.

191. 余为，陈新军，易倩，等 . 2013. 北太平洋柔鱼早期生活史研究进展 . 上海海洋大学学报，22（5）：755 – 762.

192. 余为，陈新军，李曰嵩 . 2012. 基于个体生态模型在渔业科学中的应用研究现状 . 海洋渔业 . 34（4）：464 – 475.

193. 余为，陈新军，易倩，李曰嵩 . 2013. 西北太平洋柔鱼传统作业渔场资源丰度年间差异及其影响因子 . 海洋渔业，35（4）：373 – 381.

194. 宇田道隆 . 1963. 海洋渔场学，东京：恒星社厚生阁发行所 .

195. 袁红春，汤鸿益，陈新军 . 2010. 一种获取渔场知识的数据挖掘模型及知识表示方法研究 . 计算机应用研究，27（12）：4443 – 4446.

196. 翟盘茂，江吉喜，张人禾 . 2000. ENSO 监测和预测研究 . 北京：气象出版社 .

197. 张洪亮，潘国良，姚光展，等 . 2006. 浙江省群众灯光围网渔业现状的研究 . 浙江海洋学院学报，25（4）：397 – 406.

198. 张洪亮，周永东，陈斌 . 2007. 浙江群众传统灯光围网渔业利用资源状况分析 . 海洋渔业，29

（2）：174 – 178.

199. 张晶，韩仕鑫 . 2004. 黄、东海鲐鲹鱼渔场环境分析 . 海洋渔业，26（4）：321 – 325.

200. 张秋华，程家骅，徐汉祥，等 . 2007. 东海区渔业资源及其可持续利用 . 上海：复旦大学出版社 .

201. 张炜，张健 . 2008. 西南大西洋阿根廷滑柔鱼渔场与主要海洋环境因子关系探讨 . 上海水产大学学报，17（4）：471 – 475.

202. 仉天宇，邵全琴，周成虎 . 20001. 卫星测高数据在渔情分析中的应用探索 . 水产科学，20（6）：4 – 8.

203. 赵小虎 . 2006. 厄尔尼诺/拉尼娜对西北太平洋柔鱼资源及渔场的影响 . 上海水产大学 .

204. 郑波，陈新军，李纲 . 2008. GLM 和 GAM 模型研究东黄海鲐资源渔场与环境因子的关系 . 水产学报，3：379 – 386.

205. 郑国光，杨彩福 . 1993. 渔业与埃尔 – 尼诺预报 . 海洋预报，10（4）：65 – 70.

206. 郑丽丽，伍玉梅，樊伟，等 . 2011. 西南大西洋阿根廷滑柔鱼渔场叶绿素 a 分布及其与渔场的关系 . 海洋湖沼通报，（1）：63 – 70.

207. 郑利荣 . 1986. 海洋渔场学 . 台北：徐氏基金会出版 .

208. 郑晓琼，李纲，陈新军 . 2010. 基于环境因子的东、黄海鲐鱼剩余产量模型及应用 . 海洋与湖沼通报，3：41 – 48.

209. 中国大百科全书总编辑委员会 . 1987. 中国大百科全书 . 大气科学·海洋科学·水文科学卷 . 北京：中国大百科全书出版社，1 – 923.

210. 中国海洋渔业资源编写组 . 1990. 中国海洋渔业资源 . 杭州：浙江科学技术出版社，41 – 44.

211. 周金官，陈新军，刘必林 . 2008. 世界头足类资源开发利用现状及其潜力 . 海洋渔业，30（3）：268 – 275.

212. 周甦芳，沈建华，樊伟 . 2004. ENSO 现象对中西太平洋鲣鱼围网渔场的影响分析 . 海洋渔业，26（3）：167 – 172.

213. 周甦芳 . 2005. 厄尔尼诺 – 南方涛动现象对中西太平洋鲣鱼围网渔场的影响 . 中国水产科学，12（6）：740 – 744.

214. 朱德山，王为祥，张国祥 . 1982. 黄海鲐鱼（Pneumatophorus japonicus）渔业生物学研究 I 黄、渤海鲐鱼洄游分布研究 . 海洋水产研究，4：17 – 31.

215. 朱国平，冯春雷，吴强，陈雪忠，赵宪勇，许柳雄，陈新军，黄洪亮，夏辉，孙坚强 . 2010. 南极磷虾调查 CPUE 指数变动的影响因素初步分析 . 海洋渔业 . （04）.

216. 朱国平，朱小艳，徐怡瑛，许柳雄 . 2012. 南极半岛北部水域南极磷虾抱卵雌体基础生物学比较研究 . 上海海洋大学学报 . （01）.

217. 朱家喜 . 2003. ENSO 知识讲座第六讲 ENSO 对气候的影响 . 海洋预报，20（1）：68 – 72.

218. 朱清澄，花传祥，许巍，等 . 2006. 西北太平洋公海 7—9 月秋刀鱼渔场分布及其与水温的关系 . 海洋渔业，28（3）：228 – 233.

219. ACIA. 2004. Impacts of a warming Arctic：Arctic climate impact assessment. Cambridge University Press，Cambridge，UK.

220. Adlandsvik B，Gundersen A C，Nedreaas K H，et al. 2004. Modelling the advection and diffusion of eggs

and larvae of Greenland halibut (*Reinhardtius hippoglossoides*) in the north – east Arctic. Fisheries Ocea-nography, 13: 403 –415.

221. Ådlandsvik B, Sundby S. 1994. Modelling the transport of cod larvae from the Lofoten Area. ICES Marine Science Symposia, 198: 379 – 392.

222. Aebischer N J, Coulson J C, Colebrookl J M. 1990. Parallel long – term trends across four marine trophic levels and weather. nature, 347: 753 – 755.

223. Allain G, Petitgas P, Grellier P, et al. 2003. The selection process from larval to juvenile stages of ancho-vy (Engraulis encrasicolus) in the Bay of Biscay investigated by Lagrangian simulations and comparative otolith growth. Fisheries Oceanography, 12: 407 –418.

224. Allain G, Petitgas P, Lazure P. 2001. The influence of mesoscale ocean processes on anchovy (*Engraulis encrasicolus*) recruitment in the Bay of Biscay estimated with a three dimensional hydrodynamic mode. Fisheries Oceanography, 10: 151 – 163.

225. Anderson C I H, Rodhouse P G. 2001. Life cycles, oceanography and variability: Ommastrephid squid in variable oceanographic environments. Fisheries Research, 54 (1): 133 – 143.

226. Argelles J, Rodhouse P G, Villegas P, et al. 2001. Age, growth and population structure of jumbo flying squid Dosdicus gigas in Peruvian waters. Fisheries Research, 54 (1): 51 –61.

227. Arkhipkin A I, Middleton D A J, Sirota A M, Grzebielec R. 2004. The effect of Falkland Current inflows on offshore ontogenetic migrations of the squid Loligo gahi on the southern shelf of the Falkland Islands. Estuarine, Coasta and Shelf Science, 60 (1): 11 – 22.

228. Atkinson A, Siegel V, Pakhomov E, et al. 2004. Long – term decline in krill stock and increase in salps within the Southern Ocean. Nature, 432 (7013): 100 – 103.

229. Ault J S, Luo J, Smith S G, et al. 1999. A spatial dynamic multistock production model. Canadian Journal of Fisheries and Aquatic Sciences, 56 (Suppl. 1): 4 – 25.

230. Bartsch J, Brander K, Heath M, et al. 1989. Modeling the advection of herring larvae in the North – Sea. Nature, 340: 632 –636.

231. Bartsch J, Coombs S A. 1997. numerical model of the dispersion of blue whiting larvae, *Micromesistius poutassou* (Risso), in the eastern North Atlantic. Fisheries Oceanography, 6: 141 – 154.

232. Bartsch J, Coombs S H. 2001. An individual – based growth and transport model of the early life – history stages of mackerel (Scomber scombrus) in the eastern North Atlantic. Ecological Modelling, 138: 127 – 141.

233. Bartsch J, Coombs S H. 2004. An individual – based model of the early life history of mackerel (*Scomber scombrus*) in the eastern North Atlantic, simulating transport, growth and mortality. Fisheries Oceanogra-phy, 13: 365 – 379.

234. Bartsch J, Knust R. 1994. Simulating the dispersion of vertically migrating sprat larvae (*Sprattus sprattus* (L.)) in the German Bight with a circulation and transport model system. Fisheries Oceanography, 3: 92 – 105.

235. Bartsch J. 1988. Numerical simulation of the advection of vertically migrating herring larvae in the North

Sea. Meeresforschung /Rep Mar Res, 32: 30 – 45.

236. Bartsch J. 2005. The influence of spatio – temporal egg production variability on the modelled survival of the early life history stages of mackerel (Scomber scombrus) in the eastern North Atlantic. ICES Journal of Marine Science, 62: 1049 – 1060.

237. Basson M, Beddinton J R, Crombile J A, et al. 1996. Assessment and management of annual squid stocks: the Illex argentinus in the Southwest Atlantic as an example. Fisheries Research, 28: 3 – 29.

238. Batchelder H P, Edwards C A, Powell T M. 2002. Individual – based models of copepod populations in coastal upwelling region: Implications of physiologically and environmentally influenced diel vertical migration on demographic success and nearshore retention. Progress in Oceanography, 53: 307 – 333.

239. Batchelder H P. 2006. Forward – in – time –/backward – in – time trajectory (FITT/BITT) modeling of particles and organisms in the coastal ocean. J Atmos Ocean Technol, 3 (5): 727 – 741.

240. Battaile B C, Quinn II T J. 2004. Catch per unit effort standardization of the eastern Bering Sea walleye pollock (Theragra chalcogramma) fleet Original Research Article. Fisheries Research, 70: 161 – 177.

241. Beamish R J. 1995. Response of anadromous fish to climate change in the North Pacific. Taylor & Francis, Washington, DC, USA, 123 – 136.

242. Benediktsson J, Swain P H, Ersoy O K. 1990. Neural network approaches versus statistical methods in classification of multisource remote sensing data. IEEE Transactions on geoscience and remote sensing, 28 (4): 540 – 552.

243. Berntsen J, Skagen D W, Svendsen E. 1994. Modelling the transport of particles in the North Sea with reference to sandeel larvae. Fisheries Oceanography, 3: 81 – 91.

244. Bertignac M, Campbell H F, Hampton J, et al. 2001. Maximising resource rent from the Western and Central Pacific tuna fishieries. Mar Res Econ. 15: 151 – 177.

245. Bertrand A, Josse E, Bach P, et al. 2002. Hydrological and trophic characteristics of tuna habitat: consequences on tuna distribution and longline catch – ability. Canadian Journal of Fisheries and Aquatic Sciences.

246. Bigelow K A, Boggs C H, He X. 1999. Environmental effects on swordfish and blue shark catch rates in the US North Pacific longline fishery. Fisheries Oceanography, 8: 178 – 198.

247. Blaxter J H S. 1988. Pattern and Variety In Development Jhs Blaxter. Fish Physiology V11a, 11.

248. Blumberg A F, Mellor G L. 1987. A description of a three – dimensional coastal ocean circulation model. Washington, D. C. : American Geophysical Union.

249. Bograd S J, Stabeno P J, Schumacher J D. 1994. A census of mesoscale eddies in Shelikof Strait, Alaska, during 1989. J Geophys Res, 99: 18243 – 18254.

250. Boyle P R. 1990. Cephalopod biology in the fisheries context. Fisheries Research, 8 (4): 303 – 321.

251. Brander K. 2010. Impacts of climate change on fisheries. Journal of Marine Systems, 79 (3): 389 – 402.

252. Breckling B, Muller F, Reuter H, et al. 2005. Emergent properties in individual – based ecological models – introducing case studies in an ecosystem research context. Ecological modeling, 186: 376 – 388.

253. Brickman D, Frank K T. 2000. Modelling the dispersal and mortality of Browns Bank egg and larval had-

dock (*Melanogrammus aeglefinus*) . Canadian Journal of Fisheries and Aquatic Sciences, 57: 2519 – 2535.

254. Brickman D, Marteinsdottir G, Taylor L. 2007. Formulation and application of an efficient optimized bio-physical model. Mar Ecol Prog Ser, 347: 275 – 284.

255. Brickman D, Shackell N L, Frank K T. 2001. Modelling the retention and survival of Browns Bank had-dock larvae using an early life stage model. Fisheries Oceanography, 10: 284 – 296.

256. Brickman D, Smith P C. 2002. Lagrangian stochastic modeling in coastal oceanography. Journal of Atmos-pheric and Oceanic Technology, 19: 83 – 99.

257. Brierley A, Demer D, Watkins J, et al. 1999. Concordance of interannual fluctuations in acoustically esti-mated densities of Antarctic krill around South Georgia and Elephant Island: biological evidence of same – year teleconnections across the Scotia Sea. Marine Biology, 134 (4): 675 – 681.

258. Brierley A, Fernandes P, Brandon M, et al. 2002. Antarctic krill under sea ice: elevated abundance in a narrow band just south of ice edge. Science, 295 (5561): 1890 – 1892.

259. Brochier T, Lett C, Tam J, et al. 2008. An individual – based model study of anchovy early life history in the northern Humboldt Current system. Progress in Oceanography, 79: 313 – 325.

260. Brodzik M J, Knowles K W. EASE – Grid: A Versatile Set of Equal – Area Projections and Grids. Discrete GlobalGrids.

261. Brown C A, Holt S A, Jackson G A, et al. 2004. Simulating larval supply to estuarine nursery areas: how important are physical processes to the supply of larvae to the Aransas Pass Inlet? . Fisheries Oceanogra-phy, 13: 181 – 196.

262. Bruce B D, Condie S A, Sutton C A. 2001. Larval distribution of blue grenadier (*Macruronus novaeze-landiae Hector*) in south – eastern Australia: further evidence for a second spawning area. Marine and Freshwater Research, 52: 603 – 610.

263. Brunetti N E, Ivanovic M L. 1992. Distribution and abundance of early life stages of squid (Illex argenti-nus) in the southwest Atlantic. Journal of Marine Science, 49: 175 – 183.

264. Bunnell D B, Miller T J. 2005. An individual – based modeling approach to per – recruit models: blue crab *Callinectes sapidus* in the Chesapeake Bay. Canadian Journal of Fisheries and Aquatic Science, 62: 2560 – 2572.

265. Caballero – Alfonso A. M, Ganzedo U, Santana A. T, et al. 2010. The role of climatic variability on the short – term fluctuations of octopus captures at the Canary Islands. Fisheries Research, 102: 258 – 265.

266. Caddy J. F, Rodhouse P. G. 1998. Do recent trends in cephalopod and groundfish landings indicate wide-spread ecological change in global fisheries. Fish Biology and Fisheries, 8: 431 – 444.

267. Cairistiona I H, Rodhouse P G. 2001. Life cycles, oceanography and variability: Ommastrephid squid in variable oceanographic environments. Fisheries Research, 54: 133 – 143.

268. Campbell R A. 2004. CPUE standardization and the construction of indices of stock abundance in a spatial-ly varying fishery using general linear models. Fisheries Resarch, 70: 209 – 227.

269. Cao J, Chen X. J, Chen Y. 2009. Influence of surface oceanographic variability on abundance of the west-

ern winter – spring cohort of neon flying squid Ommastrephes bartramii in the NW Pacific Ocean. Mar Ecol Prog Ser, 381: 119 – 127.

270. Chambers J M, Hastie T J. 1997. Statistical Models. London: Chapman and Hall.

271. Chavez F P, Strutton P G, Friederich G E, et al. 1999. Biological and chemical response of the equatorial Pacific Ocean to the 1997 – 98 El Niño, Science. 286 (5447): 2126 – 2131.

272. CHEN C S, CHIU T S. 1999. Abundance and spatial variation of Ommastrephes bartramii (Mollusca: Cepphalopoda) in the Eastern North Pacific observed from an exploratory survey. Acta Zoologica Tawianica, 10 (2): 135 – 144.

273. Chen J H, Huang H L. 2003. Relationship between environment characters and Ommastrephes bartrami fishing ground in the North Pacific. Journal of Fishery Sciences of China, 10 (6): 507 – 512.

274. Chen X J, Cao J, Chen Y, Liu B L, Tian S Q. 2012. Effect of the Kuroshio on the Spatial Distribution of the Red Flying Squid Ommastrephes Bartramii in the Northwest Pacific Ocean. Bulletin of Marine Science. 88 (1): 63 – 71.

275. Chen X J, Chen Y, Tian S Q, Liu B L, Qian W G. 2008. An assessment of the west winter – spring cohort of neon flying squid (Ommastrephes bartramii) in the Northwest Pacific Ocean. Fisheries Research, 92 (2 – 3): 221 – 230.

276. Chen X J, Li G, Feng B, Tian S Q. 2009. Habitat suitability of Chub mackerel (Scomber japonicus) in the East China Sea. Journal of oceanograpgy, 65: 93 – 102.

277. Chen X J, Tian S Q, Chen Y, Guan W J. 2014. Variation of oceanic fronts and their influence on fishing grounds of Ommastrephe bartramii in the Northwestern Pacific. Acta Oceanologica Sinica. 33 (4): 45 – 54.

278. Chen X J, Tian S Q, Chen Y, Liu B L. 2010. A modeling approach to identify optimal habitat and suitable fi shing grounds for neon flying squid (Ommastrephes bartramii) in the Northwest Pacific. Fish. Bull. 108: 1 – 14.

279. Chen X J, Tian S Q, Liu B L, Chen Y. 2011. Modelling of Habitat suitability index of Ommastrephes bartramii during June to July in the central waters of North Pacific Ocean. Chinese Journal of Oceanology and Limnology. 29 (3): 493 – 504.

280. Chen X J, Zhao X H, Chen Y. 2007. Influence of El Niño/La Niña on the western winter – spring cohort of neon flying squid (Ommastrephes bartramii) in the northwestern Pacific Ocean. ICES Journal of Marine Science, 64 (6): 1152 – 1160.

281. Chen X J, Liu B, Chen Y. 2008. A review of the development of Chinese distant – water squid jigging fisheries. Fisheries Research, 89 (3): 211 – 221.

282. Chen X J. Tian S Q, Xu L X. 2005. Analysis on changes of surface water temperature in the spawning and feeding ground of Ommastrephes bartrami and its relationship with abundance index in the Northwestern Pacific Ocean. Journal of Shanghai Fisheries University, 14 (2): 168 – 175.

283. Chen X. J, Zhao X. H, Chen Y. 2007. El Niño/La Niña Influence on the Western Winter – Spring Cohort of Neon Flying Squid (Ommastrephes bartarmii) in the northwestern Pacific Ocean. ICES J Mar Sci, 64:

1152 – 1160.

284. Cheung W W L, Lam V W Y, Sarmiento J L, et al. 2009. Projecting global marine biodiversity impacts under climate change scenarios. Fish and Fisheries, 10（3）：235 – 251.

285. Choi K, Lee C. L, Hwang K, Kim S. W, et al. 2008. Distribution and migration of Japanese common squid, Todarodes pacificus, in the southwestern part of the East（Japan）Sea. Fisheries Research, 91（2）：281 – 290.

286. Christensen A, Daewel U, Jensen H, et al. 2007. Hydrodynamic backtracking of fish larvae by individual – based modeling. Mar Ecol Prog Ser, 347：221 – 232.

287. Collelte B B, Nauen C E. 1983. FAO Species Catalogue Vol. 2 Scombrids of the World – An annotated and illustrated（catalogue of tunas , mackerels , bonitos and related species known to data. FAO Fisheries Synopsis. 125（2）：83 – 86.

288. Costa M J, Costa J L, de Almeida P R, et al. 1994. Do eel grass beds and salt marsh borders act as preferential nurseries and spawning grounds for fish? An example of the Mira estuary in Portugal. Ecological Engineering, 3（2）：187 – 195.

289. Council A. 1997. Arctic pollution issues：a state of the Arctic environment report. Arctic Monitoring and Assessment program（AMAP）.

290. Cowan J C, Houde E D. 1992. Size – dependent predation on marine fish larvae by Ctenophores, Scyphomedusae, and planktivorous fish. Fisheries Oceanography, 1, 113 – 126.

291. Cowan Jr J H, Shaw R F. 2002. Recruitment. In：Fuiman LA, Werner RG（eds）Fishery Science：The Unique Contribution of Early Life Stages. UK：Blackwell Science, Oxford.

292. Cowen R K, Paris C B, Srinivasan A. 2006. Scaling of connectivity in marine populations. Science, 311（5760）：522 – 527.

293. Crowder L B. 1985. Optimal foraging and feeding mode shifts in fishes. Environmental Biology of Fishes. 12：57 – 62.

294. Csirke J. 1987. The Patagonian fishery resources and the offshore fisheries in the South – West Atlantic. FAO Fisheries Technical Paper.

295. Cullen J J, Lesser M P. 1991. Inhibition of photosynthesis by ultraviolet radiation as a function of dose and dosage rate：results for a marine diatom. Marine Biology, 111（2）：183 – 190.

296. Cullen J J, Neale P J, Lesser M P. 1992. Biological weighting function for the inhibition of phytoplankton photosynthesis by ultraviolet radiation. Science, 258（5082）：646 – 650.

297. Cushing D. 1990. Plankton production and year – class strength in fish populations：an update of the match/mismatch hypothesis. Advances in Marine Biology, 26：249 – 293.

298. Damalas D, Megalofonou P, Apostolopoulou, M. 2007. Environmental, spatial, temporal and operational effects on swordfish（Xiphias gladius）catch rates of eastern Mediterra – nean Sea longline fisheries. Fisheries Research, 84：233 – 246.

299. Danks H V. 1992. Arctic insects as indicators of environmental change. Arctic, 45（2）：159 – 166.

300. Dawe E. G, Colbourne E. B, Drinkwater K. F. 2000. Environmental effects on recruitment of short – finned

squid（Illex illecebrosus）. Marine Science，57（2）：1002 – 1013.

301. Dawe E. G, Hendrickson L. C, Colbourne E. B, et al. 2007. Ocean climate effects on the relative abundance of shortfinned（Illex illecebrosus）and long – finned（Loligo pealeii）squid in the northwest Atlantic Ocean. Fish Oceanogr. 16（4）：303 – 316.

302. DeAngelis D L, Cox D K, Coutant C C. 1979. Cannibalism and size dispersal in young – of – the – year largemouth bass：experiment and model. Ecol Modelling，8：133 – 148.

303. DeAngelis D L, Gross L J. 1992. Individual – based models and approaches in ecology. New York：Chapman and Hall.

304. DeAngelis D L. Godbout L. Shuter B J. 1991. An individualbased approach to predicting density – dependent dynamics in smallmouth bass populations. Ecol Model，57：91 – 115.

305. DenisV, Lejeune J, Robin J P. 2002. Spatio – temporal analysis of commercial trawler data using general additive models：patterns of Loliginid squid abundance in the north – east Atlantic. ICES Journal of Marine Science，59（3）：633 – 648.

306. Dower J F, Miller T J, Leggett W C. 1997. The role of microscale turbulence in the feeding ecology of larval fish. Advances in Marine Biology，31：169 – 220.

307. DPS 数据处理系统 – 实验设计、统计分析及数据挖掘（第二版）. 2010. 唐启义著. 北京：科学出版社，799 – 806.

308. Fan W, Cui X S, Shen X Q. 2004. Study on the relationship between the Neon flying squid, Ommastrephes bartramii, and ocean environment in the Northwest Pacific Ocean. High Technology Letters，14（10）：84 – 89.

309. FAO 渔业部. 1999. 世界渔业和水产养殖状况（1998）. 罗马：FAO.

310. FAO. 1997. Review of the status of world fishery resources：Marine fisheries. Fisheries FAO Fisheries Circular No. 920 FIR NVC920.

311. FAO. 1997. Review of the status of world fishery resources：Marine fisheries. Fisheries FAO Fisheries Circular No. 920 FIR NVC920.

312. Fedorov A V, Philander S G. 2000. Is El Niño changing, Science. 288（5473）：1997 – 2002.

313. Fiksen Ø, Jørgensen C, Kristiansen T, et al. 2007. Linking behavioural ecology and oceanography：larval behaviour determines growth, mortality and dispersal. Mar Ecol Prog Ser，347：195 – 205.

314. Fiksen O, MacKenzie B R. 2002. Process – based models of feeding and prey selection in larval fish. Marine Ecology – Progress Series，243：151 – 164.

315. Folkvord A. 2005. Comparison of size – at – age of larval Atlantic cod（Gadus morhua）from different populations based on size – and temperature – dependent growth models. Canadian Journal of Fisheries and Aquatic Science，62：1037 – 1052.

316. Foreman M G G, Baptista A M, Walters R A. 1992. Tidal model of particle trajectories around a shallow coastal bank. Atmosphere – Ocean，30：43 – 69.

317. Frank K T, Perry R I, Drinkwater K F. 1990. Predicted response of Northwest Atlantic invertebrate and fish stocks to CO2 – induced climate change. Transactions of the American Fisheries Society，119（2）：

353 – 365.

318. Galbraith P S, Browman H I, Racca R G, et al. 2004. Effect of turbulence on the energetics of foraging in Atlantic cod *Gadus morhua* larvae. Mar Ecol Prog Ser, 281: 241 – 257.

319. Gallego A, Heath M R, Basfrod D J, et al. 1999. Variability in growth rates of larval haddock in the northern North Sea. Fisheries Oceanography, 8: 77 – 92.

320. Gallego A, Heath M R. 1997. The effect of growth – dependent mortality, external environment and internal dynamics on larval fish otolith growth: an individual based modelling approach. Journal of Fish Biology, 51 (Suppl. A): 121 – 134.

321. Gong C X, Chen X J, Gao F, Chen Y. 2012. Importance of Weighting for Multi – Variable Habitat Suitability Index Model: A Case Study of Winter – Spring Cohort of Ommastrephes bartramii in the Northwestern Pacific Ocean. Journal of Ocean University of China, 11 (2): 241 – 248.

322. Grimm V. 1999. Ten years of individual – based modelling in ecology: what have we learned and what could we learn in the future?. Ecological Modelling, 115: 129 – 148.

323. Hader D P, Worrest R C, Kumar H D et al. 1995. Effects of increased solar ultraviolet radiation on a quatie eeosystems. Ambio, 24 (3): 174 – 180.

324. Haidvogel D B, Wilkin J L, Young R. 1991. A semi – spectral primitive equation ocean circulation model using vertical sigma and orthogonal curvilinear horizontal coordinates. Journal of Computational Physics, 94: 151 – 185.

325. HAM PTON J. 1997. Estimates of tag – reporting and tag – shedd ingrates in a large scale tuna tagging experiment in the western tropical Pacific Ocean. Fishery Bulletin, 95 (1): 68 – 79.

Hampton J, Lewis A, Williams P. 1999. The western and central Pacific tuna fishery: Overview and status of stocks. Oceanic fisheries programme, SPC, 39.

326. Hampton J. 1997. Estimates of tag – reporting and tag – shedding rates in a large – scale tuna tagging experiments in the western tropical Pacific Ocean. Fish bulletin, 95: 68 – 97.

327. Hao W, Jian S, Ruijing W, Lei W, et al. 2003. Tidal front and the convergens of anchovy (*Engraulis japonicus*) eggs in the Yellow Sea. Fisheries Oceanography, 12: 434 – 442.

328. Hare J A, Quinlan J A, Werner F E, et al. 1999. Larval transport during winter in the SABRE study area: results of a coupled vertical larval behaviour – three – dimensional circulation model. Fisheries Oceanography, 8: 57 – 76.

329. HAUKE L, POWELL K. 2009. A global perspective on the economics of ocean acidification. The Journal of Marine Education, 25 (1): 25 – 29.

330. HE H. Important projects for oceanic acidification studies by BIOACID [EB/OL]. [2010 – 01 – 06] http: //Mwww. helmholtz. cn/news/2009/12_ 01_ 1. htm.

331. Heath M R, Gallego A. 1998. Biophysical modelling of the early life stages of haddock (*Melanogrammus aelgefinus*) in the North Sea. Fisheries Oceanography, 7: 110 – 125.

332. Heath M R, Gallego A. 1997. From the biology of the individual to the dynamics of the population: bridging the gap in fish early life studies. Journal of Fish Biology, 51 (Suppl. A): 1 – 29.

333. Helbig J A, 2002. Pepin P. The effects of short space and time scale current variability on the predictabil-
ity of passive ichthyoplankton distributions: an analysis based on HF radar observations. Fisheries Ocea-
nography, 11: 175 – 188.

334. Helsera T E, Punt A E, Methota R D. 2004. A generalized linear mixed model analysis of a multi – vessel
fishery resource survey. Fisheries Research, 70: 251 – 264.

335. Hermann A J, Hinckley S, Bernard A, et al. 2001. Applied and theoretical considerations for constructing
spatially explicit individual – based models of marine larval fish that include multiple trophic levels. ICES
J Mar Sci, 58: 1030 – 1041.

336. Hermann A J, Hinckley S, Megrey B A, et al. 1996. Interannual variability of the early life history of
walleye pollock near Shelikof Strait as inferred from a spatially – explicit, individual – based mod-
el. Fisheries Oceanography, 5 (Suppl. 1): 39 – 57.

337. Hewitt R, Demer D, Emery J. 2003. An 8 – year cycle in krill biomass density inferred from acoustic sur-
veys conducted in the vicinity of the South Shetland Islands during the austral summers of 1991 – 1992
through 2001 – 2002. Aquatic Living Resources, 16: 205 – 213.

338. Hinckley S, Hermann A J, Megrey B A. 1996. Development of a spatially explicit, individual – based
model of marine fish early life history. Marine Ecology Progress Series, 139: 47 – 68.

339. Hinckley S, Hermann A J, Mier K L, et al. 2001. Importance of spawning location and timing to success-
ful transport to nursery areas: a simulation study of Gulf of Alaska walleye Pollock. Ices Journal of Marine
Science, 58: 1042 – 1052.

340. Hinrichsen H H, Kraus G, Voss R, et al. 2005. The general distribution pattern and mixing probability of
Baltic sprat juvenile populations. Journal of Marine Systems, 58: 52 – 66.

341. Hinrichsen H H, Lehmann A, Mollmann C, et al. 2003. Dependency of larval fish survival on retention/
dispersion in food limited environments: the Baltic Sea as a case study. Fisheries Oceanography, 12: 425
– 433.

342. Hinrichsen H H, Mollmann C, Voss R, et al. 2002. Biophysical modeling of larval Baltic cod (*Gadus
morhua*) growth and survival. Canadian Journal of Fisheries and Aquatic Sciences, 59: 1858 – 1873.

343. Hislop J R G, Gallego A, Heath M R, et al. 2001. A synthesis of the early life history of the anglerfish,
Lophius piscatorius (Linnaeus, 1758) in northern British waters. Ices Journal of Marine Science, 58: 70
– 86.

344. Hiyama Y, Yoda M, Ohshimo S. 2002. Stock size fluctuation in chub mackerel (Scomber japonicus) in
the East China Sea and the Japan/East Sea. Fisheries oceanography, 11 (6): 347 – 353.

345. Hjort J. 1914. Fluctuations In the great fisheries of northern Europe. Rapp PV Reun Cons Int Explor Mer,
20: 1 – 20.

346. Hofmann E, Murphy E. 2004. Advection, krill, and Antarctic marine ecosystems. Antarctic Science, 16
(4): 487 – 499.

347. Holton J R, Dmowska R. 1989. El Niño, La Niña, and the southern oscillation. Academic press.

348. Hopkins T. 1985. Food web of an Antarctic midwinter ecosystem. Marine Biology, 89 (2): 197 – 212.

349. Houde E. 1987. Fish early life dynamics and recruitment variability. American Fisheries Society Symposium, 2: 17 – 29.

350. Hunter J, Craig P, Phillips H. 1993. On the use of random walk models with spatially – variable diffusivity. J Comp Physiol, 106: 366 – 376.

351. Huse G, Strand E, Giske J. 1999. Implementing behavior in individual – based models using neural networks and genetic algorithms. Evol Ecol, 13: 469 – 483.

352. Hush D R, Horne B G. 1993. Progress in supervised neural networks. Signal Processing Magazine, IEEE, 10 (1): 8 – 39.

353. Huston M A, DeAngelis D L, Post W M. 1988. New computer models unify ecological theory. BioScience, 38: 682 – 691.

354. Hwang S D. 1999. Population Ecology of pacific mackerel, Scomber japonicus, off Korea. Chungnam national university, PhD thesis.

355. ICHII T, MAHAPATRA K, SAKAI M, et al. 2004. Differing body size between the autumn and winter spring cohorts of neon flying squid (Ommastrephes bartramii) related to the oceanographic regmie in the North Pacific: a hypothesis. Fisheries Oceanography, 13 (5): 295 – 309.

356. ICHII T, MAHAPATRA K, SAKAI M, et al. 2009. Life history of the neon flying squid: effect of the oceanographic regime in the North Pacific Ocean. Marine Ecology Progress Series, 378: 1 – 11.

357. Ichii T, Mahapatra K, Watanabe T, Yatsu A, Inagake D, Okada Y. 2002. Occurrence of jumbo flying squid Dosidicus gigas aggregations associated with the countercurrent ridge off the Costa Rica Dome during 1997 El Niño and 1999 La Niña. Marine ecology. Progress series, 231: 151 – 166.

358. Inagakei D, Saitoh S I. 1998. Description of the oceanographic condition off Sanriku Northwestern Pacific, and its relation to spring bloom detected by the ocean color and temperature scanner (OCTS) images. Journal of Oceanography, 54 (4): 479 – 494.

359. Incze L S, Kendall A W, Schumacher J D, et al. 1989. Interactions of a mesoscale patch of larval fish (Theragra chalcograrnma) with the Alaska Coastal Current. Cont Shelf Res, 9: 269 – 284.

360. IPCC. 2007. Climate change2007: synthesis report. Geneva: IPCC.

361. Ito K. 2007. Studiesonmigration and causes of stock size fluctuations in the northern Japanese population of spear squid, Loligo bleekeri. Bull. Fisheries Research, 5: 11 – 75.

362. Jacobson L. D. 2005. Longfin inshore squid, Loligo pealeii, life history and habitat characteristics. American: NOAA Tech, 193: 13 – 42.

363. Jeffrey J P, Evan H, Donald R K, et al. 2001. The transition zone chlorophyll front, a dynamic global feature defining migration and forage habitat for marine resources. Progress in Oceanography, 49 (3): 4 69 – 483.

364. JIN F F. 1996. Tropical ocean – atmosphere interaction, the Pacific cold tongue, and the ElNino – Southern Oscillation. Science, (274): 76 – 78.

365. Johannessen O M, Shalina E V, Miles M W. 1999. Satellite evidence for an Arctic sea ice cover in transformation. Science, 286 (5446): 1937 – 1939.

366. Jose A T, Sofia O G. 2001. Spatial and seasonal variation of relative abundance of the skipjack tuna Katsuwonus pelamis in the Eastern Pacific Ocean during 1970 – 1995. Fisheries research. 49: 227 – 232.

367. Judson O P. 1994. The rise of the individual – based model in ecology. Trends Ecol Evol, 9: 9 – 14.

368. Karentz D, Lutze L H. 199. Evaluation of biologically harmful ultraviolet radiation in Antarctica with a biological dosimeter designed for aquatic environments. LIMNOLOGY, 35.

369. Kasai A, Komatsu K, Sassa C, et al. 2008. Transport and survival processes of eggs and larvae of jack mackerel *Trachurus japonicus* in the East China Sea. Fisheries Science, 74: 8 – 18.

370. Kemmerer A J, Benigno J A, Reese G B, et al. 1974. Summary of selected early results from the ERST – 1 menhaden experiment. Fisheries Bulletin, 72 (2): 375 – 389.

371. Kendall A W, Nakatani T. 1992. Comparisons of early life – history characteristics of walleye pollock *Theragra chalcogramma* In Shelikof Strait, Gulf of Alaska, and Funka Bay, Hokkaido, Japan. Fish Bull US, 90: 129 – 138.

372. Kerr R A. 1998b. Ozone1055, greenhousegaseslinked. Seience, 280: 202.

373. King M. 1995. Fisheries biology, assessment and management. Fishing News Books, Oxford.

374. Kinnard C, Zdanowicz C M, Fisher D A, et al. 2011. Reconstructed changes in Arctic sea ice over the past 1, 450 years. Nature, 479 (7374): 509 – 512.

375. Kiparissis S, Tserpes G, Tsimenidis N. 2000. Aspects on the demography of chub mackerel (Scomber japonicus Houttuyn, 1782) in the Hellenic Seas. Belgian Journal of Zoology, 130 (S1): 3 – 7.

376. Kishi M. J, Nakajima K, Fujii M, Hashioka T. 2009. Environmental factors which affect growth of Japanese common squid, Todarodes pacificus, analyzed by a bioenergetics model coupled with a lower trophic ecosystem model. Marine Systems, 78 (2): 278 – 287.

377. KLYASHTORIN L B. 1998. Long – term climate change and main commercial fish production in the Atlantic and Pacific. Fisheries Research, 37 (1 – 3): 115 – 125.

378. Korb R E, Whitehouse M J, Ward P. 2004. SeaWiFS in the southern ocean: spatial and temporal variability in phytoplankton biomass around South Georgia. Deep Sea Research.

379. Kuroiwa M. 1998. Exploration of the Jumbo Squid, Dosidicus gigas, Resources in the Southeastern Pacific Ocean with Notes on the History of Jigging Surveys by the Japan Marine Fishery Resources Research Center. In: Okutani, T, (Ed.), Large Pelagic Squids. Tokyo: Japan Marine Fishery Resources Research Center, 89 – 105.

380. Ladner S D, Arnone R A, Crout R L. 1996. Linear correlations between in situ fish spotter data and remote sensing products off the west coast of the United States. NRL/MR/7240 – 95 – 7710, AD – A309375.

381. Lasker R. 1971. Field criteria for survival of anchovy larvae: the relation between inshore chlorophyll maximum layers and successful first feeding. Fishery Bulletin US, 1975 73: 453 – 462.

382. Laurs R M. Fishery – advisory information available to tropical Pacific tuna fleet via radio facsimile broadcast. Marine Fisheries Review, 33 (4): 40 – 42.

383. Lee C. I. 2003. Relationship between variation of the Tsushima Warm Current and current circulation in the East Sea. Pukyong: Pukyong National University, 93.

384. Legendre L, Ackley S F, 1992. Dieckmann G S, et al. Ecology of sea ice biota. Polar Biology, 12 (3 – 4): 429 – 444.

385. Leggett W C, DeBlois E. 1994. Recruitment in marine fishes: is it regulated by starvation and predation in the egg and larval stages. Netherlands Journal of Sea Research, 32: 119 – 134.

386. Lehodey P, Bertignac M, Hampton J, Lewis A, Picaut J. 1997. El Nino Southern Oscillation and tuna in the western Pacific. nature. 389: 715 – 718.

387. Leitea T S, Haimovici M, Mather J, Oliveira J E. 2009. Habitat, distribution, and abundance of the commercial octopus (Octopus insularis) in a tropical oceanic island, Brazil: Information for management of an artisanal fishery inside a marine protected area. Fisheries Research, 98: 85 – 91.

388. Leta H R. 1992. Abundance and distribution of rhynchoteuthlon larvae of Illex argentinus (Cephalopoda: Ommastrephidae) In the South – Western Atlantic. S Afr J Mar Sci, 12: 927 – 941.

389. Lopez J L H, Hernandez J J C. 2001. Age determined from the daily deposition of concentric rings on common octopus (Octopus vulgaris) beaks. Fish Bull, 99: 679 – 684.

390. Lorenz E N. 1951. Seasonal and irregular variations of the Northern Hemisphere sea – level pressure profile. Journal of Meteorology, 8 (1): 52 – 59.

391. Lorenzen C J. 1970. Surface chlorophyll as an index of the depth, chlorophyll content and primary production of the euphotic layer. Limnology & Oceanography, 15: 470 – 480.

392. Lough R G, Buckley L J, Werner F E, et al. 2005. A general biophysical model of larval cod (Gadus morhua) growth applied to populations on Georges Bank. Fisheries Oceanography, 14: 241 – 262.

393. Lough R G, Manning J P. 2001. Tidal – front entrainment and retention of fish larvae on the southern flank of Georges Bank. Deep – Sea Research, 48: 631 – 644.

394. Lough R G, Smith W G, Werner F E, et al. 1994. Influence of wind – driven advection on interannual variability in cod egg and larval distributions on Georges Bank: 1982 vs 1985. ICES Marine Sciences Symposia, 198: 356 – 378.

395. Lu H J, Lee K T, Liao C H. 1998. On the relationship between EL Niño Southern Oscillation and South Pacific albacore, Fisheries Research. 39: 1 – 7.

396. Lynch D R, Ip J T C, Naimie C E, et al. 1996. Comprehensive Coastal Circulation Model with Application to the Gulf of Maine. Continental Shelf Research, 16: 875 – 906.

397. MacKenzie B R, Miller T J, Cyr S, et al. 1994. Evidence for a dome – shaped relationship between turbulence and larval fish ingestion rates. Limnology and Oceanography, 39: 1790 – 1799.

398. Mackintosh N. 1972. Life cycle of Antarctic krill in relation to ice and water conditions. Discovery Rep, 1 – 94.

399. Maes J, Limburg K E, Van de Putte A, et al. 2005. A spatially explicit, individual – based model to assess the role of estuarine nurseries in the early life history of North Sea herring, Clupea harengus. Fisheries Oceanography, 14: 17 – 31.

400. Mann K. H, Lazier J. R. N. 1991. Dynamics of Marine Ecosystems. Oxford: Blackwell, 124 – 157.

401. MANN KH, DRINKWATER K F. 1994. Environmental influences on fish and shellfish production in the

Northwest Atlantic. Environmental Reviews, 2 (1): 16 – 32.

402. Mao Z H, Zhu Q K, Gong F. 2005. Satellite remote sensing of chlorophyll a concentration in the north pacific Pacific fisheryFishery. Journal of Fisheries of China, 29 (2): 270 – 274.

403. Mariani P, MacKenzie B R, Visser A W, et al. 2007. Individual – based simulations of larval fish feeding in turbulent environments. Mar Ecol Prog Ser, 347: 155 – 169.

404. Marina M, Kendra L D, Chuanmin H. 2008. Spatial and temporal variability of SeaWifs chlorophyll a distributions west of the Antarctic Peninsula: implications for krill production. Deep Sea Research.

405. Markaida U, Velazquez C Q, Nishizaki Q. S. 2004. Age, growth and maturation of jumbo squid Dosidicus gigas (Cephalopoda: Ommastrephidae) from the Gulf of California, Mexico. Fish. Res, 66 (1): 31 – 47.

406. Markaida U. 2006. Population structure and reproductive biology of jumbo squid Dosidicus gigas from the Gulf of California after the 1997 – 1998 El Nino event. Fisheries Research, 79 (1): 28 – 37.

407. MARRARI M, HUC, DALY K L. 2006. Validation of SeaWiFS chlorophyll a concentrations in the Southern Ocean: a revisit. Remote Sensing of Environment.

408. Marschall H. 1998. The overwintering strategy of Antarctic krill under the pack – ice of the Weddell Sea. Polar Biology, 9 (2): 129 – 135.

409. MAUNDER M N, PUNT A E. 2004. Standardizing catch and effort data: a review of recent approaches. Fisheries Research, 70: 141 – 159.

410. Maunder M N, Punt A E. 2004. Standardizing catch and effort data: a review of recent approaches. Fisheries Research, 70: 141 – 159.

411. Maunder M N, Starr P J. 2003. Fitting fisheries models to standardized CPUE abundance indices. Fisheries Research, 63: 43 – 50.

412. MCPHADEN M J, P ICAUT J. 1990. El Nino – Southern Oscillation displacements of the Western Equatorial Pacific warm pool. Science, 250: 1385 – 1388.

413. Megrey B A, Hinckley S. 2001. Effect of turbulence on feeding of larval fishes: a sensitivity analysis using an individual – based model. ICES Journal of Marine Science, 58: 1015 – 1029.

414. Meguro H, Toba Y, Murakami H, et al. 2004. Simultaneous remote sensing of chlorophyll sea ice and sea surface temperature in the Antarctic waters withspecial reference to the primary production from ice algae. Advances in Space Research.

415. Metz J A, Diekmann O. 1986. The dynamics of physiologically structured populations. Lecture notes in biomathematics, Berlin: Springer – Verlag, Vol 68.

416. Michael P S, Jeffrey J P, Donald R K, et al. 2002. An oceanographic characterization of swordfish (Xiphias gladius) longline fishing grounds in the springtime subtropical North Pacific. Fisheries Oceanography, 115: 251 – 266.

417. Miller T J, Crowder L B, Rice J A, et al. 1988. Larval size and recruitment mechanisms in fishes: toward a conceptual framework. Canadian Journal of Fisheries and Aquatic Science, 45: 1657 – 1670.

418. Miller T J. 2007. Contribution of individual – based coupled physical – biological models to understanding

recruitment in marine fish populations. Mar Ecol Prog Ser, 347: 127 – 138.

419. Montgomery D R, Wittenburg R E, Austin R W. 1986. The application of satellite derived color products to commercial fishing operations. Marine Technology Society Journal, 20 (2): 72 – 86.

420. Montgomery D R, Wittenburg R E, Austin R W. 1988. The application of satellite derived color products to commercial fishing operations. Marine Technology Society Journal, Muller J L. Bio – optical provinces of the Northeast Pacific ocean: A provisional analysis. Limnology & Oceanography, 34 (8): 1 572 – 1 586.

421. Mullon C, Cury P, Penven P. 2002. Evolutionary individual – based model for the recruitment of anchovy (*Engraulis capensis*) in the southern benguela. Can J Fish Aquat Sci, 59: 910 – 922.

422. Mullon C, Freon P, Parada C, et al. 2003. From particles to individuals: modelling the early stages of anchovy (*Engraulis capensis/encrasicolus*) in the southern Benguela. Fisheries Oceanography, 12: 396 – 406.

423. MURATA M, NAKAMURA Y. 1998. Seasonal migration and diel vertical migration of the neon flying squid, Ommastrephes bartramii, in the North Pacific. Contributed papers to the international symposium on large pelagic squids, Japan Marine Fishery Resources Research Center, Tokyo, 25: 13 – 30.

424. Murphy E J, Rodhouse P G. 1999. Rapid selection in a short – lived semelparous squid species exposed to exploitation: inferences from the optimisation of life – history functions. Evolutionary Ecology, 13 (6): 517 – 537.

425. NASDA. 1998. Coastal eddies and fishing ground formation in spring 1997 as revealed by OCTS images. ADEOS Earth View EORC – 037. 10.

426. Natasha Vizcarra. 2013. Slow growth on the Atlantic side of the Arctic; Antarctic ice extent remains high. National Snow and Ice Data Center (NSIDC): Arctic Sea Ice News& Analysis.

427. National Weather Service Climate Prodection Center. Monthly atmosphere and SST Index [EB/OL] . http: //www. cpc. noaa. gov/data/indices/, 2010 – 04 – 22.

428. Neill W H. 1979. Mechanisms of fish distribution in hetero – thermal environments. Am Zool , 19: 305 – 317.

429. NESIS K N. 1983. Dosidicus gigas// Boyle P R, eds. Cephalopod life cycles. Elsevier: Academic Press, 213 – 231.

430. Nicol S, 2003. Foster J. Recent trends in the fishery for Antarctic krill. Aquatic Living Resources, 16: 42 – 45.

431. Nicol S, Worby A, Leaper R. 2008. Changes in the Antarctic sea ice ecosystem: potential effects on krill and baleen whales. Marine and Freshwater Research, 59 (5): 361 – 382.

432. Nicol S. 2006. Krill, currents, and sea ice: Euphausia superba and its changing environment. BioScience, 56 (2): 111 – 120.

433. Niebauer H J. The role of atmospheric forcing on the "Cold Pool" and ecosystem dynamics of the Bering Sea Shelf: A retrospective study [J/OL] .

434. Nigmatullin C M, Nesis K N, Arkhipkin A I. 2001. A review of biology of the jumbo squid Dosidicus gigas

(Cepalopoda: Ommastrephedae) . Fisheries Research, 54 (1): 9 – 19.

435. Nishida H. 1997. Long term fluctuations in the stock of jack mackerel and chub mackerel in the western part of Japan Sea. Bull Japan Soc. Fish. Oceanogr, 61: 316 – 318.

436. NOAA, Impacts of El Niño on Fish Distribution from NOAA Fisheries. http: //www. elnino. noaa. gov/enso4 [J/OL] . html, 2001 – 02 – 01.

437. North E W, Hood R R, Chao S Y, et al. 2006. Using a random displacement model to simulate turbulent particle motion in a baroclinic frontal zone: a new implementation scheme and model performance tests. J Mar Syst, 60: 365 – 380.

438. O'BRIEN CM, FOX C J. 2000. Climate variability and North Sea cod. Nature, 404 (6774): 142.

439. O'Dor R K. 1992. Big squid in big currents. South African Journal of Marine Science, 12 (1): 225 – 235.

440. OTTERSEN G, STENSETHN C. 2001. Atlantic climate governs oceanographic and ecological variability in the Barents Sea. Limnology and Oceanography, 46 (7): 1774 – 1780.

441. Page F H, Frank K T, Thompson K. 1989. Stage dependent vertical distribution of haddock (*Melanogrammus aeglefinus*) eggs in a stratified water column: observations and model. Can J Fish Aquat Sci, 46 (Suppl 1): 55 – 67.

442. Page F H, Sinclair M, Naimie C E, et al. 1999. Cod and haddock spawning on Georges Bank in relation to water residence times. Fisheries Oceanography, 8: 212 – 226.

443. Parada C, Van der Lingen C D, Mullon C, et al. 2003. Modelling the effect of buoyancy on the transport of anchovy (*Engraulis capensis*) eggs from spawning to nursery grounds in the southern Benguela: an IBM approach. Fisheries Oceanography, 12: 170 – 184.

444. Pedersen O P, Slagstad D, Tande K S. 2003. Hydrodynamic model forecasts as a guide for process studies on plankton and larval fish. Fisheries Oceanography, 12: 369 – 380.

445. Pepin P, Miller T J. 1993. Potential use and abuse of general empirical models of early life history processes in fish. Can J Fish Aquat Sci, 50: 1343 – 1345.

446. Pepin P. 1989. Predation and starvation of larval fish: a numerical experiment of sizeand growth – dependent survival. Biological Ocenuogruphy, 6: 23 – 44.

447. Perry R I, Smith S J. 1994. Identifying habitat associations of the marine fishes using survey data: an application to the northwest Atlantic. Can J Fish Aquat. Sci, 51: 589 – 602.

448. Physical Oceanography Distributed Active Archive Center (PO. DAAC) . NCEP Reynolds Historical Reconstructed Sea Surface Temperature Data Set [EB/OL] . http: //podaac. jpl. nasa. gov/DATA_ CATALOG/sst. html, 2010 – 04 – 22.

449. Picaut J, Ioualanlen M, Menkes C, et al. 1996. Mechanism of the zonal displacements of the Pacific Warm Pool: Implicat ions for ENSO. Science, 274 (5292) : 1486 – 1489.

450. Planque B, Fromentin J M, Cury P, et al. 2010. How does fishing alter marine populations and ecosystems sensitivity to climate? . Marine Systems, 79 (3): 403 – 417.

451. Platt T. 1988. Ocean primary production: estimation by remote sensing at local and region scales. Science,

241：1 613 - 1 620.

452. Punt A E, Walker T I, Taylorb B L, et al. 2000. Standardization of catch and effort data in a spatially - structured shark fishery. Fisheries Research, 45：129 - 145.

453. Pyke G H. 1984. Optimal foraging theory：a critical review. Annual Review of Ecological Systems, 15：523 - 575.

454. Quinlan J A, Blanton B O, Miller T J, et al. 1999. From spawning grounds to the estuary：using linked individual - based and hydrodynamic models to interpret patterns and processes in the oceanic phase of Atlantic menhaden *Brevoortia tyrannus* life history. Fisheries Oceanography, 8 (Supple 2)：224 - 246.

455. Quinn T J, Deriso R B. 1999. Quantitative fish dynamics. New York：Oxford University Press, 49 - 83.

456. R Hewitt, J Watkins, M Naganobu, V Sushin, A Brierley, D Demmer, S Kasatkina, Y Takao, C Goss, A Malyshko, M Brandon, K Kawaguchi, V Siegel, P Trathan, J Emery, I Everson, D Miller. 2004. Biomass of Antarctic krill in the Scotia Sea in January/February 2000 and its use in revising an estimate of precautionary yield. Deep Sea Research.

457. Raven J, Caldeira K, Elderfield H, et al. 2005. Ocean acidification due to increasing atmospheric carbon dioxide. London：The Royal Society, Policy Document, 60.

458. Reid P C, Edwards M, Hunt H G, et al. 1998. Phytoplankton change in the North Atlantic. Nature, 391 (6667)：546 - 546.

459. Reiss C S, Panteleev G, Taggart C T, et al. 2000. Observations on larval fish transport and retention on the Scotian Shelf in relation to geostrophic circulation. Fisheries Oceanography, 9：195 - 213.

460. Reist J D, Wrona F J, Prowse T D, et al. 2006. General effects of climate change on Arctic fishes and fish populations. AMBIO：A Journal of the Human Environment, 35 (7)：370 - 380.

461. Rice J A, Miller T J, Rose K A, et al. 1993. Growth rate variation and larval survival：inference from an individual - based size - dependent predation model. Can J Fish Aquat Sci, 50：133 - 142.

462. Rice J A, Quinlan J A, Nixon S W, et al. 1999. Spawning and transport dynamics of Atlantic menhaden：inferences from characteristics of immigrating larvae and predictions of a hydrodynamic model. Fisheries Oceanography, 8 (Suppl. 2)：93 - 110.

463. Richey J N, Poore R Z, Flower B P, et al. 2009. Regionally coherent Little Ice Age cooling in the Atlantic warm pool. Geophysical Research Letters, 36 (21).

464. Ricker W J. 1954. Stock and recruitment. Journal of Fisheries Research, Board Can, 11：559 - 623.

465. Ritchard D W. 1952. Estuarine hydrography. Advan Geophys, 1：243 - 280.

466. Roach A T, Aagaard K, Pease C H, et al. 1995. Direct measurements of transport and water properties through the Bering Strait. Journal of Geophysical Research：Oceans (1978 - 2012), 100 (C9)：18443 - 18457.

467. Rodhouse P. G. 2001. Managing and forecasting squid fisheries in variable environments. Fisheries Research, 54 (1)：3 - 8.

468. Rodhouse P. G. 2006. Trends and assessment of cephalopod fisheries. Fisheries Research, 78：1 - 3.

469. Roper C F E, Sweeney M J, Nauen C E. 1984. An annotated and illustrated catalogue of species of inter-

est to fisheries. Cephalopods of the world. FAO Fisheries Synopsis, 125 (3): 277.

470. Roper C F E. 1983. An overview of cephalopod systematics, status, problems and recommendations. Memoirs of the National Museum, Victoria, 44: 13 – 27.

471. Rose K A, Cowan J H. 1993. Individual – based model of young – of – the – year striped bass population dynamics. I. Model description and baseline simulations. Trans Am Fish Soc, 122: 415 – 430.

472. Rose K A, Tyler J A, Chambers R C, et al. 1996. Simulating winter flounder population dynamics using coupled individual – based young – of – the – year and age – structured adult models. Canadian Journal of Fisheries and Aquatic Sciences, 53: 1071 – 1091.

473. Rothrock D A, Yu Y, Maykut G A. 1999. Thinning of the Arctic sea – ice cover. Geophysical Research Letters, 26 (23): 3469 – 3472.

474. Rothschild B, Osborn T. 1988. Small – scale turbulence and plankton contact rates. Journal of Plankton Research, 10: 465 – 474.

475. RP Hewitt, D A Demer, J H Emery. 2003. An 8 – year cycle in krill biomass density inferred from acoustic surveys conducted in the vicinity of South Shetland Islands during the austral summers of 1991 – 1992 through 2001 – 2002. Aquatic Living Resources.

476. Sakurai Y, Kiyofuji H, Saitoh S, et al. 2000. Changes in inferred spawning sites of Todarodes pacificus (Cephalopada: Ommastrephidae) due to changing environmental conditions. ICES J Mar Sci, 57: 24 – 30.

477. Santos M B, Clarke M R, Pierce G J. 2001. Assessing the importance of cephalopods in the diets of marine mammals and other top predators: problems and soluions. Fisheries Research, 52 (2): 121 – 139.

478. Scheffer M, Baveco J, DeAngelis L, et al. 1995. Super – individuals, a simple solution for modeling large populations on an individual basis. Ecological Modelling, 80: 161 – 170.

479. Schumacher J D, Stabeno P J, Bograd S J. 1993. Characteristics of an eddy over a continental shelf: Shelikof Strait, Alaska. J Geophys Res, 98: 8395 – 8404.

480. Sclafani M, Taggart C T, Thompson K R. 1993. Condition, buoyancy and the distribution of larval fish: implications for vertical migration and retention. J Plankton Res, 15: 413 – 435.

481. Shackell N, Frank K, Petrie B, et al. 1999. Dispersal of early life stage haddock (*Melanogrammus aeglefinus*) as inferred from the spatial distribution and variability in length – at – age of juveniles. Canadian Journal of Fisheries and Aquatic Sciences, 56: 2350 – 2361.

482. Sharp G D, Csirke J. 1983. Proceedings of the expert consultation to examine changes in abundance and species composition of neritic fish resources, San José, Costa Rica, April 1983. FAO Fish Rep, 291 (2/3): 1 – 1224.

483. Sharp G D. 1981. Report and supporting documentation of the workshop on the effects of environmental variation on the survival of larval pelagic fishes, Lima, 1980. Paris: Unesco.

484. Shen X Q, Wang Y L, Yuan Q, Huang H L, Zhou A Z. 2004. Distributional characteristics of chlorophyll a and relation to the squid fishing ground of the northern Pacific Ocean. Acta Oceanologica Sinica, 26 (6): 118 – 123.

485. Shi D, Xu Y, Hopkinson B M, et al. 2010. Effect of ocean acidification on iron availability to marine phytoplankton. Science, 327 (5966): 676 – 679.

486. Siegel V, Loeb V. 1995. Recruitment of Antarctic krill Euphausia superba and possible causes for its variability. Marine Ecology Progress Series, 123 (1): 45 – 56.

487. Siegel V. 1988. A concept of seasonal variation of krill (Euphausia superba) distribution and abundance west of the Antarctic Peninsula. Antarctic Ocean and Resources Variability, 219 – 230.

488. Siegel V. 2000. Krill (Euphausiacea) demography and variability in abundance and distribution. Canadian Journal of Fisheries and Aquatic Sciences, 57 (S3): 151 – 167.

489. Smetacek V, Nicol S. 2005. Polar ocean ecosystems in a changing world. Nature, 437 (7057): 362 – 368.

490. Smetacek V, Scharek R, Nothig E. 1990. Seasonal and regional variation in the pelagic and its relationship to the life history cycle of krill. Antarctic Ecosystems, Ecological Change and Conservation, KR Kerry and G Hempel (Eds), 103 – 114.

491. Smith R C, Eppley R W, Baker K S. 1982. Correlation of primary production as measured aboard ship in southern California coaster water and estuarine from satellite chlorophyll mass. Marine Biology, 66: 281 – 288.

492. Srokosz M A. 1998. Biological oceanography by remote Sensing [A]. Meyers RA. Encyclopedia of Analytical Chemistry. Chichester: John Wiley & Sons Ltd, 8506 – 8533.

493. Stegmann P M, Quinlan J A, Werner F E, et al. 1999. Projected transport pathways of Atlantic menhaden larvae as determined from satellite imagery and model simulations in the South Atlantic Bight. Fisheries Oceanography, 8 (Suppl. 2): 111 – 123.

494. Stenevik E K, Skogen M, Sundby S, et al. 2003. The effect of vertical and horizontal distribution on retention of sardine (Sardinops sagax) larvae in the Northern Benguela – observations and modeling. Fisheries Oceanography, 12: 185 – 200.

495. Stevenson W R, Pastula E J. 1971. Observations on remote sensing in fisheries. Marine Fisheries Review, 33 (9): 9 – 21.

496. Stocker D Q. 2013. Climate change 2013: The physical science basis. Working Group I Contribution to the Fifth Assessment Report of the Intergovernmental Panel on Climate Change, Summary for Policymakers, IPCC.

497. Su N J, Yeh S Z, Sun C L, et al. 2008. Standardizing catch and effort data of the Taiwanese distant – water longline fishery in the western and central Pacific Ocean for bigeye tuna, Thunnus obesus. Fisheries Research, 90: 235 – 246.

498. Suda M, Kishida T A. 2003. spatial model of population dynamics of early life stages of Japanese sardine, Sardinops melanostictus, off the Pacific coast of Japan. Fisheries Oceanography, 12: 85 – 99.

499. SUGIMOTO T, KIMURA S, TADOKORO K. 2001. Impact of ElNino events and climate regime shift on living resources in the western North Pacific. Progress in Oceanography, 49 (1 – 4): 113 – 127.

500. Sunda W, Huntsman S. 2003. Effect of pH, light, and temperature on Fe – EDTA chelation and Fe hy-

drolysis in seawater. Marine Chemistry, 84 (1): 35 - 47.

501. Susan Joy Hassol. 2004. Impacts of a warming Arctic: Arctic climate impact assessment. Cambridge University Press, Cambridge, UK, 125.

502. Taipe A, Yamashiro C, Mariategui L, Rojas P, Roque C. 2001. Distribution and concentrations of jumbo flying squid (Dosidicus gigas) off the Peruvian coast between 1991 and 1999. Fisheries Research (Amsterdam), 54 (1): 21 - 32.

503. The Arctic Climate Impact Assessment was a project of the Arctic Council and the International Arctic Science Committee (IASC), at http://www.acia.uaf.edu/. Arctic Climate Change and Its Impacts (2004), Executive Summary and page 25.

504. The international Research institute for climate and society. Overview of the ENSO System [EB/OL]. http://iri.columbia.edu/climate/ENSO/background/monitoring.html, 2010 - 04 - 27.

505. Thompson D W J, Wallace J M. The Arctic Oscillation signature in the wintertime geopotential height and temperature fields. Geophysical Research Letters, 1998, 25 (9): 1297 - 1300.

506. Thygesen U H, Ådlandsvik B. 2007. Simulating vertical turbulent dispersal with finite volumes and binned random walks. Mar Ecol Prog Ser, 347: 145 - 153.

507. Tian R C, Chen C S, Stokesbury K D E. et al. 2009. Modeling exploration of the connectivity between sea scallop populations in the Middle Atlantic Bight and over Georges Bank. Mar Ecol Prog Ser, 380: 147 - 160.

508. Tian R C, Chen C, Stokesbury K D E, et al. 2009. Dispersal and settlement of sea scallop larvae spawned in the fishery closed areas on Georges Bank. ICES Journal of Marine Science, 66: 2155 - 2164.

509. Tian S Q, Chen X J, Chen Y, Xu L X, Dai X J. 2009. Evaluating habitat suitability indices derived from CPUE and fishing effort data for Ommatrephes bratramii in the Northwestern Pacific Ocean. Fishery Research. 95: 181 - 188.

510. Tian S Q, Chen Y, Chen X J, Xu L X, Dai X J. 2009. Impacts of spatial scales of fisheries and environmental data on CPUE standardization. Marine and Freshwater Research, 60, 1273 - 1284.

511. Tian Y. J. 2009. Interannual - interdecadal variations of spear squid Loligo bleekeri abundance in the southwestern Japan Sea during 1975 - 2006: Impact of the trawl fishing and recommendations for management under the different climate regimes. Fisheries Research, 100: 78 - 85.

512. Trenberth K E. 1997. The definition of EL Niño, Bull Amer Meteorol Sci, 78: 2771 - 2777.

513. Trigueros Salmeron J A, Ortega - Garcia S. 2001. Spatial and seasonal variation of relative abundance of the skipjack tuna Katsuwonus pelamis (Linnaeus, 1758) in the Eastern Pacific (EPO) during 1970 - 1995. Fish. Res. 49: 227 - 232.

514. Turk D, McPhadenl J, Busalacchi A J, et al. 2001. Remotely sensed biological production in the equatorial Pacific. Science, 293: 471 - 474.

515. Tyler J A, Rose K A. 1994. Individual variability and spatial heterogeneity in fish population models. Rev Fish Biol Fish, 4: 91 - 123.

516. Vikebø F, Jørgensen C, Kristiansen T, et al. 2007. Drift, growth and survival of larval Northeast Atlantic

cod with simple rules of behavior. Mar Ecol Prog Ser, 347: 207 – 219.

517. Villanueva R. 2000. Effect of temperature on statolith growth of the European squid Loligo vulgaris during early life. Mar Biol, 136: 449 –460.

518. Visser A W, 2006. Kiorboe T. Plankton motility patterns and encounter rates. Oecologia, 148: 538 – 546.

519. Visser A W. 1997. Using random walk models to simulate the vertical distribution of particles in a turbulent water column. Marine Ecology Progress Series, 158: 275 – 281.

520. Voss G. L. 1973. Cephalopod resources of the world. FAO Fish. Circ, 149: 1 – 75.

521. Voss R, Hinrichsen H H, St John M. 1999. Variations in the drift of larval cod (Gadus morhua L.) in the Baltic Sea: combining field observations and modeling. Fisheries Oceanography, 8: 199 –211.

522. Wallace I F, Lindner R K, Dole D D. 1998. Evaluating stock and catchability trends: annual average catch per unit effort is an inadequate indicator of stock and catchability trends in fisheries. Marine Policy, 22 (1): 45 –55.

523. Walters C J, Hannah C G, Thompson K. 1992. A microcomputer program for simulating effects of the physical transport process on fish larvae. Fish Oceanogr, 1: 11 – 19.

524. Waluda C M, Rodhouse P G. 2006. Remotely sensed mesoscale oceanography of the Central Eastern Pacific and recruitment variability in Dosidicus gigas. Marine Ecology Progress Series Mar Ecol Prog Ser, 310: 25 – 32.

525. Waluda C M, Trathan P N, Rodhouse P G. 1999. Influence of oceanographic variability on recruitment in the Illex argentinus (Cephalopoda: Ommastrephidae) fishery in the South Atlantic. Mar Ecol Prog Ser, 183: 159 – 167.

526. Waluda C M, Yamashiro C, Elvidge C, Hobson V, Rodhouse P. 2004. Quantifying light – fishing for Dosidicus gigas in the eastern Pacific using satellite remote sensing. Remote sensing of environment, 91 (2): 129 – 133.

527. Waluda C M, Yamashiro C, Rodhouse P. 2006. Influence of the ENSO cycle on the light – fishery for Dosidicus gigas in the Peru Current: An analysis of remotely sensed data. Fisheries Research, 79 (1 –2): 56 – 63.

528. Waluda C M, Rodhouse P G, Podestá G, et al. 2001. Surface oceanography of the inferred hatching grounds of Illex argentinus (Cephalopoda: Ommastrephidae) and influences on recruitment variability. Marine Biology, 139 (4): 671 –679.

529. Wang J T, Chen X J. 2013. Changes and prediction of the fishing ground gravity of Skipjack (Katsuwonus pelamis) in western Western – central Central pacific. Periodical of Ocean University of China, 43 (8): 44 –48.

530. Watanabe Y W, Takahashi Y, Kitao T, et al. 1996. Total amount of oceanic excess CO_2 taken from the North Pacific subpolar region. Journal of Oceanography, 52 (3): 301 –312.

531. Werner E E, Hall D J. 1974. Optimal foraging and size selection of prey by bluegill sunfish (Lepomis macrochirus) . Ecology, 55: 1042 – 1052.

532. Werner F E, Perry R I, Lough R G, et al. 1996. Trophodynamic and advective influences on Georges Bank larval cod and haddock. Deep Sea Res II, 43: 1793 – 1822.

533. Werner F E, MacKenzie B R, Perry R I, et al. 2001. Larval trophodynamics, turbulence, and drift on Georges Bank: A sensitivity analysis of cod and haddock. Scientia Marina, 65: 99 – 115.

533. Werner F E, Page F H, Lynch D R, et al. 1993. Influence of mean 3 – D advection and simple behavior on the distribution of cod and haddock early life stages on Georges Bank. Fisheries Oceanography, 2: 43 – 64.

534. Werner F E, Quinlan J A, Blanton B O, et al. 1997. The role of hydrodynamics in explaining variability in fish populations. Journal of Sea Research, 37: 195 – 212.

535. Werner F E, Quinlan J A, Lough R G, et al. 2001. Spatially – explicit individual based modeling of marine populations: a review of the advances in the 1990s. Sarsia, 86: 411 – 421.

536. WOOSTERW S, HOLLOWED A B, HARE S R. 2001. Pacific Basin climate variability and patterns of Northeast Pacific marine fish production. Progress in Oceanography, 49 (1 – 4): 257 – 282.

537. Wu H Y, Zou D H, Gao K S. 2008. Impacts of increased atmospheric CO_2 concentration on photosynthesis and growth of micro – and macro – algae. Science in China Series C: Life Sciences, 51 (12): 1144 – 1150.

538. WYLLIE – ECHEVERRIA T, WOOSTERW S. 2002. Year – to – year variations in Bering Sea ice cover and some consequences for fish distributions. Fisheries Oceanography, 7 (2): 159 – 170.

539. YATSU A, MIDORIKAWA S, SHIMADA T, et al. 1997. Age and growth of the neon flying squid, Ommastrephes bartramii, in the North Pacific Ocean. Fisheries Research, 29 (3): 257 – 270.

540. Yatsu A, Watanabe T, Ishida M, et al. 2005. Environmental effects on recruitment and productivity of Japanese sardine Sardinops melanostictus and chub mackerel Scomber japonicus with recommendations for management. Fisheries Oceanography, 14: 263 – 278.

541. YATSU A, WATANABE T. 1996. Interannual variability in neon flying squid abundance and oceanographic conditions in the Central North Pacific Ocean, 1982 – 1992. Bulletin of National Research Institute of Far Seas Fisheries, 33: 123 – 138.

542. Yoriko A, Toru H, Tsuneo O, et al. 2005. Distribution of chlorophyll – a and sea surface temperature in the marginal ice zone (20°E ~ 60°E) in East Antarc – tica determined using satellite mul. ti – sensor remote sensing during austral summer. Polar Bioscience.